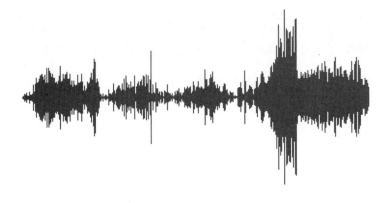

Signal Integrity

Understanding the Design of High Speed Digital Circuits

信号完整性

深入理解高速数字电路设计

高晓宇◎编著

Gao Xiaoyu

清华大学出版社

北京

内 容 简 介

本书基于作者从事信号完整性技术研究和工程设计实践的经验积累写作而成,阐述从事高速数字电路设计所必需的信号完整性基础理论和设计知识,包括了解基本概念、问题成因,理解分析方法,设计应对措施和了解技术演进历程等。主要内容有:信号完整性问题出现的技术背景、传输线与阻抗基础理论、信号的传输与回流、反射与端接技术、数字集成电路基础、信号完整性仿真与模型、时延与时序、电源完整性和高速串行接口技术。

本书可作为广大信号完整性初学者的导引入门技术教程,读者通过本书可快速构建信号完整性的基础知识体系,掌握信号完整性的基本设计理念。本书也可供从事信号完整性和高速电路相关产品开发设计的工程技术人员(包括电路设计工程师、Layout 工程师、SI 仿真工程师和电路测试工程师等)作为学习读物和设计指导手册,同时可作为信号完整性相关专业研究人员和在校学生的参考学习资料。

图书在版编目(CIP)数据

信号完整性:深入理解高速数字电路设计/高晓宇编著.—北京:清华大学出版社,2020.9(2022.11重印)
(清华开发者书库)

ISBN 978-7-302-55828-6

Ⅰ.①信… Ⅱ.①高… Ⅲ.①数字电路－电路设计 Ⅳ.①TN79

中国版本图书馆 CIP 数据核字(2020)第 108444 号

责任编辑:盛东亮 钟志芳
封面设计:李召霞
责任校对:李建庄
责任印制:朱雨萌

出版发行:清华大学出版社
　　网　　址:http://www.tup.com.cn,http://www.wqbook.com
　　地　　址:北京清华大学学研大厦 A 座　　　　　　邮　　编:100084
　　社 总 机:010-83470000　　　　　　　　　　　邮　　购:010-62786544
　　投稿与读者服务:010-62776969,c-service@tup.tsinghua.edu.cn
　　质量反馈:010-62772015,zhiliang@tup.tsinghua.edu.cn
　　课件下载:http://www.tup.com.cn,010-83470236
印 装 者:三河市铭诚印务有限公司
经　　销:全国新华书店
开　　本:186mm×240mm　　 印　　张:23　　　　　　字　　数:514 千字
版　　次:2020 年 11 月第 1 版　　　　　　　　　　印　　次:2022 年 11 月第 4 次印刷
印　　数:3301～4300
定　　价:89.00 元

产品编号:087665-01

前 言
PREFACE

"信号完整性"是伴随着数字集成电路从"低速"发展到"高速"而出现的一门新兴学科，其研究成果应用于高速电路设计相关的广阔行业领域，例如通信、信息技术、信息安全、半导体集成电路、消费电子、工业电子、汽车电子、国防电子、人工智能等。但凡需要通过电路实现产品和服务功能的地方，都离不开"信号完整性"理论和技术的支撑。

20世纪90年代初，国外开始进行"信号完整性"理论和技术的研究，出版了相关的专业技术论著。我国半导体电子和高速电路技术及应用产业发展水平相比于国际领先水平存在一定差距，对"信号完整性"的认识和研究起步晚于国际同行大约十年。近二十年来，我国电子信息产业发展迅猛，信号完整性和高速电路设计相关领域的从业者队伍和高校相关专业的学生群体越来越庞大，对信号完整性和高速电路设计技术的研究、讨论、学习也呈现出一派繁荣景象。从最初翻译引进国外信号完整性经典著作，到如今国内行家们的技术专著纷纷出版上市；从最初仅仅是国内凤毛麟角的顶尖企业内部设计团队面临的生僻问题，到如今网络、论坛、媒介、公众平台上众多版面和万千参与者共同关注的热门议题，信号完整性已成为今天中国电子设计行业的一门"显学"。

但是，无论是从笔者当初的实际学习体会，还是从与身边同仁们交流获得的普遍反馈，信号完整性给人的感受都是"入门不易"。这是一门面向实践的学问，包含许许多多的设计法则，告诉我们在高速电路设计中"应该怎么做"。掌握这些设计法则通常不是难事，初学者的困惑更多在于其背后的道理。当学习进行到一定程度，就需要从理论层面对信号完整性的现象、问题和成因加以阐释。这样的教材当然有，但由于信号完整性背后的理论体系十分庞杂，涵盖电路理论、电磁场与电磁波和半导体集成电路等众多基础学科的知识，实际上对初学者形成的门槛很高。对于希望尽快入门上手的学习者来说，当面对讲解过于专业、深奥的学习材料时，往往是望而却步的。一知半解是很多信号完整性初学者急于摆脱却又难于摆脱的状态。

有没有可能在轻松、毫无难度的语境氛围中学习信号完整性的基础理论？这是促使笔者写作本书的最初动力来源。本着这份初心和曾经作为初学者的感同身受，这本书以尽量浅显易懂的文字和叙述方式讲解信号完整性这门蕴含深厚技术专业理论的课程，希望能为初学者提供一条相对容易的便捷路径。全书分为12章，覆盖了笔者认为信号完整性入门学习需要掌握的各个方面的基础知识。除了知识内容本身外，还有一些认识、理解问题的方式、视角和套路有别于传统教材的讲解方法，这是笔者在这个领域积累多年的体悟，但愿能够对初学者有所启发。限于笔者水平,书中难免存在不足、疏漏之处,还望读者朋友们包涵、指正。

清华大学出版社电子信息教材事业部盛东亮主任为本书编写成书提供了鼎力支持并提出了诸多宝贵建议,钟志芳、石欣欣老师逐字逐句审读了书稿,真诚地感谢他们为本书的付出。

高晓宇

2020 年 8 月

目 录
CONTENTS

第 1 章

信号完整性的由来

1.1 引言

最近二十年,"信号完整性"作为电子业界最热门的词汇之一,充斥在网络、论坛、文章以及电子工程师们的口耳之间。它无处不在,似乎人尽皆知,可是当初入门径的年轻电路工程师准备沉下心来好好认识它时,却又发现它模糊缥缈、难以把握。这确实是一个涵盖了当今最值得关注的新技术内涵的概念,但对初学者而言,也确实是一个一时触手难及的概念。

我们在从事电路设计工作中会涉及方方面面的技术专业知识:模拟与数字、半导体与集成电路、电路分析、电路仿真、印制电路板(PCB)、时域与频域、电磁场与电磁波,等等。每一种都曾在学生时代的某个专业或实习课程中有过对应的内容。唯独"信号完整性",其所包罗的内容如此广博,足以当得起一门或一科之学,却是我们大多数人直到从业之后才不得不仓促认识和应对的新课题。在直到真正需要它之前我们很难碰上并结识它,而一旦开始需要它却往往面临必须"迅速"掌握它的紧迫境地。

当我们想要快速获得某方面的信号完整性知识,可以通过论坛、媒介、文章等网络和实体渠道搜集到众多的讲解资料。但对初学者而言,却未必能在其中找到深浅适宜的学习材料。这是一门绝对的"实践之学",来自于电路设计实践,又服务于电路设计实践。它在真刀真枪的商业和产品设计领域发展和丰富起来,又是一门绝对的"经验之学"。这样的特点决定了信号完整性的知识主要是散布和活跃在实践领域的,其"指导电路设计实践"的目的性非常强。我们搜集来的多数资料,旨在罗列"设计规则",而缺少背景原理的解析,只谈"应该怎么做"而不谈"为什么要这么做"。或者虽有解析,但重不在此,蜻蜓点水,简略而过。对初学者而言,不过是杯水车薪,隔靴搔痒,聊胜于无。

大家回想一下自己学习信号完整性的经历,大概人人都有体会。当初在根本来不及搞清楚背后原理的情况下,我们就生硬但牢靠地记住了许许多多的信号完整性"设计法则",例如,单端信号走线的阻抗须设计为 50Ω,高速信号走线尽量少打过孔,旁路电容应靠近芯片电源引脚放置,等等。即便我们已经一丝不苟地在印制电路板设计中严格执行这些规则很长时间了,猛然间被问到"为什么要这么做",可能也仍然是支吾不清。

当然,并不缺少从理论和严密推演的层面对信号完整性技术原理进行深入剖析的教材。但对于没有多少基础的初学者来说,面对这样的教材意味着面对科学但深奥的文字内容,专业但晦涩的分析论述,精确但复杂的公式计算,严谨但庞大的过程推导,这些东西所形成的"门槛"纵然不是不可逾越,也令人望而生畏。

本书是一本为初学者而作的书,将会用另一种风格来揭示"信号完整性"这一话题所包含的内容。本书的目标和重点不再是"罗列设计规则",而是"基础"和"解惑"。我们或多或少缺失和遗忘的,或者我们曾经学习和掌握,但并不是在"信号完整性"的上下文中,却是认识和理解信号完整性现象、问题、解决方法的最基础的背景知识,会在这里得到完整的补充。我们曾经困惑、但在别人眼里似乎不值一提的"低级"问题,会在这里得到解答。本书不会有高深而专业的理论讲解,不会有眼花缭乱的繁杂公式,不会有密密麻麻的推导计算过程,我们将使用通俗而简明、浅近而可亲的行文风格和"细嚼慢咽"的谈论方式来展开话题。这是让初学者最没有距离感的学习方式。全书的内容编列为十二章,请读者朋友们卸下将要开始一门新课程的紧张感,而以面对一个"讲话"或"讲座"的轻松心态来翻开本书。这是一个毫无门槛、完全能够被大家驾驭的学习过程,无需笔记,没有作业。但愿这本书能够成为引领大家探寻"信号完整性"技术领域的真正的"入门"之作。

1.2 逻辑波形和实际波形

从一个自然而本能的话题开始——我们的问题从何而来?信号完整性作为数字电路技术发展到一定阶段而产生的学问,究竟是在怎样的技术发展境遇中,为了应对怎样的问题而诞生的?

下面举例说明。如图 1-1 所示,一个简单的数字电路实例——计数器电路。电路由两个集成电路芯片组成,即时钟源芯片 A 和计数器芯片 B。芯片 A 输出一个时钟信号 CLK 给芯片 B,芯片 B 根据 CLK 的电平变化状态来控制自己的计数输出 Q3~Q0,每当 CLK 从低电平变为高电平,即 CLK 信号的上升沿到来的时候,芯片 B 将计数输出 Q3~Q0 执行一次加 1 操作,从而实现计数功能。图 1-1 同时给出了电路的信号波形图。

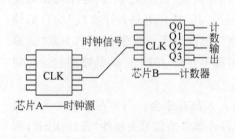
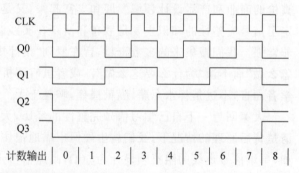

图 1-1　计数器电路及其信号波形

　　图1-1中的信号波形规整清晰、横平竖直,时钟信号CLK呈现出标准方波的波形。对于数字电路而言,这是完美的波形。然而在实际电路中,这样的波形并不存在。如果我们使用示波器在电路中对时钟信号CLK进行测量,那么得到的实际波形如图1-2所示。

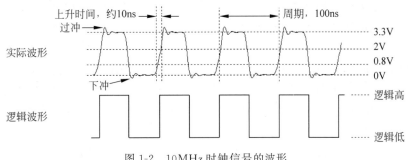

图1-2　10MHz时钟信号的波形

　　可以看到,信号波形的实际"模样"并不像图1-1那样理想。图1-2测量的是一个频率为10MHz的时钟信号,其满幅电压为3.3V,即它的理想高电平电压是3.3V,理想低电平电压是0V。但在实际波形中,信号在处于高、低电平状态时的电压并不与3.3V和0V完全重合,特别是在信号经由上升沿到达3.3V和经由下降沿到达0V之后,并不停止并保持在3.3V和0V电压上,而是继续向上、向下超出一小段幅度,而后经过几次"振荡",才渐渐与3.3V和0V电压相吻合。这些超出的部分被形象地称为"过冲"和"下冲"。

　　在图1-1中,时钟信号CLK从低电平状态转变到高电平状态,以及从高电平状态转变到低电平状态,都是不需要时间的,也就是说其上升时间和下降时间为0。这在波形上表现为上升沿和下降沿就像理想方波那样陡直。而在实际电路中,这是不可能的。上升时间通常被定义为信号从满幅电压的10%爬升到90%所经历的时间,下降时间反之。在图1-2中,10MHz时钟信号的上升时间约为10ns。

　　那么,在实际信号波形中存在着这些相较理想波形的偏差和失真,会影响电路的正常工作吗?

　　数字电路是基于二进制原理设计的,任何信号在逻辑上均只有1、0两个状态,或称高、低电平状态。波形所承载的实际上是信号的逻辑电平状态及其随时间变化的情况。简单而言,电路的工作就是通过识别输入信号的高、低电平状态去控制输出信号的高、低电平状态。电路正常工作的基本前提是接收端(芯片B)能够正确地从波形中识别出发送端(芯片A)输出的逻辑电平。

　　识别的方法是很简单的,当信号波形电压高于某个特定的值(V_{IH}),认为是逻辑高电平,当信号波形电压低于某个特定的值(V_{IL}),认为是逻辑低电平。这些用于判决输入信号逻辑电平的特定电压值由芯片所采用的数字集成电路输入输出电平标准规定。例如,芯片B采用的是LVCMOS(低电压CMOS)电平标准,其值如下:

V_{IH}——2V,LVCMOS电平标准逻辑高电平的最低输入电压

V_{IL}——0.8V,LVCMOS电平标准逻辑低电平的最高输入电压

　　根据这样的判决标准,CLK 信号在电压值大于 V_{IH}(2V)的时候,被接收端芯片 B 判作逻辑高电平,在电压值小于 V_{IL}(0.8V)的时候,被接收端芯片 B 判作逻辑低电平。图 1-2 的下方画出了按照这样的判决标准所对应出来的 CLK 信号逻辑电平及其变化情况,即"逻辑波形"。这个波形无疑正确地反映了芯片 A 输出的时钟信号 CLK 的变化情况,接收端芯片 B 对 CLK 的计数也将准确无误,电路的工作正确可靠。图 1-1 中绘制的计数器电路波形实际上就是这种逻辑波形。

　　逻辑波形并非真实存在的波形,却是分析数字电路最常用、最有效的波形。这并非因为实际波形无关紧要,而是因为逻辑波形已经包含了实际波形所承载的逻辑电平信息,这对数字电路的分析来说,已经完全足够——数字电路所处理和运行信号的本质就是逻辑电平信息,而逻辑电平的取值仅有高、低(或 1、0)两种。采用如此简单的一套体系来传送和处理信号,正是数字电路相较模拟电路的优越之处,电路的设计和分析因此转移到了逻辑层面,工作极大简化。数字电路技术自诞生以来飞速发展,其根本原因得益于此。

　　上面关于输入输出电平标准的讨论没有涉及一个极易被问到的问题,当信号电压处于 V_{IH}(2V)与 V_{IL}(0.8V)之间的时候,是被认作高电平还是低电平呢? 回答这个问题需要涉及集成电路芯片器件内部的构成机制和工作原理,一时不容易展开。简单而言,数字电路芯片器件对于输入信号高、低逻辑电平的判定存在一个临界电压值,这个电压值是器件内部工作机制在"逻辑高"和"逻辑低"之间的平衡点和交汇点,又称为"阈值电压"。采用不同技术工艺制造的器件,其阈值电压亦不一样。如图 1-3 所示,对 CMOS 器件而言,阈值电压一般是电源电压的一半。如电源电压为 3.3V,则阈值电压大约为 1.65V。我们不妨简单地认为阈值电压就是器件内部判定高、低逻辑电平的分界线。也就是说,图 1-2 的时钟信号的上升沿在电压刚刚超出大约 1.65V 后,即便尚未达到 V_{IH}(2V),我们就可以认为它已经开始被接收端芯片 B 判定为高电平。只不过这个高电平是非常"弱"的,它刚刚开始推动器件的内部电路向着输入为"高"的动作方向偏移。同理,当下降沿在刚刚低于大约 1.65V 后,即便尚未达到 V_{IL}(0.8V),我们也认为它已经开始被接收端芯片 B 判定为低电平。虽然 CMOS 器件的内部原理机制并不能用如此简单的法则加以阐释,但从认识信号完整性问题成因的角度,暂时作这样的理解是可行的。

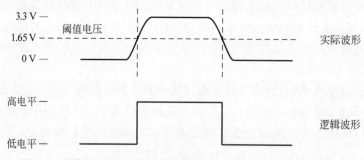

图 1-3　阈值电压可以作为信号逻辑波形判定高、低电平的分界点

1.3 频率提升带来的改变

现在,设想我们需要一个比 10MHz 工作频率更高的计数器电路。因为仅仅涉及时钟源的改变,可以不重新设计、制作新的电路,而是通过直接在原来的电路上更换时钟源芯片来达到目的。图 1-1 的计数器电路是在印制电路板上实现的,现在不必设计、制作新的印制电路板,而是直接在原来的电路板上芯片 A 的位置上取下原用的 10MHz 时钟源芯片,换上一个 25MHz 的时钟源芯片,电路的其他部分保持不变。这样做既方便又快捷,也节约成本,当然是升级电路的好途径。

此时再来测量,CLK 时钟信号的波形又会是怎样的? 如图 1-4 所示,示波器测得的 25MHz 时钟信号的实际波形,其上升时间相比 10MHz 时钟信号大为缩短,大约为 4ns。这是显而易见的,因为整个时钟周期被缩短到只有 40ns,25MHz 时钟不可能再像 10MHz 时钟那样花费 10ns 在上升时间和下降时间上,它必须更迅速地爬升和下降。因此,新换的 25MHz 时钟源芯片所输出的时钟信号相比原来的 10MHz 时钟源芯片大幅缩减了上升、下降时间。

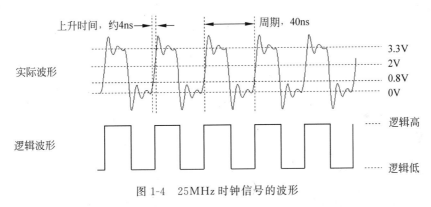

图 1-4 25MHz 时钟信号的波形

除了上升、下降时间和周期不同以外,25MHz 时钟信号波形相较 10MHz 时钟信号波形的最显著变化就是波形的"振荡"加剧了。在信号"振荡"发生的部位,过冲和下冲的幅度都比 10MHz 时钟更大。这些"振荡"使得波形偏离理想方波的失真严重。不过还好,高、低电平时的电压值并未因失真而违反 V_{IL}(0.8V)和 V_{IH}(2V)的要求,因而其逻辑波形并无变化,仍然正确地反映了时钟的逻辑变化情况。

继续提高电路的工作频率,现在将芯片 A 更换为 100MHz 的时钟源芯片。此时测得的波形如图 1-5 所示。这个波形的失真更加严重,已不太容易辨认方波的本来面目。它的"振荡"幅度如此之大,以至信号电压在经历了上升沿后的第一个过冲向下回落时竟然掉到了 V_{IH}(2V)之下,甚至到达阈值电压(约 1.65V)之下。虽然这个回落最终并未到达 V_{IL}(0.8V)就折返上升,但按照前面的理解,电压下降至阈值电压(约 1.65V)之下时,器件就将开始朝着"逻辑低"的方向动作,这个回落部分将被信号的接收端——计数器芯片 B 判作"逻辑低"。

反映在逻辑波形上,就是时钟的高电平半周期内出现了一段短暂的低电平"毛刺"。这显然不是时钟源芯片 A 输出的逻辑电平信息的正确反映,计数输出也将因此出错——芯片 B 在一个 100MHz 的时钟周期内将会接收到两个上升沿,计数输出被错误地加倍,如图 1-6 所示。

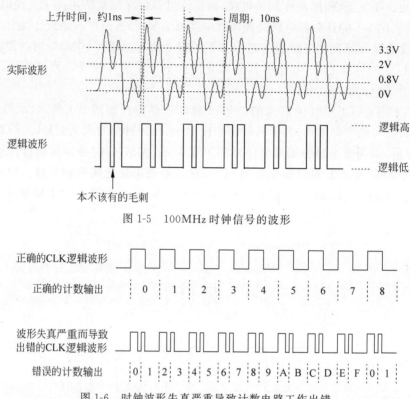

图 1-5　100MHz 时钟信号的波形

图 1-6　时钟波形失真严重导致计数电路工作出错

这是一个典型的信号完整性问题。造成信号波形"振荡"的原因是一种被称作"反射"的现象,这个现象在每个时钟波形中都存在,只是引起的"振荡"幅度有大有小,对信号的危害也有轻有重。在时钟源为 10MHz 和 25MHz 的时候,"振荡"较小,尚不足以影响波形正确地传送信号的逻辑电平信息。当时钟源为 100MHz 的时候,"振荡"大到接收端芯片错误地识别信号的逻辑电平状态。因而我们说,10MHz 和 25MHz 时钟"没有信号完整性问题",而 100MHz 时钟"有信号完整性问题"。不必拘泥于一定要给"信号完整性"下个严格、生硬、听起来学术味十足的定义。通俗而简单地理解,"信号完整性"所表达的其实就是"信号好不好"的问题。图 1-2 中的 10MHz 时钟是一个"好"信号,因为与图 1-4 中的 25MHz 和图 1-5 中的 100MHz 时钟相比,它的波形框架清晰而失真较小,高、低电平时的电压幅度满足接收端芯片的输入输出电平标准的程度也最高。所以,10MHz 时钟的信号完整性优于 25MHz 和 100MHz 时钟。

1.4 信号完整性问题的本质起因

同一个计数器电路,100MHz 时钟出现了信号完整性问题,10MHz 和 25MHz 时钟却没有,是什么原因导致了这种差异?看起来似乎是频率——频率越高的信号,波形的过冲、下冲、振荡等失真现象越加严重。果真如此吗?

现在换上另一个 25MHz 的时钟源芯片。与先前的 25MHz 时钟源芯片不同,这一个拥有更快的上升时间。如图 1-7 所示,测得其上升时间为约 1ns,与图 1-5 中 100MHz 时钟相当。这个 25MHz 时钟信号波形的过冲、下冲和振荡幅度大大超过上升时间为 4ns 的 25MHz 时钟,并在高电平半周期内出现跟 100MHz 时钟相同的电压跌落至 V_{IH}(2V)甚至阈值以下的错误"毛刺"现象,计数电路工作出错。同一个计数器电路,使用相同频率的两个时钟源,因上升时间不同而呈现截然不同的结果。

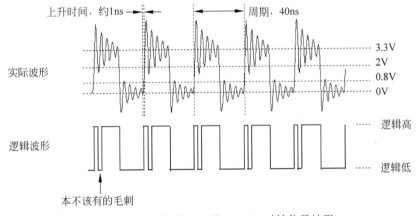

图 1-7 上升时间为 1ns 的 25MHz 时钟信号波形

这一组实验简单却耐人寻味,它清晰地揭示出信号完整性问题的本质起因是数字信号越来越快的上升(下降)时间,而非频率。认识这一点对初学者至关重要。在此之前我们或许容易建立起这样的认识,信号完整性问题是在高速电路中出现的,而高速电路就是高"频率"的电路。至于具体要多高的频率才算是"高速",一个常常被引用的判断标准是 50MHz,即数字电路中信号的工作频率大于 50MHz 就是高速电路,该信号即为高速信号。然而在上面的实验中我们已经看到,按照这个标准应当算是"低速"信号的 25MHz 时钟,当它的上升时间足够快时,依然出现了信号完整性问题。

在信号完整性问题还没有成为一个普遍问题的时代,我们很少留意信号的上升时间。只要电路能正常工作,谁在乎它上升得快还是慢呢?那时的数字电路工作频率很低,器件有充足的时间来让信号上升和下降。例如图 1-2 中的 10MHz 信号,整个时钟周期有 100ns,而一个周期只需完成两次上升(下降),因此它可以花 10ns 时间来"缓慢地"上升(下降)。但随着电路工作频率的不断提升,信号周期越来越短,上升时间也越来越吃紧。100MHz 信号的整个周期(10ns)才只相当于 10MHz 信号的上升时间(10ns)。于是,更快上升的芯片器件被不断制造出来。今天,数字信号的工作频率已突破 1GHz(1GHz＝1000MHz),最快的器件其上升时间已被压缩至 100ps 以下(1ns＝1000ps)。

所以,频率推动着上升时间变得越来越快。基于这样的认识,我们才能够把信号完整性问题的成因与数字电路的工作频率关联起来。作为描述数字电路最基本、最方便的参数,"频率"用作高速电路的判决依据直观而简便,人们也习惯于用频率而不是上升时间来描述电路的快慢。"50MHz 以上即为高速电路"这样的说法清晰明了,易于理解,故而广为流传。但它出于简单易用的目的有意避开了真正的主角——上升时间,初学者难免被误导。现在我们认识到上升时间才是波形失真的主因,便能理解这一说法背后真正的技术内涵。

具体的数值是不可过于计较的。50MHz 是实践中总结出的一个经验值,是一个大致的值,其作用更多的在于"提醒",而不是直接用来得出结论。所以,讨论这个值的精确性毫无意义,生硬地推出"49MHz 是低速电路,51MHz 是高速电路"这样的结论是可笑的。

信号完整性作为从实践中成长起来的学问,经验重于精确。50MHz 的经验值给我们提供了一个易于衡量的依据,来粗略评估在什么情况下信号完整性问题的负面影响可能造成电路工作出错,必须采取应对措施予以避免,这样的经验法则对初学者弥足珍贵。我们只要不是生搬硬套、只知其一不知其二地理解和吸收这些经验法则,它们就是实践中非常有用的好东西。

第 2 章

信号与连接

2.1　电路实现的实质内容

电路制作的整个过程可分为两个阶段——原理和实现。第一阶段——原理阶段的工作是根据电路所要实现的功能需求,选用合适的元器件来设计、搭造电路。此阶段的典型成果标志是完成电路原理图。

如图 2-1 所示的电路原理图实例。这个简单的数字电路由两个器件组成:一个触发器和一个反相器。除去器件本身,图中仅剩下接在器件上的几根连线——原理图所表达的最关键信息就携带在这些连线之中,它们反映了信号的连接关系:外部输入信号 IN 连接到反相器的输入端,反相器的输出端连接到触发器的数据输入端(D 端),外部时钟信号 CLK 连接到触发器的时钟端(>端),触发器的数据输出端(Q 端)连接到外部输出信号 OUT。正是这些"连接"让孤立的器件组合成能完成特定功能的电路,而原理图设计的实质就是"连接"的设计。

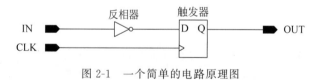

图 2-1　一个简单的电路原理图

第二阶段——实现阶段的工作是将图纸变为实物。原理图上的两大要素——器件与"连接"需要用实物实现,以得到真实的电路。器件是很好办的,本书所讨论的是板级或系统级的电路实现,所以器件是直接拿来使用的,设计者只要按原理图找到对应的型号即可。至于说到器件本身的实现,如果把眼光投进器件内部,它依然是由更小的"器件"和"连接"组成的,但这属于芯片或元件级的电路实现,暂不属于我们讨论的对象。对板级和系统级电路设计者而言,器件是现成即用的。这样,真正需要由设计者自己来实现的其实是"连接",它才是电路实现的实质内容。

"连接"的物理实现形式多种多样。我们见得最多、也用得最多的一种是印制电路板(PCB),依靠印制电路板上的走线实现器件间的信号连接,如图 2-2 所示。电路实现的步骤是首先设计、制作印制电路板,然后将器件焊接在印制电路板上。这是当今使用最广泛的电路连接实现形式。

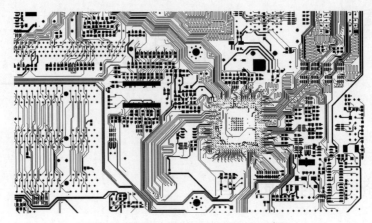

图 2-2　印制电路板使用走线实现"连接"

　　还有其他的连接形式,如图 2-3 所示。内存条是插在计算机主板的插座上的,它的信号通过插卡和插座的接触实现连接。采用此种连接形式的还有显卡和网卡等。移动硬盘等采用 USB 接口的外部设备则通过线缆的方式实现与计算机主机的信号连接。

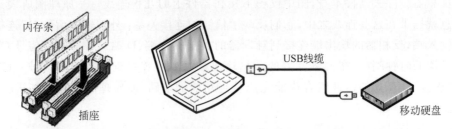

图 2-3　其他的"连接"实现形式

　　在大型电子设备中,信号往往经历复杂而曲折的路径到达接收端,涵盖"连接"物理实现的多种形式。例如使用背板连接信号的设备中,信号路径需要以插板表层走线、内层走线、过孔、连接器、背板走线等多种实现形式来承载,如图 2-4 所示。

　　在"低速电路"的时代,连接其实是不拘泥形式的。一个用印制电路板实现的电路,信号走线的形状和尺寸是无所谓的,只要保证信号连接关系的正确,没有错误连接信号,电路就将按照设计者的意图实现正确的功能。这时的电路设计,原理图是技术重心所在,只要原理图设计无误,印制电路板的设计不过是水到渠成,只需按照原理图的连接关系布线,而布线的唯一要求是"连上就行",具体走线样式毫无讲究,长一些、短一些、宽一些、窄一些、厚一些、薄一些,无足轻重。印制电路板的设计但求"连通",别无顾忌,更像是一门纯粹的绘图艺术,展现设计者"穿针引线"的连接技巧。布线因为不受任何约束,所以挥洒自便、纵横随心。

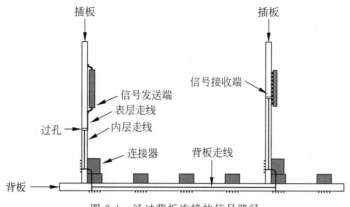

图 2-4 经过背板连接的信号路径

即使是不制作印制电路板而用随手找来的现成铜导线充当器件间的连接,电路也能正常工作,尤其像图 2-1 这样连线不多的简单电路,可以很快制作出来。中学、大学电路实验课上学生们使用的"面包板"便是利用导线快速、灵活地搭建电路,如图 2-5 所示。

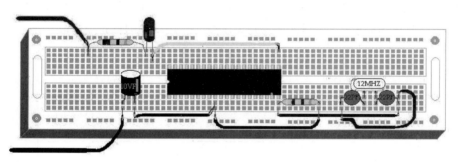

图 2-5 使用"面包板"搭建电路

2.2 连接对信号波形的影响

"连接"的具体实现形式既然如此无关紧要,难免让我们形成这样的认识:信号波形不会因为"连接"而有任何改变,它从发送端发出时是什么样子,经过"连接"到达接收端后依旧是什么样子。事实是否如此呢?

不妨来看看究竟。我们找来一块按照图 2-1 功能实现的电路板。这是一个已制作好的现成电路,当初的设计工作频率是 5MHz,也即时钟信号 CLK 为 5MHz。选取反相器的输出信号作为考察对象,在印制电路板走线的三个不同位置即信号发送端、走线中部和信号接收端分别使用示波器测量波形,如图 2-6 所示。

得到的测量结果如图 2-7 所示。三个测试点上的波形相似程度非常高,几无差别,并且都是工整干净的优异波形,少有瑕疵。这个信号作为触发器的数据输入端(D 端),将以5MHz 的时钟频率被采样,输出到触发器的数据输出端(Q 端)。5MHz 时钟的周期为

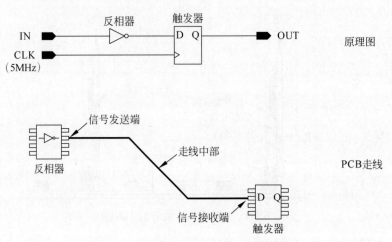

图 2-6 在信号走线的不同位置测量波形

0.2μs,也即采样间隔为 0.2μs。以这个采样间隔观察波形,它代表的是"011010"这样一串逻辑序列。三个位置上的波形都非常清晰地反映了这个逻辑序列信息。按照反相器的工作原理倒推,此时反相器输入端即 IN 信号必然是"100101"这样的逻辑序列。

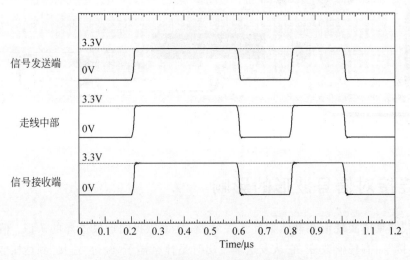

图 2-7 反相器输出信号波形(5MHz 电路)

这一组波形证实了前面的观点所言不虚,信号走线几乎不对信号波形造成影响,在走线上任何位置的波形都是相差无几的。

得出这样的观测结论想必出乎读者的意料,即便我们从来不曾在三个不同的测试点观察过同一个信号,但以行文的通常笔法而言,此处该当出现相反的观测结论才是。难道走线当真不会影响信号波形吗?当然不是,这块电路板接下来的故事很有启发意味。

这个电路被制作出来以后,在 5MHz 频率工作条件下工作得非常稳定、可靠。过了一些时日,另外一个地方需要一个同样的电路,但是工作频率大大提高了,达到 100MHz,这要求电路中的器件即反相器和触发器能够工作在 100MHz 频率条件下。原来电路中的器件仅仅是按照 5MHz 的最大工作频率选用的,显然不适用,需要另选高速器件。新的电路需求比较紧迫,设计者为了能够快速地实现电路,并未设计、制作新的印制电路板,而是直接利用旧有的 5MHz 电路板,将原有器件取下,焊装上具有相同封装和管脚定义的高速器件。这确实是一个快速得到电路的捷径,而重新制作印制电路板将费时得多。

这个电路本就十分简单,而印制电路板已在前一版的 5MHz 电路中验证无误,现在仅仅是更换了器件,设计者毫不怀疑新电路的正确性,未作任何调试和检验就将它提供使用。谁料不久电路就被退了回来,使用者说它工作出错。设计者大为惊疑,自行验证使用,确实出错。

设计者陷入困惑,百思不解。相信任何人在没有相关经验而初次面临同样问题的时候,也会有相同的困惑。猜想多多少少可能跟 100MHz 的过高工作频率有关系,可它究竟是怎么让电路出错的呢?

先看看波形吧。再次测量一下反相器的输出信号,依然在走线的信号发送端、走线中部、信号接收端三个位置分别测量波形,如图 2-8 所示。

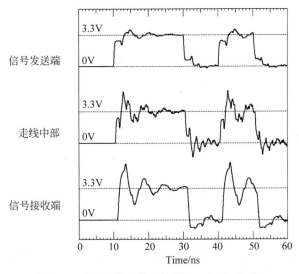

图 2-8　反相器输出信号波形(100MHz 电路)

这一次的测量结果有了很大的变化。不仅各个位置的波形都充斥着明显的振荡、过冲、下冲、扭曲,不再像 5MHz 电路波形那样规矩,而且三个波形的模样彼此间大相径庭、全然不同。不过在直观上,我们还能较明显地辨认出它所携带的逻辑信息——011010。这是按照 100MHz 时钟的采样间隔 10ns 观察得出的。

问题是,信号的接收端——触发器识别出这样的逻辑信息了吗?我们对波形的主观判断毫无用处,器件才是电路功能的执行者。触发器将按照自身的工作机制识别输入信号,而且它所"看"到的波形只是自身输入端的波形,即图 2-8 中信号接收端的波形,信号发送端和走线中部的波形对于触发器则毫不相干。这引出了信号完整性分析的一个基本原则——我们只需要关心信号在接收端的情况就好了,信号波形的优劣仅在接收端具有讨论价值。当我们怀疑某个信号质量不佳需要观测波形时,应当在尽可能靠近接收端的位置对它进行测量。

现在将这个接收端波形和时钟信号 CLK、触发器 Q 端输出信号的波形一并测量显示出来,如图 2-9 所示。触发器的工作是按照 CLK 的频率对 D 端输入信号即反相器输出信号进行"采样",时钟 CLK 上升沿到来的时刻是采样时刻,触发器将此时 D 端输入信号的逻辑电平值复制到 Q 端输出。所以,如果一切正常,Q 端输出的逻辑序列与 D 端输入的逻辑序列是一样的,只是在时间上有所延迟(因为采样时刻的离散性和触发器内部传播延时 t_{pd} 的原因)。

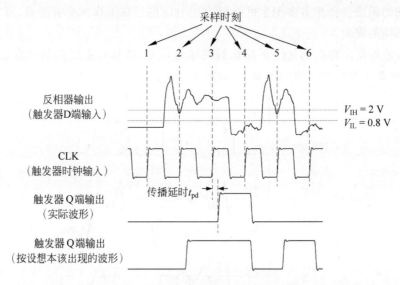

图 2-9　反相器输出和触发器输出信号波形(100MHz 电路)

图 2-9 中的波形显然未能达到这一效果。在采样时刻 2 和 5,反相器原本输出的逻辑电平是高电平,但这时的波形正处于一个大幅振荡的谷尖,信号电压正处于最低值,低于高电平输入门限电压 V_{IH}(2V)之下许多,导致没能被触发器采样为高电平输出,而采样为低电平输出。原本输入的逻辑序列 011010 经触发器采样后变成了 001000,输出较输入全然变样,这便是电路出错的直接原因。

而在图 2-7 所示 5MHz 电路的信号接收端波形上,高、低电平在每一个采样时刻点都严格遵守着门限电压 V_{IH}、V_{IL} 的要求,这样的错误采样便不会发生。

同一个电路,工作频率由 5MHz 提高到 100MHz,信号的波形质量有了如此大的变化,如何解释? 又该如何解决?

是器件的原因吗? 有人会怀疑反相器芯片自身出了故障,建议另换一片试试。这不失为电路调试的一个思路,虽然少见,但不无可能。尤其这个电路,从 5MHz 到 100MHz 的改动仅仅是换了器件,其余未动,从器件着手找原因是自然之事。不过在另一方面,首先想到这点却也可能是"低速"电路设计的一个错误的思维惯性所致——我们想当然地认为信号的波形完全是由输出它的器件决定的,跟接收它的器件和"连接"(印制电路板走线)没有任何关系。

设计者依此而行,更换了反相器芯片,问题依旧,波形没有任何变化。器件故障的可能被排除了。至此,初学者感到茫然无措,究竟是怎么回事呢?

我们终将能够揭示问题的成因,但是在读完本书之后。此时的关注点是问题如何解决,这是这个电路作为入门实例的价值所在,它将使我们认识到,从前我们认为完全不必考虑也从无差错的因素现在扮演着决定电路生死的关键角色。

这个电路最终的解决途径是重新设计了印制电路板。新版印制电路板相较旧版印制电路板只作了唯一的改动:将反相器输出信号的走线长度缩短。原来的走线长约15cm,将其缩短至5cm。仅此一个改动,立竿见影,电路在100MHz条件下工作正常无误。再后来,为了比较不同长度走线对电路的改进效果,设计者将走线进一步缩短到只有0.5cm。

三种长度的信号接收端波形如图2-10所示。明显地看到信号的波形因走线长度的不同呈现出很大差异,越短的走线,振荡的幅度就越小。

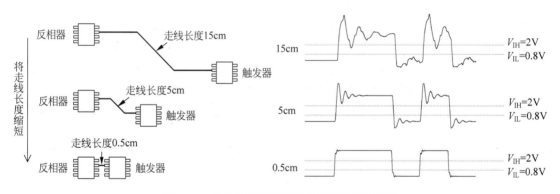

图2-10　走线长度不同所带来信号波形的变化

从电路能够正常工作的角度,5cm的走线长度已然足够,因为信号波形已不再有违反门限电压(V_{IH} 和 V_{IL})的情况。如果想要波形的轮廓能够像原先的5MHz电路板上波形那样工整,就得将走线短至0.5cm。而在5MHz电路板上,信号在走线长度还是15cm时就已具有如此的波形质量了。

是什么导致了信号在不同长度走线上的波形差异?为何"低速"信号在即使很长的走线上也能有不错的波形表现?在这个仅由少量简单器件组成的小型电路上,可以通过将器件充分挨近来获得很短的走线长度,但对于实际设计中遇到的大多数更为复杂的电路来说,要获得0.5cm这么短的走线其实是难以做到的。除了将走线缩短,还有其他的办法可以改善波形质量吗?

回答这些问题,需要从信号本身谈起。

2.3 信号的传输过程

信号是什么？在数字电路的设计调试过程和我们日常讨论的绝大多数情况下，它指的是电路中某点的电压。我们很少关心某点的电流，这是由数字电路的工作机理决定的。信号的变化就是电压的变化，对信号的描述也就是对电压的描述。信号的波形图所绘制的就是电压随时间变化的情况，如图 2-11 所示。

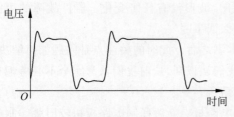

图 2-11 信号波形图记录电压随时间变化的情况

因而，信号的传输在直观上也就是电压的传输。通过一个简单的信号来看看它的传输过程。如图 2-12 所示，有两根平行放置的长直金属导线，将一个 1V 的电池搭接在它们的一端，就会在两根导线间建立起 1V 的电压。

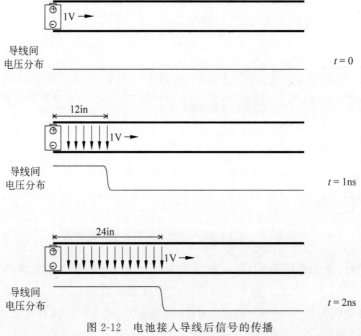

图 2-12 电池接入导线后信号的传播

但是这个电压并不是在电池刚刚搭上的那一刻（$t=0$ 时刻）就已遍及整根导线，它需要花费时间从导线的一端传输到另一端。假设能够让时间在电池搭上导线 1ns 之后暂停，然后沿着两导线来测量它们之间的电压，就会看到 1V 的电压仅仅存在于距离导线接电池这一端大约 12in（英寸，1in=2.54cm）以内的部分，而导线的其余部分仍然保持电池搭上之前的状态。也就是说，信号花费了 1ns 行进 12in 的路程。再过了 1ns 即 $t=2ns$ 时刻，信号又行进了 12in，到达距离起始端 24in 的地方。这个信号的传输速度是 12in/ns。

我们需要更加细致地观察了解信号的传输,它究竟是一个怎样的物理过程呢?首先,可以想象一根完整的金属导线是由许许多多长度相等的小段导线紧挨在一起构成的,如图 2-13 所示。这些小段导线称作"导线分节",其长度的具体取值无关紧要,我们认为足够短就行了。

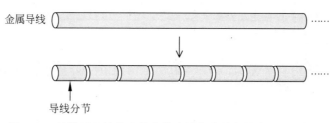

图 2-13　导线可以被认为是由许多导线分节紧挨在一起所构成

当电池刚刚搭上两根导线的时刻($t=0$),从电池的角度看,它所遇到的是两根导线的第一节导线分节,此时它感受不到第一节之后还连着许许多多其他导线分节,或者我们干脆直接认为这一时刻导线仅由第一节导线分节构成,其他的导线分节并不存在。

现在将两根导线的第一节导线分节作为一个整体来看待,它们共同构成了一个电容,称为"分节电容",如图 2-14 所示。两根导线也能构成电容?这似乎不易理解。事实上,我们不可将电容拘泥于一定要是两块明显的板状导体,或者是实实在在的电容器件(陶瓷电容、钽电容等)。空间中的任何两个导体,不论其形状大小,也不论彼此距离的远近,在理论上和实际效果上都构成了电容,导线亦不例外。电池的正极和负极分别接在原本不带电的分节电容的两端,电池便开始向这个电容充电。正电荷从电池的正极流出,流入上面一根导线的第一节导线分节。负电荷从电池的负极流出,流入下面一根导线的第一节导线分节。

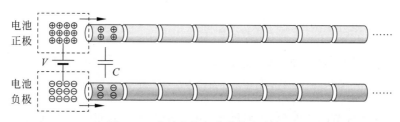

图 2-14　电池向第一节分节电容充电

电容这个物理量所体现的是两个导体在外加电压充电时储存电荷的能力。在相同的外加电压条件下,越大的电容,其储存的电荷越多。设第一节导线分节的分节电容值为 C,电池电压为 V,则当电池对第一节分节电容充电完成时,也即第一节分节电容两端的电压也达到 V 时,导线分节上储存的电荷量为

$$Q = CV$$

其中,与电池正极相连的导线分节的电荷量为 $+Q$,与电池负极相连的导线分节的电荷量为 $-Q$。

完成对第一节分节电容的充电后,电压 V 现在遇到了两根导线的第二节导线分节。与第一节导线分节一样,它们构成了导线的第二节分节电容。此刻的第二节分节电容仍处于未带电的无电荷状态,所以它也会像第一节分节电容那样被充电,如图 2-15 所示。

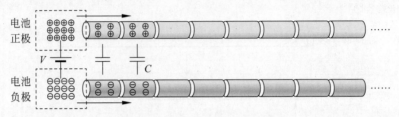

图 2-15　第二节分节电容被充电

因为两根导线是均匀且平行放置的平直导线,所有导线分节的长度都相等,所以第二节分节电容的大小与第一节分节电容相等,也为 C。当充电完成电压达到 V 时,它所储存的电荷量也为 Q。这些电荷的直接来源是第一节分节电容,也就是说第一节分节电容把原本储存于自身体内的电荷提供给第二节分节电容,就好像第一节分节电容在向第二节分节电容充电一样。不过电荷的最终来源仍是电池,因为第二节分节电容每从第一节分节电容得到一个电荷,电池就会立即向第一节分节电容补充一个电荷,在整个第二节分节电容充电的过程中,第一节分节电容的电荷量并无变化,其电压也保持为 V 无变化。

接下来,这样一个充电的过程继续在第三节、第四节以及后续的分节电容上依次发生,每一个分节电容的充电都将电压 V 沿着导线向前推进一小步,信号的传输过程便是由这一个又一个电容的充电所构成,如图 2-16 所示。

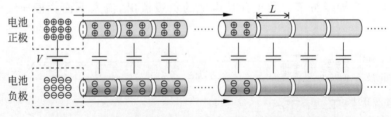

图 2-16　信号的传输过程由一个个分节电容的充电所构成

设每一节导线分节的长度为 L,则每当对一个分节电容的充电完成,就意味着信号向前传输了 L 这么长的距离。已知信号的传输速度 v(本例中 $v=12\text{in/ns}$),可以计算得到每一节分节电容充电花费的时间:

$$T = \frac{L}{v}$$

在时间 T 内,信号沿着导线向前传输了 L 长度的距离。假设导线是由 m 节导线分节连接而成的,则在时间 mT 后,电压 V 将传遍整根导线。

现在再看看另一种情况。在电池接入两根长直导线足够的时间以后,1V 的电压已经稳定地在整根导线上建立起来,这时移走电池,并用一根短接线将两根长直导线的一端连接起来,如图 2-17 所示。可以预见,原本存在于两根导线间的 1V 电压将因为短路而消失,两根导线间的电压将变为 0。不过,就像 1V 电压不会在电池刚刚搭上导线的瞬间就传遍导线一样,1V 电压也不会在刚刚短路的瞬间就从整个导线上消失。短路信号依然需要时间从导线的一端传输到另一端。图 2-17 示出了这个过程。短路信号呈现出与图 2-12 中电池信号相同的传输速度,在短接线接入导线后 1ns,信号传输了 12in,再过了 1ns,传输到 24in。

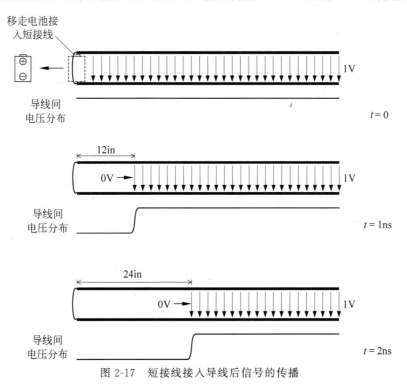

图 2-17 短接线接入导线后信号的传播

我们能够按照分析电池信号时使用的同样思路来分解短路信号,这个思路的核心基础仍是将传输信号的两根导线视作由一个又一个的分节电容紧挨在一起所构成。如图 2-18 所示,当短接线刚刚搭上导线的时候,与之直接相连的是两根导线的第一节分节电容,那么在这一时刻整根导线上仅有第一节分节电容感受到了短接线的接入,其他的分节电容感受不到短接线的存在,或者干脆直接认为这一时刻导线仅由第一节导线分节构成,其他的导线分节并不存在。

第一节分节电容之前已被电池充电至电压 V,其上存储有电荷 $Q=CV$。一个被充上电的电容,其两极被短接,就会导致放电。所以,短接线的接入便使得第一节分节电容进入了放电的过程。上面的导线分节储存的正电荷经短接线流向下面的导线分节,下面的导线分节储存的负电荷经短接线流向上面的导线分节,正、负电荷相遇中和而消失,电容的两极不再有电位差,电压为 0。这一放电过程所花费的时间与分节电容之前被电池充电至 V 所花费的时间相同,均为 $T\left(T=\dfrac{L}{v},\right.$ 其中,L 为导线分节长度,v 为信号传输速度$\left.\right)$。

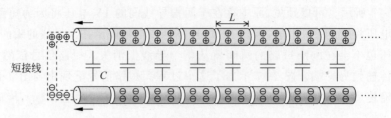

图 2-18   短接线使分节电容放电

在第一节分节电容完成放电之后，其上、下两个导线分节成为短接线的等电位体，其效果就相当于短接线延长了，两个导线分节也成为短接线的一部分。于是，第二节分节电容现在感受到了短接线的存在，也开始放电，经过时间 T，放电完成，电压从 V 降为 0。再接下来，第三节分节电容放电。如此继续不断，随着一个个分节电容的放电，0 电压沿着导线向前行进。这便形成了短路信号的向前传输。

上面已仔细分析的两个信号——电池信号和短路信号虽是十分简单的信号，其传输过程却能概括任何数字信号的行为特征。数字电路中的每一个信号都能运用上面分析电池信号和短路信号的方法来加以分析。现在来看看印制电路板上信号的传输过程。

如图 2-19 所示，IC_A 和 IC_B 是两个数字集成电路器件，器件之间的信号通过印制电路板走线进行连接。图中画出了一个信号从 IC_A 输出到 IC_B 的印制电路板走线。我们通常这样描述这个信号的流动过程："信号从 IC_A 的信号输出引脚发出，经过印制电路板走线，进入 IC_B 的信号输入引脚"。这是大家习惯的说法，没有什么问题。但是要清楚这个说法其实并未描述整个信号的全部，或者说仅仅描述了一半。

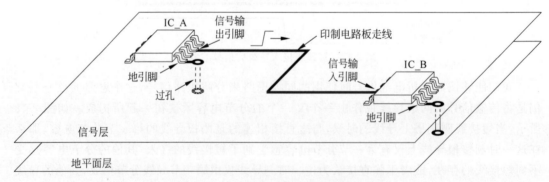

图 2-19   信号通过印制电路板走线传输

如前所述，所谓"信号"，其实就是电压。电压是存在于两点之间的，所以信号是要靠两点来承载的。要将一个信号从 IC_A 传输到 IC_B，也需要在两点上进行"连接"。图 2-19 上在 IC_A 与 IC_B 之间的印制电路板走线是信号的第一点连接。第二点连接在哪？便是电路中的"地"。"地"是数字电路中的零电位点，同时也是所有信号的"第二点连接"。也就是说电路上每个信号的"第二点"都是通过"地"来传递的。因此，"地"既是所有信号共有的电压参考点，也是所有信号共有的"第二点"。每个器件都需要连接到这个共有的参考点上，才能正常地进行信号的传输。

在多层印制电路板上,通过一个或多个专门的地平面层,每个器件都能方便地与"地"连接。如图 2-19 所示,IC_A 和 IC_B 的"地引脚"在信号层引出小段走线后都通过过孔连到了地平面层上。在所有的器件将各自的"地引脚"连接到地平面层上后,所有信号的"第二点"就已经连接好了。这就是为什么我们在描述信号的连接时常常忽略掉"第二点"的原因。因为"第二点"是公共同一的,信号的个性只好通过"第一点"来加以区别。

但是作为组成信号传输路径的两点连接之一,"地"在信号传输中承担着与"第一点连接"相等的功能职责。信号的传输既需要在"第一点连接"上进行,也需要在"第二点连接"上进行,两点同等重要,缺一不可。如果从一种最朴素的角度来看待信号的传输,认为信号的传输就意味着电荷在移动,那么,在图 2-19 所示信号的传输过程中,不仅在印制电路板走线上有电荷的移动,在"第二点连接"——地平面层上也会有电荷的移动。信号的传输并不像通常的习惯说法所表达的那样,仅仅是发生在信号"第一点连接"——印制电路板走线上的事情。就像前面分析的电池信号、短路信号的传输,既会有沿着正极导线的传输,也会有沿着负极导线的传输,两者的共同作用才构成了一个完整的信号传输。

如同图 2-13 的金属导线一样,现在把图 2-19 上的印制电路板走线看作是由许许多多的小段走线紧挨在一起所构成。每一个小段走线都与其下方的地平面层构成了一个小电容——便是前文已介绍过的"分节电容"。这里的分节电容可能不像图 2-16 对两根长直导线的分拆那样直观、对称,因为电容的另一极所在是一大片的金属平面——地平面层,但道理是完全相同的,任何两个导体,无论其形状、尺寸,均构成电容。

这样,就像传输电池信号和短路信号的两根长直导线被等效为一个又一个的分节电容一样,由走线和地平面层所构成的印制电路板信号传输路径也被等效为一个个分节电容的集合,如图 2-20 所示。

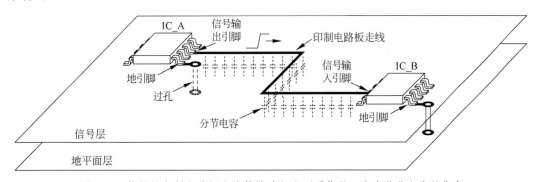

图 2-20　信号的印制电路板走线传输路径也可看作是一个个分节电容的集合

假设图 2-20 上的 IC_A 信号输出原本处于低电平状态,某个时刻 IC_A 驱动它为高电平,这相当于产生了一个从低到高的上升沿信号。这个信号在印制电路板上的传输过程与电池信号非常类似。驱动信号的器件 IC_A 如同一个电池,信号输出引脚是电池的正极,地引脚是电池的负极。电池对着走线和地平面构成的一个个分节电容依次进行充电,信号便向前传输。当所有分节电容充电完成,上升沿便到达了它的接收端——器件 IC_B。

相反的情况下,如果 IC_A 信号输出原本处于高电平状态,某个时刻 IC_A 驱动它为低电平,这相当于产生了一个从高到低的下降沿信号。这个信号的传输过程与短路信号类似。驱动信号的器件 IC_A 如同一个短接线,信号输出引脚和地引脚是它的两端,将印制电路板走线和地平面短接起来,于是由走线和地平面构成的一个个分节电容便依次进行放电,信号得以向前传输。当所有分节电容放电完成,下降沿便到达了它的接收端——器件 IC_B。

第 3 章

传输线与阻抗

3.1 传输线的构成

再次强调,信号是靠两点承载的,信号的传输是在两个分支上同时进行的。这个道理说起来其实再简单不过。如上一章提到的电池信号,沿着两根长长的平直导线传输,两根导线便是信号传输路径的两个分支,如图 3-1 所示。这样的信号传输场景简明、清晰、对称,一目了然。

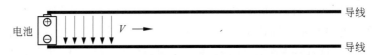

图 3-1　电池信号沿着上、下两根导线组成的传输路径行进

但是我们常常在另外一些非对称的场景中陷入麻痹和疏忽,忘记信号"两支传输"的本性。例如印制电路板的"地",它所承担的零电压参考角色和大平面形态,会使初学者无端地觉得与信号传输路径毫无关系。但事实上,"地"是印制电路板上信号传输路径必不可少的"第二支"。

在信号完整性这个学科范畴内,为了突出和强调信号"两支传输"的本质属性,信号的传输路径被赋予一个专门的名称——传输线。图 3-1 中的两根长直导线构成的电池信号的传输路径和图 3-2 中走线和地平面构成的印制电路板信号传输路径就是传输线的两个实例。

理论上讲,任何两个导体,不论其形状、尺寸和彼此的远近,只要共同用于一个信号的传输,便一起构成传输线。说到传输线,必然是指两个导体所组成的共同体。我们不能仅仅指着图 3-2 上的印制电路板走线说"这是一根传输线",脱离了下面的地平面,孤立的一根走线根本无法将信号从一端传到另一端。对学习信号完整性的初学者而言,这是"传输线"一词在字面意义之下所表达的最重要的内涵,也几乎是全部的内涵。认识到这一点,也就认识了传输线。

印制电路板上的传输线,按照传输路径两分支几何结构关系的不同,可分为两种:微带线和带状线。两种结构的横截面如图 3-3 所示。印制电路板的表层走线和其下的平面层构

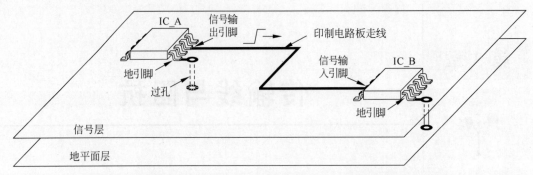

图 3-2　印制电路板上的信号在走线与地平面层组成的传输路径上行进

成微带线,而内层走线与其上、下平面层构成带状线(这个结构中的上、下两平面层一起承担路径的"第二支"角色)。这两个名称是从电磁场理论中沿用而来的,"传输线"一词也从电磁场理论沿用而来。这样的理论背景让初学者感到它们深不可及。确实,这些细枝末节逐渐向我们揭示出电磁场理论在信号完整性学科中的基础地位。信号完整性领域内的很多现象,需要运用电磁场和电磁波的知识加以理解。信号传输越"高速"的时候,越是如此。在人们通常的印象中,电磁场理论深奥、晦涩、抽象、费解,对于习惯了在逻辑层面和电路层面工作的数字电路设计师来说尤其如此。但这并不意味着不能以轻松而简捷的方式进行学习。信号完整性是一门实践学科,其根本目的是要解决实际问题。对我们而言,重要的是理解问题的成因,知晓解决的办法。理论中的东西,在实际中找到对应,就会觉得它们浅显易懂。"微带线"和"带状线"这样的名称听起来学术味十足,似乎大有深意,其实所表达的也就是印制电路板上传输线的两种几何结构关系,仅此而已。

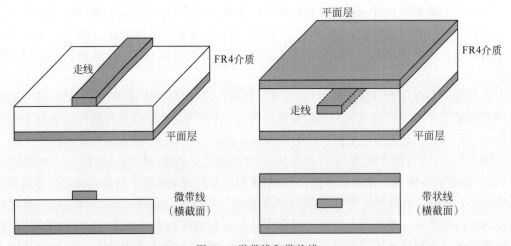

图 3-3　微带线和带状线

在印制电路板之外,最常见的一个传输线实例是同轴电缆,如图 3-4 所示。传送有线闭路电视信号到电视机的信号线便是同轴电缆的一种,其横截面呈同心圆结构。电缆的中心是一根金属导线,导线外裹上绝缘材料层,在绝缘层之外再套上一层网状金属层,最外面是塑料外套。习惯上把网状金属层称作"屏蔽层",因为它将电缆中心的导线完全包起来,可保护中心导线不受外界电磁干扰。但应当知晓,屏蔽只是网状金属层次要的功能,它首要的、本质的功能乃是和中心导线一起构成信号传输路径的两个分支。

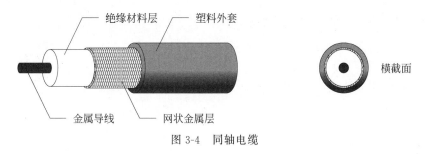

图 3-4 同轴电缆

微带线、带状线和同轴电缆,都属于"非对称"的传输线结构,因为从它们的横截面图来看,组成传输线的两支导体的形状和尺寸不相同。而前面的电池信号用以传输的两根平行长直导线组成的传输线,则属于"对称"的传输线结构,两支导体一模一样,没有分别。实际应用中最典型的采用对称结构的传输线是双绞线,由两根相互绞合缠绕的导线组成,分别作为传输线的第一支和第二支。在平时用于计算机联网的网线中,包含了四对这样的双绞线,如图 3-5 所示。

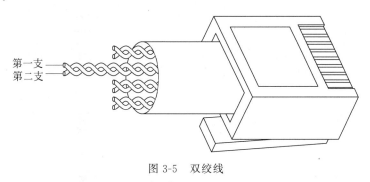

图 3-5 双绞线

3.2 传输线阻抗

把信号的传输过程看作是一个挨一个分节电容的充电、放电,这是精妙的分解技巧,它使我们能够将一个连续的事件过程拆分开来加以分析。现在继续分析电池信号在长直导线上的传输过程,把目光投向导线上的某一节具体的分节电容,设其为从信号发送端开始的第 n 节分节电容,如图 3-6 所示。

当信号刚刚到达第 n 节分节电容的时刻,前面的 $n-1$ 节分节电容已经完成了充电,建立起与电池相等的电压 V,而第 n 节分节电容尚未被充电。从这时开始,电压 V 将向第 n 节分节电容充电。在充电的过程中,第 n 节分节电容和在它之前已经充电完成的部分构成

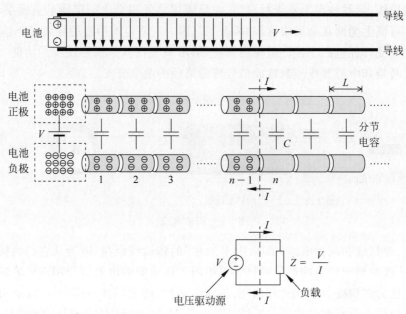

图 3-6　正在充电的分节电容与已充电完成部分构成负载和驱动源的关系

了负载和驱动源的关系：前面的 $n-1$ 节分节电容可以看作是电池正极和负极的延长部分，它们共同表现为一个电压为 V 的电压驱动源，而第 n 节分节电容则是这个电压驱动源所连接的负载。

为电容负载充电，意味着电压驱动源将向电容的两极注入电荷。前已述及，在充电完成后，注入第 n 节分节电容的电荷总量为 $Q=CV$（C 为分节电容值，V 为充电电压），其中与电压驱动源正极连接的导线分节获得正电荷 $+Q$，与电压驱动源负极连接的导线分节获得负电荷 $-Q$。这些电荷全部是从相邻的第 $n-1$ 节分节电容移动过来的，全部电荷移动到位花费的时间也即第 n 节分节电容的充电时间，为

$$T=\frac{L}{v}$$

其中，v 为信号传输速度，L 为导线分节长度。

所以，如果在第 $n-1$ 节导线分节和第 n 节导线分节的分界面上（如图 3-6 虚线所示部位）进行观测，在时间 T 内，上、下两根导线上各有 $+Q$ 和 $-Q$ 的电荷流过分界面，从第 $n-1$ 节导线分节进入第 n 节导线分节。电荷的移动形成电流，上、下两根导线的分界面上都将有电流流过。按照电流强度的定义，电流的大小计算如下：

$$I=\frac{Q}{T}=\frac{CV}{\frac{L}{v}}=\frac{vCV}{L}$$

其中，v 为信号传输速度，L 为导线分节长度，C 为分节电容值，V 为充电电压。

在充电的过程中，第 $n-1$ 节导线分节因为向第 n 节导线分节提供充电电荷而失去自

身电荷,但失去的电荷会立即被第 $n-2$ 节导线分节补充,第 $n-2$ 节失去的又会被第 $n-3$ 节补充……,最终的电荷来源出自电池。因此,电流 I 是在从电池到第 n 节导线分节的整个路径上流动。电流的方向与正电荷的移动方向一致,与负电荷的移动方向相反。在上面一根导线上,电流从电池正极流向第 n 节导线分节,而在下面一根导线上,电流从第 n 节导线分节流向电池负极。两根导线上的电流大小相等,方向相反。

实际上,两根导线上的电流是同一个电流回路的两部分。这个回路的电流流动过程是这样的:电流从电池正极流出,依次流过上面一根导线的前 $n-1$ 节导线分节,再流经上、下两根导线的第 n 节导线分节组成的分节电容,从上面一根导线来到下面一根导线,最后沿下面一根导线的前 $n-1$ 节导线分节回到电池负极,形成完整回路,如图 3-7 所示。

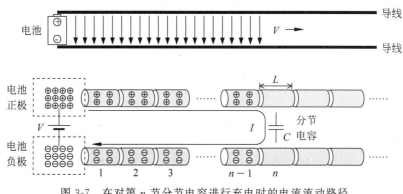

图 3-7　在对第 n 节分节电容进行充电时的电流流动路径

电流"流经"第 n 节分节电容,这意味着上、下两根导线在第 n 节导线分节处尽管彼此并未相连,却有电流从它们之间流过。这似乎难以理解,但确实如此。若非这样,上、下两根导线上的电流将成为不属于任何回路的电流"孤段",而自然界中任何电流都只能以回路形式存在,不可能有这样的电流"孤段"。

可能我们对这个电流的形态仍然感到困惑,难道真的有电荷穿越空气在上下两根导线之间移动吗?这当然是不可能的。如果仅仅是看到了两根彼此不相连的长长导线,将很难想象电流是怎么从一根流到另一根的。而一旦将分处上、下两根导线的导线分节看作是一个分节电容的有机整体,这个电流就变得清晰而易于理解。根据电路基础理论我们知道,电流是能够"流过"电容的,而且在"流过"的过程中并没有电荷真正地穿越电容内部的绝缘层从一个极板移动到另一个极板。我们在分析电路时从来都是将电容作为一个器件的整体来考虑,所以也无须关心其内部的具体情况,只要有电荷进入一极,同时又有极性相同的电荷从另一极离开,那么这就是流过电容的电流。现在在信号传输到第 n 节导线分节时发生着同样的事情,正电荷进入分节电容的一极(上面一根导线的第 n 节导线分节),又有同样多的正电荷从分节电容的另一极(下面一根导线的第 n 节导线分节)离开(负电荷进入就等同于正电荷离开),这就是流在两根导线之间的电流。我们再次领略了使用分节电容的方法分析信号传输过程的精妙之处。

现在再转到负载和驱动源的角度。上面说到,第 n 节分节电容在被充电的过程中扮演着"负载"的角色,它在电压 V 的驱动下产生了电流 I。这样的负载行为与我们熟知的阻抗行为一致,因此可以借用"阻抗"这一物理量来描述信号传输到第 n 节导线分节时所感受到导线的电学特征,并与通常电路含义下的阻抗相区别,将这一阻抗称为"传输线阻抗"。

传输线阻抗的计算方法仍然遵循欧姆定律的定义,取为电压与电流之比。第 n 节分节电容的传输线阻抗为

$$Z = \frac{V}{I} = \frac{V}{\dfrac{vCV}{L}} = \frac{1}{\dfrac{vC}{L}} = \frac{1}{vC_L}$$

其中,V 为充电电压,I 为流过分节电容的电流,v 为信号传输速度,L 为导线分节长度,C 为分节电容值。

式中,$C_L = \dfrac{C}{L}$。这是将第 n 节分节电容 C 除以导线分节长度 L 得到的值,表示每单位长度的导线间电容。这是两根均匀、平行的长直导线,从任何一个导线分节计算都将得到相同的 C_L 值,所以 C_L 也是整个传输线上每单位长度的电容。C_L 是两根导线所组成的信号传输通道所具有的固有属性,决定 C_L 大小的因素是两根导线的材质、形状、尺寸、彼此的间距和外部介质环境(本例中是空气)。具体的计算关系无须深入,但可以通过一些实例了解 C_L 的大致数值量级:两根横截面直径为 0.5mm 的长直铜导线,在空气中以间距 10mm 平行放置,则每单位长度的导线间电容为 0.08pF/cm。如果将这两根铜导线的间距缩小到 5mm,则每单位长度的导线间电容为 0.12pF/cm,如图 3-8 所示。

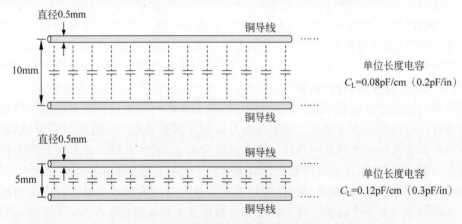

图 3-8　平行长直铜导线间每单位长度电容

下面是一个微带线(印制电路板表层走线)的例子。走线线宽为 8mil(密耳,1mil ＝ 0.001in ＝ 0.0254mm),走线与平面层间距为 5mil,则走线与平面间的每单位长度电容 C_L 约为 1.16pF/cm,如图 3-9 所示。

由第 n 节导线分节处的传输线阻抗 Z 的计算式来看,它是一个只与信号的传输速度 v 和单位长度的导线间电容 C_L 有关的值,而 v 和 C_L 在每一节导线分节上都是相等的,所以

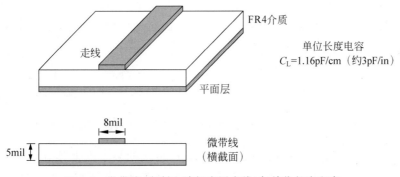

图 3-9　微带线(印制电路板表层走线)每单位长度电容

每一节导线分节处的传输线阻抗都是相等的,都为 $Z=\dfrac{1}{vC_{L}}$。

这个计算式是普遍适用的,其他类型的传输线,如微带线、带状线和同轴电缆等,都能这样计算传输线阻抗。同时注意到,这个计算式中并未出现导线分节的长度 L。可见导线分节的长度不影响传输线阻抗的分析结果,无论 L 的取值为多少,都会得出 $Z=\dfrac{1}{vC_{L}}$ 的计算式。当取 L 为一个无穷小的值时,导线分节缩为导线上的一点,在这一点处,传输线阻抗的值仍为 $Z=\dfrac{1}{vC_{L}}$。这样,传输线阻抗在导线的每一点上都具有了意义。

两根平行长直导线组成的传输线、印制电路板上的微带线和带状线、同轴电缆,这些传输线的共有特征是导体和绝缘介质的材质、形状和尺寸等在整个路径上没有变化,沿着传输线上任何一点的横截面都是相同的,见图 3-3 和图 3-4。这样的传输线称为均匀传输线。可想而知,均匀传输线上每一点处的传输线阻抗都是相等的。

如图 3-9 所示的微带线,单位长度电容 C_{L} 为 1.16pF/cm(即 1.16×10^{-10}F/m),信号在其上的传输速度 v 为 1.73×10^{8}m/s(略高于真空中光速的一半),则传输线阻抗为

$$Z=\frac{1}{vC_{L}}=\frac{1}{1.73\times10^{8}\times1.16\times10^{-10}}\approx50(\Omega)$$

沿着这个微带线上每一点的传输线阻抗都是 50Ω,于是人们通常直截了当地说"这个微带线的阻抗是 50Ω",或者"这是个 50Ω 的微带线"。从微波和电磁场专业毕业的工程师能够轻松理解这个 50Ω 的正确含义,但对于今天从事数字设计的绝大多数并不具有微波或电磁场专业背景的工程师来说,这是最早的一个令我们困惑的信号完整性话题。回想初入门径的时候,前辈、学长不经意地指着印制电路板上的一根走线说它的阻抗是 50Ω,那时我们想当然地理解这句话的意思是说这根走线从一端到另一端的"电阻"是 50Ω。但是渐渐地出现了不对劲的地方,不止这一根,许多其他的走线,包括那些明显比这一根长很多或短很多的走线,阻抗也都是 50Ω,这实在是令人费解。

这是全然不同的两个概念。当说到一根走线的电阻,这表征的是一个从走线一端到另一端的量,它的内容分布范围只限于走线自身。而走线的传输线阻抗则是处于走线和平面

层之间,其内容分布范围是由走线和平面层所组成的整个传输线整体。直观地讲,电阻是在走线上"横向"分布的,而传输线阻抗是在走线和平面层之间"纵向"分布的,如图 3-10 所示。

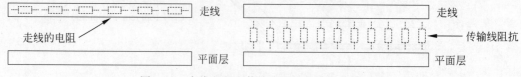

图 3-10   走线电阻和传输线阻抗的分布方向不同

正因为传输线"阻抗"是"纵向"分布的,才能在走线的某一点上具有实际意义。而"横向"分布的"电阻"是不可能存在于走线的某一点上的,它是一个需要在两点之间进行描述的量,必然对应着"一段"走线,而不是走线上的"一点"。当然,这个要求对传输线"阻抗"其实也是一样的,无论是"电阻"还是"阻抗",都必须是存在于两点之间的量。只不过对"纵向"分布的传输线阻抗来说,两点中只有一点是在走线上,另一点则在平面层上。因此,可以指着走线的某一点说"这一点的阻抗是 50Ω",这句话的完整含义是,在这一点上,走线与下方的平面层共同构成的传输线阻抗是 50Ω。

电阻的大小完全是由走线自己决定的。根据在中学物理课上就已熟知的计算关系,走线的电阻 R 由导体金属材质的电阻率 ρ、走线横截面积 S 和走线长度 L 决定,计算式如下:

$$R = \rho \frac{L}{S}$$

除此之外的其他任何因素(印制电路板的绝缘介质、走线与平面层的间距等)都不影响走线电阻的值。在印制电路板上,所有走线的电阻率 ρ 是相同的,相同线宽、厚度的走线其横截面积 S 也相等,只有长度 L 是因具体走线的不同而千差万别的。那么,各个具体走线的电阻值也将是千差万别的,不可能出现大量走线都具有同一个电阻值的情况。

而且,我们不必经过计算,仅凭主观直觉,也会感到 50Ω 这样一个值对于一根印制电路板走线的电阻来说实在是太大了。如果用万用表对自己身边的印制电路板走线电阻进行实际测量,会发现读数是相当小的,其数值量级不会超过 1Ω。运用上面的计算式计算,铜金属走线的电阻率为 $0.72 \times 10^{-6} \, \Omega \cdot \text{in}$,则典型的 5mil 宽、1.4mil 厚、1in 长的铜走线的电阻为

$$R = \rho \frac{L}{S} = 0.72 \times 10^{-6} \times \frac{1}{0.005 \times 0.0014} \approx 0.1(\Omega)$$

这个电阻微乎其微,以至于我们通常都把它忽略掉,直接认为走线的电阻为 0。可见,50Ω 这样的值是不可能指走线"电阻"的。

将传输线"阻抗"与走线"电阻"混为一谈几乎是所有初学者不可避免要走的弯路,我们很多人正是在这个问题的驱使下开始信号完整性理论的学习。澄清传输线阻抗与电阻的区别让我们初次领略了信号完整性理论的"深厚"。这是一个经典的话题,足以作为学习信号完整性理论的入门标志——当我们彻底地理解了传输线阻抗的含义并能阐明它与电阻的区别,就已跨进信号完整性学科的大门。

传输线阻抗分布于整个传输线之上。沿着传输线的每一点,都对应着这一点的传输线

阻抗。但是,阻抗对于信号的作用却不是传输线上所有的点共同施加的。这是何意? 参见图 3-11。某微带线(印制电路板表层走线)被信号驱动源注入一个从低到高的跳变,图中画出在信号传输过程中某时刻微带线上的电流分布图。电流仅仅在当前信号传输所到的那一点流过传输线阻抗,在其之前和之后的传输线部分都无电流流过传输线阻抗。经由这一点,分别在走线和平面层上流动的电流分支被连接结合,形成完整回路。

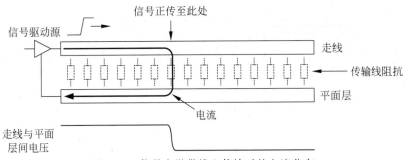

图 3-11　信号在微带线上传输时的电流分布

阻抗或电阻,其作用机制的外在表现是当电压加于其身时,会有电流流过。现在整个传输线上仅在信号所到的那一点上有这样的作用表现。对于信号尚未到达的传输线部分,没有电流流过阻抗我们能够理解,因为电压尚未到达。但信号已经走过的传输线部分,为何也没有电流流过阻抗呢?

不应忘记,传输线阻抗的承载实体是分节电容。电流流过电容的前提是为其施加变化的电压,稳定不变的电压加在电容两端,不会有电流流过,如图 3-12 所示。电容的阻抗,便是这样,只存在于变化的电压之中,没有变化的电压,也就无所谓阻抗。

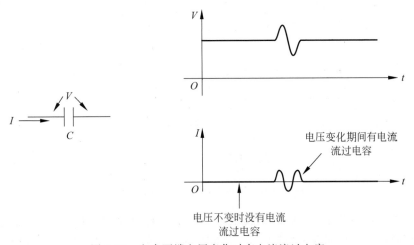

图 3-12　电容两端电压变化时有电流流过电容

在信号已经走过的部分,分节电容已经充电完成,电压不再变化,没有电流流过。只有信号最前沿的那一个分节电容,正经历着电压从低到高的充电变化过程,成为整个电流回路的汇接点,如图 3-13 所示。这个电流汇接点会伴随着信号的传播而沿着传输线向前行进,汇接点所到之处,也就是传输线阻抗正在发挥作用的地方。这就是传输线阻抗的瞬时性——信号在沿着传输线传播的每个时刻,它都感受到当前所在那一点的传输线阻抗,一旦它越过这一点,这一点的阻抗也就不再产生作用。

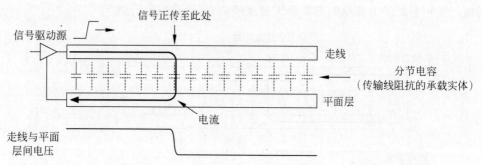

图 3-13　分节电容作为电流汇接点将走线与平面层的电流汇接成完整回路

当信号传遍整个传输线,到达接收端,在从发送端到传输线到接收端的整个路径上都建立起稳定一致的电平状态,无论是高或低电平,所有的分节电容都已充电或放电完成,这时电压不再变化,传输线上任何一点都没有从走线流向平面层的电流存在,所有点上的传输线阻抗都不产生作用,就好像根本不存在。待到信号驱动源的输出电平状态再次发生改变,一个新的“跳变”(高到低跳变或低到高跳变)被注入传输线,一切过程再次开始,阻抗在传输线上的每一点上依次发挥作用,履行作为电流汇接点的职责,将信号推向前进。传输线阻抗因“跳变”的存在而存在,如图 3-14 所示。

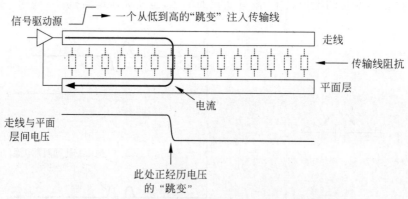

图 3-14　传输线阻抗因信号“跳变”的存在而存在

数字信号传输的关键是“跳变”的传输。接下来会看到,所有的信号完整性故障现象都是因“跳变”而触发。如果没有“跳变”,一切信号完整性问题都将不存在。但没有了“跳变”,所有的数字电路都将是一潭死水,不能执行任何功能。“跳变”是数字电路的生命脉动,因为“跳变”,信息在电路中流动;因为“跳变”,指令在电路中下达;因为“跳变”,功能在电路中执行;也因为“跳变”,信号完整性问题成为我们在数字电路的高速时代不得不考虑的设计关键。

第 4 章

反　　射

4.1　反射发生的原理

在电池信号沿着平行长直导线传输的过程中,假如可能,每隔一个很短的时间,比如1ns,将整个导线上各点的电压测试一遍,就会看到电池电压 V 在两根导线间逐步前行的过程,如图 4-1 所示。当信号到达导线的末端,电压 V 铺满整个导线,在导线的每一点上都测得两根导线间的电压为 V。按惯常的理解,信号的传输到此结束,导线上所有点上的电压保持为 V,不再变化。

果真如此吗?继续每隔 1ns 测试导线电压。不料却发现,在电压 V 到达导线末端后,随着时间的进行,导线末端附近的导线间电压竟然继续升高,达到了原本电池电压的两倍,即 $2V$,并且这个 $2V$ 的电压从导线末端持续地向连接电池的那一端扩散,最终在某个时刻,整根导线的电压都上升到 $2V$。这个 $2V$ 的电压从何而来?

仍然回到分节电容的观察角度,如图 4-2 所示。电池的两极源源不断地向导线注入正、负电荷,依次将一节一节的分节电容充电至电压 V,信号得以前行。每节分节电容在充电后获得电荷 $Q=CV$。当位于导线末端的最后一节分节电容被充电完成以后,其身后已再无分节电容,处于开路状态的导线末端也未连接其他任何导体,因此也就不再需要充电电荷。可是,此刻位于导线那一端的电池并不"知道"导线已到尽头,它依然向导线注入电荷,就好像存在行为的"惯性"一样。所有的导线分节也继续担当着"电荷传递者"的角色,第一节导线分节每从电池获得一个电荷,就同时向第二节导线分节传递一个电荷,保持自身储存的电荷总量为 Q 不变。第二节又向第三节传递一个电荷,第三节又向第四节传递一个电荷……,这个接力活动一直进行到末节导线分节,它从倒数第二节导线分节获得一个电荷,然后试图向"下一节"导线分节传递一个电荷,但事实上其身后已没有任何导线分节,所以这个电荷无法被传递出去,它就像皮球碰到墙壁一样被"弹"了回来,折返掉头,沿着与信号来时相反的方向移动而去。

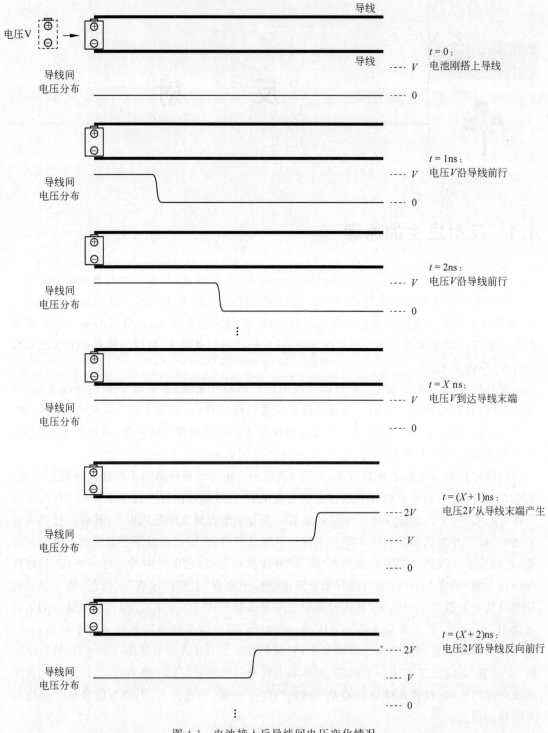

图 4-1　电池接入后导线间电压变化情况

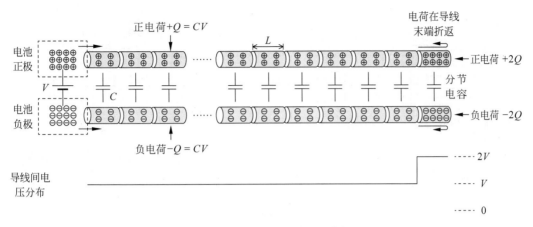

图 4-2 信号到达导线末端时电荷折返

有多少电荷需要传递给事实上并不存在的"下一节"分节电容,就会有多少电荷在末节导线分节处折返。在原本将一个分节电容充电至 V 所需要的时间 T 内,一共有总量 $Q = CV$ 的电荷在导线末端折返。折返电荷的前进速度与之前电池沿着导线依次充电分节电容时的电荷前进速度相等,每隔时间 T,前行一个导线分节长度 L。所以,在电池信号到达导线末端那一刻之后的时间 T 内,上面一根导线上有总量为 $+Q$ 的正电荷折返进入末节导线分节,下面一根导线上有总量为 $-Q$ 的负电荷折返进入末节导线分节。加上之前充电时已储存的 $+Q$ 和 $-Q$ 电荷量,现在上、下两个末节导线分节拥有的电荷分别达到了 $+2Q$ 和 $-2Q$,于是末节分节电容的电压便为

$$V_{\text{末}} = \frac{2Q}{C} = 2V$$

再经过一个时间 T,又一份电荷 Q 在末端折返,进入末节导线分节。而先前的那份折返电荷 Q 前行到倒数第二节导线分节,末节分节电容的电荷量保持 $2Q$ 不变,其电压也仍为 $2V$ 不变。而倒数第二节分节电容的电荷从 Q 增至 $2Q$,其电压便从原来的 V 增至 $2V$。再接下来,是倒数第三节导线分节、倒数第四节导线分节……,$2V$ 的电压就这样从导线末端沿着与信号来时相反的方向传播开来,如图 4-3 所示。

在 $2V$ 电压中,有 $1V$ 是原本电池信号对分节电容充电的结果,折返电荷的贡献是另外的 $1V$。事实上,我们完全可以认为折返电荷前行的过程就是另外一个独立的信号在沿着两根导线组成的传输线反向传输。原本的电池信号在到达导线末端后就结束了,一个新的信号从导线末端注入,沿着与电池信号相反的方向在导线上传输。在这个新信号反向前行的过程中,传输线上各点的电压将是两个信号共同作用效果的叠加。

信号在开路的传输线末端受阻挡而引发新的信号反向传输的现象,称作信号的反射。原本沿传输线行进的信号称为入射信号,新的折返而行的信号称为反射信号,如图 4-4 所示。入射信号和反射信号是绝对的先后因果关系,反射信号不会凭空自发而生,它的出现必定源于入射信号发生在先。

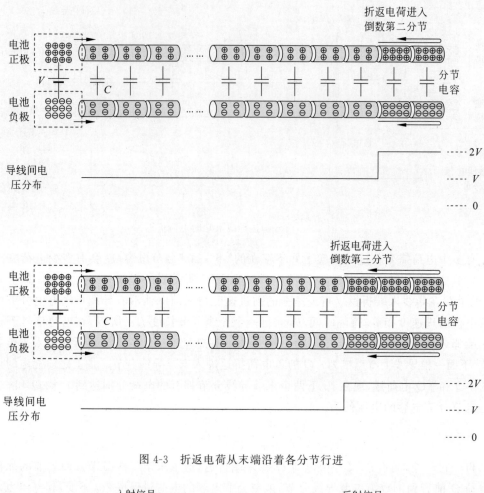

图 4-3　折返电荷从末端沿着各分节行进

图 4-4　信号在传输线末端发生反射

　　反射并不一定仅仅在开路的传输线末端发生。下面看另一个例子,仍是电池信号在平行长直导线上传输的情形。但这次组成传输线的两根导线不再是粗细始终不变的均匀导线,而是由粗细不同的两段导线拼接而成,前一段粗些,后一段细些,如图 4-5 所示。

　　在将整根传输线进行分节电容的划分后,由于导线分节粗细不同,导线前后两段的分节电容值是不一样的。在上下导线分节间距相当、导线分节长度相等(都为 L)的情况下,由两个更粗的导线分节构成的分节电容具有更大的电容值。设图 4-5 中粗段部分的分节电容值仍为 C,则细段部分的分节电容值将小于 C。如果将粗段分节电容充电至 V 需要的电荷量

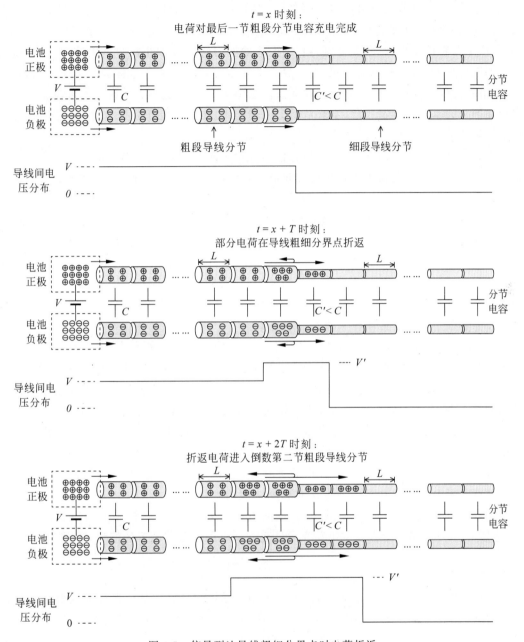

图 4-5 信号到达导线粗细分界点时电荷折返

为 Q，则将细段分节电容充电至 V 需要的电荷量将小于 Q。

电池信号首先沿着传输线的粗段部分前行，依次将粗段部分的分节电容充电至 V。在最后一节粗段分节电容充电完成后，紧挨其身后的是细段部分的第一节分节电容，它只需要小于 Q 的电荷量即可充电至 V。但此刻位于导线那一端的电池并不"知道"导线已变细，分节电容已减小,对电荷的需求量也已降低,它按照自己的"惯性"继续将一份足量 Q 的电荷通过已充电完成的粗段部分各分节依次接力递交过来,试图全部注入第一节细段分节电容。然而,由于电容值较小,细段分节电容容纳电荷的能力终究不如粗段分节电容,它未能接纳下全部电荷量 Q,有一些电荷在粗、细分界点上像是皮球碰到墙壁一样被"弹"了回来,折返掉头,沿着与信号来时相反的方向移动而去。从图 4-5 来看,这种电荷折返的现象很像是两根粗细不一的水管拼接在一起,水流从粗管一端灌入,在流经粗细接头的地方就会有部分水流受到阻挡被弹回一样。

没有被"弹"回的电荷继续前行,当它们走完第一节细段导线分节的时刻($t=x+T$ 时刻),被"弹"回的折返电荷也正好从反方向走过最后一节粗段导线分节。由于折返电荷的加入,原本已充电至 V 的最后一节粗段分节电容被充电至更高的电压 V'。在下一个时间 T,又一份电荷 Q 到达粗、细分界点,同样的事情再次发生,又一些电荷折返而行,进入最后一节粗段导线分节,而之前的上一份折返电荷在这个时间 T 内离开最后一节粗段导线分节,进入到倒数第二节粗段导线分节。一进一出,最后一节粗段分节电容的电荷保持不变,电压也保持 V' 不变。倒数第二节粗段分节电容的电压升高至 V'。再接下来,是倒数第三节导线分节……,一个高于初始信号 V 的电压 V' 便沿着与信号来时相反的方向传播开来。这便是发生在传输线中间而非传输线末端的反射现象。

与此同时,越过粗、细分界点的电荷则继续履行着入射信号的职责,依次对细段分节电容进行充电。我们可能会想,既然多余的电荷都已反射而回,越过分界点的电荷就正好将细段分节电容充电至初始信号电压 V。是这样吗?不是的。细段分节电容将被充电至比 V 更高的电压,并且与反射所致的从分界点反向而行的电压值 V' 相等。这是为何?可从反面角度来理解。倘若不是这样,在分界点两边的最后一节粗段分节电容和第一节细段分节电容将存在电压差,这个电压差又会促使电荷在两节导线分节间重新分配,最终达到电压相等。所以,究竟有多少电荷越过分界点继续前行,有多少电荷被反弹折返,是由在分界点两侧的分节电容上最终建立起一致的电压 V' 所决定的。

设折返电荷的值为 $Q_反$,则越过分界点的电荷为 $Q-Q_反$。对第一节细段分节电容而言,电压 V' 全部由越过分界点的电荷充电所建立。设细段分节电容的值为 C',则有:

$$V' = \frac{Q-Q_反}{C'}$$

而对最后一节粗段分节电容而言,电压 V' 由两部分构成,一部分是之前入射信号已建立起的电压 V,另一部分则是由折返电荷 $Q_反$ 所形成的反射信号所充电建立的电压 $V_反$,即

$$V' = V + V_反$$

也即

$$V' = \frac{Q}{C} + \frac{Q_反}{C} = \frac{Q+Q_反}{C}$$

其中,C 为粗段分节电容的值。

联解上面两个等式,可以得如下关系:

$$\frac{Q_{反}}{Q}=\frac{C-C'}{C+C'}$$

可见折返电荷 $Q_{反}$ 与初始入射电荷 Q 之间满足某个固定的比例关系,这个比例关系由反射点前后的分节电容值所决定。而反射电压 $V_{反}$ 与入射电压 V 的比值也将满足这个关系:

$$\frac{V_{反}}{V}=\frac{\dfrac{Q_{反}}{C}}{\dfrac{Q}{C}}=\frac{Q_{反}}{Q}=\frac{C-C'}{C+C'}$$

这个比值称为反射系数,用 ρ 表示。即

$$\rho=\frac{V_{反}}{V}=\frac{C-C'}{C+C'}$$

反射系数 ρ 直接反映出在传输线发生反射的地方反射信号电压相较入射信号电压的比例程度,可以方便地用于相关的计算。最终在反射点两侧的粗、细段分节电容上建立起一致的电压为

$$V'=V+V_{反}=V+\rho V=V(1+\rho)$$

所以,在经过粗细分界点之后,入射信号的电压就不再与最早进入传输线的初始值 V 一致,而是升高至 $1+\rho$ 倍继续前行。或许这样理解更为准确,原来的入射信号在到达分界点后就结束了,继续前行的是从分界点产生的一个全新的信号。

现在来看看非均匀传输线的另一种情况,细段导线在前而粗段导线在后,如图 4-6 所示。如果设细段分节电容值为 C,粗段分节电容值为 C',则 C' 将大于 C。

入射电压完成了最后一节细段分节电容的充电,来到细、粗分界点,接下来开始对第一节粗段分节电容充电。由于电池并不"知道"分节电容值已变大,它仍按照"惯性"送来一份仅够细段分节电容充电至电压 V 的电荷 $Q=CV$。而要将粗段分节电容充电至 V 需要的电荷更多,于是存在着电荷量的"亏空"。

为了弥补这个亏空,最后一节细段分节电容将多于 Q 的过量电荷 Q' 供给了第一节粗段分节电容,结果其自身的电压下降至 V 以下。而多给的电荷仍不足以将第一节粗段分节电容充电至 V,最终在信号走过细粗分界点后的时间 T 后($t=x+T$ 时刻),第一节粗段分节电容和最后一节细段分节电容均达到小于 V 的电压值 V'。

接着,下一个时间 T 内,这种电荷"亏空"和补偿效应继续发生。信号前行方向的下一节分节电容,即第二节粗段分节电容,也需要多于 Q 的电荷量。于是,第一节粗段分节电容将自己刚刚获得的多于 Q 的电荷量 Q' 尽数传递给了第二节粗段分节电容,使第二节粗段分节电容被充电至电压 V'。同时,第一节粗段分节电容又从最后一节细段分节电容获得了电荷量 Q'。进出电荷相等,第一节粗段分节电容电压保持为 V' 不变。

在这个时间 T 内,电池依然保持着之前的"惯性",只往导线注入了电荷量 $Q(Q<Q')$。所以,粗段分节电容需求电荷的"亏空"和补偿依然存在。这一次,倒数第二节细段分节电容成为过量电荷的补偿者,它将多于 Q 的电荷量 Q' 提供给了最后一节细段分节电容,却只从

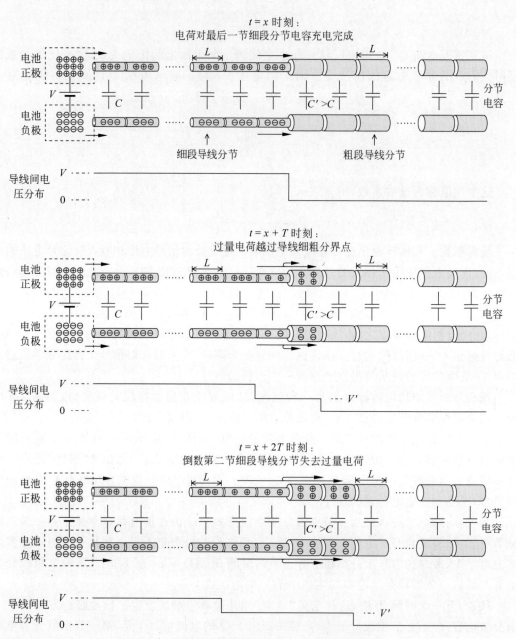

图 4-6　信号到达导线细粗分界点时过量电荷越界

倒数第三节细段分节电容得到了电荷量 Q，因而其电压下降至 V'。而最后一节细段分节电容丢失和得到的电荷均为 Q'，其电压保持为 V' 不变。

再接下来，同样的过程发生在细段的倒数第三节、第四节……，一个低于初始信号 V 的电压 V' 便沿着与信号来时相反的方向传播开来。反射就此形成。

与前一种情况一样,电压V'依然是由入射电压V和反射电压$V_{反}$共同构成,即$V'=V+V_{反}$。反射电压$V_{反}$与入射电压V依然满足由反射系数ρ所确立的关系:

$$\rho = \frac{V_{反}}{V} = \frac{C - C'}{C + C'}$$

所不同的是,在前一种"先粗后细"的传输线中,C大于C',反射系数ρ是一个大于0的值,故而反射电压$V_{反}$以正向方式叠加在入射电压V之上,获得比入射电压V更高的电压V'。而在此种"先细后粗"的传输线中,C小于C',反射系数ρ是一个小于0的值,反射电压$V_{反}$以负向方式叠加在入射电压V之上,获得的电压V'将低于入射电压V。可见,同为反射,两种情况下反射信号的作用方向完全相反。这个差异在直观上源于信号所经历的分节电容是"先大后小"还是"先小后大",如图4-7所示。

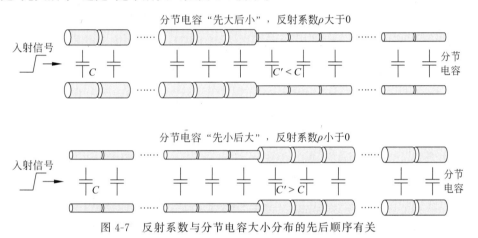

图 4-7 反射系数与分节电容大小分布的先后顺序有关

进一步分析,传输线前后两段分节电容大小不一,说明前后两段的单位长度电容C_{L}不相等。按照传输线阻抗的计算式:

$$Z = \frac{1}{v C_{L}}$$

其中,Z为传输线阻抗,v为信号传输速度,C_{L}为传输线单位长度电容。则前后两段的传输线阻抗也将不一致(已知信号的传输速度v在前后两段上相等)。所以,分节电容大小的差别在本质上是传输线阻抗的差别。这不是一根从头到尾处处阻抗一致的均匀传输线,而是存在中途阻抗改变的非均匀传输线。信号在传输到前段和后段的分界点时,感受到的传输线阻抗会陡然增加("先粗后细")或陡然下降("先细后粗")。这样的情况也叫作"阻抗不连续",在阻抗发生改变的地方就是传输线的阻抗不连续点,如图4-8所示。信号的反射正是发生在阻抗不连续点上。只要存在阻抗不连续的情况,信号经过时就会有反射发生,这是反射信号产生的根本原因。

现在我们从传输线阻抗这个更本质的层面上来得出反射系数ρ。之前已得到ρ与分节电容的关系:

$$\rho = \frac{V_{反}}{V} = \frac{C - C'}{C + C'}$$

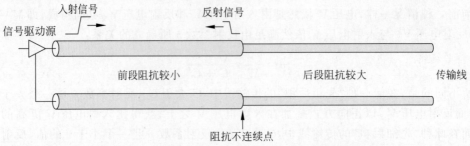

图 4-8　传输线阻抗不连续是发生信号反射的根本原因

其中，C 和 C' 是前后两段传输线以长度 L 为划分单位所得到的分节电容值。设前后两段的单位长度电容分别为 C_{L} 和 C'_{L}，有：

$$C = L\, C_{\mathrm{L}}$$

$$C' = L\, C'_{\mathrm{L}}$$

又设信号先经过的传输线阻抗为 $Z_先$，后经过的传输线阻抗为 $Z_后$，根据阻抗计算式，有：

$$Z_先 = \frac{1}{vC_{\mathrm{L}}}$$

$$Z_后 = \frac{1}{vC'_{\mathrm{L}}}$$

联解以上各式，最终可得反射系数 ρ 与传输线阻抗的关系：

$$\rho = \frac{V_反}{V} = \frac{Z_后 - Z_先}{Z_后 + Z_先}$$

这个关系清晰地显示，如果信号的传输是从低阻抗进入高阻抗，即 $Z_后 > Z_先$，反射系数 ρ 大于 0，反射电压以正向方式叠加在入射电压之上；如果信号的传输是从高阻抗进入低阻抗，即 $Z_后 < Z_先$，反射系数 ρ 小于 0，反射电压以负向方式叠加在入射电压之上，如图 4-9 所示。

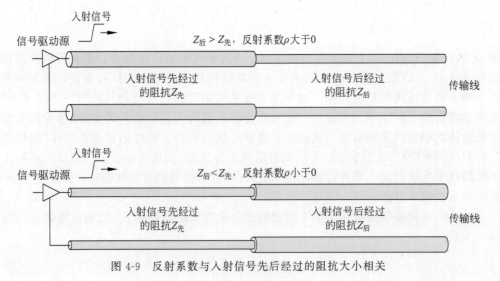

图 4-9　反射系数与入射信号先后经过的阻抗大小相关

使用分节电容和传输线阻抗,都能计算反射系数 ρ。这两种计算表达方式的内涵是相同的。从"阻抗"的角度来描述,是对物理现象最本质的表达方式。但对初学者来说,"阻抗"的概念比较抽象,不容易建立起与传输线实物的联系。使用"分节电容"则要直观得多,通过传输线的实物形态,容易分辨出传输线不同部分间的电容大小关系,从而方便地判断反射是正向还是负向的,反射系数 ρ 是大于 0 还是小于 0。

使用阻抗计算反射系数: $$\rho=\frac{Z_后-Z_先}{Z_后+Z_先}$$

使用分节电容计算反射系数: $$\rho=\frac{C-C'}{C+C'}$$

在传输线开路末端发生的反射,如图 4-10 所示,是反射电压正向叠加的一种极端情况,仍然可以计算出反射系数。在信号到达末端之前经历的传输线阻抗为 $Z_先$。在传输线开路末端之后的部分,由于不再存在任何导体,无论多大的电压加于其上都不会形成电流,可以认为其阻抗为无穷大,即 $Z_后=\infty$。于是,传输线开路末端的反射系数为

$$\rho=\frac{Z_后-Z_先}{Z_后+Z_先}=\frac{\infty-Z_先}{\infty+Z_先}=1$$

$\rho=1$ 即意味着反射电压会以同等幅度正向叠加在入射电压之上,因此我们看到了在电池信号到达传输线开路末端后,两倍于入射值的电压从末端开始沿着传输线反向而行。

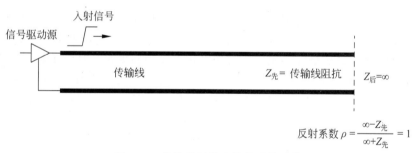

图 4-10　传输线开路末端的反射系数

与末端开路相对应的另一种情况是末端短路,即在传输线的末端使用一根短接线将传输线的两支短接起来,如图 4-11 所示。信号传输到短路的末端又会发生怎样的反射?其反射系数是多少?

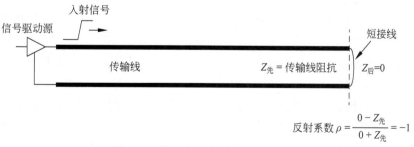

图 4-11　传输线短路末端的反射系数

对于一个短路的传输线末端,其阻抗该如何取值?这样来理解,由于短接线的存在,传输线末端上下两支的电位总是相等的,不论流过多大的电流,都不会在两支间建立起电压差,按照阻抗的计算方法:电压与电流之比,既然电压永远都为 0,其阻抗也就为 0。所以 $Z_后=0$。于是,传输线短路末端的反射系数为

$$\rho = \frac{Z_后 - Z_先}{Z_后 + Z_先} = \frac{0 - Z_先}{0 + Z_先} = -1$$

$\rho = -1$ 意味着反射电压会以同等幅度负向叠加在入射电压之上,这相当于将入射信号本已在传输线上建立起的电压又移除了。

再来观察电池信号在这样一个末端短路的传输线上传输的过程。如图 4-12 所示,两根平行长直导线组成的传输线,其一端用短接线将两支导线短接起来。从电池搭上另一端的时刻开始,每隔 1ns 时间,测量整个传输线上的电压分布。

最初的发展过程与图 4-1 中末端开路的传输线上的情形没有差别,电压 V 沿着导线向末端行进。在入射信号还没有到达末端之前,它只受到正在经历的传输线阻抗的影响。无论末端是开路还是短路,对于入射信号都是"未知"的,不会影响信号传输的状态。在某个时刻($t = X$ ns),入射信号刚好到达传输线末端,整个传输线上都被建立起电压 V。

接下来,传输线末端的反射发生。由于短路末端的反射系数为 $\rho = -1$。一个与入射电压 V 相反的反射电压 $-V$,在传输线末端产生,并沿着传输线反向而行。在反射信号走过的地方,传输线上原本被入射信号建立起的电压 V 被反向电压 $-V$ 抵消,电压重归于 0。最终,反射信号会走完整个传输线,到达入射信号的源端尽头——电池的两端,电池电压 V 被反向电压 $-V$ 抵消。直到这一刻,电池才开始真正感受到两极被"短路"了。

反射总是发生在传输线上阻抗发生改变的地方,并且在反射点前后的阻抗相差越大,反射的情况就越"剧烈",反射信号的幅度就越大,这从反射系数 ρ 的计算公式就可以看出。当反射点前后的阻抗没有差别的时候,计算所得的反射系数为 0,也即不会有反射信号产生,这就是信号在阻抗处处一致的均匀传输线上传输时的情况。而最"剧烈"的反射莫过于上述传输线末端开路和短路两种极端情况,如图 4-13 所示。其他任何情况下的反射,其反射系数都不会超出此两种情况界定的区间范围,即 $-1 \leqslant \rho \leqslant 1$。反射信号相对于入射信号要么以正向形式、要么以负向形式产生,但其电压幅度的绝对值至多与入射信号相等,不可能存在一个幅度比入射信号还大的反射信号。

阻抗对于传输线而言,所反映的其实是一种能够容纳电流通过的能力。同等电压条件下,越小的阻抗,能够容纳的电流越大。为了能够形象地认识这一能力在信号传输过程中起到的作用,我们不妨想象水流在水管中流动的场景,如图 4-14 所示。

两根横放的水管通过它们之间的许多竖放水管连通,这样一个水管系统就好比是传输线,传输线上各处的阻抗大小通过竖管的粗细来体现,越粗的竖管能够容纳的水流越多,对应到传输线,就是阻抗较小的地方。反之,越细的竖管,能够容纳的水流就越少,对应到传输线,就是阻抗较大的地方。信号驱动源的作用就好比是一个水泵,将水流注入上面的横管,再经过竖管,从下面的横管流回。水流依次选择每一根竖管作为水流环回的通道。第一次,

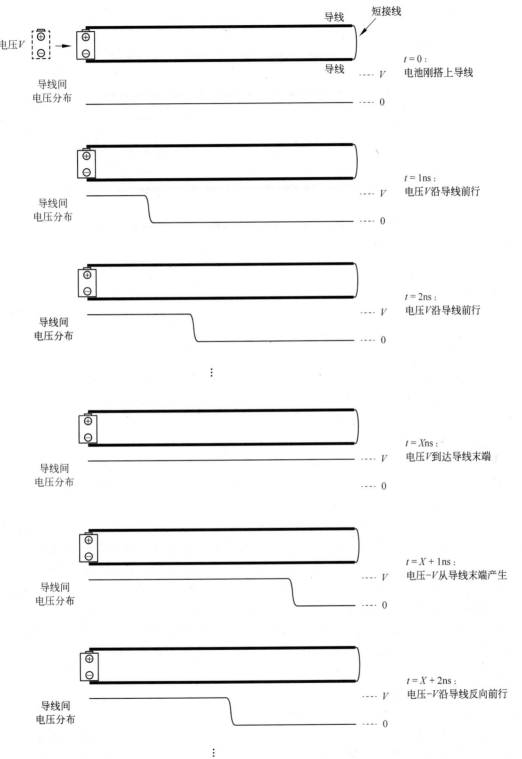

图4-12 电池接入后末端短路的导线间的电压变化

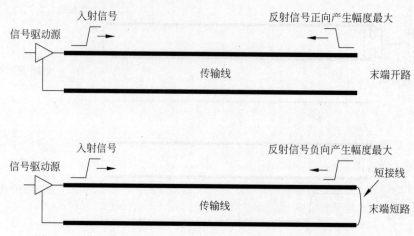

图 4-13   传输线末端开路和短路是反射信号幅度最大的两种极端情况

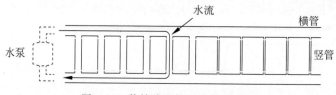

图 4-14   传输线阻抗的水管比喻图

水流从最左端的第一根竖管环回,第二次,水流从第二根竖管环回,然后是第三根、第四根……,就如同信号沿着传输线前行一样。

第一根竖管的粗细决定了水泵出水量的大小。水泵第一次发出的水流正好通过第一根竖管,然后它以后每次都发出同样多的水量,不管当前正使用的竖管的粗细是否能够容纳这么多水流。如果接下来的竖管都与第一根同样粗细,水流就正好能够通过它们环回。但假如在经过了若干同样粗细的竖管之后,突然遇到了一根更细的竖管,水泵并不知道这个变化,它依然将与第一根竖管粗细相当的水量送了过来,那么这根更细的竖管将无法容纳这么多的水量通过,只有一部分水流进入细管环回,而未能进入细管的那部分水流便会被"弹回",流向水泵方向而去。阻抗先低后高的传输线反射信号就如同这流回的水流一般。

反之,如果水流最初是沿着较细的竖管流回,突然遇到了一根更粗的竖管,水流在此处阻力陡降,过量水流灌入粗竖管,造成该竖管所处位置附近的横管水位瞬间下降,导致供水短缺。并且随着后续粗竖管持续地消耗过量水流,这种短缺效应向着水泵的方向扩散而去。在阻抗先高后低的传输线发生的反射信号就好像是这种扩散现象一样。

4.2   末端端接

如果电池信号沿传输线传输的目的是尽快在传输线上建立起稳定不变的入射电压,那么在传输线开路末端发生的反射(如图 4-15 所示)是不希望看到的。有没有办法消除反射呢?

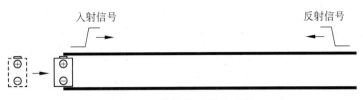

图 4-15 传输线末端的反射

传输线末端的具体情形有三种,第一种是开路,第二种是短路,第三种介于二者之间,既非开路,也非短路,而是端接着一个有限的阻抗值,这是一种最普遍的情形。在实际的电路中,传输线传送信号的目的是为了让接收端接收信号,所以传输线的末端总是连接着接收电路实体,而这些实体必然存在一定的阻抗。事实上从广义的理解角度,前两种情形也可以归纳到第三种情况中,即传输线末端总是端接着一个阻抗,如图 4-16 所示。在开路和短路两种极端情况下,端接阻抗的值分别为∞和 0。

图 4-16 所有情形都可视为传输线末端端接着一个阻抗

设传输线阻抗为 Z,末端端接阻抗为 $Z_末$,传输线末端反射系数为

$$\rho = \frac{Z_末 - Z}{Z_末 + Z}$$

如果反射系数 $\rho=0$,便意味着没有反射发生。可见,要想消除传输线末端反射,只须让传输线末端端接阻抗 $Z_末$ 与传输线阻抗 Z 相等即可。

如图 4-17 所示,在电池信号的传输线末端接上一个电阻 R_L,其阻值大小等于传输线阻抗 Z。在这个传输线的末端,便不会有反射发生。例如,传输线阻抗为 $Z=50\Omega$,则在末端端接一个 $R_L=50\Omega$ 的电阻,即可消除反射。

图 4-17 末端端接电阻与传输线阻抗相等

怎样来认识这个消除反射的机理呢?4.1 节已经将传输线阻抗形象地理解为信号电流流经的管道,它为电流提供了从传输线的上面导线分支到达下面导线分支的通路,阻抗的大小就代表着管道的粗细。在均匀传输线上,传输线上各点的管道粗细都是一样的,电流依次流过每一个管道,信号得以前行。当信号到达末端,如果末端是开路的,阻抗为无穷大,这意味着电流在此处遇到了很细很细的管道,电流无法通过,便会反弹而回,形成正向反射信号。

反之,如果末端是短路的,阻抗为 0,意味着电流在此处遇到了非常非常粗的管道,又会吸纳掉过多的电流,形成一种反向而行的短缺效应,便是负向反射信号。现在,一个与传输线阻抗相等的负载电阻 R_L 端接在末端,如图 4-18 所示。这意味着电流在此处遇到的是与之前在传输线上所经历的同等粗细的管道,则电流不多不少刚好能够通过管道,既无反弹,也无短缺,便不会有反射信号发生。

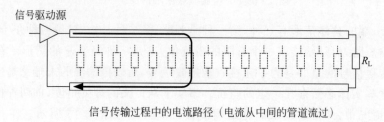

信号传输过程中的电流路径（电流从中间的管道流过）

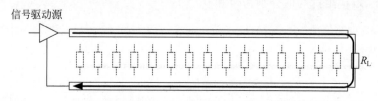

信号到达末端后的电流路径（电流从末端的管道流过）

图 4-18　末端端接电阻后的电流路径

而且,端接电阻 R_L 所形成的电流管道与之前的传输线电流管道的一个不同之处是自此以后它将一直成为电流流经的通路,而传输线电流管道虽然一直存在,但真正有电流流过的时候仅仅是在信号经过它的那个短暂瞬间。关于这一点,仍要从两种电流管道的本质来认识。传输线阻抗的本质构成是分节电容,端接电阻的本质构成是电阻。电容只有在两端电压变化的时候才能流过电流,电阻却不然,只要有电压,无论是否变化,都有电流流过。所以传输线阻抗真正成为电流管道的时候就是电压变化的时候,也就是信号传播到来的时候。而当信号传遍整根传输线,不再有任何电压变化,电流便只能从末端的端接电阻流过。因为这个电流自此以后将一直存在,从信号驱动源的角度看来,就好像传输线有无限长,需要一直源源不断地输送电流以将信号不断推向前行一样。

4.3　反射导致的波形变化

由于反射的存在,入射信号在传输线上已走过的部分本已建立好的电压又被改变了。反射信号直接导致了信号波形的面目不会像我们预想的那样简单顺畅,它究竟变化成了什么样子? 来看一看。

一个信号源将一个从低到高的上升沿信号发送到 50Ω 的传输线上,其上升时间非常短,几乎为 0,高电平电压值为 2V。信号从传输线始端到达末端经历的时间为 1ns,或者说传输线的时延为 1ns。分别在始端和末端测量传输线上下两支间的电压随时间变化的波形（以下面一支为电压 0 点），如图 4-19 所示。可以看到，无论是始端还是末端，波形都是经历了几轮"振荡"才逐渐接近 2V 的高电平电压。尽管整个传输线的时延只有 1ns，但信号波形直到大约 10ns 之后才比较明显地趋于稳定，达到最终的 2V 状态。

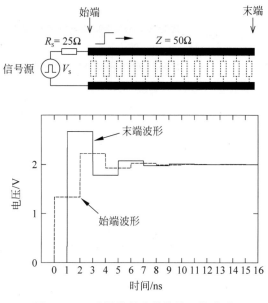

图 4-19　上升沿信号在传输线上的波形

仔细观察始端的波形，在 0ns 时的电压上升并没有上升到 2V，仅仅上升到约 1.3V。这是为何？

需要注意，任何实际存在的信号源，如集成电路输出端和波形发生器等，都是存在"内阻"的。在图 4-19 的信号源上，其内阻为 $R_s = 25\Omega$。这样的图示是经过了提炼和简化的，方便我们理解。在实际的信号源内部电路中，内阻的存在不会是如此直接、明了的一个分离电阻器件。后面讲到集成电路时，我们会看到内阻在实际的信号发送电路中是怎样存在的。

当信号源输出一个电压值时，内阻会消耗掉一部分压降，所以最终加到外部负载上的电压会小于其输出值。在图 4-19 上，0ns 的时刻，上升沿到来，信号源的输出电压从 0V 升至 2V。这 2V 的电压加到内阻和传输线共同组成的负载上。时刻不要忘记阻抗在传输线上是连续、纵向分布的，图 4-19 上用虚线画出了这种分布的示意。这是一根均匀传输线，在传输线上每一点的阻抗都是 $Z = 50\Omega$。但是，在 0ns 时刻，整个传输线上仅仅是始端那一点上的阻抗能够被信号源"感觉"到，所以 2V 的电压在这一时刻实际上是加在内阻和传输线始端阻抗共同组成的负载上，电流从信号源一端流出，流过内阻，又流过传输线始端阻抗，流回信号源另一端，在传输线始端以后的其他各点上都没有电流流过，如图 4-20 所示。内阻和传输线始端阻抗构成一种串联分压关系，传输线始端分得的电压为

$$V_{\mathrm{I}} = V_s \frac{Z}{R_s + Z} = 2 \times \frac{50}{25 + 50} = 1.33(\mathrm{V})$$

这便是初始电压不足 2V 的原因。

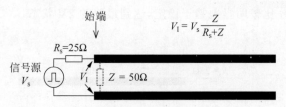

图 4-20　内阻和传输线始端阻抗构成分压的关系

　　1.33V 的入射电压沿着传输线前行，1ns 后到达传输线的开路末端，将发生最大幅度的正向叠加反射，反射系数为 $\rho_{\mathrm{L}} = 1$。反射信号也是一个从 0V 到 1.33V 的跳变信号，从传输线末端向始端传输，在它走过的地方，原本已有入射信号建立的 1.33V 电压，叠加之后，总电压便是 2.66V。所以，从图 4-19 的末端波形上看到，在 1ns 的时刻，末端电压从 0V 陡升至 2.66V。

　　再过了 1ns 的时间，反射信号到达了传输线始端，这时又该如何分析信号的走向？其实这是在传输线末端所发生事情的新一轮上演，信号源内阻此时的角色成了反射信号驱动的负载，而反射信号就如同是一个新的入射信号一样。假如内阻的值与传输线阻抗不一致，始端便是一个阻抗不连续点，反射信号将在此处再一次发生反射，形成第二次反射信号。按图 4-19，内阻 $R_s = 25\Omega$，传输线阻抗 $Z = 50\Omega$，计算始端反射系数为

$$\rho_s = \frac{R_s - Z}{R_s + Z} = \frac{25 - 50}{25 + 50} = -0.33$$

新产生的第二次反射信号将会是一个负向跳变信号，跳变的电压幅度为

$$1.33\mathrm{V} \times \rho_s = 1.33\mathrm{V} \times (-0.33) = -0.44\mathrm{V}$$

注意，这里计算第二次反射信号所采用的基数是第一次反射信号，即从末端反射而来的信号，其跳变幅度为 1.33V。因为就此时的关系而言，第一次反射信号（末端发生的反射）相当于第二次反射信号（始端发生的反射）的入射信号。第一次反射信号到达传输线始端后原本会将始端电压提升至 2.66V，但由于同时存在的第二次反射信号，我们看到在 2ns 的时刻，始端电压仅上升至 $2.66 - 0.44 = 2.22(\mathrm{V})$。

　　第二次反射信号从始端出发，又经过 1ns，到达末端，第三次反射继续发生，再过 1ns，第四次反射在始端发生……，这是一个在传输线两端来回反复发生反射的过程，始端和末端的电压也就随着一次次反射的发生不断进行改变，从而形成了图 4-19 所示的波形。波形中各个时段的电压可以根据初始入射信号和传输线两端的反射系数逐次计算得到，这一过程见图 4-21。

　　如果信号源发出的是一个从高到低的下降沿信号，反射所造成的波形"振荡"效果如图 4-22 所示。它同样经历了大约 10ns 才比较明显地稳定在低电平状态。

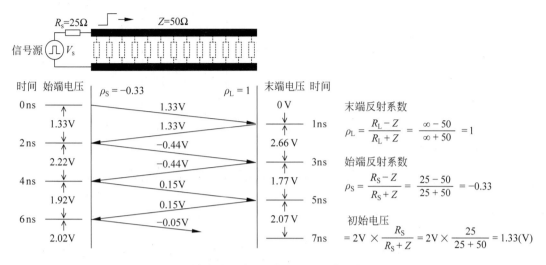

图 4-21　传输线两端因反射而电压不断变化的过程

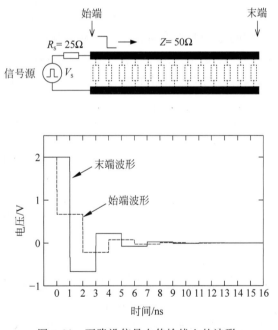

图 4-22　下降沿信号在传输线上的波形

　　二进制数字信号随时间的变化是通过一个个上升沿和下降沿体现出来的,在传输线上发送上升沿和下降沿的波形将直接决定发送其他任何数字信号的波形。现在信号源发出一个 50MHz 的时钟信号,在传输线末端的波形将如图 4-23 所示。可以看到,时钟信号波形在每一次电平状态发生改变的地方都是单纯的上升沿或者下降沿波形的重现。在观察任何二进制数字信号波形的时候,都可以将其分解为一个个独立的上升沿或者下降沿。

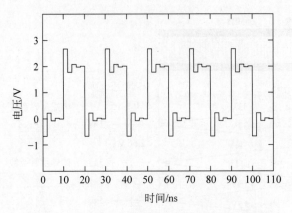

图 4-23　50MHz 时钟信号在传输线末端的波形

图 4-24 是信号源发出一串 01110010001 比特序列后在传输线末端的波形,每一比特持续的时间为 10ns。在每一个发生跳变的地方(从 0 到 1 或从 1 到 0),波形复制着单纯上升沿和下降沿的表现。这揭示出一个涵盖几乎整个信号完整性领域的基础道理:"跳变"是一切问题的根源,如果没有"跳变",以反射现象为代表的所有信号完整性问题都将不复存在。但显然,不能以消除"跳变"的方式来解决问题——没有了跳变,数字信号还有任何价值吗?技术的进步将推动数字信号"跳变"越来越快,信号完整性学科所研究的,就是"跳变"造成波形变化的原因,以及该采取怎样的措施让波形的变化不会影响到数字信号逻辑信息的正确识别。

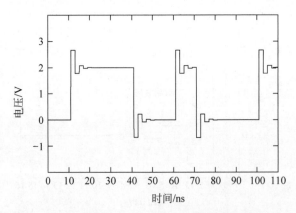

图 4-24　比特序列 01110010001 在传输线末端的波形

仔细看看图 4-24 所示的信号波形,纵然现在明白是反射造成了波形在跳变处的"振荡",但这个波形看起来比较生硬,振荡部分的形状陡峭而拐角分明,与平日在实际电路中所见的信号波形相比,不那么自然。确实,我们从未见过振荡如此"刻板"的波形,因为这并不是一个实际电路中测量的信号,而是在理想的电路环境通过仿真产生的。图 4-24 中的信号源能够产生笔直陡峭的上升沿和下降沿,也即上升时间和下降时间为 0。这是一种理想状况,真实的电路中是不可能有这样的信号源的,再快的信号也需要时间来上升和下降。

图 4-25 是一个在实际电路中测量的比特序列 01110010001 的波形,跳变的上升时间和下降时间约为 0.5ns。这个波形的整体轮廓与图 4-24 相似,在每个上升沿和下降沿都呈现出反射引起的振荡及其逐渐减弱的效果,但波形的起落变化明显更加"连续",不似图 4-24 那样犀利而突然,与我们在日常电路调试中用示波器观察信号的实际体验相吻合。

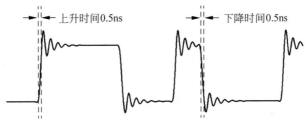

图 4-25   一个实际电路中比特序列 01110010001 的波形

第 5 章

传输线建模与设计

5.1 传输线模型

分析信号在传输线上行进过程所使用的方法,是将长长的传输线分拆为一个个独立的分节电容后再依次加以计算分析,如图 5-1 所示。这是一种典型的建模分析方法:将一个相对复杂的电路实体(传输线)通过合理的分解、对等、近似或模拟等效为已知电学行为特征的基础元件(电容)或其组合,从而运用电路分析的方法对原实体(传输线)的行为做出预测和仿真。这个用于模拟原实体行为的基础元件或其组合,称作原实体的电路模型。

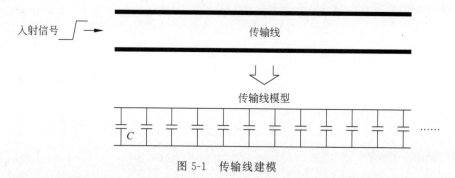

图 5-1　传输线建模

不过,将传输线建模为一长串电容的组合,只是一种粗略的建模方式。传输线模型中仅仅只有电容,其实还不足以完全表征信号在传输线上行进时的电学行为特征。一种更准确的传输线模型如图 5-2 所示。

这个模型中,在一个个电容之间,串接了一个个电感。即把传输线拆分为许许多多微小部件,这个微小部件不再仅仅是个单独的电容,而是一个电容加一个电感。这个电感从何而来呢?

说到电感,我们最直接的印象是一环一环绕成的线圈,如图 5-3 所示。电路图上表示电感的符号也是画成一个线圈的形状。这个印象来源于我们最早认识电感的方式,中学物理课上引入电感这一概念时所对应的实物便是线圈。

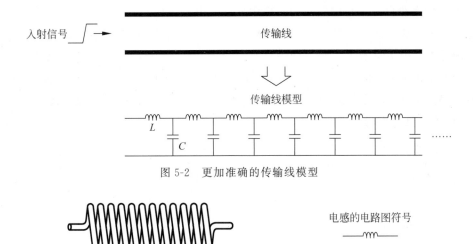

图 5-2　更加准确的传输线模型

电感的电路图符号

图 5-3　线圈是我们最早认识电感的印象

　　之前提到的各种传输线，无论是两根长直导线组成的传输线，还是同轴电缆、印制电路板上的微带线、带状线，显然，并无线圈存在其中。我们有必要澄清电感的真实物理含义，从最本质的角度来认识一下电感。这是信号完整性初学者必须要解答的又一个基础题目。电感这一物理量至关重要，它是理解众多信号完整性现象的必备前提，其身形遍及信号完整性工程师所分析的几乎每一个电路。

5.2　电感

　　在电阻、电容、电感这三种基本电路元件中，如果让人们表达对它们的主观喜好态度，对于数字电路工程师来说，一定是最乐于跟电阻打交道，其次是电容，而最不愿面对的，则是电感。原因很简单，越容易被分析的东西，我们就越情愿遇到。在这三种基本元件中，电感无疑是最复杂的一个，如图 5-4 所示。

电阻　　　　　　　　电容　　　　　　　　电感

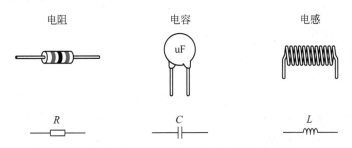

图 5-4　电感是三种基本元件中让人们感到最复杂的一个

　　要了解一个事物，从它的名称入手是一个很好的途径。"电阻"之所以得名，是取"阻碍电流通过"之意。"电容"之名，是"容纳电荷"之意。那么，"电感"之名该作何解释？

　　这个"感"字源自一个我们熟知的物理现象——电磁感应。

　　电流能够产生磁场。如图 5-5 所示,将一个指南针水平放置在一段导线的上方,该段导线沿着地球的南北方向放置。在导线中没有电流时,指南针指向正确的地球南北方向。当给导线中通上电流时,指南针的指向发生改变,原本指向北方的一端现在指向东方。这说明在电流周围存在磁场,这个磁场强过了地球的磁场,指南针的指向不再反映地球磁场的方向,而反映的是电流磁场的方向。

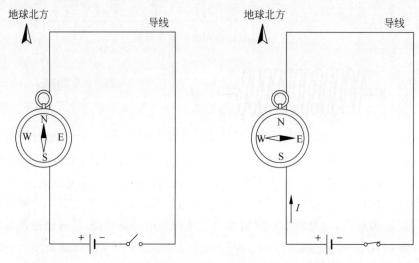

图 5-5　电流产生磁场

　　"场"是一种神奇的东西,看不见也摸不着,却能对存在其中的其他物质产生某种作用。按照物理学家们的观点,"场"也是一种物质,但很难描绘这种物质是什么模样的。人们观察、了解磁场的视角是它的两个基本属性——强度和方向。

　　现在将指南针从通电导线的上方移到下方,我们发现指南针的指向又发生了改变,在地球磁场中本该指向北方的一端现在指向西方,与指南针在上方时正好相反,如图 5-6 所示。这说明在导线上方和下方的磁场方向是正好相反的。

　　事实上,导线周围的磁场方向是形成一个环,可以通过一个简单的右手定则来判定:将右手的拇指指向电流的方向,则其余四根手指弯曲时的指向就是磁场的环绕方向,如图 5-7 所示。

　　现在做另一个试验。将通电导线上方的指南针慢慢向上移动,使其逐渐远离导线。这个过程中将会发现,指南针的指向也在发生慢慢的改变。原本受电流磁场的影响指向东方的那一端随着指南针的上升逐渐偏离东方,向东偏北方向移动,指南针距离导线越远,指针偏离的角度越大。最终,在上升到足够远的距离后,指针完全指向正北方,并保持不再移动,如图 5-8 所示。

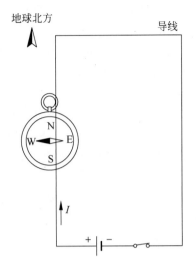

图 5-6 指南针位于通电导线下方时的指向

图 5-7 判定通电导线周围磁场方向的右手定则

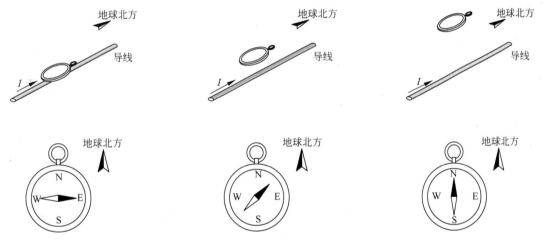

图 5-8 指南针逐渐远离通电导线过程中的指向变化

这个试验告诉我们,虽然磁场会存在于电流周围的整个空间,但是在距离电流远近不同的地方,磁场的作用有强弱之分。在距离电流很近的导线附近,电流磁场很强,比地球的磁场强很多,指南针的指向完全反映电流磁场的方向,指向电流磁场的"北方"(在此试验中是地球的正东方)。随着指南针距离导线越来越远,电流磁场越来越弱,而地球磁场的强度不变,于是在指南针的指向中,地球磁场的影响越来越大,促使指针从东向北偏离。当距离足够远后,电流磁场变得很弱,其影响几乎可以忽略,于是指南针的指向就完全反映出地球磁场的方向,指向正北方。

为了清晰而直观地呈现出磁场的面目,物理学家们抽象出一种概念实体——磁力线。

如图 5-9 所示,磁力线是环绕在电流周围的环状线,用它来表示磁场的存在。磁力线环绕的方向就是磁场的方向,可以通过右手定则来判定。

磁力线分布的疏密程度则用来表示磁场的强弱。在距离电流很近的地方,磁力线分布很密集,相邻两根磁力线间距很近,表明此处的磁场很强。在距离电流较远的地方,磁力线分布很稀疏,相邻两根磁力线间距很远,表明此处的磁场很弱。

既然磁场是一种"物质",难免就有一个多与少的计量问题。例如,给导线通 1A 的电流和 2A 的电流,哪种情况产生的磁场更"多"一些?既然磁场完全因电流而生,想必越大的电流产生的磁场越"多"。事实也确实如此,2A 电流的磁场比 1A 电流的磁场"多"一倍。只是,磁场的"多"与"少",究竟是怎么计量的?

有了磁力线,这个问题就比较容易理解。首先,可以这样认为,磁力线就是组成磁场这种"物质"的基本单元。假如一定要想象电流周围的磁场长什么模样,它就是套在电流周围的很多圆环共同组成的一团东西。传统概念上的物质,其基本组成单元是分子、原子,而磁场这种特殊的"物质",其基本组成单元是环状的磁力线。

其次,磁力线必定是形成一个闭合的圈,如图 5-10 所示。如果从一根磁力线上某一点出发沿着磁力线行进,最终就会回到起点。磁场中的每一根磁力线都是如此,不可能存在"一截"或"一段"首尾不相连的孤立的磁力线。任何"一截"和"一段"磁力线必然是属于一个完整闭合磁力线圈的一部分。

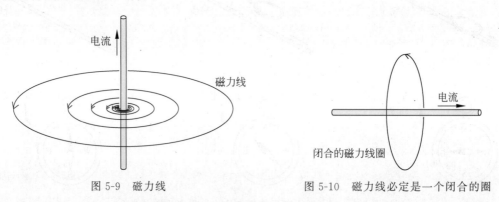

图 5-9　磁力线　　　　　　　　　　　　图 5-10　磁力线必定是一个闭合的圈

这样,磁场的多少直接体现为磁力线圈的多少,对磁场多少的计量实际上就是对磁力线圈数目的计量。磁力线圈越多,就表明磁场越"多";磁力线圈越少,就表明磁场越"少"。

电磁学中定义了一个专门的单位 Wb(韦伯)来度量磁力线圈的数目。例如,某根导线 A 通以一定的电流后,在其周围产生了 1Wb 的磁力线圈,另一根导线 B 通以一定的电流后,在其周围产生了 2Wb 的磁力线圈。那么导线 B 周围的磁力线圈数目就是导线 A 周围磁力线圈数目的两倍。

可能我们会问,1Wb 磁力线圈的确切数目是多少?是否就是 1 根?并不能这样讲。事实上,讨论 1Wb 的确切数目没有实际意义。在电磁场理论中,我们会理解 1Wb 的真实物理含义,它其实并不是简单地与"多少根磁力线"相对应的。但眼下,我们只要知道它代表着一个度量磁力线数目的基准,然后可以用它来衡量磁场的多少就可以了。

通电导线周围能产生多少磁力线,究竟与哪些因素有关?

第一,电流的大小。越大的电流产生的磁力线越多。假如某根导线在通以一定电流后产生了1Wb的磁力线,那么将电流增大为原来的两倍后,将产生2Wb的磁力线。

第二,导线的长度。其他条件相同的情况下,越长的导线产生的磁力线越多。

第三,导线的粗细。这个因素的影响相对较弱。把导线做得粗一些,会使磁力线数目略微减少。

第四,导线材质。当构成导线的导体材质中含有铁、镍或钴时,磁力线的数目会显著增加。这三种金属称为铁磁金属,也就是能够制成永久磁体的金属。除此之外的其他金属导体对磁力线数目没有影响。同等尺寸规格的一段导线,无论是用铜制成的,还是用铝、铅、金、银等制成的,通以相同大小的电流时,产生的磁力线数目没有差别。

上面的讨论虽然是基于导线的,但显然磁场的产生条件对于任何导体都是相同的,不仅仅是导线,任何导体,无论其形状、尺寸,只要有电流流过,就会在周围产生磁场。所不同的是,随着电流大小、导体形状、材质等的不同,磁力线的数量不同。这些影响磁力线数量的因素中,电流属于外部施加的因素,其他则属于导体自身因素。在同等电流的外部条件下,不同的导体间因形状、材质等的差异所产生的磁力线数量差异,反映了不同导体产生磁场的能力是不一样的。

为了能够以量化的方式描述导体产生磁场的能力,一个专门的物理量被定义出来,这就是电感。一个导体,在流过1安培(1A)电流时所产生的磁力线圈数量(以Wb为单位),便是这个导体的电感。表示电感的符号是L,它在数值上等于导体周围的磁力线圈数量N(以Wb为单位)与流过导体的电流I(以A为单位)的比值。

$$L = \frac{N}{I}$$

电感的单位是亨利(H),相当于Wb/A(韦伯/安培)。一个导体在流过1A的电流时如果产生了1Wb的磁力线,这个导体的电感就是1H。另一个导体,在流过1A的电流时产生了2Wb的磁力线,则这个导体的电感是2H。

如果将流经导体的电流I加倍,则导体周围的磁力线N也加倍,二者的比值保持不变。所以,电感是与流过导体的电流完全无关的。无论导体中有没有电流,其电感值都是固定不变的,该值只与导体的形状、尺寸、材质等自身因素有关。这个道理跟电阻是一样的,虽然常用电压与电流的比来计算导体的电阻,但电阻值本身只取决于导体自身,与电压和电流毫无关系。

所以,电感是一个直接反映导体在电流作用下"制造"磁力线能力的物理量,如图5-11所示。相同的电流条件下,电感值越大的导体,产生的磁力线越多。这就是电感的本质物理含义。

需要注意的是,电感所反映的仅仅是磁场"多少"的问题,却丝毫未涉及磁场的强度问题。磁场强度是需要在某个具体位置点上谈论的量,其大小跟该位置点附近的磁力线分布

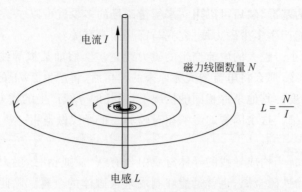

图 5-11　电感反映导体在电流作用下"制造"磁力线的能力

疏密程度有关,而跟磁力线的数目没有关系。就通电直导线而言,距离导线越远的地方磁力线越稀疏,相应的,磁场的强度随着距离导线越来越远变得越来越弱。电感并不涉及导体周围磁力线是怎么分布的,仅仅是将电流所产生的所有磁力线进行了数量的统计。

　　就电感的定义来看,显然,任何导体,无论是什么形状的,都有一个电感值,并不是只有绕成一环挨一环的线圈模样的导体才具有电感。看几个实例,如图 5-12 所示。一截 2cm 长、横截面直径 10mil 的细直导线,电感值大约是 20nH(纳亨,$1H = 10^9 nH$)。印制电路板上一段 100mil 长的走线,电感约为 2.5nH。板厚为 1.6mm 的印制电路板上的一个过孔,电感约为 1.6nH。生活中的一把铜钥匙,电感约为 0.8nH,一个铁皮箱子,电感约为 0.5nH。这些电感很小,但并非为零。

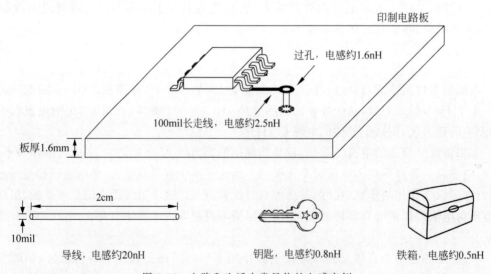

图 5-12　电路和生活中常见物的电感实例

　　那么,线圈和电感究竟有什么联系?来看一个试验现象。如图 5-13 所示,有一根 1m 长的细直导线,其电感大约是 $1.6\mu H$(微亨,$1H = 10^6 \mu H$)。现在把这根直导线绕成一环挨一环的螺旋线圈，一共绕了 50 环，也就是 50 匝，每一匝的圆周长度为 2cm，整个线圈的轴向长度为 5cm。这时，线圈的电感增大为 $1.7\mu\text{H}$。如果将线圈匝数绕得更多，绕成 100 匝，每匝的圆周长度为 1cm，整个线圈轴向长度仍为 5cm，这时线圈的电感增加得更多，为 $1.8\mu\text{H}$。再把这 100 匝线圈压缩得更紧密一些，将整个线圈轴向长度压缩到 1cm，这时线圈的电感将达到 $2.0\mu\text{H}$。

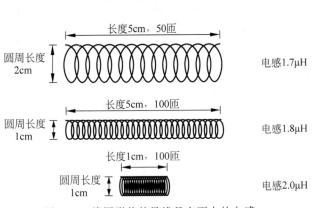

| 长度100cm的细直导线 | 电感1.6μH |

长度5cm，50匝
圆周长度 2cm   电感1.7μH

长度5cm，100匝
圆周长度 1cm   电感1.8μH

长度1cm，100匝
圆周长度 1cm   电感2.0μH

图 5-13 线圈形状的导线具有更大的电感

这个试验也可以反过来做。将一个 100 匝、轴向长度 1cm 的线圈两端向外拉伸，直至成为一根 1m 长的直导线，其电感将从 $2.0\mu\text{H}$ 逐渐降低为 $1.6\mu\text{H}$。

这个试验说明，线圈形状的导线比同等规格的直导线电感更大。因此，在导体材料有限的情况下，为了获得尽可能大的电感，并且尽量小地占用空间，人们总是将导体做成线圈的形状。线圈绕得越紧密，匝数越多，获得的电感越大。实际电路中使用的电感器件都是线圈模样的，几乎从未见过其他样式的电感器件。这便是造成"电感＝线圈"错觉的原因。现在我们明白，线圈与电感之间，并不存在比其他形状的导体更多的关系。

5.3 传输线上的电感

现在回过头来看图 5-2 的传输线模型，就能理解电感在其中的存在。当把长长的传输线分成一节一节的分节电容的同时，每一个导线分节也都形成了一个电感，如图 5-14 所示。即便导线分节划分得很短，电感也是存在的。

那么，在数字信号沿着传输线行进的过程中，这些分节电感起着怎样的作用？

先在一个简单的电路中比较一下有、无电感的差别。如图 5-15（a）所示，一个阶跃信号源 V_s 加到一个负载电阻 R 上，阶跃信号的上升时间是 1ns。测量流过 R 的电流 I，它随时间的运行轨迹与阶跃信号 V_s 是同步一致的，在 V_s 电压上升的过程中，电流 I 同步爬升，1ns 的时刻，阶跃信号 V_s 到达顶端值 V_cc，电压不再变化，此时电流 I 也到达顶端值 V_cc/R 不再变化。

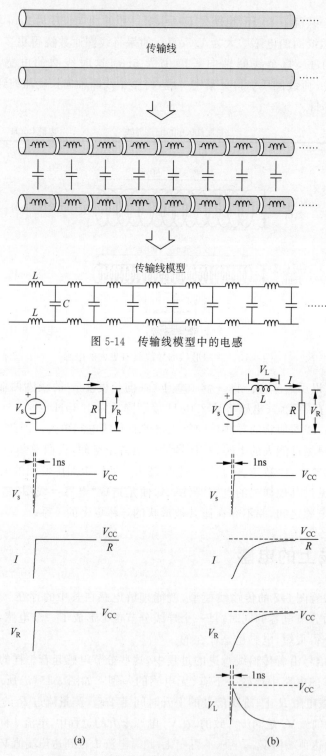

图 5-14　传输线模型中的电感

图 5-15　阶跃信号电路中有、无电感的区别

现在,如图 5-15(b)所示,让信号源 V_s 通过一个电感 L 加到负载电阻 R 上,再来测量电流 I,这时它随时间变化的情况发生了改变。V_s 仍然只经过了 1ns 就完成了阶跃爬升,I 却经历了远大于 1ns 的漫长时间过程才达到顶端值。

这个对比实验揭示了电感的一个广为人知的行为特征:阻碍电流的改变。在图 5-15(a)所示的第一个电路中,阶跃信号源 V_s 只用了 1ns 的时间就让负载电阻 R 上的电流 I 从 0 增大到最大值 V_{cc}/R。在图 5-15(b)所示的第二个电路中,它仍然试图如此快地建立负载电流 I,电感 L 阻碍了它的作用,电流增长的过程放慢了。

它是怎么做到的?图 5-15 示出了电阻 R 两端的电压 V_R 和电感 L 两端的电压 V_L 随时间变化的波形。在没有电感的第一个电路中,每一个时刻,阶跃信号源的电压输出都全部加在了电阻 R 上,所以负载电流 I 能够保持与阶跃信号 V_s 上升同等的进度快速增长。而在第二个电路中,在前 1ns 时间内,V_s 电压虽然迅速上升,但是很大一部分都落在了电感 L 两端,加到电阻 R 上的电压很少,导致流过 R 的电流 I 很小。直到 1ns 的时刻 V_s 到达最大值不再改变,L 两端的电压才开始逐渐减小,最终减小为 0,这时信号源 V_s 的输出电压才全部加在了电阻 R 两端,流过 R 的电流 I 终于达到最大值。

这里有一个容易因果混淆的地方。看起来似乎是这样:信号源 V_s 加了一部分电压在电感 L 两端,这部分电压产生了流过电感的电流 I。是这样吗?这是简单地搬用电阻两端电压与电流的关系造成的结果:因为电压的存在,产生电流。当分析电感的电压和电流时,它们恰恰是因果倒置的:变化的电流产生电压。当信号源 V_s 阶跃上升时,流过电感 L 的电流开始增大,正是这个增大的电流在电感 L 两端"感应"出了电压,这部分感应电压抵消掉信号源 V_s 的一部分输出电压,从而加在电阻 R 两端的电压不再是 V_s 的全部。

能够"感应"出电压,这正是电感能够阻碍电流改变的原因。"感应"的条件是"变化的"电流,不变的电流是不会感应电压的。图 5-15(b)中,当电流 I 最终达到最大值 V_{cc}/R 不再改变时,感应电压 V_L 也就下降为 0 了。并且,感应电压的极性总是与电流的变化方向相"抵触"的。图 5-15(b)中,电流 I 是在不断增大的,为了阻碍电流 I 增大,感应电压的极性便会在电感连接信号源 V_s 一端为正,在连接负载电阻 R 一端为负,因为这时如果把电感看作一个电压源,它对外输出的电流方向正好是与电流 I 相反的。

现在把阶跃信号源 V_s 换成一个反向变化信号源:电压从 V_{cc} 阶"降"至 0。再来观察感应电压,如图 5-16 所示。可以看到,由于电流 I 在不断减小,为了阻碍电流 I 减小,感应电压便会试图"补偿"电流 I,其极性便会是在电感连接信号源 V_s 一端为负,在连接负载电阻 R 一端为正,因为这时如果把电感看作一个电压源,它对外输出的电流方向正好是与电流 I 相同的。

再一次来看上升沿信号在传输线上的传输过程。前面已经将它分拆为一个个分节电容依次被充电的过程,那时我们并未提到分节电感的存在,所以当时的分析是忽略掉电感的作用的。现在把电感加进来,信号的传输依然是对一个个分节电容进行充电的过程,所不同者,充电电流 I 经过了导线分节形成的分节电感。如图 5-17 所示,在上升沿信号进入传输线后,首先对第一个分节电容进行充电。这个过程中,充电电流从信号驱动源流出,先经过

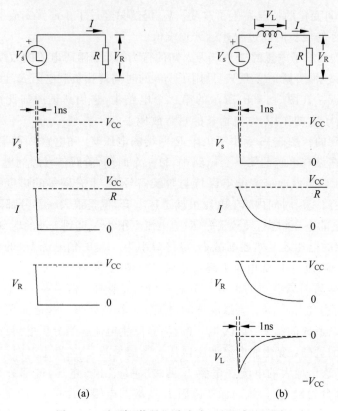

图 5-16　阶"降"信号电路中有、无电感的区别

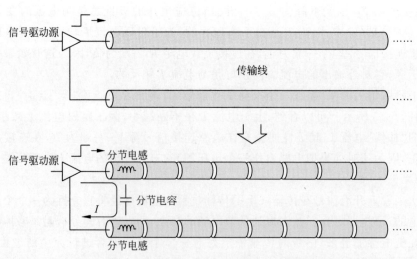

图 5-17　上升沿信号经过分节电感对分节电容充电

上面一节导线分节的分节电感,再流过上、下两节导线分节组成的分节电容,再经过下面一节导线分节的分节电感,流回信号驱动源。那么,按照电感的行为规律,上、下两节分节电感将会阻碍充电电流的变化。从信号刚刚进入传输线的时刻开始,充电电流 I 经历着一个从无到有再逐步增大的变化过程,所以分节电感的阻碍会延缓电流增大的速度,从而分节电容获得电荷的速度变慢了。假如信号驱动源不经过电感直接对第一节分节电容充电,需要经过时间 T 才能将第一节分节电容充电完成,那么现在有了分节电感的阻碍,电池需要经过比 T 更多的时间才能将第一节分节电容充电完成。这意味着信号在传输线上行进的速度变慢了。第一节分节电容充电完成后,第二节分节电容开始充电,同样,它也需要经过比 T 更多的时间才能充电完成。后续的第三节、第四节等每一节分节电容充电的时间都延长了。分节电感的电感值越大,对充电电流的阻碍越强,每一节分节电容充电完成需要的时间就越长,相应的信号传输速度就越慢。

运用同样的方法,可以分析出一个下降沿信号受到的传输线电感成分的影响。那是一个个分节电容依次被放电的过程,如图 5-18 所示。同样,放电电流受到分节电感的阻碍,每一节的放电时间延长,信号在传输线上的传输速度降低。

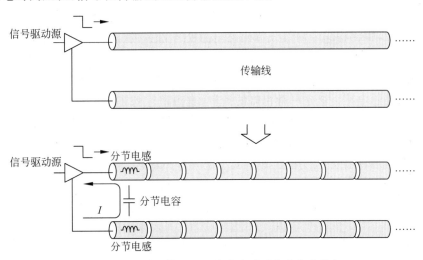

图 5-18 下降沿信号经过分节电感对分节电容放电

在对每一个传输线分节充电或放电时,传输线的上、下两节分节电感是同时作用于充电、放电电流的,它们在充电、放电回路中是串联的关系。为了简便,将这两部分电感合并为一个等效总电感,传输线模型如图 5-19 所示。

这是引用最广泛的传输线模型表示方法。但凡言及信号完整性的书籍、文献,大概都能见其身影。因为只在传输线的其中一支画出了电感,初学者可能正好错误地意会了其含义。我们一定要从一个完整电流回路的角度来理解传输线模型。信号在每一个分节的充电、放电,电流都需要从传输线的一支进入,流过分节电容,再从传输线的另一支流回。这样电流才能形成完整回路。所以模型中的电感是每一个传输线分节的回路总电感,包括传输线上、

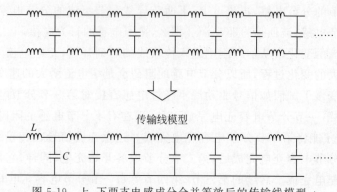

图 5-19　上、下两支电感成分合并等效后的传输线模型

下两支的分节电感，如图 5-20 所示。

在两根平行长直导线构成的传输线中认识这一点还算容易，而在另外一些形态的传输线中，第二支在回路电感中的存在可能容易被忽视。如印制电路板上的传输线（微带线、带状线），传输线的另一支往往是一大片铜平面层，但也有电感存在其中，也将构成传输线分节回路电感必不可少的一部分。

图 5-20　要从一个完整电流回路的角度来理解传输线的分节电感

另有一点需要指出的是，作为初学者，我们本能地将上、下两支分节电感值相加，得到传输线分节的回路总电感。这是一种粗略的计算，直观地反映了物理现象的本质，没有问题。在本书所涉及的范围内，我们就这样理解好了。从更精确的角度，回路总电感的构成关系还要复杂一些，不仅仅是回路各部分电感相加那么简单。

当我们不考虑传输线上的电感，或者把它忽略掉的时候，信号的传输速度只跟分节电容的大小有关，电容越大，每一节的充电、放电时间就越长，信号传输得越慢。现在把传输线上的电感成分考虑进来，信号的传输速度就是一个跟电感和电容成分都有关系的量。确切的计算关系如下：

$$v = \frac{1}{\sqrt{C_L L_L}}$$

其中，v 为信号传输速度，C_L 为单位长度的传输线电容，L_L 为单位长度的传输线电感。

来看实例。某印制电路板内层走线（带状线），单位长度电容 C_L 为 3.3pF/in（皮法/英寸），单位长度电感 L_L 为 8.3nH/in（纳亨/英寸），则可按上式计算信号在其上的传输速度 v 约为 6in/ns（英寸/纳秒）。这个速度相当于光速的一半，光在真空中的速度大约为 12in/ns。

截至目前，我们讨论了传输线上的电感成分对信号传输带来的第一个影响，即对信号传输速度的影响。现在看另一个重要影响——对传输线阻抗的影响。

我们曾经推导过电容成分对传输线阻抗的影响关系：

$$Z = \frac{1}{v C_L}$$

其中,Z 为传输线阻抗,v 为信号传输速度,C_L 为单位长度的传输线电容。

从这个关系式看,传输线阻抗 Z 与信号传输速度 v 和单位长度的传输线电容 C_L 相关。而现在知道信号传输速度 v 其实是取决于单位长度的传输线电容 C_L 和单位长度的传输线电感 L_L 的。通过以上两式,就得到

$$Z = \sqrt{\frac{L_L}{C_L}}$$

最终发现,传输线阻抗完全取决于分布其上的电容成分和电感成分。而电感成分对阻抗的影响关系与电容成分正好是相反的,单位长度的传输线电感 L_L 越大,传输线阻抗 Z 越大,而单位长度的传输线电容 C_L 越大,传输线阻抗 Z 越小。仍以前文的印制电路板内层走线为例,单位长度电容 C_L 为 3.3pF/in,单位长度回路电感 L_L 为 8.3nH/in,按上式计算可得该走线的传输线阻抗 Z 约为 50Ω。

我们在设计实践中几乎不可能需要这样套用公式计算一条传输线的阻抗。但牢记上式仍然大有裨益。"传输线阻抗"毕竟是我们涉入信号完整性这一新领域后认识的新概念,任何初学者都或多或少感到抽象、模糊和费解,一旦让它与电容、电感这样我们相识多年的基础概念对应起来,在一些定性分析的场合,我们的判断就会清晰、快速而简单。如图 5-21 所示,有两根传输线,均是由平行长直导线组成,两支导线的间距相同,导线的材质也相同,只有导线的粗细不同,传输线 A 的导线比传输线 B 的导线粗,那么两者谁的阻抗更大?

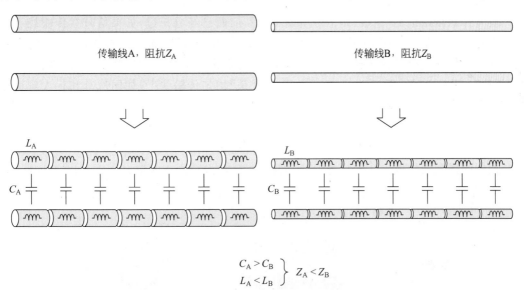

$$\left.\begin{array}{l} C_A > C_B \\ L_A < L_B \end{array}\right\} Z_A < Z_B$$

图 5-21 通过传输线电容和电感成分的比较得出阻抗的大小关系

我们使用同样的分节长度将两根传输线划分为许许多多的传输线分节。首先比较两者的分节电容。在上、下两分节间距相同的情况下,粗的导线分节所形成的电容的"极板"更大,容纳电荷的能力更强,因而单位长度的传输线电容 C_L 更大。再来比较分节电感,粗的导线分节相较细的导线分节在流过同等规模的电流时其周围的磁力线更少,因而单位长度

的传输线电感 L_L 更小。在单位长度的电容和电感大小关系明确以后,应用式

$$Z = \sqrt{\frac{L_L}{C_L}}$$

就能立即得出结论:传输线 A 的阻抗小于传输线 B 的阻抗。

5.4 均匀传输线

当信号沿着传输线行进时,从信号的视角来观察,它看不到传输线的形状、尺寸、导体材质、间距等,它也并不关心这些。信号唯一能感知和在意的,就是"我在每一点遇到的阻抗是多少",如图 5-22 所示。电路中的传输线千姿百态,而信号行走其中时所能感受到的差别,也仅仅是阻抗的差别。领悟了这一点就会明白,电路实现的工作是"连接"的设计,而"连接"的设计实质上是"阻抗"的设计。

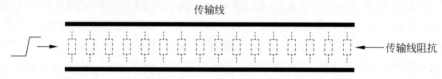

图 5-22 信号行走在传输线上时的唯一感知就是阻抗

具有什么样阻抗的"连接"是信号所期望的?前面已经分析过,如果信号在传输线上每一点遇到的阻抗都是一样的,它在其中传输时就没有反射发生,波形将被无所改变地传送,信号在进入传输线时是什么样子的,离开传输线时仍是什么样子。这就是对信号而言理想的"连接":阻抗处处一致无改变的传输线,也就是"均匀传输线"。如同汽车和行人对道路的期望一样,平坦而无坑洼就是最舒服的。

均匀传输线对信号意味着一成不变的阻抗,对传输线自身的物理形态来说则意味着一成不变的"横截面"。同轴电缆是最典型的均匀传输线,沿着电缆上任一点切开电缆,看到的都是同样的横截面构成——同样的形状、同样的导体材质、同样的填充介质、同样的间距,如图 5-23 所示。

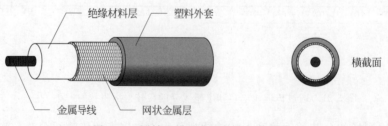

图 5-23 同轴电缆是典型的均匀传输线

在印制电路板上,均匀传输线意味着如果沿着与信号前进方向相垂直的方向从传输线上任一点切开印制电路板,应该看到同样的横截面构成——传输线的导体形状在每一点都

相同,两支的间距也保持不变。这其实是比较容易办到的,如图 5-24(a)所示,在印制电路板的某一层设计两根走线,它们的厚度、宽度相同,彼此平行而间距处处相等。这样两根走线构成的传输线在任一点的横截面均相同,是均匀传输线。也可以在印制电路板的不同两层设计这样的两根走线,让它们处处平行间距一致,也构成均匀传输线,如图 5-24(b)所示。

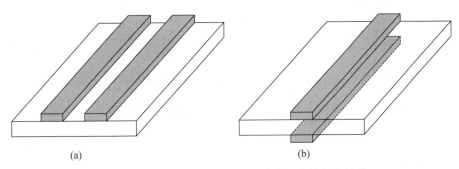

图 5-24　在印制电路板上用两根走线组成均匀传输线

　　我们知道,在印制电路板上,每个信号并不拥有独有的传输线两支。其中的一支是独有的,便是每个信号自身的走线,它们的走向、长短、位置等各不相同,形形色色。但另一支却是大家共享的,例如"地",就是众多信号共有的"传输线第二支"。"地"既属于这个信号的传输线,又属于那个信号的传输线,它既是这个信号的"第二支",同时又是那个信号的"第二支"。这种情况下,如果要让每个信号传输线都成为均匀传输线,"地"这个大家共用的第二支导体的形态必须兼顾所有的信号,让每个走线与它构成的传输线都具有一成不变的横截面。显然,用图 5-24 这样的走线方式来设计这个共用第二支是无法满足所有信号的需求的。正确的解决之道,就是我们已经在使用的方法,在印制电路板中专门拿出一层来给"地",让它铺满成为一个导体平面。这样,对于与这个地平面共同构成传输线的走线来说,无论在走线上的哪一点,对应的传输线第二支导体都是一个很大的平面层。也就是说,不管信号走到哪里,遇到的第二支导体都是一样的。那么,均匀传输线的设计实际上只剩下第一支导体也即信号走线,只要保持走线的宽度、厚度、与地平面的间距不变,走线的纵横、曲直、位置、长短都不受约束,实现的都是均匀传输线,这便是印制电路板上的微带线和带状线,如图 5-25 所示。

　　此前可能理解把"地"做成一个平面的目的仅仅是为了连接的方便。印制电路板上需要连至"地"的器件引脚无处不在,有了一个遍布全板的地平面层后,任何时候只须就近打一个过孔便完成了与"地"的连接。确实如此,这是"地"以平面层形式存在的第一个目的。与此类似,把电源信号做成平面层也是为了连接的方便。而现在我们知道,在高速的印制电路板中,平面层的作用不仅于此。构造"均匀传输线",实现沿着信号走线连续不变的传输线阻抗,是平面层负担的另一大作用,如图 5-26 所示。并且,虽然常常被忽视,但其实这才是平面层贡献的最重要的作用。设计印制电路板,是为信号创造良好的传输条件,实现正常的电路功能,这远比走线是否方便更为重要。

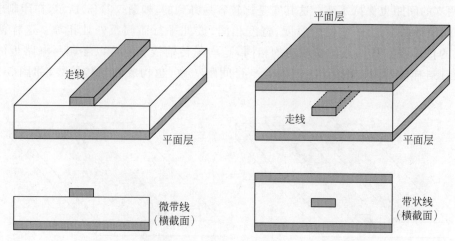

图 5-25　微带线、带状线是印制电路板上的均匀传输线

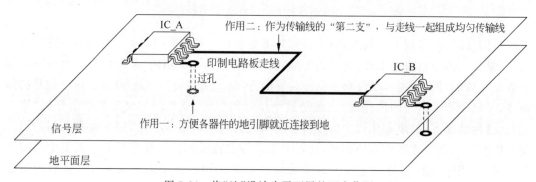

图 5-26　将"地"设计为平面层的两大作用

　　在印制电路板上,走线和平面层之间并不是空无一物,充满了绝缘填充介质。当今印制电路工艺使用最广泛的绝缘填充介质,是一种称作 FR4 的环氧树脂玻璃纤维材料。我们所能见到的 99％的印制电路板,都是使用 FR4 为介质,如图 5-27 所示。在物理和机械层面,介质的作用是为印制电路板上的金属导体物(走线、平面层和焊盘等)提供附着体,固化印制电路板的形态。而在电路层面,对信号而言,传输线并不仅仅包含走线和平面层两支导体,它们之间的绝缘介质也是构成微带线和带状线的一部分,因为介质会影响传输线的阻抗。

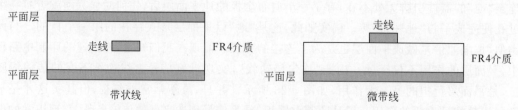

图 5-27　走线与平面层之间填充着 FR4 介质

这其中起作用的,是绝缘材料的一个特性:导体周围的绝缘材料会增加导体之间的电容量。例如,有两块平行金属导体平板,它们放置在真空(或空气)中,这时它们组成的电容是 $1\mu F$。而如果在两板周围空间填充某种绝缘材料,得到的电容将会大于 $1\mu F$,如图 5-28 所示。具体增大到多少,与不同的填充材料有关。如果填充 FR4,电容增至约 $4.5\mu F$,如果填充氧化铝,电容增至约 $10\mu F$,如果填充石英材料,电容增至约 $3.8\mu F$。这个增长是一种固定的倍数比例增长,只与绝缘材料相关,而与电容导体无关。也就是说,任何两个导体,无论其形状、位置、远近等,在它们周围空间填充 FR4 后,都能比它们放在真空(或空气)中时带来约 4.5 倍的电容量增长。同样,氧化铝能带来约 10 倍的电容量增长,石英能带来约 3.8 倍的电容量增长。

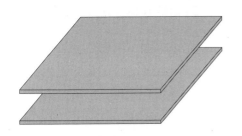

周围为空气时,电容为1μF

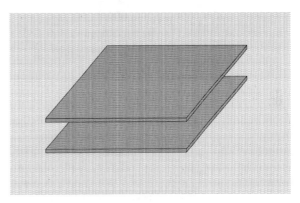

周围填充FR4,电容为4.5μF
周围填充氧化铝,电容为10μF
周围填充石英,电容为3.8μF
⋮

图 5-28　平行金属板电容在不同绝缘材料填充环境中电容值的变化

因此,这个倍数可以作为绝缘材料的一个特性参数,用来表征作为导体周围填充物时对电容的影响程度,学术上为这个参数起名为"相对介电常数",用符号 ε_r 表示。"相对"一语意指此为材料相对于真空的一个参数。通常省掉"相对",直称为"介电常数"。空气本身也是一种绝缘介质,但它相对于真空几乎不会带来电容增长,近似等同于真空中的情况,所以空气的介电常数为1。表 5-1 列出了常见绝缘材料的介电常数。

表 5-1　常见绝缘材料的介电常数

材　料	介电常数	材　料	介电常数
空气	1	FR4	4.5
特氟纶	2.1	陶瓷	5
聚四氟乙烯	2.8	钻石	5.7
玻璃	3.7~3.9	氧化铝	10
石英	3.8		

现在不难理解为何传输线阻抗与介质有关。传输线阻抗由分布于其上的电容和电感成分决定：

$$Z = \sqrt{\frac{L_L}{C_L}}$$

而走线和平面层之间分布的电容成分 C_L 不仅取决于走线和平面层导体本身，它们周围的 FR4 介质的介电常数 ε_r 也将影响到电容量的值。所以，阻抗 Z 将是一个由介质介电常数 ε_r 和传输线横截面几何结构（走线宽度 w、走线厚度 t、走线与平面层间距 h）共同决定的量。它们之间的确切关系，可以通过近似计算公式确立，如图 5-29 所示。

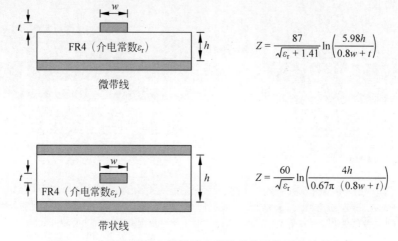

$$Z = \frac{87}{\sqrt{\varepsilon_r + 1.41}} \ln\left(\frac{5.98h}{0.8w + t}\right)$$

微带线

$$Z = \frac{60}{\sqrt{\varepsilon_r}} \ln\left(\frac{4h}{0.67\pi\ (0.8w + t)}\right)$$

带状线

图 5-29　印制电路板上微带线和带状线的阻抗近似计算公式

这些计算公式看起来非常复杂，没有必要记住它们。但需要关注公式所反映的各个因子与传输线阻抗间的相对变化关系，这有助于我们作一些快速和直观的判断。无论是微带线还是带状线，增大走线线宽 w 将会使阻抗 Z 变小。这与前面通过分析传输线电容成分的变化得出的结论是一样的。增大 FR4 介质的厚度 h 则会带来阻抗的增加。这些关系能够通过上面的计算公式比较直观地观察出来。

5.5　50Ω 的来历

印制电路板的设计是"连接"的设计，什么样的"连接"是信号眼里最好的"连接"？这个问题已经回答，那就是均匀传输线。但对设计者来说，这个问题还有一半，那就是需要设计多大阻抗的均匀传输线？不少人会不假思索地回答：50Ω。为什么是 50Ω，而不是一个其他的值？为什么不是 30Ω、40Ω、60Ω 或 70Ω？

50Ω 无处不在。我们身边供参考学习的现成高速印制电路板的走线阻抗大都设计为 50Ω，不少芯片手册中印制电路板技术规格部分要求或建议走线阻抗设计为 50Ω，学长、前辈、同仁的言传身教中也强调走线阻抗应设计为 50Ω。为什么是 50Ω？这是大多数信号完整性初学者都曾困惑过的经典问题之一，它激发我们一探究竟的兴趣。

回答这个问题，将再次感受信号完整性与电磁场微波领域的技术渊源。传输线的概念被引入到数字电路设计领域中，是由于集成电路的不断发展推动数字电路的工作频率持续上升，使信号完整性成为设计需要面对的问题。这是最近二三十年才有的事情。而人类在射频微波领域的实际应用已有近一个世纪，这是传输线理论所来自的地方。从事射频微波设计的初学者会更早问到 50Ω 的问题，并且问题不是源于印制电路板，而是源于电缆。用于传输射频微波信号的同轴电缆都是采用一个固定阻抗值的均匀传输线，实际使用中应用最广泛的阻抗值，就是 50Ω。这是一种规格标准。电缆制作厂商按照这样的阻抗值生产的同轴电缆才能被大家广泛接受并使用。还有其他的一些规格，如 60Ω、75Ω 和 100Ω 等，以 50Ω 最为常见。这个标准是怎么制定出来的？

在射频微波应用的早期，传输线并无统一的阻抗标准。那时的阻抗选择取决于具体的应用自身，并无某一个特定的阻抗值处于主流地位而被广泛使用。例如，在大功率信号传输的场合，通常选用较低的阻抗值，如 33Ω、40Ω 这样的值，而在需要获得较低损耗的场合，应选用较高的阻抗值，如 93Ω 这样的值。随着技术应用的日益广泛，缺少公共规格的局面让产业扩张和不同厂商产品连接互通变得格外麻烦，业界开始呼唤统一的传输线阻抗规格标准。这是任何技术都遵循的发展规律：使用得越广泛，对标准的需要就越迫切。人们不希望射频同轴电缆的阻抗值是五花八门的，应当有一个能够普遍推广使用的值。这个值该选多少？首先，它应当能够满足多数射频微波信号的传输需求，这一点决定了这个值一定是一个折中的值。其次，这个值应是可制造实现的，标准如果脱离了产业的实际现状将等同于废纸。同轴电缆的标准阻抗规格值是信号传输技术需求与可制造性的折中。正是在这样的背景下，50Ω 作为一个满足上述入选条件的值成为了射频微波同轴电缆的阻抗规格标准。再次强调，它是一个经历了各种折中而选出的值，讨论它的精确性没有任何意义。没有任何证据说明 51Ω 不能担当 50Ω 的角色。但既然是一个标准，人们总是偏好更"整"的值。这就是 50Ω 最初的来历。

在 50Ω 作为一种标准规格被确立后，在射频微波传输的一般应用中，没有特殊的需求，都可以采用这样一个值。它的广泛使用会给人们的设计思维带来一些自然而然的影响。当承载高速数字电路的印制电路板上的走线也需要设计为均匀传输线的时候，同样的问题出现了，该采用多大的阻抗值？因为射频微波传输线上已有了 50Ω 这个被广泛认同的规格，它被自觉不自觉地沿用了。这是很自然的事情，既然有了这么一个现成的参照标准，数值的大小也适合用来传输数字信号，又是印制电路工业可制造实现的，那何必还费心考虑其他值呢？它就是当仁不让的选择了。虽然并不像电缆那样存在一个明确的阻抗规格标准，印制电路板的传输线设计并不需要这样一个标准，但几乎所有的高速数字电路印制板都以 50Ω 作为传输线阻抗设计的目标值。这种做法在整个行业中推广和继承，到今天已成为电路设计者们本能的习惯性选择。从事数字电路设计的工程师成千上万，不是所有人都能讲清 50Ω 的来历背景。初学者出于好奇通常都会提出这个问题，而经验丰富的电路设计者可能从未想起此值一问。这就好像人们一日三餐,日复一日,却很少有人问自己为何每天总是吃三顿饭,而不是四顿或者五顿。

5.6 阻抗与印制电路板叠层

怎样实现 50Ω 的印制电路板传输线？单从微带线、带状线的阻抗近似计算公式来看,这就是一个确定走线线宽 w、走线厚度 t、介质厚度 h 和介质介电常数 ε_r 的值的问题,如图 5-30 所示。但我们不可脱离了印制电路板的生产工艺实际。作为电路的设计者,我们工作的最后一步是完成印制电路板设计图,而真正把图变成实物的,是印制电路板生产厂商。这是一个产业化的生产制造过程,下面简略地加以阐述,看看 50Ω 的阻抗怎样被"制造"出来。

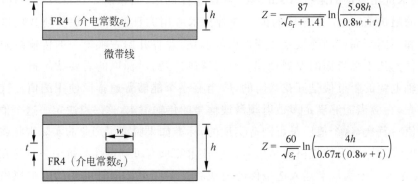

$$Z = \frac{87}{\sqrt{\varepsilon_r + 1.41}} \ln\left(\frac{5.98h}{0.8w + t}\right)$$

微带线

$$Z = \frac{60}{\sqrt{\varepsilon_r}} \ln\left(\frac{4h}{0.67\pi(0.8w + t)}\right)$$

带状线

图 5-30 印制电路板上微带线和带状线的阻抗近似计算公式

在印制电路板设计图上,一个印制电路板被分成若干层,包括信号走线层和平面层,所有层合起来,构成一个完整的印制电路板设计。实物制造阶段的情形与此类似,印制电路板是一层一层叠加起来的,如图 5-31 所示。构成层的物质,不是导体(铜)就是绝缘介质(FR4),它们所构成的层叠结构的几何尺寸关系就决定了传输线的横截面形状,也就决定了传输线的阻抗。

但是,并不能以任意想要的方式来构造层叠结构。印制电路板生产是已经历长久发展的成熟制造产业,生产厂商所使用的导体和 FR4 是已经被产业的上游加工为具有标准规格的层板原料件。这样的原料件有三种:铜箔、半固化片和芯板。图 5-32 剖析了某个四层板和六层板的层叠构成。可以看到,印制电路板的层叠结构是通过铜箔、半固化片和芯板的堆叠而形成的。

铜箔就是很薄且平整的铜皮,它被用来制成印制电路板的表层(顶层和底层)导体。作为原料件的铜箔是整片完整的,印制电路板生产厂商按照印制电路板设计图对铜箔进行化

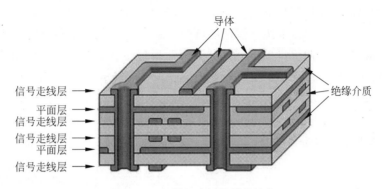

图 5-31　印制电路板的层叠结构

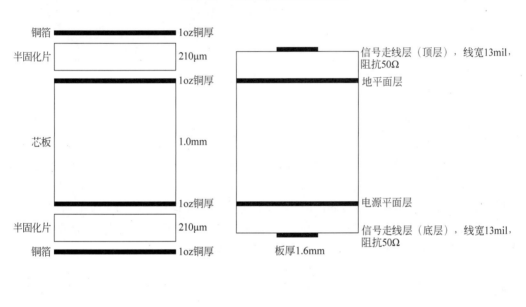

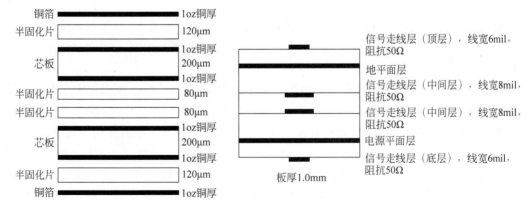

图 5-32　四层板、六层板的层叠实例

学腐蚀,去除掉印制电路板图形上的空白部分,留下的便形成了印制电路板的表层走线、焊盘等。可见,走线的厚度直接取决于铜箔的厚度。图 5-32 中的铜箔厚度标示为"1oz",即"1盎司"。这个"盎司"是英制重量单位,俗称"英两",换算为公制单位,$1oz \approx 28.35g$。既然是重量单位,为何用于厚度的表示?这是行业内的一种变通表示方式,其含义是将 1oz 重的铜平铺在 1 平方英尺(1 平方英尺=929cm²)的面积上所得到的铜箔厚度,所谓的"1oz 铜厚",如图 5-33 所示。铜的密度是 $8.9g/cm^3$,不难计算出 1oz 铜厚的实际厚度值是约 $34\mu m$,也即 1.35mil。这个厚度是相当薄的。

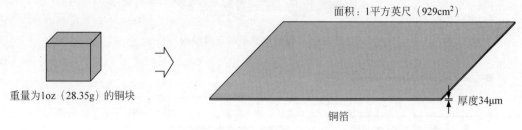

图 5-33　1oz 铜厚的含义

除了 1oz,用于印制电路板的铜箔厚度还有 2oz、0.5oz 等。它们的含义与 1oz 铜箔一样,都是将相应重量(2oz、0.5oz 等)的铜平铺在 1 平方英尺的面积上得到的铜箔。2oz 铜箔厚度是 1oz 铜箔的两倍,$68\mu m$。0.5oz 铜箔厚度是 1oz 铜箔的一半,$17\mu m$。通常情况下,没有特殊需求,1oz 或 0.5oz 的铜箔是最常用的。在承载电流较大的情况下,可选用 2oz 或者更厚的铜箔。在绘制印制电路板图的时候,我们可以任意地设计走线的二维平面图形,包括走线的长短、曲直和形状等,印制电路板生产厂商会一模一样地把它实现,这是完全由印制电路板设计者自由发挥的空间。而对于走线的厚度,则没有什么可"设计"的空间,只能从印制电路板生产厂商所能提供的铜箔厚度中进行选择,不外乎就是 0.5oz、1oz 和 2oz 等少数几种规格化的值。

半固化片是用 FR4 材料经特定工艺制成的层板,它用作铜箔与芯板、芯板与芯板之间的绝缘填充介质。"半固化"之意,是指这种层板在常温下是固体形态,而被加热加压后又能软化,且具有黏性。组成多层印制电路板的各个分离的铜箔和芯板,就是靠半固化片的黏性黏接在一起,成为一个密合不分的印制电路板整体。

芯板是在 FR4 层板的两面覆贴上铜箔层后形成的原料板,一个芯板用于实现多层印制电路板上相邻的两个导体层(信号走线层和平面层)和它们之间的 FR4 绝缘介质。对于总共只有两个导体层的双面板,只需一个芯板就可加工实现。四层以上的多层印制电路板,则需要芯板、半固化片和铜箔的组合堆叠实现。图 5-32 中的四层板由一个芯板、两个半固化片和两层铜箔堆叠而成,六层板由两个芯板、四个半固化片和两层铜箔堆叠而成。

一个印制电路板的整个制作流程大致是这样的。首先对处于叠层内部的芯板进行化学腐蚀,腐蚀依据的图样就是印制电路板设计图。经过腐蚀,去除芯板铜箔层上的无用部分,刻画出走线、过孔盘等导体图形,如图 5-34 所示。这是处于印制电路板内部的走线层、平面层,需要在叠层合体之前先行腐蚀。

图 5-34　通过化学腐蚀在芯板上刻画出导体图形

　　然后将所有的芯板、半固化片、最外层铜箔按照设计的叠层顺序堆叠到一起,经加热压制,半固化片软化并黏合芯板、铜箔,冷却后便合为一板,如图 5-35 所示。此时最外层铜箔还是整片完整未经腐蚀的。接下来对板子进行钻孔,对孔壁进行电镀,便得到了过孔,实现层间信号互连。随后对最外层铜箔进行腐蚀,刻画出印制电路板表层走线、焊盘等导体图形。至此,导体和介质构造完成。最后的工序还有涂阻焊层和丝印字符印刷(如图 5-36 所示),印制电路板制作完成。

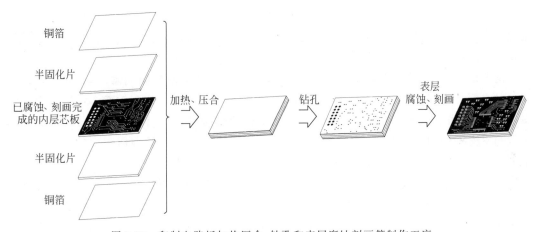

图 5-35　印制电路板加热压合、钻孔和表层腐蚀刻画等制作工序

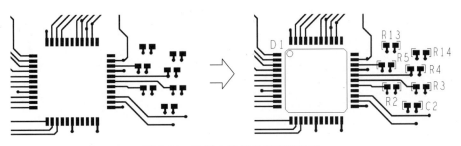

图 5-36　印制电路板丝印字符印刷

　　芯板、半固化片与铜箔一样,是印制电路板制造业最基础的原料产品,它们以标准化、规格化、规模化的方式产出并供应市场。这是产业化的必然结果,带来成本的降低和产品品质

的保证。但对印制电路板设计来说,这意味着我们不能任意指定各层(信号走线层和平面层)之间的间距,它直接取决于芯板和半固化片的厚度规格。如图 5-32 中的六层板,顶层铜箔与芯板间的半固化片是 $120\mu m$ 厚度规格的,那么制成后的印制电路板顶层走线与地平面层的间距就是 $120\mu m$。我们只能在为数不多的规格值中进行选择,如 $80\mu m$、$120\mu m$、$200\mu m$ 等,或者它们的组合(如图 5-32 中的六层板中间,两个 $80\mu m$ 半固化片组合成 $160\mu m$),而不能实现任意的值。

实际上,在影响印制电路板传输线阻抗的几个因子中(见图 5-30 中的计算公式),介质 FR4 的介电常数 ε_r 是确知的固定值,走线厚度 t 和介质厚度 h 是规格化的值,它们更多地与印制电路板制造工艺相关而与印制电路板设计无关。真正完全取决于印制电路板设计者,并且不受规格化制约能够任意取值的,只有走线线宽 w。印制电路板阻抗设计的最终目的是通过这几个因子的合理搭配,构造 50Ω 阻抗的均匀传输线,而其中的三者都取决于印制电路板制造阶段。因此,我们需要向印制电路板生产厂商了解可制造的印制电路板叠层参数,获知介电常数 ε_r、走线厚度 t、介质厚度 h 的值,当这三者确定后,50Ω 传输线的走线宽度 w 也就确定了。这是信号完整性问题给印制电路板设计带来的改变,我们需要受到印制电路板生产厂商提供的叠层参数的约束来进行印制电路板设计。而在"低速"印制电路板设计的时代,没有传输线阻抗设计的需求,我们无须了解印制电路板的叠层参数,走线宽度也不受限制。

图 5-32 中的四层板叠层方案中,顶层走线与相邻的地平面层构成微带线,底层走线与相邻的电源平面层构成微带线。走线宽度为 13mil 时,传输线阻抗为 50Ω。六层板叠层方案中,顶层和底层走线分别与各自的相邻平面层构成微带线,由于使用了更薄的半固化片,走线与平面层的间距比四层板中的微带线更短,故而构造 50Ω 传输线所需要的走线宽度要窄一些,为 6mil。六层板中间两个信号层上的走线处于两个平面层之间,构成带状线,但每个走线与两个平面层的间距并不是相等的,这称为"有偏移的带状线"或"不对称的带状线",它的阻抗计算式与"对称带状线"有所不同。实际情况中,采用对称带状线结构的叠层方案是很少的,印制电路板上的带状线大多都是非对称结构。图 5-32 的六层板上,中间信号层走线宽度为 8mil 时,带状线的传输线阻抗为 50Ω。

第6章

信 号 电 流

6.1 表层信号的回流路径

我们已经理解了信号需要靠传输线的两支导体来共同承载的含义,信号电流流过第一支导体,又从第二支导体流回。从信号电流的角度来说,传输线第二支导体的作用是为信号电流提供回流路径。当然,这种回流的关系是相对而言的,也可以认为第一支导体是第二支导体上电流的回流路径。最本质的地方在于,信号电流必须要有一个完整的回路,如图 6-1 所示。

图 6-1 信号电流在传输线上需要形成完整回路

在印制电路板上,走线和平面层构成传输线,信号电流沿着走线流过,又从平面层流回,平面层就是为信号电流提供回流路径的第二支导体。这里只是笼统地说"平面层",并未指明是何种平面层,但初学者大都会想当然地认为,这只能是地平面层能够承担的角色。如图 6-2 所示,大概不少人已经对其中的六层板、四层板叠层设计方案产生了困惑,因为在这两个方案中的底层走线都是与电源平面层构成微带线的,那这岂不是说,信号电流将沿着电源平面层流回驱动端?这可能吗?

我们有一个天然而生的直觉,"地"是一切电流最终所应该回到的地方。这种直觉来源于一直以来"地"被赋予的特殊内涵,它是电路系统中的 0 电位点,是所有电压的公共参考点。当构成传输线的第二支导体正好是地平面层时,我们对它作为回流路径的理解清晰而自然。例如图 6-2 中六层板、四层板的顶层微带线,信号电流从驱动端流出,流过顶层走线,流向地平面层,从地平面层流回驱动端,如图 6-3 所示。而这样一个过程对印制电路板上所有的信号都应该是适用的,即便是在底层的走线,它的信号电流也应该从地平面层流回到驱动端。那么,地平面层才是传输底层信号的第二支导体,那按照底层走线与电源平面层组成

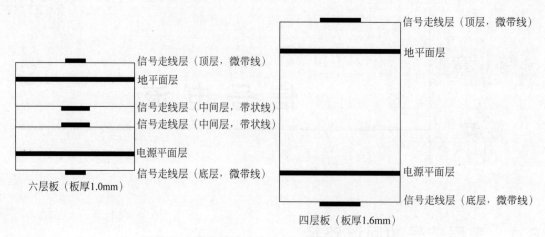

图 6-2　印制电路板六层板、四层板叠层设计方案实例

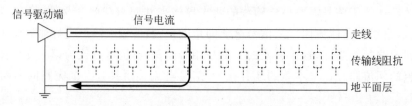

图 6-3　地平面层作为信号电流的回流路径

的横截面结构设计出的微带传输线还有何意义？

　　这是另一个经典的话题，激发我们的思考，牵引我们的学习。对于这个问题的困惑是因为理解多少发生了一些混淆，必须理清正在讨论的信号电流的来龙去脉。回到用分节电容来分解传输线的方法，信号在传输线上传输是怎样的一个过程？是对组成传输线的一个个分节电容进行充电或放电的过程，而信号电流，其实也就是充电电流、放电电流。如图 6-4 所示的四层印制电路板，设想其顶层上的某根走线，原本处于低电平状态，电压为 0，这时它与其下方的地平面层处于相同的电位，两者之间的电压差为 0，所有的分节电容都处于被完全放电的状态。某个时刻驱动走线的信号源输出发生了改变，从低电平变为了高电平，施加在分节电容两端的电压升高，第一个分节电容被充电，接下来是第二个、第三个……，信号就这样沿着传输线前进。因充电而产生的充电电流，便是信号电流，它从驱动信号源流出，流过走线，经过当前正在被充电的那个分节电容来到地平面层，经地平面层流回驱动信号源。整个充电电流形成一个完整的回路。如果把流在走线上的那一截电流看作是从驱动端"流出"的，那么流在地平面层的那一截电流就是"回流"到驱动端的。正是基于这样的理解角度，我们说地平面层给信号电流提供了"回流路径"。

　　如果走线原本处于高电平状态，电压为 V_{CC}。某个时刻驱动信号源输出从高电平变为低电平，这时的信号传输过程是一个个分节电容从已充好电的状态被放电的过程，信号电流就是放电电流。从电流的绝对流动方向（正电荷的移动方向）来说，放电电流和充电电流是

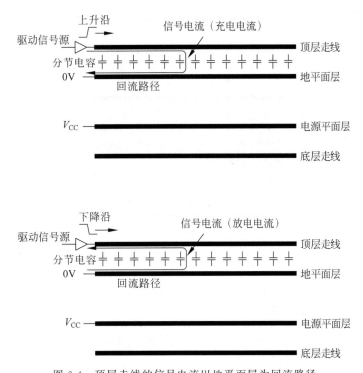

图 6-4 顶层走线的信号电流以地平面层为回流路径

正好相反的,但二者流经的路径却并无二致,都是由地平面层从一个相反的方向为走线上的那部分电流提供回流路径,使信号电流形成完整回路,如图 6-4 所示。

　　现在把目光投向四层板底层上的一根走线,它原本处于低电平状态。当驱动走线的信号源输出由低电平变为高电平时,又一个信号传输过程开始了,如图 6-5 所示。这个过程与顶层信号的传输有什么不一样吗? 没有什么不一样,所有信号的传输都是分节电容的充电、放电过程。但是,与底层走线相邻的是其上方的电源平面层,而不是地平面层,所以分节电容是走线与电源平面层之间的电容,而不是走线与地平面层之间的电容。决定电容充电、放电状态的是电源平面层与走线间的电压差,而不是地平面层与走线间的电压差。在走线原本为低电平状态的时候,其电压为 0,而电源平面层电压为 V_{cc},两者之间的电压差为 V_{cc},所有分节电容都处于已被充好电的状态,一旦驱动端输出变为高电平,驱动走线的电压值在升高,但加在分节电容两端的电压差却在降低,分节电容将被放电。这与顶层走线正好相反。在顶层走线上,一个从低到高的上升沿跳变带来的是分节电容充电的过程,而在底层走线上,一个从低到高的上升沿跳变带来的是分节电容放电的过程。这个放电是发生在底层走线与电源平面层之间的,放电电流自然流动于二者之间,为走线上的电流提供回流路径的自然是电源平面层,而不是地平面层。

　　再来看底层走线上的一个从高到低的下降沿跳变,如图 6-5 所示。原本走线处于高电平状态,电压为 V_{cc},与电源平面层之间电压差为 0,走线与电源平面层间的分节电容处于已

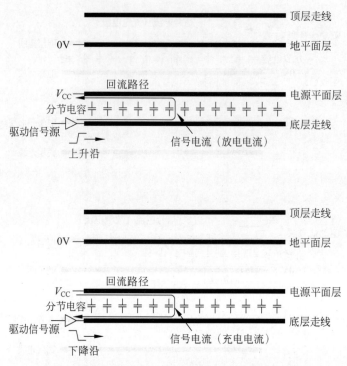

图 6-5 底层走线的信号电流以电源平面层为回流路径

被放电的状态。驱动信号源输出变低之后,驱动走线的电压值在降低,但分节电容两端的电压差却在升高,信号的传输将是一个个分节电容被充电的过程。为走线上的电流提供回流路径的依然是电源平面层。

上面分析了在顶层和底层走线上信号电流的流动过程,并没有发现地平面层有任何优越的地方使它比电源平面层更应该承担信号电流回流路径的角色。信号电流就是对分节电容的充电、放电电流,谁与走线构成分节电容,电流就以谁为回流路径。回流的目的是让信号电流形成完整回路,电源平面层担当底层信号的回流路径,它所提供的回流效果与地平面层为顶层信号提供的回流效果是一样的,没有优劣之分。而为信号提供回流路径的导体,就是传输线的第二支导体。在底层走线上传输的信号,是由走线与电源平面层而不是地平面层所构成的传输线来承载的,那么,对这个传输线的阻抗当然需要通过设计走线与电源平面层的横截面结构来实现。印制电路板生产厂商在制造、测试表层(顶层、底层)走线的阻抗时,一定是以紧邻走线的那个平面层作为微带线第二支导体,至于这个平面层是用作电源平面层还是地平面层,没有差别,也无须关心。

那么,是什么造成了我们在最初的直觉认识上对地平面层的偏好?可能是由于对恒定无变化状态下的电流流动规则印象过于深刻,干扰了我们的理解。如图 6-6 所示,一

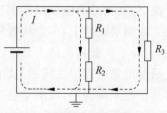

图 6-6 在"静止"的电路中一切
电流最终都流向了"地"

个直流电压源驱动几个电阻构成的负载网络,这个电路处于恒定不变的"静止"状态,在电路中的任何一点,电压都不随时间改变。这个系统中的电流严格遵循从高电位流向低电位的规则,并且电流本身也是恒定不变的直流电流。每一个负载分支的电流最终都会流向电路的最低电位点"地",经由"地"回到电压源。

在数字信号电路系统中,也会有这样电路"静止"的时候,那就是在信号电压没有跳变、传输线上已建立起稳定不变的电压的时候,如图 6-7 所示。这个时候分节电容的充电、放电都已完成,没有充电或放电电流存在于传输线之间。存在于电路中的,只有按照"从高到低"简单规律流动的静态直流电流。这部分静态电流会循着一条电阻最小的路径从高电位流向低电位,传输线的结构对它没有影响,最终,它流向整个电路中的最低电位点"地"。这是静态电流的"回流",在这种电流场景中,地平面层才真正扮演着与电源平面层不同的角色。

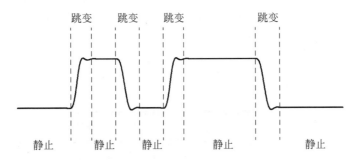

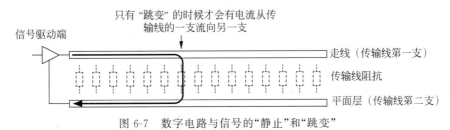

图 6-7 数字电路与信号的"静止"和"跳变"

对传输线来说,有意义的不是"静止"的信号,而是变化的信号,是"跳变"。当上升沿和下降沿沿着传输线传递的时候,变化的电压才能驱动电流从传输线的一支流到另一支,也只有这时,传输线的阻抗才有其实际意义。在变化的信号眼里,没有所谓"电源"和"地"的分别,都不过是传输线的第二支。

在印制电路板上设计出阻抗连续一致的均匀传输线,是为了完好地传递数字信号的"跳变"。信号完整性理论所关心的,也正是数字信号的"跳变"。"静止"的电路状态不会带来任何信号完整性问题,只有"跳变"才是我们所说的"信号"最关键的本质所在。

6.2 内层信号的回流路径

在印制电路板上,处于两个平面层之间的内层走线会形成带状传输线结构,如图 6-8 所示。这种情况看起来比微带传输线复杂一些,因为存在两个平面层,而不是一个。哪一层才是信号的回流路径呢？

图 6-8 内层走线（带状线）有两个平面层

回答这个问题需要的分析套路与表层走线是一样的，理清充电、放电的关系即可。如图 6-9 所示，内层走线上的一个上升沿跳变，它带来的是充电还是放电的过程？这个走线的上方是地平面层，下方是电源平面层，一个更为前提的问题是，这个传输线的分节电容究竟是怎样构成的？

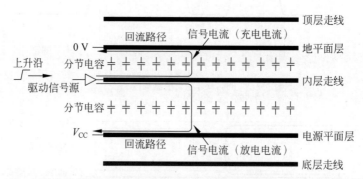

图 6-9 内层走线（带状线）的信号电流以两个平面层为回流路径（上升沿跳变）

不妨分开来看。组成走线的每一个走线分节首先与上方的地平面层构成了一个分节电容，同时，这个走线分节又与下方的电源平面层构成了另一个分节电容。走线原本处于低电平状态，电压为 0，它与上边的地平面层间电压差为 0，而与下边的电源平面层间电压差为 V_{cc}。上边的每个分节电容都处于已被放完电的状态，而下边的每个分节电容都处于已被充好电的状态。当驱动走线的信号源输出变为高电平后，加在上边的分节电容两端的电压差将升高，而加在下边的分节电容两端的电压差将降低。所以，上边的分节电容一个个地被充电，而下边的分节电容一个个地被放电。这个信号的传输过程中既有对分节电容的充电，也有对分节电容的放电，信号电流既包含充电电流，也包含放电电流。经过上边的分节电容，从地平面层回流的是充电电流；经过下边的分节电容，从电源平面层回流的是放电电流。可见，带状线的回流路径不是由哪一个平面层单独来承担的，两个平面层各自分担一部分电流的回流，加起来完成整个信号电流的回流。

同样的分析方法，一个下降沿信号在带状线上的传输依然是上、下两部分分节电容充电、放电的过程,只是充电、放电关系颠倒过来了。走线与地平面层间的分节电容是被放电,走线与电源平面层间的分节电容是被充电。信号电流的回流路径仍是分布在两个平面层上,如图 6-10 所示。

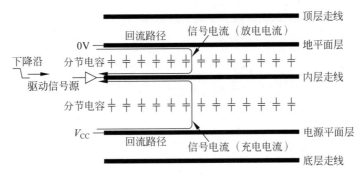

图 6-10 内层走线(带状线)的信号电流以两个平面层为回流路径(下降沿跳变)

但是,两个平面层承载回流电流的分量却是有区别的,地平面层上的回流电流多些,电源平面层上的回流电流少些。这并非是因为地平面层比电源平面层更优越。图 6-9 和图 6-10 所分析的是一个六层板的内层走线。该六层板上其实有两个内层信号走线层,这两层的走线都与地平面层、电源平面层形成了带状线结构,如图 6-11 所示。图 6-9 和图 6-10 所描述的情形是以靠上的那一层内层信号走线层(内层信号走线层一)为分析对象的(另一个内层信号走线层未在图中画出)。这一层上的走线距离地平面层近,而距离电源平面层远,形成非对称带状线结构。从分节电容的角度来看,走线与地平面层间的分节电容值因为电容两极距离更近而比走线与电源平面层间的分节电容值更大。电容越大,在发生同等电压变化时需要吸纳或释放的电荷就更多,所形成的充电或放电电流也更大。

图 6-11 六层印制电路板的叠层分布

如果信号是在靠下的那个内层信号走线层(内层信号走线层二)上,情况就会反过来。这一层的走线距离下方的电源平面层更近,而距离上方的地平面层更远。上边的分节电容小而下边的分节电容大,信号在电源平面层上的回流电流大于在地平面层的回流电流。

回流电流的分布与平面层是电源层还是地层没有关系,只要是非对称带状线,回流电流在两个平面层上的分布就不是均等的。只有走线位于两个平面层正中的对称带状线,上、下分节电容值相等,回流电流被分为等量的两半,两个平面层各自承载一半,如图 6-12 所示。

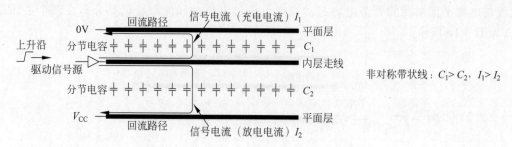

非对称带状线：$C_1 > C_2$，$I_1 > I_2$

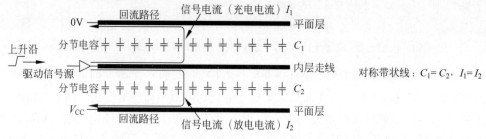

对称带状线：$C_1 = C_2$，$I_1 = I_2$

图 6-12　非对称带状线和对称带状线的回流电流分布

如前面所述,分节电容分析法是理解传输线最有用的入门法宝。这一次,它又帮我们看清了信号电流的回流路径。

6.3　阻抗与信号电流

在从分节电容的视角对夹在两个平面层之间的内层走线(带状线)信号的回流路径有了一个直观的认识基础之后,现在再从更本质的层面来探讨回流路径的分布规律。传输线影响信号的根本因素是什么? 答案是阻抗。信号的回流电流其实是按照带状线上、下部分的阻抗对比关系在两个平面层上进行分配的。

我们知道,直流恒定电流在流过并联支路时会按照电阻对比关系来分配两个支路的电流。如图 6-13 所示,两个电阻 R_1 和 R_2 并联,流过两支路的电流大小是与电阻的大小关系相反的,R_1 大于 R_2,那么流过 R_1 的电流 I_1 就小于流过 R_2 的电流 I_2。电阻越大,"阻碍"电流的能力越强。从而有直流恒定电流流动的规律:在有多条流动路径时,电流会更多地选择电阻较小的路径。

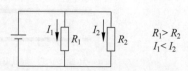

$R_1 > R_2$
$I_1 < I_2$

图 6-13　直流恒定电流流过电阻
并联支路的分布

传输线上的信号电流遵循着类似的规律。在信号沿着传输线传输的时候,从传输线上某一点来看,只有信号正好走到这一点时,才会有电流在此点从传输线的一支流向另一支,一旦信号走过这一点,电流也不再存在。信号电流在这一点经历着从无到有、再从有到无的变化,不是直流恒定电流,而是变化的电流。变化的电流选择流动路径的依据不是电阻,而是阻抗。

当信号电流沿着走线来到当前正传输到的这一点时,它需要在这一点流向平面层并回流。如图 6-14 所示,带状线上的回流路径有两条,一是向上流向地平面层,从地平面层回流,一是向下流向电源平面层,从电源平面层回流。这两条路可以看作是并联的关系,它们各有自己的阻抗,整个带状线的阻抗是两路阻抗的"并联和"。

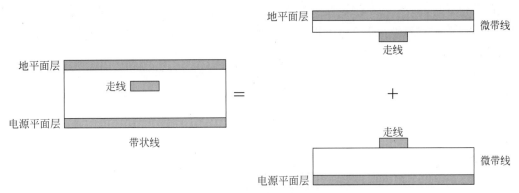

图 6-14 将带状线阻抗看作两个微带线阻抗的"并联和"

从哪一条路上回流的电流更多呢? 这就看哪条路的阻抗更小了。当分析上面这条路的阻抗时,可以设想下面的电源平面层不存在,走线和地平面层构成微带线。当分析下面这条路的阻抗时,可以设想上面的地平面层不存在,走线和电源平面层也构成微带线。这纯粹是出于理解方便而采用的一种分析方法,带状线对于信号是一个独立、完整、不可分拆的传输媒介,并非是两个微带线的简单叠加。这样分析的好处是上、下两个回流路径的阻抗对比关系可通过两个微带线的比较而得出。这二者的横截面构成中仅有走线与平面层的间距不同,按照阻抗受间距影响的关系,间距越大,阻抗就越大。所以,平面层与走线挨得越近,这条路对信号电流的阻碍就越小,通过这条路回流的电流就越多。

分节电容的大小对比,其实质也正是阻抗的大小对比。阻抗 Z 其实是由传输线的电容成分 C 和电感成分 L 共同决定的:

$$Z = \sqrt{\frac{L}{C}}$$

如果要同时考虑电容和电感,信号电流的分析会变得复杂、抽象,我们对电感的认识终究不如电容那样直观、易解。所以,最好的入门方式是忽略掉电感因素,将传输线看作是一个个分节电容的组合。分节电容值越大,流过电容的信号电流就越大,说明这条回流路径对信号电流的阻碍也就越小,也就说明此点的传输线阻抗越小。作为一种有效而直观的分析方法,我们要善于运用分节电容法来理解传输线,但作为电路现象的物理本质,阻抗才是信号电路回流路径选择的依据,仅仅提到电容,是不全面的。我们应逐步习惯于从阻抗的角度去理解信号的行为。

6.4 信号电流与传输线阻抗的主次考量

现在把思维放开来。既然信号的传输过程是源自上升沿或下降沿跳变对走线与平面层之间原有电压差的改变所引起的分节电容充电、放电过程,那这种充电、放电现象就只能发生在走线与平面层之间吗?任何两个导体都会构成电容,走线与平面层间存在电容,走线与板上的其他导体,如另一段走线,也会存在电容,如图 6-15 所示。如果一根走线上的上升沿或下降沿导致了它与另一根走线间的电压差改变,也应该想象两根走线间的分节电容充电、放电的情景。设想有两根走线,原本都处于低电平状态,两者电压差为 0。某个时刻驱动其中一根走线的信号源输出由低电平变为高电平,而另一根走线的驱动信号源输出未改变,仍保持低电平。则两根走线间的电压差由低变高,它们之间的分节电容将随着信号的传输被一个个地充电。

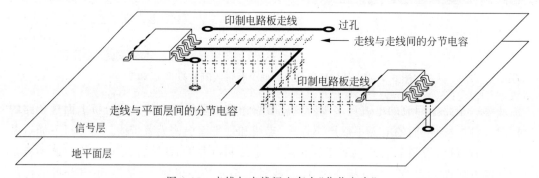

图 6-15   走线与走线间也存在"分节电容"

如此看来,为信号电流提供回流路径的并非仅有平面层,但凡板上导体,只要与信号所在的走线电压差发生了改变,就将为信号电流提供回流路径。承担回流路径的导体,就属于传输线第二支的一部分。带状传输线的第二支,不该仅仅是上、下两个平面层,微带传输线的第二支,也不该仅仅是相邻的平面层。两种传输线结构的第二支都应包括其他走线等导体,这些导体与作为传输线第一支导体的走线间的几何结构关系,将影响传输线的阻抗。但在图 6-2 的四层板、六层板叠层方案中,以及印制电路板生产厂家在制造实现印制电路板的过程中,传输线阻抗完全是用走线和平面层间的横截面结构来设计的,并未考虑其他导体的存在,这合适吗?

其他导体的影响确实被忽略掉了。倘若不这样,均匀传输线意味着走线与所有第二支导体的横截面都要随着信号的前行保持一成不变,这是不可能实现的目标。而这种忽略给阻抗设计带来的误差微乎其微,因为跟平面层比起来,从其他第二支导体上回流的信号电流只是相当小的一部分。在所有第二支导体提供的回流路径中,从平面层回流的阻抗是最小的。这是容易通过定性的比较分析得出的判断。例如将平面层与作为第二支导体的另一根走线相比较,一大片导体平面作为电容的一极,所能提供的电容成分会比细长的走线大得多,而其上的电感成分又比走线小得多。再考虑上距离的因素,平面层始终与作为第一支导体的走线保持很近的距离,而不同走线间的距离通常会大得多,这又进一步加剧两种情况下电容和电感成分的悬殊。按照阻抗 Z 与电容成分 C、电感成分 L 的关系:

$$Z = \sqrt{\frac{L}{C}}$$

平面层作为第二支导体所具有的电容成分比其他导体作为第二支导体所具有的电容成分大得多,而电感成分又小得多,那么阻抗就更是小得多。这种反差是压倒性的,信号电流的绝大部分都会从具有最小阻抗的平面层回流。理论上,走线与每一个导体构成的传输线都参与了信号的运输,但只有走线与平面层构成的传输线才是决定性的。只需要将这个最主要承载者的阻抗设计出来,事实上也就几乎确定了信号所面临的全部阻抗,其他第二支导体所带来的阻抗,也就完全没有考虑的必要。这就如同恒定直流电流流过并联电阻的情况,如果并联的两个电阻阻值相差悬殊,绝大部分电流都会从阻值小的那个电阻流过,整个并联支路的等效电阻值与阻值小的电阻相差无几,阻值大的那个电阻也就可以忽略掉了,如图 6-16所示。信号完整性是完完全全面向实践的技术理论,追求精确毫无意义。抓住事物的主要方面,尽量简化分析思路,解决实际问题,才是它的价值所在。

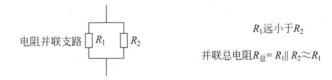

电阻并联支路 R_1 R_2

R_1 远小于 R_2

并联总电阻 $R_{总} = R_1 \| R_2 \approx R_1$

Z_1 远小于 Z_2

走线1的总阻抗 $Z_{总} = Z_1 \| Z_2 \approx Z_1$

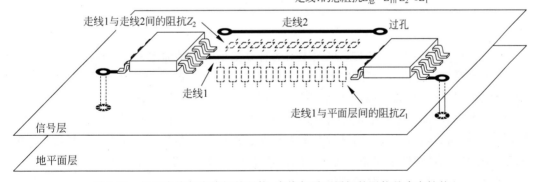

走线1与走线2间的阻抗 Z_2　　走线2　　过孔

走线1

走线1与平面层间的阻抗 Z_1

信号层

地平面层

图 6-16　相比走线与走线间的阻抗,走线与平面层间的阻抗是决定性的

即便是平面层,如果不是处于一个决定性的角色位置,也是可以忽略的。例如一个非对称带状线,不对称的程度非常高,走线距离一个平面层非常近,而距离另一个平面层非常远。信号电流的绝大部分都从距离近的平面层回流,在距离远的平面层上回流的非常少。这种

情况下就可以忽略掉远的平面层,把带状线简化成只有一个平面层的微带线来分析它的阻抗和回流路径,如图 6-17 所示。

图 6-17 不对称程度非常高的带状线可近似简化为微带线

　　以最主要的回流路径作为第二支导体来设计传输线的阻抗,而忽略掉其他所有的次要第二支,这就是印制电路板叠层方案采用的阻抗设计原则。走线与相邻的平面层构成的微带线、带状线是信号最主要的承载者,它们对信号传输质量的影响是决定性的,只要它们是按照所需要的阻抗值设计出的均匀传输线,信号就会以最好的姿态向前行进。

6.5　信号电流的路径选择性

　　有些信号不是在一个走线层上完成全部走线的,这种情况下的回流路径可能随着走线层的切换而改变。如图 6-18 所示,一个四层板上的信号,经过一段顶层走线,穿过过孔,又经过一段底层走线,到达接收端。自信号从发送端发出,到它到达过孔之前,信号电流从顶层走线下方的地平面层回流。遇到过孔时,此前的均匀微带传输线结构被打破,此处阻抗发生改变,信号发生反射,反射信号弹回发送端,入射信号继续前行。信号电流穿过过孔,来到底层走线。这时,信号电流的流出部分分布比较复杂,一段在顶层走线上,一段在底层走线上。而它的回流电流也相应地分布在两个平面层上,首先在电源平面层上流过一段,继而又沿着地平面层流向发送端。大家对这样一个回流路径一定感到困惑,回流电流是怎样从电源平面层来到地平面层的?

　　其实在这之前还有一个问题,回流电流为什么要回到地平面层去?不应忘记,现在讨论的信号电流是变化的电流,不是静态的恒定直流电流。变化的电流选择流动路径的唯一依据就是阻抗,阻抗越小的路径,电流就越容易流过。我们已经领会了这一点,就是在信号当前正到达的地方,即信号的最前沿,信号电流最主要的去向是流到与走线距离最近的平面层上,因为这条路的阻抗最低。而这种对低阻抗路径的选择性在整个电流回路上都是存在的。电流从头到尾流过的整个回路就是一个阻抗最小的路径。在整个回路路径中,有一部分的路径是已经确定的,就是从驱动端流出的部分,它沿着走线流动。剩下的是流回驱动端的部分,在印制电路板上,这部分主要是由平面层来提供路径的。回流部分在平面层上选择的路径会使它与流出部分组成的整个电流回路阻抗最小。怎样的回流路径才能达到这个效果?当回流部分的电流越是贴近流出部分的电流时,整个回路的阻抗就越小,如图 6-19 所示。这又是怎样的原理?

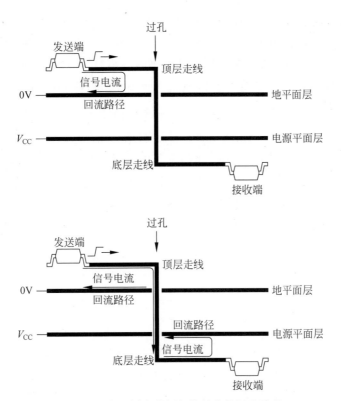

图 6-18　在不同走线层切换的信号回流路径

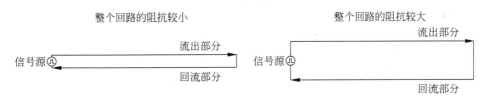

图 6-19　回流部分的电流越贴近流出部分的电流,整个回路的阻抗越小

　　通俗地理解,阻抗就是对电流的阻碍。对恒定直流电流来说,阻碍电流流动的是回路的电阻,而对变化的电流来说,阻碍电流流动的则主要是回路中的电容和电感。按照这两者影响阻抗的关系,一个阻抗最小的路径就是电容尽量大而电感尽量小的路径。信号电流总是更多地流过走线与距离最近的平面层构成的分节电容,就是选择一条尽量大的电容路径的体现。而对电感的选择体现在何处呢?正是体现在平面层回流电流走过的路径上。

　　电感是怎么度量的?回忆前文第 5 章,是环绕在电流周围的磁力线圈数目。从整个回路的角度来衡量磁力线圈数目,可以看作是信号电流流出部分和回流部分两段电流周围磁力线圈数目的和,如图 6-20 所示。当我们观察电流流出部分周围的磁力线圈时,发现除了流出部分自身产生的磁力线圈外,一些由回流部分产生的磁力线圈也围住了流出部分。由于回流部分的电流流动方向与流出部分的流动方向是相向而行的,两者产生的磁力线圈对流出部分的环绕方向正好相反,这导致回流部分的磁力线圈抵消掉一些流出部分的磁力线圈,实际环绕在流出部分周围的磁力线圈数目减少。这种抵消是相互的,回流部分的磁力线圈也有一些被流出部分抵消掉。整个回路的电感因为磁力线圈数目的减少而减小了。当两段电流挨得越近的时候,同时围住两者的磁力线圈越多,被抵消掉的磁力线圈越多,回路电感减小得也就越多。

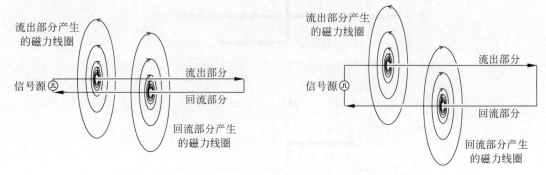

图 6-20　回流部分与流出部分挨得越近,被抵消的磁力线圈越多

　　在图 6-18 上,信号来到底层走线后,回流电流原本沿着电源平面层流动,这时电流的流出部分与回流部分挨得最近,电感最小。当回流到过孔附近之后,走线在顶层而不在底层,这时与电流流出部分挨得更近的是地平面层而不再是电源平面层,回流电流便会切换到地平面层上,走过这条电感最小的路径。至于回流电流是怎样从电源平面层流到地平面层上的,这是变化的电流流过电容的场景。电源平面层与地平面层两块导体平面构成的电容为电流从一个平面流到另一个平面提供了路径,如图 6-21 所示。这一段回流电流依然会尽量贴近流出部分,主要分布在过孔附近。如果在过孔附近正好放置有连接电源平面层和地平面层的电容器件,这些电容器件也将为回流电流提供路径。

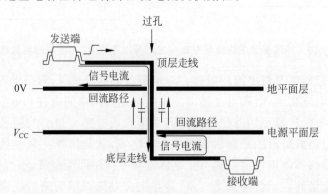

图 6-21　平面层间的电容为回流电流从一个平面层流到另一个平面层提供路径

　　在同一个平面层上,回流电流所选择的路径会更清晰地显示出对电感的选择性。如图 6-22 所示,一个跳变信号正沿着某根走线传输,走线下方的地平面层提供回流路径。回流电流要从地平面层上信号当前到达的位置流回信号驱动端。从直观上讲,最"便捷"的路

径是两点之间的直线路径,因为最短。如果信号电流是恒定不变的直流电流,确实会选择直线路径回流,不过不是因为短,而是因为直线路径的电阻最小。但信号在跳变时的电流不是恒定直流电流,而是变化的电流,它选择路径的依据是阻抗而不是电阻,它在地平面层上沿着一条电感最小的路径回流,也就是位于走线正下方紧贴着走线的那条路径。只有这样,信号电流的流出部分和回流部分才挨得最近,相互抵消的磁力线圈最多,整个回路的电感最小。于是,回流电流在地平面层上的路径轨迹是完全跟随走线的形状的,如同走线在地平面层上的投影一样。走线直,则回流路径直,走线拐弯,则回流路径跟着拐弯。

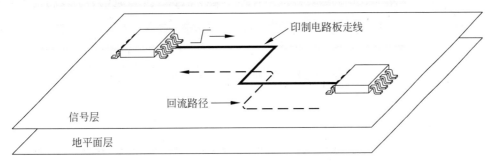

图 6-22　信号跳变时在平面层上的回流路径跟随走线的形状

从更准确的角度出发,应当用电流密度来描述回流电流在平面层上的分布特点。除了走线下方的区域,平面层上的其他区域并非没有电流,只是电流分布的密度随着与走线距离的增加而降低。电流密度最大的区域就是走线正下方的区域,这里距离走线最近,集中了回流电流的主要部分,而距离走线越远,电流密度越低。跳变信号的上升时间(或下降时间)越快,回流电流聚拢于走线下方的效应就越强。图 6-23 展示了当一根走线上发送上升时间分别为 1ns 和 2ns 的两个信号时,其下方平面层上的电流密度分布曲线,1ns 信号下方的回流电流聚集地更为紧密。

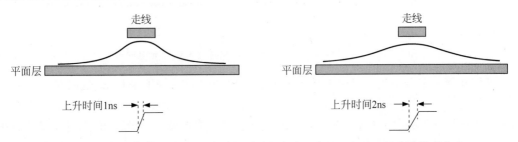

图 6-23　发送不同上升时间的跳变信号时在走线下方的平面层上的电流密度分布

6.6　信号电流的"变化"本质

在之前的分析论述中,出于理解和推导的方便,我们说传输线每一个分节电容的充电都是在前一个分节电容充电完成后才开始的。仔细想想,这其实是不可能的。设想一个高电平满幅电压为 1V 的上升沿跳变阶跃信号进入某根传输线开始传输,如图 6-24 所示。首先对第一节分节电容进行充电,难道直到第一节分节电容被从 0V 充满到 1V 之后第二节分节电容才会开始充电吗? 电容充电、放电的条件是什么? 只要电容自身原有的电压与外部施加的电压存在丝毫的差异,充电、放电就会立即进行。

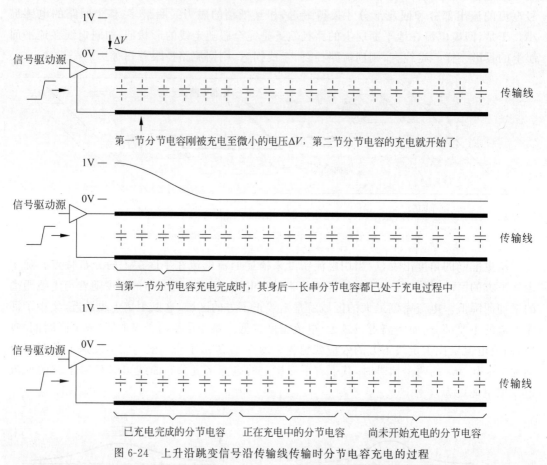

图 6-24 上升沿跳变信号沿传输线传输时分节电容充电的过程

我们在第一节分节电容刚刚开始被充电非常短的时间后停下来观察,这时第一节分节电容仅被充了很少的一点电,充电还远没有完成,电压还远没有达到充满电状态的 1V,仅仅从 0V 上升了一个很微小的值 ΔV。第一节分节电容紧挨着第二节分节电容,这个 ΔV 就加在了第二节分节电容的两端,即便只是一个很微小的电压增长,它终究也是大于第二节分节电容原有的电压值 0V 的,于是,第二节分节电容的充电立即开始进行了,它开始被充电的时间仅比第一节分节电容晚了一点点。

当第二节分节电容的电压稍有增长,紧挨其后的第三节分节电容的充电又开始了。每一节分节电容的充电都在前一节分节电容的电压刚刚开始上升的时候就立即开始了,无论把分节电容划分得多小,都是这样的。当第一节分节电容完全充满到 1V 电压的时候,其身后的一长串分节电容都已经处于充电过程中,它们的电压值呈现依次连续递降的状态,距第一节分节电容最远的、处于信号前进方向最前沿的那一节分节电容的电压才刚刚从 0V 开始增加,而距第一节分节电容最近的第二节分节电容已经无限接近 1V,马上就会充电完成。这一串正在充电的分节电容的电压,形成了信号在传输线上的空间形态,在传输线上所占据的"空间跨度",取决于信号的上升时间和传输速度。

如图 6-25 所示,信号上升时间为 1ns,传输速度为 6in/ns,则信号的空间跨度为 $d=$ 1ns×6in/ns=6in。从空间上观察,信号的传输过程就是一段跨度为 d、从高到低连续递降的电压分布带在传输线上移动的过程。

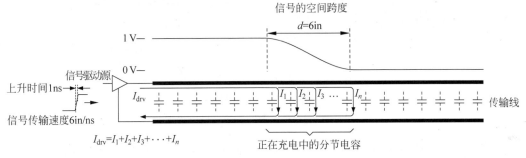

图 6-25 信号的空间跨度

因为信号的空间跨度 d 是固定不变的,在信号前进的任何时刻,处于正在充电状态中的分节电容数目总量都是一定的,其需要的充电电流总量就是一定的,从而信号驱动源为信号传输提供的电流(图 6-25 中的 I_{drv})就是一定的。如果就此含糊地将信号驱动源的输出电流等同于"信号电流",将完全无法明白"信号电流是变化的电流"这样的说法该落在何处。

一定要从一个个独立的分节电容的角度出发来理解信号电流。上升沿跳变信号沿着传输线行进时,每一个分节电容都经历了一次充电,而流过每一个分节电容的充电电流都是变化的电流。为什么是变化的?从定性的分析看,至少经历了从无到有、再从有到无的变化过程。信号到来之前,没有电流流过分节电容;充电开始后,就有充电电流流过分节电容;充电完成后,又恢复没有电流流过的状态。

具体数值上的变化规律,流过电容的电流 I 等于电容两端的电压 V 对时间 t 的导数和电容值 C 的乘积,如图 6-26 所示。

$$I \xrightarrow{\quad} \quad V \quad \overset{\longrightarrow}{\underset{C}{\dashv\vdash}} \qquad\qquad I = C\frac{dV}{dt}$$

图 6-26 流过电容的电流随电压变化的计算关系

如图 6-27 所示,一个信号源 V_s(其内阻为 R)产生的上升沿信号对单个电容 C 充电的电流曲线。信号源的上升时间为 1ns。可以看到,电容 C 的充电电流 I 经历了从 0 升至最高点,再渐渐降低的变化过程。在此过程中,电容电压 V_C 平滑地上升,直至电压充满为 1V。当电压充满时,电流 I 也降为了 0。

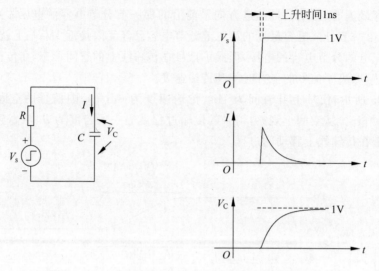

图 6-27　上升沿信号对单个电容的充电电流变化过程

　　下降沿跳变的信号电流具有与上升沿完全相同的变化规律,只是它所对应的不是分节电容的充电过程,而是分节电容的放电过程。如图 6-28 所示,一个信号源 V_s(其内阻为 R)产生的下降沿信号对单个电容 C 放电的过程。电流 I 的曲线处于坐标的负半区,表明放电电流的方向与充电电流相反。而电流的幅值依然呈现出先从 0 增大再降为 0 的变化过程。

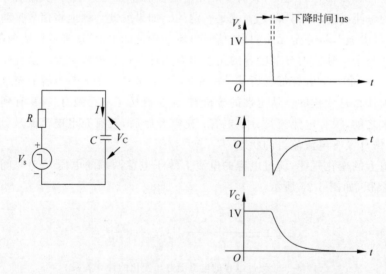

图 6-28　下降沿信号对单个电容的放电电流变化过程

　　当上升沿信号、下降沿信号在传输线上传输的时候,组成传输线的每一个分节电容,都将依次经历上述的充电、放电过程。信号在传输线上行进时所形成的“信号电流”是由许多份电流汇集而成的,每一份电流都对应着一节分节电容的充电、放电过程,都将经历一个从 0 增长到一定值、再下降为 0 的动态连续变化的过程。

　　信号电流是变化的电流,这个"变化"是靠每一份独立的充电或放电电流来体现的,而不是靠它们的总和来体现的,如图 6-29 所示。对于均匀传输线来说,充电或放电电流的总和在信号的传输过程中反倒是固定不变的。从信号驱动源的角度观察,它输出的电流是充电或放电电流的总和,我们习惯于将这个电流理解为信号电流。这当然并不为错,只是从驱动源的角度是难以分析信号电流作为"变化"电流的属性的。信号电流在印制电路板平面层上的回流路径会随着走线的轨迹而弯曲、拐绕,这是"变化"的电流选择电感最小路径的特性,只有将信号驱动源的输出电流分解为一份份"变化"的充电、放电电流,物理特性的现象和本质才有了对应。

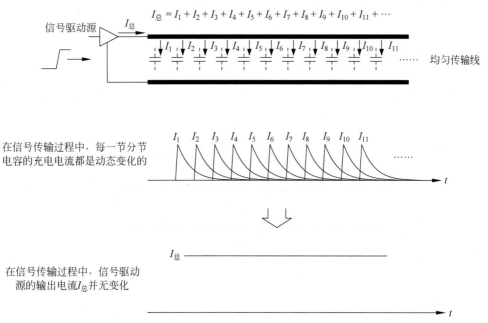

图 6-29　信号电流的"变化"是从一份份单独的分节电容充电、放电电流来体现的

　　当把传输线的电感成分也考虑进来时,除了对回流路径的影响,信号电流本身的变化特性也将有所改变。但这种改变不是根本性的,每一份电流仍然沿着"先增大再降低"的曲线变化,只是增、降的速度有所减慢。为什么?电感总是阻碍电流的变化的,每一个分节电容的充电、放电电流受到分节电感的阻碍而变化减慢了。

　　我们不止一次用到这样的分析套路。在大多数时候,将传输线看作仅仅是分节电容的组合就足以支撑分析过程。但不应忘记,传输线的电感成分一直都是存在的,有一些现象不可避免地只能从电感的角度加以理解,如信号电流在平面层的回流路径。忽略电感是为了理解更加方便和直观。如果从一开始就同时考虑分节电容和分节电感的存在,对于信号电流变化特性的分析将变得复杂而难以入手。先不考虑分节电感,就能很单纯地从分节电容充电、放电的角度快速建立起信号电流变化的基本脉络,在此基础上再来考虑电感的影响便会有所倚靠,理解起来也会容易一些。

第 7 章

分布式系统

7.1 分布式系统的内涵

一个接一个的分节电容、一个接一个的分节电感,这是传输线模型告诉我们的传输线实质,如图 7-1 所示。我们不再认为连接信号的走线是不具有任何电路内容的理想的"连接"。但是,这种模型的表示方法可能同时又将初学者引入到另一个思索的极端:该怎样划分传输线的分节? 每一个分节电容、分节电感又该如何取值?

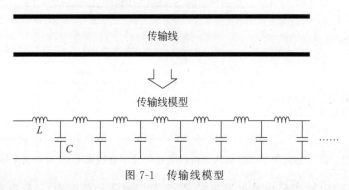

图 7-1 传输线模型

需要划分传输线分节吗? 真的划分得开吗?

还是先从只考虑分节电容、不考虑分节电感的角度来看这个问题。信号在传输线上行进的时候,相邻两节分节电容的关系是电压源和被充电、放电电容的关系,即前一节电容为后一节电容充电、放电,如图 7-2 所示。

既然是基于这种充电、放电的相对关系区分开了前一节和后一节分节电容,那在同一节分节电容内部何尝不存在这种关系?

无论划分得多小,传输线分节都是有一定长度的,设长度为 L。信号在传输线上的行进速度为 v,信号的最前沿走完一个传输线分节需要的时间为

$$T = \frac{L}{v}$$

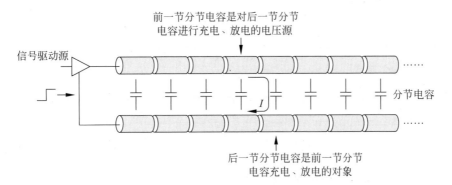

前一节分节电容是对后一节分节
电容进行充电、放电的电压源

信号驱动源

分节电容

后一节分节电容是前一节分节
电容充电、放电的对象

图 7-2　相邻两节分节电容是电压源和被充电、放电电容的关系

从信号开始传输的时刻($t=0$ 时刻)开始,取这个时间的一半即 $T/2$ 的时候停下来观察,信号的最前沿只走到第一节传输线分节一半的位置,则对这一节分节电容来说,前一半已经进入充电、放电过程,电压已经有了 ΔV 的改变,而后一半的充电、放电还没有开始,电压仍为原来的值,如图 7-3 所示。前已指出,传输线相邻两部分间只要存在任何微小的电压差异,充电、放电就会进行。那么,第一节传输线分节的前半部分就会对后半部分进行充电或放电,它们之间也具有了电压源和被充电、放电电容的相对关系,说明这个分节电容是可以进一步分作两半,成为两个小分节电容的。对两个小分节电容继续同样的分析,又能分成更小的分节电容。这个划分过程能无限进行下去,最终将分节电容划分得无限小。这种无限小的状态告诉我们,分节电容其实是"密不可分"的。

　　终究,把传输线分成一个个分节电容只是一种分析方法罢了,我们用它来理解信号的传输过程、认识反射和回流路径、把握信号电流的变化特性……。我们仅仅是借助了分节电容这样一个分析角度,而分节电容本身需要如何划分,现实中既无任何划分的必要,也无任何划分的可能。传输线上的电容成分,是"连续而不可分的",而不是"一个个"的。在传输线上的任何一点,都存在电容,但你无法描述这个电容的起止位置,它与周围的其他电容成分以无法分辨界限的最极限方式连在一起。

　　可以用语言来描述这种连续分布的电容,却很难找到合适的图示表达方式。传输线的电路模型仍然只能被画成"一个个"电容的状态,如图 7-4 所示。这是最简单的传输线模型,忽略了电感,只有电容。

　　如果抛开此处的上下文环境,或者转移到一个跟传输线无关的话题中,看到图 7-4 所示的模型,这不就是一串并联的电容吗?那不必画得如此麻烦,多个电容并联是可以进行求和等效的,将这一串电容值相加,画上一个等效的总电容就行了,如图 7-5 所示。

　　一段长长的传输线最终被等效为只有一个电容,这当然是荒谬的。为什么不能进行这样的等效?图 7-4 对传输线模型的图示方式,除了不能表达出电容在传输线上"连续"分布的状态,一个更为关键的分布特性也难以得到体现,那就是,传输线上的所有电容成分并不是同时作用于信号的。

t = 0时刻，信号传输的开始时刻，所有传输线
分节电容尚未被充电，电压为0V

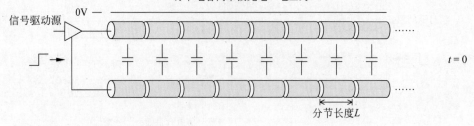

t = T/2时刻，信号的最前沿走到
第一节传输线分节一半的位置

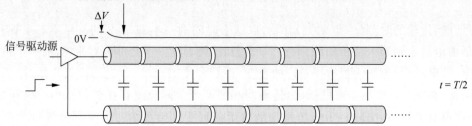

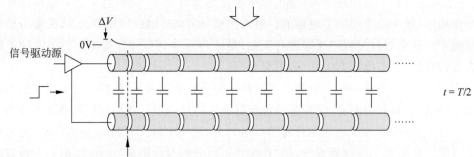

第一节传输线分节的前半部分已充电至ΔV，后半部分电压仍为0，则前半
部分将对后半部分进行充电，此处可进一步划分为两节分节电容

图 7-3 分节电容能够继续划分为更小的分节电容

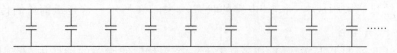

图 7-4 仅由电容组成的传输线模型

图 7-5 电容的并联等效

　　当信号进入传输线开始前行，它是依次、先后、逐个地"遇上"分节电容的，对分节电容的充电、放电也是依次、先后、逐个地进行的。信号不可能对传输线上所有的分节电容同时开始充电、放电，如图7-6所示。假如所有的分节电容能够同时一起开始充电、放电，并沿着同样的"电压—时间"曲线上升、下降，又同时一起完成充电、放电，那没有问题，我们就可以把它们等效成一个总的大电容。但显然不是这样。任何时刻，传输线上都只有一部分分节电容处于正在充电、放电的进程中，就是信号"空间跨度"区域内的这部分分节电容，它们是信号"正在相遇"的分节电容。在"空间跨度"区域的前方即信号还没有到达的地方，是信号"还没有遇上"的分节电容，它们的充电、放电还没有开始。在"空间跨度"区域的后方即信号已经走过的地方，是信号"遇过并已分手"的分节电容，它们的充电、放电已经结束。而在信号"空间跨度"区域内，每一个分节电容所处的充电、放电进度也是不一样的，处在最前沿的那一个才刚刚开始，处在最末端的这一个马上就要结束。

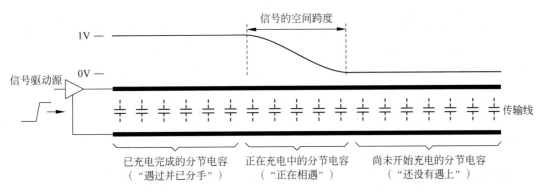

图7-6　信号对分节电容的充电、放电不是同时进行的

　　所有分节电容电压变化曲线的形状都是一样的，但在时间轴上任何两个分节电容的曲线都不会重合，如图7-7所示。信号遇上每一个分节电容的时间都是不一样的，当它与一个分节电容相遇，它并不知道在这个分节电容身后还有什么，它走过这个分节电容，才看到了下一个分节电容。信号的感受是"一个接一个的分节电容迎面接踵而来"，而不是"一睁眼所有的分节电容同时站在面前"。所以，无法将传输线等效为一个大电容。

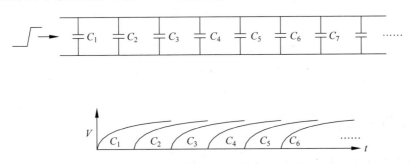

图7-7　传输线上每一节分节电容的电压变化曲线在时间轴上都不重合

如传输线这样,对外部激励的响应呈现出不同位置的时间先后顺序,需要从空间角度来考虑物理参数(电容等)的分布,这样的系统称为"分布式系统"。这个术语来自于电磁场理论。"分布式"一语所强调的是,物理参数无法归集于一点,而是分布在空间的不同位置。

与分布式系统相对应的是"集总系统"。"集总"的意思是指,在空间位置上对外部激励的响应呈现出同时性,无所谓远近之分,所以可以集于一点。

如图 7-8 所示,一个信号源驱动几个分立电阻、电容器件的电路图。我们在通常的思维模式下,都是按照集总系统来理解这个电路的。首先,元件本身是"集总"的。电路中的电容是实实在在的"一个"电容,有明确的电容值,连接的位置只占用空间的一点,而不像传输线上的电容沿着空间连续地分布,密不可分。其次,元件彼此之间也是"集总"的。两个电阻、两个电容距离信号源没有远近之分,它们在电气上连接于空间中的同一点,信号源将同时感受到所有元件的存在,不会存在 $4\mu F$ 的电容晚于 $2\mu F$ 的电容受到信号源驱动的情况,四个元件两端的电压随时间变化的曲线将一模一样。因而,这个电路中的电阻和电容都能进行并联等效。两个 10Ω 电阻等效为一个 5Ω 电阻,$4\mu F$ 的电容和 $2\mu F$ 的电容等效为一个 $6\mu F$ 的电容。

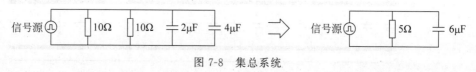

图 7-8　集总系统

传输线是分布式系统,这是信号完整性理论的基石之一。当把传输线上的电感成分考虑进来,它与电容一样,连续地分布于传输线之上,在信号传输的过程中,不同位置的电感在不同的时间与信号"相遇"。同时包含电容和电感的传输线模型如图 7-9 所示。同只有电容的传输线模型一样,这种图示的方式尚不足以准确表达"分布式系统"的含义,就绘图所能达到的效果而言,也只能画成这种程度了。作为对传输线物理实质的一种粗略示意,这个模型图示出现在很多书籍中。对初学者来说,更重要的是掌握在此图背后传输线作为"分布式系统"的实质内涵。

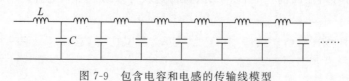

图 7-9　包含电容和电感的传输线模型

7.2　传输线的"长短"

分布式系统的直观特征是各部分响应输入信号的时间因空间位置而异。图 7-10 所示是一段 10in(1in＝2.54cm)长的印制电路板走线对某个上升沿信号的响应情况。在信号传输过程中,走线上不同的位置呈现不一样的电压分布。信号的高电平为 1V,上升时间为 1ns,在走线上形成的空间跨度约为 6in。

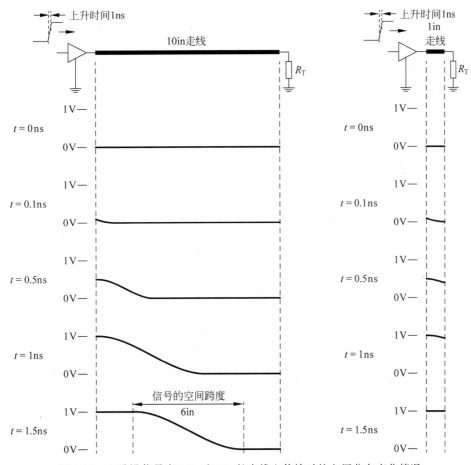

图 7-10 上升沿信号在 10in 和 1in 长走线上传输时的电压分布变化情况

理论上,所有的传输线都是分布式系统,无论其长短。只要传输线是有一定长度的,就会存在这种随位置而不同的电压分布。哪怕是相距非常近的两个位置点,距离信号源近的那一点总会比距离信号源远的那一点更早开始发生电压变化。

但是,当走线足够短的时候,整个走线各个位置在信号传输过程中的电压差异很小,在实际的电路中就能被近似地看作集总系统。将 10in 的走线减短为只有 1in,这个长度比信号的空间跨度 6in 还要短得多,再来看信号输入后的电压分布,如图 7-10 所示。整个走线只能承载信号空间跨度的 1/6,在信号传输过程中的任何时刻进行观察,沿着走线的电压分布几乎一致,不同位置点间没有明显的电压差异。在 10in 走线上,当始端电压的升高过程已经完成,达到高电平状态的 1V 的时候,末端的升高过程还没有开始,仍为低电平状态的 0V。而在 1in 走线上,始端和末端的电压上升过程几乎是同时开始、同时结束的,时间上的先后差异可以忽略,近似等同于整个走线所有的部分同时对输入信号做出响应。所以,我们说 10in 走线是分布式系统,而 1in 走线是集总系统。

区分一根走线是集总系统还是分布式系统的实际意义何在? 从图 7-10 上或许还不能看得出来,这两个走线都进行了与传输线阻抗相一致的末端端接(电阻 R_T 与传输线阻抗相等),因而没有反射发生。除了因走线长短不同带来的时延差异,在 1in 和 10in 两根走线末端得到的信号波形,都是比较规整、漂亮的上升沿波形,如图 7-11(a)所示。并且,信号从始端进入时的波形是什么样子,到达末端后的波形依然是什么样子。现在把末端端接电阻 R_T 去掉,再来看波形的变化,如图 7-11(b)所示。

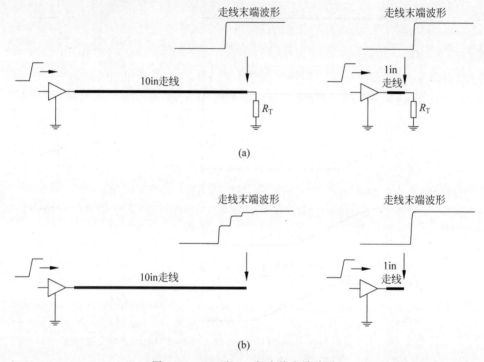

图 7-11　10in 和 1in 长走线末端波形

与去掉端接电阻 R_T 之前相比,1in 走线上的波形没有变化,依然保持了比较规整的上升跳变形状。而 10in 走线上的波形面目却与先前大相径庭了,失去了规规矩矩上升的良好姿态,呈现出"阶梯"式的扭曲变形,这是反射带来的明显印记。与 1in 走线相比,这个上升跳变波形是非常拙劣的。如果用 10in 走线和 1in 走线传输一串数字信号序列,其末端波形如图 7-12 所示。

在 10in 走线的波形上,每一处上升沿和下降沿"跳变"都发生了明显的"阶梯"扭曲变形,整个信号波形受到很大的破坏。但在 1in 走线上,反射是同样存在的,为何波形被破坏的程度却小得多呢? 因为它更短吗? 可反射的力度是由阻抗决定的,与走线的长短并不相干。本例中,两根走线的末端均为开路,相当于末端的阻抗为无穷大。据此计算,则两根走

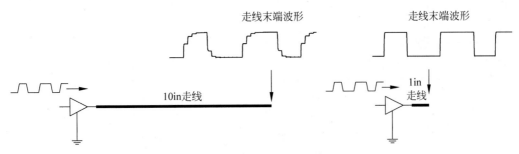

图 7-12 反射导致 10in 走线波形扭曲变形

线的末端反射系数是一样的,都为 1,信号将受到同等程度的反射干扰。可见,反射系数无法解释两根走线波形形状的差异。

下面沿着信号在传输线上行进的足迹,从波形产生过程本身寻找端倪。仍然采用分节电容分析法。如图 7-13 所示,一个上升沿信号在传输线上的行进过程通过连续多个时刻传输线分节电容上电荷的变化细节示意图展示出来。产生上升沿信号的信号源内阻为 150Ω,传输线阻抗为 50Ω。

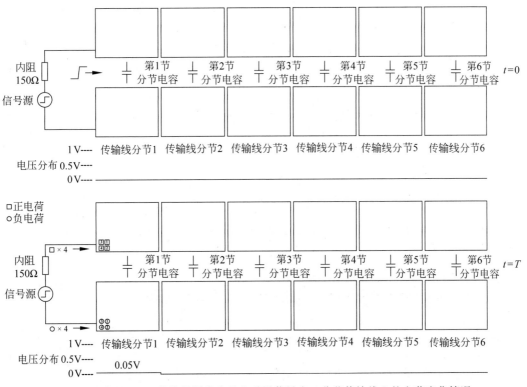

图 7-13 内阻 150Ω 的信号源发出的上升沿信号在 6 分节传输线上的电荷变化情况

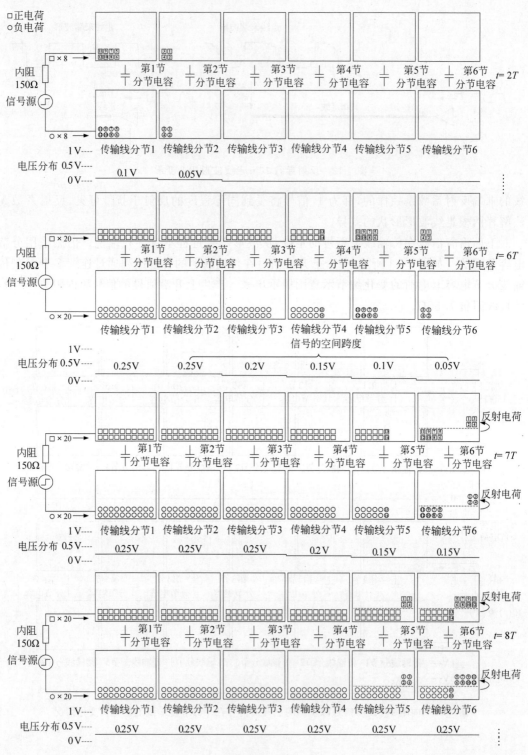

图 7-13 （续）

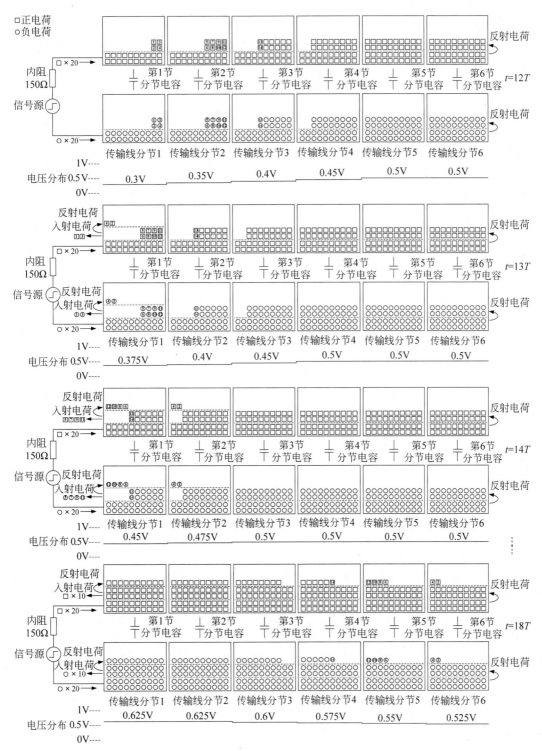

图 7-13 （续）

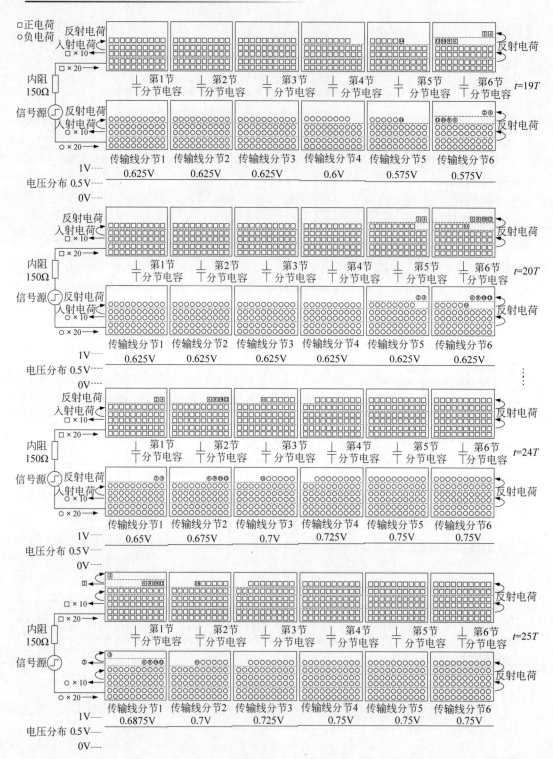

图 7-13 （续）

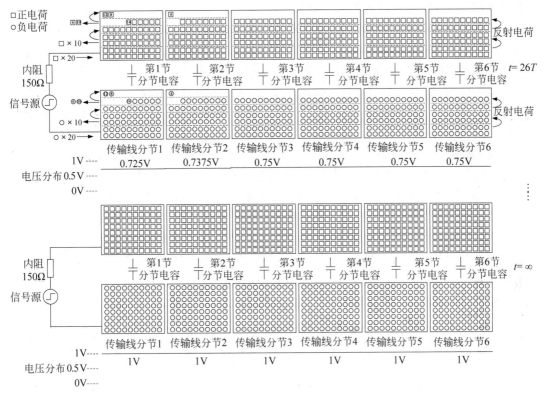

图 7-13 （续）

　　这段传输线被划分为 6 个分节,包含 6 个分节电容。这是本书第一次以一个明确的数目划分传输线的分节电容,所以再次说明一下,传输线上的电容是"分布式"的,本身并不能从物理上划分得开,分节电容仅是我们理解和认识传输线的思考角度和方式,没有实际意义。通常在理解信号的传输过程中借助一下分节电容的概念即可,并不需要真正涉及一段传输线该划分成多少节分节电容这样细致的程度。假如在分析过程中一定需要划分,从更接近传输线本质的角度,应当把分节电容划分得越多越好,但那会使分析过程变得漫长。此处将传输线划分为仅仅 6 节分节电容,对于当前正在讨论的问题已然足够。6 这个数字和划分这件事情本身一样,都只是推导和分析的手段,没有在实际世界中对应的含义。

　　信号走完一个传输线分节所需要的时间设为 T。图 7-13 以 T 为时间间隔跟踪观察传输线上分节电容电荷的变化过程。

　　$t=0$ 时刻:信号传输的起始时刻。这时分节电容的充电即将开始但还未开始,传输线还保持着旧有的状态,所有分节电容的电压为 0V。

　　$t=T$ 时刻:信号的前沿走过传输线分节 1。信号源输出的电荷进入传输线分节 1,第 1 节分节电容进入充电过程。正电荷进入上面一节分节,负电荷进入下面一节分节。图中画出从 $t=0$ 到 $t=T$ 这段时间内,分别有 4 个正电荷和 4 个负电荷进入上、下分节。这个数量只是一种简化的示意,实际电路中流动的电荷是千千万万的。绝对数量不是重点,重要的是电荷在不同分节电容上分布的相对数量关系，以及电荷为分节电容带来的电压变化。在 4 个电荷进入传输线分节 1 后，第 1 节分节电容的电压从原来的 0V 被充电至 0.05V。其他的分节电容因为没有充电电荷进入，仍保持 0V 电压。为便于跟踪电荷的移动路线，进入传输线的电荷被依次编号，最先进入第 1 节分节电容的 4 个电荷被编为 1～4 号。

$t=2T$ 时刻：信号的前沿走过传输线分节 2。第二节分节电容进入充电过程，为它提供充电电荷的是第一节分节电容，所以我们看到 1～4 号电荷从传输线分节 1 进入到传输线分节 2，第二节分节电容电压升至 0.05V。第一节分节电容在送出 4 个电荷的同时，它自身的充电仍在继续进行，信号源继续向它输出充电电荷，并且这一时段($t=T$ 至 $t=2T$)信号源输出电荷的数量增加了，分别有 8 个正、负电荷进入传输线分节 1 的上、下分节，编号为 5～12 号。上一时段($t=0$ 至 $t=T$)从信号源进入传输线分节 1 的电荷数量只有正、负电荷各 4 个。这反映出信号源的输出电流处于一种不断增加的趋势中。图中标出了这种趋势。在 $t=0$ 时刻，还没有任何正、负电荷进入传输线，电流为 0。在 $t=T$ 时刻，信号源的输出部位标记"□×4"和"○×4"，表示这一时刻对应的信号源输出电流强度为：T 时长内有 4 个正、负电荷进入传输线。在 $t=2T$ 时刻，信号源的输出部位标记"□×8"和"○×8"，表示这一时刻对应的信号源输出电流强度为：T 时长内有 8 个正、负电荷进入传输线。

……

$t=6T$ 时刻：信号的前沿走过传输线分节 6，这是最后一节传输线分节，信号的前沿走完了传输线全程，到达传输线末端。经过后一节分节电容为前一节分节电容提供充电电荷的多次接力，1～4 号电荷现在来到传输线分节 6，将第 6 节分节电容充电至 0.05V，它们始终走在信号的最前沿。在它们身后，第 5、第 4、第 3、第 2 节分节电容已分别被充入 8、12、16、20 个电荷，呈现电压依次递增的态势。从第 2 节分节电容往后，电荷数量不再增加，第 2 节、第 1 节分节电容的电荷数量均为 20 个，表明它们的这一轮充电已经完成，最终被充至电压 0.25V。这个电压并未达到信号源输出高电平的电压值，本例中上升沿信号的满幅电压即高电平电压值为 1V。为何分节电容不能充至 1V？因为信号源内阻会分去满幅电压的一部分。分节电容所能分得的电压，取决于传输线阻抗 Z 在它与内阻 R_s 所构成的分压关系中所占的比重，0.25V 即由此计算而来。

$$1V \times \frac{Z}{R_s + Z} = 1V \times \frac{50}{150 + 50} = 0.25V$$

自此以后，信号源将一直按照将分节电容充电至 0.25V 这样一个固定的力度向传输线输出电荷，这意味着信号源的输出电流不再变化。每经历一个时长为 T 的时段，都有新的 20 个正、负电荷从信号源进入传输线分节 1，同时传输线分节 1 上旧有的 20 个正、负电荷离开，进入传输线分节 2，第 1 节分节电容的电压仍保持为 0.25V 不变。

如果用彻底的电容行为来理解，这里其实有一点是比较费解的，既然充电已经完成，为何信号源还要向分节电容输出电荷？这里的因果先后顺序是先有电荷从传输线分节 1 离开，而后信号源输出电荷予以补充。而之所以传输线分节 1 上有电荷离开，是因为传输线分节 2 上有电荷离开，传输线分节 2 上电荷离开的原因又是传输线分节 3 上有电荷离开……，最终追溯到源头,就是信号前沿所在的地方,正处于充电进程中的这些分节电容需要电荷,信号源输出的电荷实际上是为了满足它们的需要。信号源输出的电荷通过一节节分节电容接力的方式,推动信号在传输线上前进。

$t=7T$ 时刻:信号前沿在走完传输线全程以后,下一步又将何去何从?既然电荷已经到达传输线的尽头,它们的脚步就该停止于此了吧?从 $t=7T$ 时刻的观察结果看,传输线上发生的一切好像并不存在一个尽头。在 $t=6T$ 到 $t=7T$ 这段时间里,信号源依然按照之前的力度毫无减少地向传输线分节 1 输出了 20 个电荷,传输线分节 1 依然将自身旧有的 20 个电荷一个不少地传递给传输线分节 2,传输线分节 2 依然将自身旧有的 20 个电荷一个不少地传递给传输线分节 3,传输线分节 3 依然将自身旧有的 16 个电荷一个不少地传递给传输线分节 4,传输线分节 4 依然将自身旧有的 12 个电荷一个不少地传递给传输线分节 5,传输线分节 5 依然将自身旧有的 8 个电荷——5~12 号电荷一个不少地传递给传输线分节 6。每一个传输线分节都按照与先前一模一样的方式继续进行电荷的传递接力。最后一节传输线分节——传输线分节 6 也毫不例外,它也试图要把自身旧有的 4 个电荷——1~4 号电荷传递给它的"下一分节"。前文谈到这里时形象地用"惯性"来描述信号源和传输线分节传递电荷的这个特点,一旦开始,就不会再停下来。

但对传输线分节 6 来说,在它身后已没有其他传输线分节,它的"下一分节"实际并不存在,它未能真正送出自身旧有的 4 个电荷,电荷在传输线末端被"弹回",掉头而行,这便是反射的形成。从图上看,1~4 号电荷在 $t=6T$ 时刻就已经到达传输线分节 6,经过一个 T 时段后的 $t=7T$ 时刻,它们仍在传输线分节 6,看起来似乎停滞不动了,其实不然,这 4 个电荷在 $t=6T$ 和 $t=7T$ 两个时刻所处的状态是截然不同的。$t=6T$ 时刻,1~4 号电荷的移动方向是向着传输线末端而行的,它们属于信号源向传输线发送的入射信号,是入射信号的最前沿。而在 $t=7T$ 时刻,这 4 个电荷已折返掉头,不再属于入射信号,它们的移动方向奔着传输线源端而去,成为反射信号的最前沿。作为被反射的电荷,它们会从相反的方向再次走过传输线分节 6。同一个传输线上,反射信号和入射信号的传输速度是一样的。$t=6T$ 时刻是反射信号的起始时刻,经过一个 T 时段,刚好走完一个传输线分节。所以在 $t=7T$ 时刻,1~4 号电荷仍在传输线分节 6 上。第 6 节分节电容同时接纳了入射和反射两部分电荷,电荷总数量为 12 个,电压升至 0.15V。

$t=8T$ 时刻:反射信号的前沿走过传输线分节 5。又一批电荷——5~12 号电荷在传输线末端反弹,反向进入传输线分节 6。旧有的 1~4 号电荷离开传输线分节 6,进入传输线分节 5。反射信号就这样被不断到达传输线末端的一拨拨电荷反弹后推动前行。

……

$t=12T$ 时刻:反射信号的最前沿走过传输线分节 1,到达源端。

$t=13T$ 时刻:反射信号再次发生反射。对于从传输线的末端出发的反射信号来说,传输线的源端就是行程的尽头。但电荷的脚步却因"惯性"而不会停歇。走在反射信号最前沿的 1~4 号电荷试图向传输线分节 1 的"下一分节"行进,却碰上传输线的源端尽头,于是发生了在传输线末端发生过的事情,电荷被"反弹"回来,新的一次反射信号形成。但是,只有一部分电荷,而不是像末端那样的全部电荷,被弹回来。这个差异是由源端和末端的反射系数不同所造成的。在末端,传输线是开路的,相当于端接阻抗为无穷大,即 $Z_末=\infty$,传输线阻抗为 $Z=50\Omega$,则末端反射系数为

$$\rho_末=\frac{Z_末-Z}{Z_末+Z}=\frac{\infty-50}{\infty+50}=1$$

这是最大反射系数,意味着全部反射,所以电荷在末端都一个不少地全部反弹了。而在源端,传输线连接着信号源,并未开路,源端的端接阻抗就是信号源的内阻,即 $Z_源=R_s=150\Omega$。源端反射系数为

$$\rho_源=\frac{Z_源-Z}{Z_源+Z}=\frac{R_s-Z}{R_s+Z}=\frac{150-50}{150+50}=0.5$$

这意味着反射信号的幅度只能达到入射信号的一半,对应到电荷的数量,只有一半的电荷能够被反弹而回。所以我们看到,1~4 号电荷中,只有 2 号、4 号电荷折返,再次进入传输线分节 1。而 1 号、3 号电荷去哪了?它们进入到信号源中。两个 1 号、3 号正电荷从上面一节分节进入信号源,两个 1 号、3 号负电荷从下面一节分节进入信号源,最终,在信号源中正、负电荷相遇而彼此中和消失。

2 号、4 号电荷重新踏上前一轮已走过的路程,它们将再次从传输线的源端出发,向着末端行进。在 $t=13T$ 时刻,第 1 节分节电容所容纳的电荷来自三个部分。第一部分,是由信号源输出给传输线分节 1 的 20 个电荷,从 $t=6T$ 时刻以来,信号源一直保持着这份持续恒定的电荷输出。第二部分,从传输线分节 2 传递过来的、由末端反弹而来的 5~12 号八个电荷。第三部分,从传输线源端弹回的 2 号、4 号电荷。这三部分电荷的总量达到 30 个,使第 1 节分节电容的电压对应升至 0.375V。

$t=14T$ 时刻:又一拨从末端反弹而来的电荷——5~12 号电荷到达源端,其中的一半——6 号、8 号、10 号、12 号电荷又被源端反弹而折返,再一次进入传输线分节 1。这一轮反射信号的最前沿——2 号、4 号电荷前行到传输线分节 2。

……

$t=18T$ 时刻:源端反射信号的最前沿——2 号、4 号电荷到达最后一节传输线分节——传输线分节 6。

$t=19T$ 时刻:2 号、4 号电荷第二次被传输线末端反弹而回,又一轮反射信号开始形成。此刻在传输线分节 6 上存在着两拨从末端向源端行进的电荷。第一拨是从信号源出发以后第一次在末端反弹折返的电荷,数量有 20 个,它们属于第一次末端反射信号。第二拨就是已经第二次在末端反弹折返的 2 号、4 号电荷,它们属于第二次末端反射信号。可以想见,反射还会有第三次、第四次……,分节电容的电压就在一轮轮反射带来的电荷累加中增长起来。

……

$t=24T$ 时刻:第二次末端反射信号的最前沿——2 号、4 号电荷到达本轮行程的最后一节传输线分节——传输线分节 1。

$t = 25T$ 时刻：2 号、4 号电荷抵达传输线的源端尽头，源端的第二次反射开始发生。仍如上一轮在这里发生的反射，有一半的电荷会被弹回。图中显示 4 号电荷被弹回折返，开启又一次沿着传输线行走的新旅程。2 号电荷是未被弹回的另一半，走出传输线，进入信号源而中和消失。

每在传输线源端发生一次反射，电荷就会减少一半。最早从信号源进入传输线的 1～4 号四个电荷中，现在只剩下 4 号电荷还在传输线上。可以想见，当 4 号电荷下一次再来到源端发生反射时，将只剩下 1/2 个电荷被弹回去（请留意，作为真实世界中的物理粒子，一个电荷本身是不可再分的，此处行文中的"电荷"，其重点是用来衡量传输线不同部位间的相对电量关系，不必与实质电荷粒子的含义严格对应）。再下一次，将只剩 1/4 个电荷，再下一次，将只剩 1/8 个电荷……，反射的电荷越来越少，在每个传输线分节上累加的电荷也越来越少。在经过很长很长的时间后我们来观察，就看到了这样一轮又一轮反射叠加的最终结果，如图 $t = \infty$ 时的传输线状态，每个传输线分节的电荷都达到 80 个，保持于此不再增长，对应的分节电容电压是 1V。不同的传输线分节之间不再有电压的差异，信号源实现了将整个传输线驱动至 1V 的目标。

最终所达到的状态是一种"动态的平衡"，因为发生在传输线源端和末端的电荷反弹依然在进行着，电荷依然在传输线上不停地从这头走到那头，或从那头走到这头，穿梭于各个传输线分节之间。只因同时进、出每一节传输线分节的电荷是等量的，所以每一节传输线分节的电荷数目保持 80 个不变，分节电容的电压也因此恒定在 1V 不改变。

这种情形与我们习惯上的认识大有出入，既然整个传输线都已建立起与信号源一致的电压，传输线末端又是开路的，没有直流通路存在，那么电荷就该在传输线上静静不动，怎有来回移动之事？其实并无矛盾，从上面的分析来说，电荷是在移动，但这是建立在把整个电压增长过程分解为一轮又一轮电荷反弹的基础上的，是一种以理解分析为目的的观察视角，通过电荷的移动历程来理清信号的传输过程。而从一个整体的外部视角来观察，既然进、出传输线的电荷等量，实际上也等同于没有电荷移动的效果，那么也可以认为整个传输线上的电荷都处于静止状态，没有移动。

包括对信号源的理解也是一样。从 $t = 6T$ 时刻以来，信号源一直保持着每个 T 时段输出 20 个电荷（正、负各 20 个）给传输线的恒定输出力度，即便在整个传输线都已稳定地建立起 1V 电压之后仍是如此。这其实是匪夷所思的，传输线的电压已与信号源没有差异，不再需要电荷，为何还要输出？这仍是一种服务于信号传输过程分析的理解角度，它只是强调了从信号源进入传输线的电荷，实际上在相反方向上，也有电荷从传输线进入信号源。每一轮在传输线源端发生反射时，都有一半的电荷进入信号源。在 $t = \infty$ 所对应的最终稳定状态下，传输线的源端叠加着一轮又一轮的源端反射。第一轮源端反射，每个 T 时段有 10 个正、负电荷从传输线进入信号源（10 个正电荷从传输线上面一支进入，10 个负电荷从传输线下面一支进入）；第二轮源端反射，每个 T 时段有 5 个正、负电荷从传输线进入信号源；第三轮源端反射，每个 T 时段有 2.5 个正、负电荷从传输线进入信号源……，把所有轮次的电荷加起来，每个 T 时段进入信号源的电荷总数是 20 个，这正好抵消信号源输出的 20 个电荷。所以从一个整体的电荷增量来看，实际上在整个传输线全部建立起 1V 电压后，信号源就不再提供电荷给传输线了。

$$10 + 5 + 2.5 + 1.25 + \cdots\cdots = 20$$

用最后一节传输线分节——传输线分节 6 在各个 T 时刻的分节电容电压值作为支点，在"电压-时间"坐标图中勾连出来，就得到了传输线末端的信号波形，如图 7-14 所示。

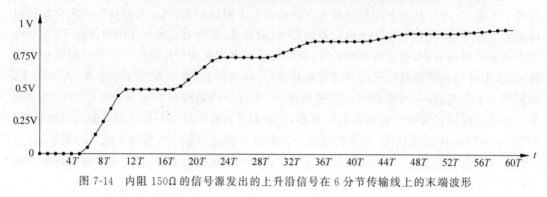

图 7-14　内阻 150Ω 的信号源发出的上升沿信号在 6 分节传输线上的末端波形

这是通过分析信号传输过程中传输线上电荷的运动情况所得到的波形，波形的每一步变化都对应着传输线上电荷分布的改变。在整体波形框架上，末端波形呈现出的"阶梯上升"特点，与前面看到的 10 英寸传输线开路末端实测波形相一致（见图 7-12）。现在就能解释为什么信号波形中会存在这样的"阶梯"了。从每一轮末端反射信号的前沿离开末端，到下一轮源端反射信号来到末端之前，第 6 节分节电容上的电荷数量保持不变，其电压也稳定不变。这段较长时间的电压稳定期就形成了波形中的一个个"台阶"。如图 7-14 中，从 $t = 11T$ 到 $t = 17T$，是末端信号波形开始上升以后的第一个台阶，电压稳定于 0.5V。从 $t = 23T$ 到 $t = 29T$，是第二个台阶，电压稳定于 0.75V。

容易理解，"台阶"的持续时间跟传输线的长度有关。传输线越长，电荷从末端行进到源端、再从源端反弹回末端所经历的往返时间就越长，末端电压保持不变的时间也越长。可以想见，如果让传输线短些，就能使信号波形的阶梯效应得到改善。事实也确实如此，相比 10 英寸传输线，1 英寸传输线在承载同一个上升沿信号时所获得的末端波形，已完全不见"阶梯"的踪迹（见图 7-12）。下面再次用分析传输线电荷运动分布变化过程的方法，来细致地了解一下在短的传输线上"台阶"是如何消失的。

如图 7-15 所示，原本由 6 节传输线分节组成的传输线，将其截短，只剩下两节传输线分节。长度变短，传输线阻抗并不改变，仍为 50Ω。信号源不变，内阻仍为 150Ω。则传输线两端反射系数仍如之前，末端反射系数为 1，源端反射系数为 0.5。仍用同样的一个上升沿信号，从 $t = 0$ 时刻开始发出。

$t = 0$ 时刻：上升沿信号的起始时刻。

$t = T$ 时刻：信号走过传输线分节 1。第一批四个电荷（正、负各四个），1～4 号电荷，从信号源进入传输线分节 1，第 1 节分节电容被充电至 0.05V。传输线分节 2 仍为 0 电压。从

$t=0$ 到 $t=T$ 这个 T 时段,无论在 2 个分节组成的传输线上,还是 6 个分节组成的传输线上,发生的事情是一模一样,因为两者的阻抗是一样的。信号源以怎样的"力道"和时间特性向传输线输出电荷,只与信号源自身和传输线阻抗有关,而与传输线的长短无关。或者说,从信号源的"眼睛"看出来,它只看到传输线的阻抗,而看不到传输线的长短,它也毫不关心传输线的长度。只要传输线的阻抗一确定,信号源向传输线注入电荷的"力道"和时间特性就确定了。

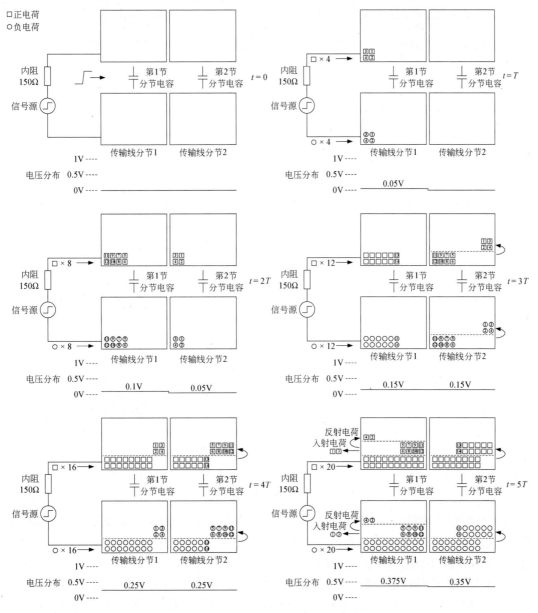

图 7-15　内阻 150Ω 的信号源发出的上升沿信号在 2 分节传输线上的电荷变化情况

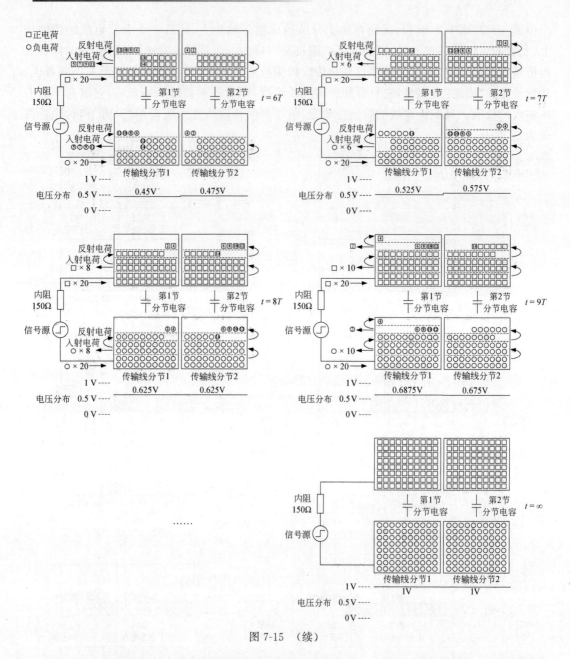

图 7-15 （续）

$t=2T$：信号的前沿走过传输线分节 2。第一批电荷 1～4 号从传输线分节 1 进入传输线分节 2。与此同时，信号源将新的一批电荷注入传输线分节 1。在第二个 T 时段（$t=T$ 到 $t=2T$），从信号源进入传输线的电荷数量增长到 8 个（正、负各 8 个，编号为 5～12），这与前例 6 节分节组成的传输线是一样的。信号源从 $t=0$ 时刻开始向传输线输出电荷数量的增长特性，同样是只与传输线的阻抗有关，而与传输线的长短无关。第 1 节分节电容和第 2

节分节电容分别被充电至 0.1V 和 0.05V。

$t=3T$ 时刻：分节 2 已是传输线的最后一节，所以在第三个 T 时段（$t=2T$ 到 $t=3T$）反射开始发生。这就与传输线的长短相关了，越长的传输线，发生第一次反射的时间越晚。在前例 6 个分节组成的传输线上，直到第 7 个 T 时段（$t=6T$ 到 $t=7T$）才发生第一次末端反射。第 1～4 号电荷在传输线末端反弹而回，重又进入传输线分节 2，成为反射信号的前沿。加上从信号入射方向而来的 5～12 号电荷，第 2 节分节电容的电荷数量达到 12 个，被充电至 0.15V。与此同时，信号源向传输线注入的电荷数量继续增长，这一 T 时段（$t=2T$ 到 $t=3T$）传输线分节 1 获得的电荷数量为 12 个，第 1 节分节电容也被充电至 0.15V。

$t=4T$ 时刻：反射信号的前沿走过传输线分节 1。第二批电荷——5～12 号电荷在传输线末端反弹，反向进入传输线分节 2。

$t=5T$ 时刻：从末端反射来的信号在源端再次发生反射，第一次源端反射信号产生。与前例 6 个分节组成的传输线一样，源端反射是部分反射，反射系数为 $\rho_{源}=0.5$，只有一半的电荷（2 号、4 号电荷）反弹，再次进入传输线分节 1，另一半（1 号、3 号电荷）进入信号源，正、负中和而消失。在这个 T 时段（$t=4T$ 到 $t=5T$），信号源向传输线输出的电荷达到了最高值——20 个。与阻抗相同的 6 分节传输线一样，自此以后信号源保持每个 T 时段 20 个电荷的输出力度，不再变化。

$t=6T$ 时刻：源端反射信号的前沿（2 号、4 号电荷）走过本轮行程的最后一节分节——传输线分节 2。

$t=7T$ 时刻：2 号、4 号电荷第二次被传输线末端反弹而回，第二轮末端反射信号产生。

$t=8T$ 时刻：第二轮末端反射信号的前沿（2 号、4 号电荷）走过本轮行程的最后一节分节——传输线分节 1。

$t=9T$ 时刻：2 号、4 号电荷抵达传输线的源端尽头，源端的第二次反射开始发生。4 号电荷被弹回折返，2 号电荷进入传输线正、负中和消失。

……

$t=\infty$：最终，在叠加了一轮又一轮的源端和末端反射后，2 个分节组成的传输线达到与 6 个分节组成的传输线完全相同的状态：每个传输线分节的电荷为 80 个，保持于此不再变化，每节分节电容均被充电至 1V。

把每个 T 时刻第 2 节分节电容的电压值勾连起来，得到了 2 分节传输线的末端波形，如图 7-16 所示。相比 6 分节传输线的末端波形（见图 7-14），它完全没有"阶梯"，信号电压是从 0 开始一路不停歇地向 1V 上升的，呈现出一个比较干净、纯粹的上升沿波形。

波形要想持续不停地上升，意味着传输线分节上的电荷需要不断地累积增加，以实现对分节电容的持续充电。传输线分节在什么时候会获得电荷的累积增加？答案是当它处于信号的空间跨度区域内的时候。信号的空间跨度是一定的。本例所讨论的上升沿信号，空间跨度为 5 个传输线分节。在 6 分节传输线上能够完整地看到整个信号空间跨度的分布（见图 7-13 中 $t=6T$ 时刻的电荷和电压分布）。但空间跨度所在的区域，是随着信号的传输而沿着传输线移动的。从 $t=0$ 时刻开始，空间跨度区域依次从传输线的源端走到末端，当传输

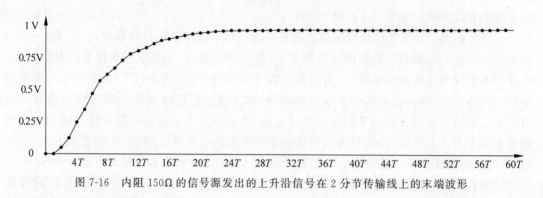

图 7-16   内阻 150Ω 的信号源发出的上升沿信号在 2 分节传输线上的末端波形

线分节被包进空间跨度区域时,它的电荷就会累积增加,分节电容被充电而电压上升,而当传输线分节处于空间跨度区域之外时,它的电荷数量保持不变,电压也不变,如图 7-17 所示。

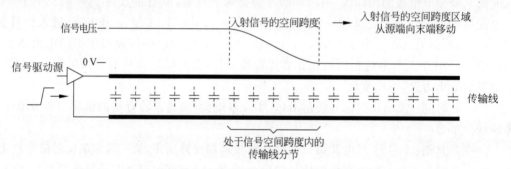

图 7-17   处于入射信号空间跨度内的传输线分节会获得电荷的累积增加

当入射信号走到传输线末端,发生末端反射,反射信号的空间跨度区域又反向依次走过传输线。当传输线分节被包进反射信号的空间跨度区域时,电荷又会得到累积增加,分节电容的电压在上一轮入射信号已经建立起的电压基础上继续上升,如图 7-18 所示。如此往复,传输线上会产生一轮又一轮的末端和源端反射信号,只要传输线分节被包进了信号的空间跨度区域,其电荷就会累积增加而使电压上升。

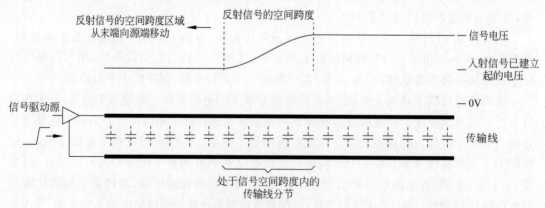

图 7-18   处于反射信号空间跨度内的传输线分节会继续获得电荷的累积增加

现在不难理解"阶梯"为什么在 2 分节传输线上消失了。信号的空间跨度为 5 个传输线分节,而传输线的总长只有 2 个传输线分节,这个长度还不够一个空间跨度把"身段"完整地"展开",当空间跨度的后部还没有出现在传输线上的时候,其前部已经到达传输线尽头开始反射了。2 分节传输线上的每一个分节,当它还被上一轮信号的空间跨度区域包着的时候,新一轮反射信号的空间跨度区域又把它包进来了。所以,从第一轮入射信号将传输线分节包进来以后,自始至终分节都处于信号的空间跨度区域内,分节电容被持续不间断地充电,电压连续不停歇地上升,波形中也就不会出现某段时间内电压停滞不前的"台阶"。容易分析得出,能够达到这种前、后轮信号空间跨度无间断覆盖效果的传输线长度最大值,是信号空间跨度的一半,如图 7-19 所示。

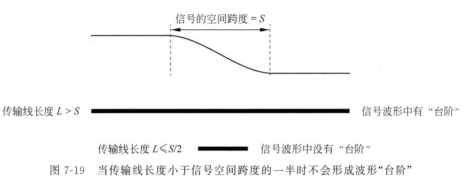

图 7-19 当传输线长度小于信号空间跨度的一半时不会形成波形"台阶"

对空间跨度为 5 个传输线分节的信号来说,当传输线长度正好为 5 分节的一半即 2.5 分节时,刚刚达到传输线分节在移出上一轮信号的空间跨度区域后立即又进入新一轮信号的空间跨度区域的临界状态。如果传输线长度小于 2.5 分节,相邻两轮信号的空间跨度不仅能够无间断覆盖同一个传输线分节,彼此还有重叠。传输线越短,重叠就越深,分节上的电荷累积增加得越快,分节电容电压上升得越快,信号波形就越接近于一种干净利落爬升的完美状态。如果传输线长度大于 2.5 分节,相邻两轮信号的空间跨度对同一个传输线分节的覆盖无法实现无缝交接,其间的时间间隙就形成了波形中的"台阶"。传输线越长,时间间隙就越大,"台阶"持续的时间就越长,波形的"阶梯"效应就越严重,如图 7-20 所示。

接下来,考虑另外一种情况。前例中的信号源内阻为 150Ω,大于传输线的阻抗 50Ω。现在把信号源内阻减小,让它小于传输线阻抗 50Ω。为了计算和推演的方便,设信号源内阻为 $R_s = 16.7\Omega$,这样计算得到的源端反射系数正好为 -0.5。

$$\rho_{源} = \frac{Z_{源} - Z}{Z_{源} + Z} = \frac{R_s - Z}{R_s + Z} = \frac{16.7 - 50}{16.7 + 50} = -0.5$$

末端反射系数仍如之前,为 1,即

$$\rho_{末} = \frac{Z_{末} - Z}{Z_{末} + Z} = \frac{\infty - 50}{\infty + 50} = 1$$

对内阻减小以后上升沿信号在 6 节传输线上的传输过程进行分解分析,如图 7-21 所示。

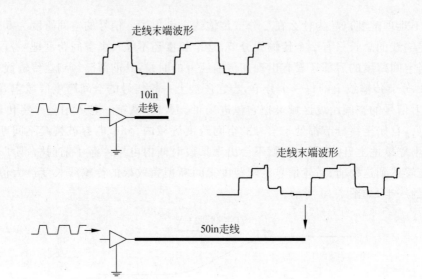

图 7-20　传输线越长"阶梯"效应越严重

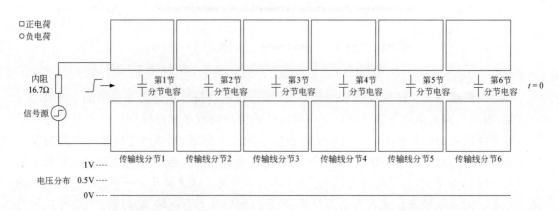

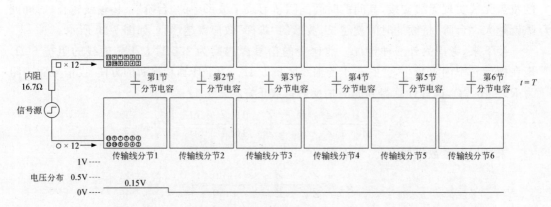

图 7-21　内阻 16.7Ω 的信号源发出的上升沿信号在 6 分节传输线上的电荷变化情况

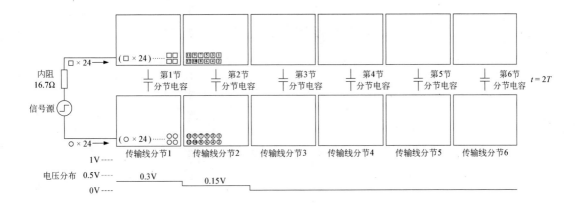

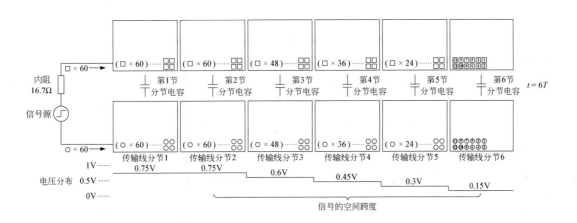

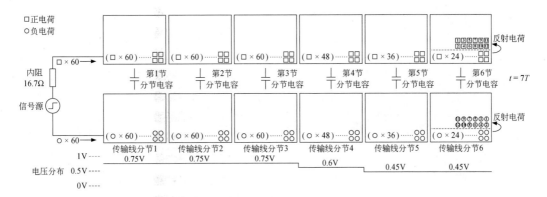

图 7-21 （续）

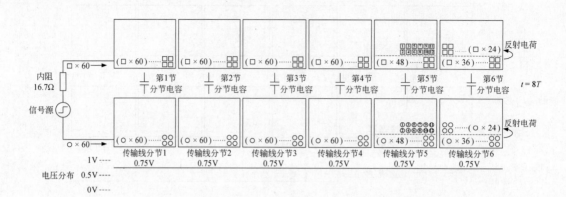

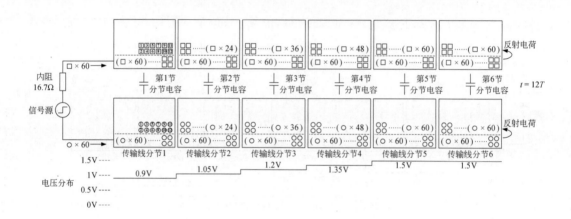

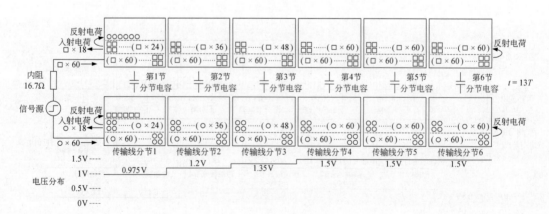

图 7-21 （续）

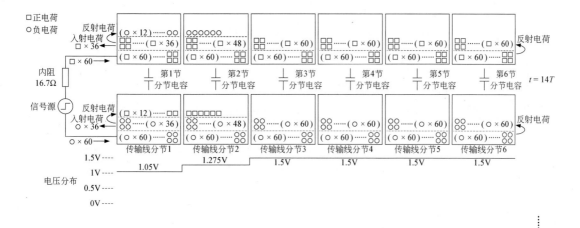

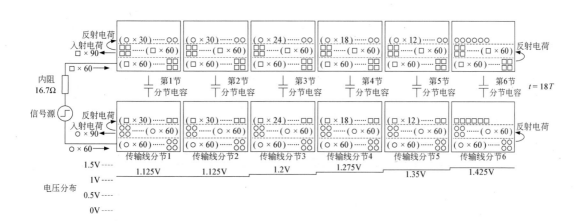

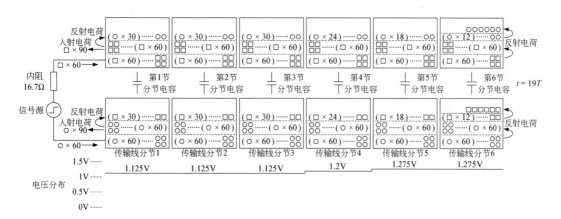

图 7-21　（续）

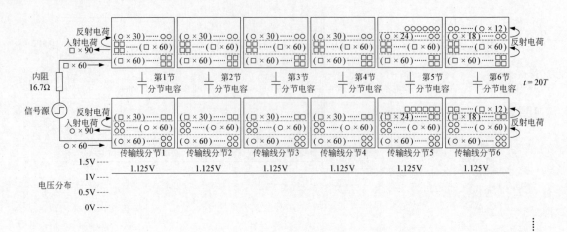

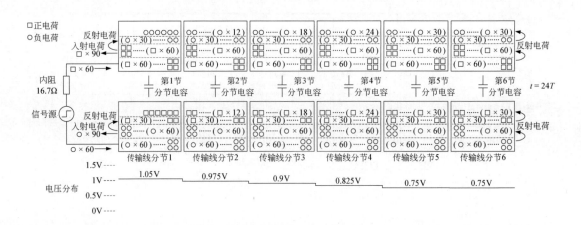

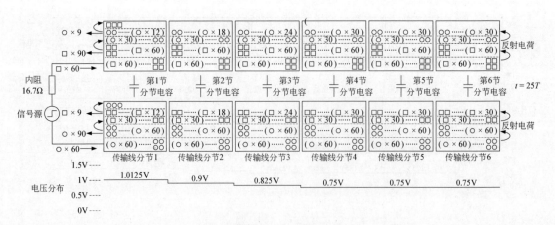

图 7-21 （续）

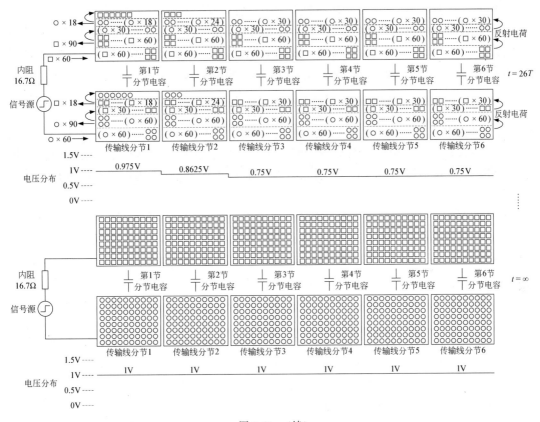

图 7-21　（续）

$t=0$ 时刻：上升沿信号的起始时刻。

$t=T$ 时刻：信号走过传输线分节 1。与内阻为 150Ω 时所不同的是，第一个 T 时段（$t=0$ 到 $t=T$）从信号源进入传输线分节 1 的电荷数量为 12 个（正、负各 12 个），第 1 节分节电容的电压增至 0.15V。内阻为 150Ω 时只有 4 个电荷在第一个 T 时段进入传输线分节 1，电压仅增至 0.05V。这个变化是可以理解的，由于内阻减小，信号源对分节电容充电的电流变大，故而进入传输线分节的电荷变多了。

$t=2T$ 时刻：信号走过传输线分节 2。第一批 12 个电荷从传输线分节 1 进入传输线分节 2。信号源将新的一批电荷注入传输线分节 1。这第二批电荷数量达到 24 个，同样比 150Ω 内阻时要多。

……

$t=6T$ 时刻：信号的前沿到达最后一节传输线分节——传输线分节 6。整个信号的空间跨度在信号线上全部呈现出来，长度为 5 个传输线分节，与前例一样。从 $t=0$ 时刻以来，信号源向传输线输出电荷的力道是处于持续增长中的。第一个 T 时段（$t=0$ 到 $t=T$）输出 12 个电荷给传输线分节 1，第二个 T 时段（$t=T$ 到 $t=2T$）输出 24 个电荷给传输线分节 1，第三个 T 时段（$t=2T$ 到 $t=3T$）输出 36 个电荷给传输线分节 1……，当这个力道增长到每

个 T 时段 60 个电荷时,就保持于此不再增长了。所以我们看到,在 $t=6T$ 时刻传输线分节 1 和传输线分节 2 的电荷数量都是 60 个。前已分析,这个数量是由传输线阻抗与信号源内阻间的电压分配比例所决定的。信号源输出高电平的电压是 1V,这个电压由信号源内阻 R_s 和传输线阻抗 Z 共同分担,传输线分节所分得的电压为

$$1\text{V} \times \frac{Z}{R_s + Z} = 1\text{V} \times \frac{50}{16.7 + 50} = 0.75\text{V}$$

将分节电容充电至 0.75V 所需要的电荷数量正好是 60 个(正、负各 60 个)。此后,信号源将一直保持这样的恒定电荷输出力度。在 150Ω 内阻时,信号源的输出力度增长到每个 T 时段 20 个电荷就不再增长了,因为 50Ω 传输线在它与 150Ω 内阻组成的分压网络中所分得的电压只有 0.25V。

$t=7T$ 时刻:第一次末端反射开始发生。最先走完传输线全程的第一批 12 个电荷在传输线末端反弹而回,从相反方向又一次走过传输线分节 6。加上从传输线分节 5 传递而来的 24 个电荷,第 6 节分节电容的电荷数量达到 36 个,电压增至 0.45V。

$t=8T$ 时刻:反射信号的前沿走过传输线分节 5。第一批 12 个反射电荷从传输线分节 6 进入传输线分节 5。第二批 24 个电荷在传输线末端反弹,从相反方向走过传输线分节 6。

……

$t=12T$ 时刻:反射信号的前沿走过传输线分节 1。第一批 12 个反射电荷到达本轮行程的最后一节传输线分节。需要留意的是,由于反射信号的叠加,此时传输线上大部分分节的电压都已超过了信号源发出的高电平电压 1V。如在传输线的末端,传输线分节 6 上同时容纳了入射电荷 60 个和反射电荷 60 个,电荷总数达到 120 个,第 6 节分节电容的电压达到 1.5V。

$t=13T$ 时刻:第一次源端反射开始发生。截止到 $t=12T$ 时刻之前,传输线上发生的事情都与 150Ω 内阻时的情形没有区别。但从这一 T 时段($t=12T$ 到 $t=13T$)开始,内阻小于传输线阻抗所带来的差异开始显现。在内阻为 150Ω 的时候,计算出来的源端反射系数是 $\rho_{源}=0.5$,而在内阻为 16.7Ω 的时候,计算出来的源端反射系数是 $\rho_{源}=-0.5$。这个负号怎么理解?它意味着在源端发生的反射是"负"效应的。

从电荷反弹行为的角度,当反射系数大于 0 时,它反映的是来到传输线尽头的电荷中有多少没有能够穿出传输线而被反弹回来。例如在传输线末端,反射系数为 1,说明全部的电荷都会被弹回。正电荷从上面的传输线分节到达末端,它就被原路弹回到上面的传输线分节,负电荷从下面的传输线分节到达末端,它就被原路弹回到下面的传输线分节。一个个电荷好比是一条条鱼儿一样,试图钻破传输线末端的"渔网",但反射系数为 1 意味着这是一张密不透风的"渔网",没有任何"鱼儿"能够钻出去,它们全部无功而返,掉头向传输线的另一端游去,寻找新的出口。

在传输线的源端尽头,仍是一张"渔网"在等着它们。前例内阻为 150Ω 时,源端反射系数 $\rho_{源}=0.5$,说明这张"渔网"并不严实,有些地方存在漏洞,只挡回了一半的"鱼儿"(被弹回的电荷),另一半"鱼儿"从漏洞中钻出去了(进入信号源的电荷)。通过逐步减小内阻,例如

减小到 120Ω、100Ω、80Ω……，会使"渔网"的漏洞越来越多(源端反射系数 $\rho_源$ 越来越小)，当多到某个程度的时候，所有的"鱼儿"都钻出去了，没有一条被挡回来。这种情况发生在内阻 R_s 为 50Ω 的时候，源端反射系数为 $\rho_源=0$，没有电荷在源端被反弹，源端没有反射现象发生。

$$\rho_源 = \frac{Z_源 - Z}{Z_源 + Z} = \frac{R_s - Z}{R_s + Z} = \frac{50-50}{50+50} = 0$$

如果让内阻 R_s 再进一步地减小，比传输线阻抗 Z 还小，也就是本例中的情况，$R_s=16.7\Omega, Z=50\Omega$，源端"渔网"上的漏洞就会继续增多。这时，不仅"渔网"完全失去阻挡作用，让所有来到源端尽头的"鱼儿"都钻出了传输线，这些"鱼儿"甚至带了更多的一些"鱼儿"跟它们一起钻了出去。这就是反射系数为负所带来的效应。

$$\rho_源 = \frac{Z_源 - Z}{Z_源 + Z} = \frac{R_s - Z}{R_s + Z} = \frac{16.7-50}{16.7+50} = -0.5$$

本例中，从 $t=12T$ 到 $t=13T$ 的这个 T 时段，共有 12 个电荷(正、负各 12 个)来到传输线源端尽头试图穿出传输线，也就是第一批从末端反射而来的 12 个电荷。它们不仅全部穿出传输线，还额外带走了一些电荷。额外的电荷数量由反射系数决定。源端反射系数 $\rho_源=-0.5$，则 12 个电荷带走的额外电荷数量是自身数量的一半，即 6 个。所以，在这一 T 时段 ($t=12T$ 到 $t=13T$)，从传输线源端离开进入信号源的实际电荷数量是 18 个(正、负各 18 个)。正电荷 18 个从传输线分节 1 的上面一节分节进入信号源，负电荷 18 个从传输线分节 1 的下面一节分节进入信号源。正、负 18 个电荷在信号源中相遇中和而消失。

在 $t=12T$ 时刻，传输线分节 1 上原本有 72 个电荷。从 $t=12T$ 到 $t=13T$ 这个 T 时段期间，18 个电荷因源端反射而离开传输线分节 1 进入信号源，第二批从末端反射而来的 24 个电荷从传输线分节 2 进入传输线分节 1。同时，在初始信号的入射方向上，信号源向传输线分节 1 注入新的一批 60 个电荷，传输线分节 1 向传输线分节 2 转移 60 个电荷。汇总以上所有进出电荷量，在 $t=13T$ 时刻传输线分节 1 上的电荷总数是 $72-18+24+60-60=78$ 个(正、负各 78 个)，第 1 节分节电容的电压达到 0.975V。

既然称为"反射"，在相反方向上有电荷弹回来，似乎才符合我们的理解习惯。但 12 个电荷一个不回地全部穿出传输线，还多带走 6 个，哪有电荷弹回来? 其实，想想多出的这 6 个电荷从何而来? 它们是原本存在于传输线分节 1 上的电荷，现在它们离开传输线分节 1 进入信号源，从相反的方向来看，是不是也可以认为是信号源输出了 6 个极性相反的电荷给传输线分节 1 呢?

所以，干脆用另外一种更直接的角度来理解反射系数的负号: 它表示反射电荷跟原来的入射电荷极性是相反的。原本是正电荷，弹回来变成了负电荷，原本是负电荷，弹回来变成了正电荷，如图 7-22 所示。在反射系数大于 0 的时候，反射电荷的极性不会改变。例如源端反射系数为 $\rho_源=0.5$ 的时候，12 个正电荷从传输线分节 1 的上支到达源端尽头，弹回一半，即 6 个。这 6 个仍是正电荷，重又进入传输线分节 1 的上支。12 个负电荷从传输线分节 1 的下支到达源端尽头，弹回一半，即 6 个。这 6 个仍是负电荷，重又进入传输线分节

1 的下支。而现在源端反射系数小于 0，为 $\rho_{源} = -0.5$，弹回的电荷数量仍是 6 个，但极性改变了。12 个正电荷从传输线分节 1 的上支源端尽头弹回的是 6 个负电荷。传输线分节 1 上支原本只有正电荷，现在进入了 6 个负电荷，就会抵消掉 6 个原有的正电荷，这和上面一种理解方式"额外多带走 6 个正电荷"的效果是一样的，最终计算 $t = 13T$ 时刻分节 1 上支的正电荷净数量也同样为 78 个。同理，12 个负电荷从传输线分节 1 的下支源端尽头弹回的是 6 个正电荷，抵消掉原有的 6 个负电荷，最终 $t = 13T$ 时刻分节 1 下支的负电荷净数量也同样为 78 个。

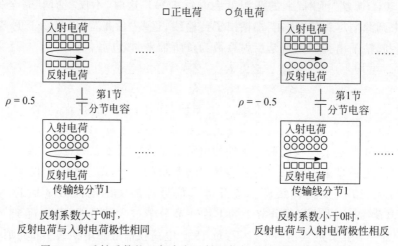

图 7-22　反射系数的正负决定反射电荷与入射电荷的极性关系

　　分节电容的电压是由分节上的电荷净数量决定的。当计算电荷净数量的时候，会将反弹进入传输线分节 1 上支的 6 个负电荷和反弹进入传输线分节 1 下支的 6 个正电荷抵消掉。但事实上，这 6 个电荷现在成为了在源端发生的新一轮反射信号的最前沿，将沿着传输线前行。下一个 T 时段，它们就将从传输线分节 1 进入到传输线分节 2。这是反射系数小于 0 的"负"反射与反射系数大于 0 的"正"反射所不一样的地方。发生"正"反射时，在传输线的上、下两支上，入射信号和反射信号都是由同一极性的电荷来承载的。而发生"负"反射时，在传输线的上、下两支上，反射信号是由与入射信号相反的电荷来承载的。所以，虽然从传输线分节上、下两支对外体现的整体净电荷来说，非正即负，看不到这 6 个相反极性的电荷的痕迹，但唯有循着这 6 个相反极性电荷的足迹，才能跟踪源端反射信号的行程。出于这种理解和分析的需要，在图 7-21 中，源端反射的相反极性电荷在传输线上的运动过程被清晰地展示出来，分节上的电荷情况并未以抵消后的净电荷效果出现。

　　$t = 14T$ 时刻：源端反射信号的前沿走过传输线分节 2。6 个反弹电荷从传输线分节 1 进入传输线分节 2。第二批从末端反射来的 24 个电荷到达源端，发生反射，产生 12 个极性相反的反弹电荷（正、负各 12 个），重又进入传输线分节 1。其中，12 个负电荷进入传输线分节 1 的上支，12 个正电荷进入传输线分节 1 的下支。

　　……

$t=18T$ 时刻：源端反射信号的前沿到达最后一节传输线分节——传输线分节6。这一轮反射给传输线带来的改变是不同于之前的末端反射的，因为承载反射的电荷与原来分节上的电荷极性相反，在反射信号走过的地方，分节电容的电压都降低了。之前第6节分节电容有120个电荷，电压为1.5V，这一 T 时段($t=17T$ 到 $t=18T$)进入6个相反极性的电荷后，净电荷数量减少为114个，电压降至1.425V。而在前例内阻为150Ω的时候，这种情况是不会发生的，因为传输线两端的反射系数都大于0，自始至终承载反射信号的电荷极性没有发生改变，每一轮反射都会带来分节电容电压的增加。

$t=19T$ 时刻：第二次末端反射开始发生。第一批6个相反极性的电荷在传输线末端被反弹。末端的反射系数为 $\rho_{末}=1$，是"正"反射，所以这6个电荷被弹回后极性不会发生改变。在传输线分节6的上支，6个负电荷被末端弹回，仍是6个负电荷。在传输线分节6的下支，6个正电荷被末端弹回，仍是6个正电荷。这6个正、负电荷从相反方向重又走过传输线分节6，成为第二轮末端反射信号的前沿。与此同时，第二批12个相反极性电荷也在这一 T 时段($t=18T$ 到 $t=19T$)从传输线分节5进入到传输线分节6，$t=19T$ 时刻在分节6上共存在18个相反极性的电荷，使第6节分节电容的净电荷数量进一步减少为102个，电压降至1.275V。

$t=20T$ 时刻：第二轮末端反射信号的前沿走过传输线分节5。第二批12个相反极性电荷在末端被反弹，重又进入传输线分节6。

……

$t=24T$ 时刻：第二轮末端反射信号的前沿走过本轮行程的最后一节传输线分节——传输线分节1。

$t=25T$ 时刻：第二次源端反射开始发生。第二轮末端反射信号的最先一批6个电荷到达源端，仍如上一轮在这里所发生的，它们全部穿出传输线进入信号源，并且额外带走自身数量一半的多余电荷。所以，在这一 T 时段($t=24T$ 到 $t=25T$)，9个负电荷从传输线分节1的上支进入信号源，9个正电荷从传输线分节1的下支进入信号源。再看反弹的电荷，这是反射系数为 $\rho_{源}=-0.5$ 的"负"反射，故而反弹电荷的极性发生改变。在传输线分节1的上支，弹回了3个正电荷，在传输线分节1的下支，弹回了3个负电荷。这3个正、负电荷成为新一轮源端反射信号的前沿。经过了两轮源端的"负"反射后，承载反射信号的电荷极性又变回到与最初的上升沿入射信号相一致的情况。

$t=26T$ 时刻：第二轮源端反射信号的前沿走过传输线分节2。同时，第二轮末端反射信号的第二批12个电荷到达源端发生反弹，6个相反极性的电荷被弹回传输线分节1。

……

$t=\infty$：一轮又一轮的源端和末端反射信号在传输线上来回、往复，传输线上的电荷分布相应地随之不断发生改变。最终达到一个稳定状态不再变化：每个传输线分节的电荷都为80个，整个传输线从头到尾均建立起1V的电压。这个状态与内阻为150Ω时的最终状态是一模一样的。同样，从电荷的运动角度，这是一种"动态的平衡"，把每一轮源端反射信号在一个 T 时段内从传输线进入信号源的电荷加起来，总数是60个(正、负各60个)，正好

与信号源在一个 T 时段内输出给传输线的电荷数量相等。

用最后一节传输线分节——传输线分节 6 在各个 T 时刻的分节电容电压值作为支点，将内阻为 16.7Ω 时传输线末端的波形勾连出来，如图 7-23 所示。在传输线末端，波形呈现明显的"振荡"形状，电压在 1V 上下摆动，摆幅渐次减小，最终稳定于 1V。这是不同于"阶梯"的另一种波形样式。"阶梯"波形是通过一级级的电压"台阶"逼近最终的电压稳定值，在这过程中电压的变化是单向的。而"振荡"波形在第一次爬升时就已越过了最终的电压稳定值，然后回落，掉落到最终稳定值之下，又再爬升，再回落……，电压的变化是在增、减两个方向上交替进行的。

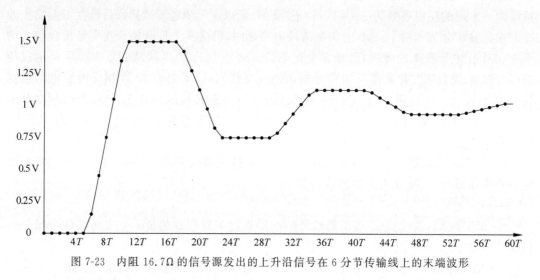

图 7-23　内阻 16.7Ω 的信号源发出的上升沿信号在 6 分节传输线上的末端波形

造成两种波形风格差异的根源就在于信号源内阻和传输线阻抗的关系。内阻大于传输线阻抗，在传输线末端就会得到"阶梯"波形，内阻小于传输线阻抗，在传输线末端就会得到"振荡"波形。在实际的电路世界中，我们看到"振荡"的情形似乎更多一些，因为就数字电路的多数情况而言，信号源内阻是小于传输线阻抗的。图 7-24 是在一个 10in 长走线末端测得的波形中的"振荡"。

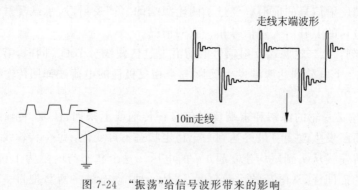

图 7-24　"振荡"给信号波形带来的影响

"振荡"同"阶梯"一样,是波形"拙劣"的表现,须当尽量避免。通过让传输线变短,可使波形中的"阶梯"消失,"振荡"是否也是如此?确实如此,将走线长度从 10in 降为 1in 后,波形中的"振荡"现象得到极大的改善,如图 7-25 所示。

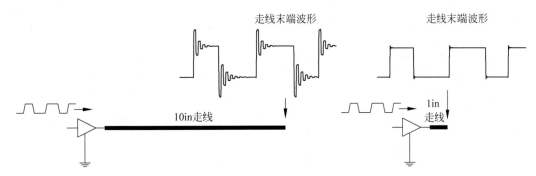

图 7-25　将走线长度缩短使信号波形中的"振荡"得到改善

同样通过分析传输线分节的电荷变化情况来解释这个对"振荡"的改善是怎么做到的。将 6 分节传输线减短为 2 分节,如图 7-26 所示,内阻为 16.7Ω 时上升沿信号在 2 分节传输线上的传输过程。

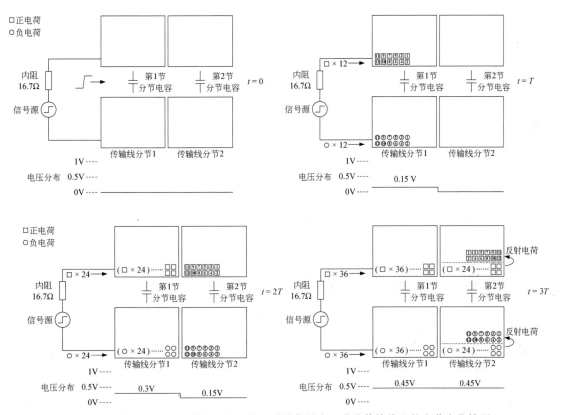

图 7-26　内阻 16.7Ω 的信号源发出的上升沿信号在 2 分节传输线上的电荷变化情况

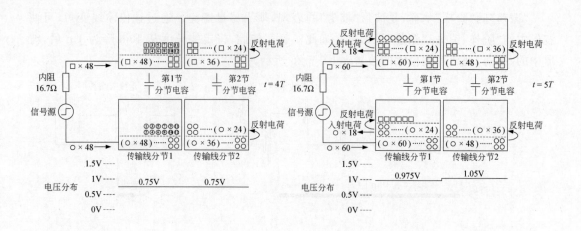

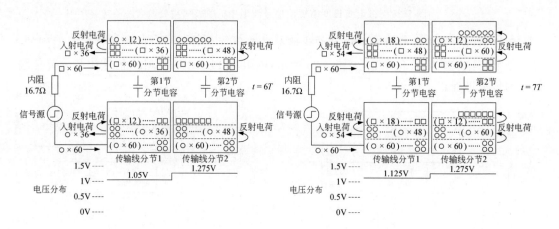

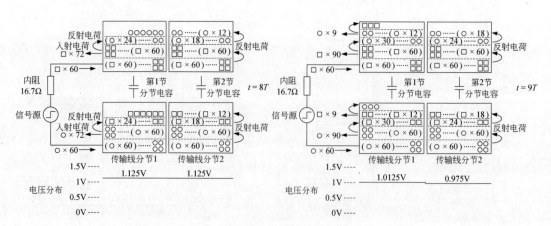

图 7-26 （续）

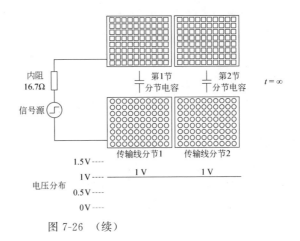

图 7-26 （续）

$t=0$ 时刻：上升沿信号的起始时刻。

$t=T$ 时刻：信号走过传输线分节 1。第一批 12 个电荷从信号源进入传输线分节 1，第 1 节分节电容被充电至 0.15V。

$t=2T$ 时刻：信号走过传输线分节 2。第一批 12 个电荷从分节 1 进入分节 2，信号源将新的一批电荷注入分节 1，数量 24 个，第 1 节分节电容的电压增至 0.3V。在信号开始传输后的前两个 T 时段，2 节传输线上发生的情形与 6 节传输线上前两节分节上发生的情形是一样的。

$t=3T$ 时刻：第一次末端反射开始发生。由于传输线分节 2 已是传输线的最后一节分节，在这一 T 时段（$t=2T$ 到 $t=3T$），第一批 12 个电荷到达传输线末端，末端开路，反射系数为 1，这 12 个电荷全部反弹而回，重又进入传输线分节 2，加上在入射方向从分节 1 进入分节 2 的 24 个电荷，传输线分节 2 上的电荷数量达到 36 个，电压增至 0.45V。这一 T 时段信号源注入传输线分节 1 的电荷数量也正好为 36 个，所以 $t=3T$ 时刻传输线分节 1 和传输线分节 2 的电压相等。

$t=4T$ 时刻：反射信号的前沿走过传输线分节 1。第二批 24 个电荷在传输线末端反弹，反向进入传输线分节 2。

$t=5T$ 时刻：从末端反射来的信号在源端再次发生反射，第一次源端反射信号产生。与阻抗相同的 6 节传输线一样，内阻为 16.7Ω 时的源端反射系数为 $\rho_源=-0.5$，将发生负反射。第一批从末端反射而来的 12 个电荷到达源端，弹回了一半数量的相反极性电荷：12 个正电荷从上面一节分节弹回 6 个负电荷，12 个负电荷从下面一节分节弹回 6 个正电荷。它们形成了新一轮源端反射信号的前沿，向着末端而去。与此同时，第二批从末端反射而来的 24 个电荷从传输线分节 2 进入传输线分节 1，信号源也向传输线分节 1 注入了最新的一批 60 个电荷。所有这些分属不同轮次入射、反射信号的电荷叠加在传输线分节 1 上，传输线分节 1 的净电荷数目为 78 个，第 1 节分节电容电压为 0.975V。

$t=6T$ 时刻：源端反射信号的前沿走过本轮行程的最后一节分节——传输线分节 2。

　　$t=7T$ 时刻：源端反射信号的前沿——第一批 6 个相反极性的电荷到达传输线末端，被全部弹回，第二轮末端反射信号开始发生。

　　$t=8T$ 时刻：第二轮末端反射信号的前沿——首批 6 个电荷走过本轮行程的最后一节分节——传输线分节 1。

　　$t=9T$ 时刻：第二轮末端反射信号的前沿——首批 6 个电荷抵达传输线的源端尽头，源端的第二次反射开始发生：6 个负电荷从上面一节分节弹回 3 个正电荷，6 个正电荷从下面一节分节弹回 3 个负电荷，它们成为最新一轮源端反射信号的前沿。

　　……

　　$t=\infty$：最终，在叠加了一轮又一轮的源端和末端反射后，2 个分节组成的传输线达到与 6 个分节组成的传输线完全相同的状态：每个传输线分节的电荷为 80 个，保持于此不再变化，每节分节电容均被充电至 1V。

　　把每个 T 时刻第 2 节分节电容的电压值连起来，得到了 2 分节传输线的末端波形，如图 7-27 所示。在这个波形中，"振荡"仍然是存在的。但是，相比 6 分节传输线的末端波形（见图 7-23），这个"振荡"兴起的风浪明显微弱许多。首先，它在上、下两个方向摆动的电压幅度小得多。其次，"振荡"持续的时间短得多，大约在 $t=30T$ 时刻，波形就已基本脱离了"振荡"，很快稳定于最终的电压值 1V。而在图 7-23 的 6 分节传输线末端波形上，即便到了 $t=60T$ 时刻，信号电压仍处于大开大合的上下摆动之中，距结束尚早。

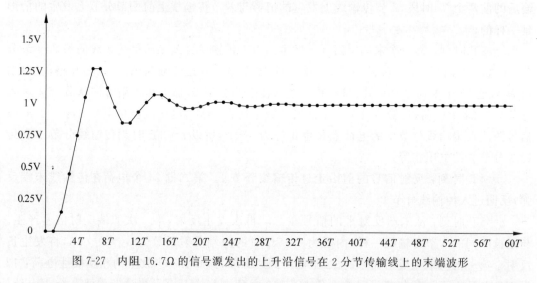

图 7-27　内阻 16.7Ω 的信号源发出的上升沿信号在 2 分节传输线上的末端波形

　　我们一定听到过这样的经验之谈：高速信号的走线不宜太长，越短越好。那么，究竟多长算长、多短算短呢？这一节对上升沿信号波形产生过程的详细剖析结果告诉我们，在信号完整性和高速数字电路设计的语境中，走线的长短不是单纯以走线的绝对长度来衡量的，一个重要的判决考量因素是信号的"空间跨度"。当走线的长度比"空间跨度"还长，也就是前面图 7-13 和图 7-21 所展示分析的 6 分节传输线的情况，长于 5 分节的信号"空间跨度"，在信号经过传输线到达末端后，其波形发生了严重的"阶梯"和"振荡"恶化效应，说明这个走线长度确实太长了。而当走线的长度比"空间跨度"更短,也就是前面图7-15和图7-26所展示分析的2分节传输线的情况,短于5分节的信号"空间跨度",在信号经过传输线到达末端后,波形保持着比较良好的形态,受到"阶梯"、"振荡"的干扰很小,那么这个走线就是足够短的。

信号的"空间跨度"S由信号的上升时间T_R(或下降时间)和信号的传输速度v共同决定,是二者的乘积,如图7-28所示。如一个信号的上升时间为$T_R = 1$ns,在走线上的传输速度为$v = 6$in/ns,则该信号的空间跨度$S = vT_R = 6 \times 1 = 6$in。对于这个信号来说,长度为10in的走线就属于"长"走线。

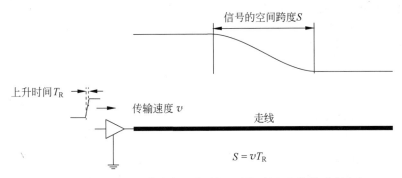

图7-28　信号的空间跨度由上升时间(下降时间)和传输速度确定

而同样是这根长度为10in的走线,如果传输一个上升时间T_R为10ns的信号,则又属于"短"走线。因为信号的空间跨度为$S = vT_R = 6 \times 10 = 60$in,走线长度是远小于信号空间跨度的。低速信号为什么从不计较走线长度的原因就在于此,信号的空间跨度非常大,从而允许很长的走线。对这个空间跨度为60in的低速信号,不要说10in,即便是20in和30in的走线,也仍然属于"短"走线。

所以,在信号完整性的体系中,当判断一根走线是否过长,一定要首先知悉它所传输的信号的空间跨度,即是要知悉信号的上升时间/下降时间和传输速度。在这两个变量中,就板级电路设计(FR4板材)的通常情况而言,上面举例的传输速度$v = 6$in/ns是可以作为一个经验法则记下来的。在不需要十分精确的场合,都可以笼统地认为印制电路板走线的信号传输速度是$v = 6$in/ns。这样,信号的空间跨度就直接取决于信号的上升时间/下降时间:

$$S = vT_R = 6T_R$$

其中,S为信号的空间跨度;v为信号传输速度;T_R为上升时间(下降时间)。

这就给了我们一个简便易记的计算法则:信号的空间跨度在数值上是上升/下降时间的6倍(空间跨度以in为单位,上升/下降时间以ns为单位)。

利用这个法则,能够对走线的"长短"进行快速的定性,从而决定我们应当将其看作"集总系统"还是"分布式系统":一根走线的长度数值如果超出了其传输信号上升/下降时间的6倍以上,则它是一根"长"走线,是"分布式系统"。例如,一个上升/下降时间为0.5ns的信号在一根 4in 长的走线上传输,这就是一根"长"线,是"分布式系统"。反之,如果一根走线的长度数值不足其传输信号上升/下降时间的 6 倍,则它是一根"短"走线,可以看作"集总系统"。例如,一个上升/下降时间为 0.5ns 的信号在一根 2in 长的走线上传输,这就是一根"短"线,可以看作"集总系统"。

我们可能见过一些不同的区分走线是"集总系统"还是"分布式系统"的规则,例如用上升/下降时间的 3 倍或 1 倍来做判决基准,即走线长度不超过上升/下降时间数值的 3 倍或 1 倍,才能看作"分布式系统"。这只是判决尺度的严格程度不同而已。无论是 6 倍、3 倍或 1 倍,我们都需要理解其背后的本质是将走线长度与信号的空间跨度相比较,在信号空间跨度的基准上再来判定走线是长还是短。

7.3   源端端接

通过上一节,我们认识了在长的走线上反射给信号波形带来的严重破坏作用。所以,对高速信号来说,走线的长度越短越好。在电路设计中,应当尽量满足这个普适性的设计规则,让每一个高速信号的走线都拥有尽可能短的走线。但实际情形中可能存在各种各样的限制,如器件的间距、板卡尺寸和密度等的限制,使得长的走线有时也在所难免。这种情况下,为了降低波形的恶化程度,保持足够的信号完整性,有必要采取针对反射的抑制措施。

这个措施我们已经知道,就是"末端端接"(见 4.2 节)。在传输线的末端,连接上与传输线阻抗 Z 相等的末端端接电阻 R,则末端的反射就不会发生,信号经过走线来到末端的波形将保持良好的形态,不会受到"振荡"、"阶梯"等反射效应的破坏。实际印制电路板设计中,高速信号走线的传输线阻抗通常都设置为 50Ω,那么就在走线末端连接一个 50Ω 的电阻,如图 7-29 所示。

从负载的角度来理解,这个 50Ω 电阻相当于给信号增加了一个 50Ω 的负载。在实际的电路中,信号走线的末端已经是连接有负载的,就是接收信号的集成电路器件。那么,器件的负载阻抗有多大呢?非常大,远远大于 50Ω。就常用的 CMOS 数字集成电路器件而言,其信号输入端的负载阻抗 R_T 可以粗略地认为就是无穷大,就如同传输线末端什么都没接一样,是开路状态,如图 7-30 所示。所以,依靠信号接收端器件自身的负载 R_T 是无法抑制反射的,还得依靠在走线末端添加的 50Ω 电阻 R 来抑制反射。因为这个电阻 R 位于传输线的末端,故称这种端接方式为"末端端接"。但实际上我们看到,电阻 R 其实无法放置到真正的传输线末端,因为真正的传输线末端是在器件内部。在印制电路板设计中,电阻 R 需要尽可能靠近器件的信号接收引脚放置,从而让它尽可能地接近传输线末端,达到最好的端接和反射抑制效果。另一方面,因为这个端接电阻 R 与信号输入端的负载阻抗 R_T 是并联的位置关系,"末端端接"也称为"并联端接",如图 7-30 所示。

我们是否在身边的电路中见到过"末端端接"的实际应用?说实话,很少,几乎见不到。既然这是如此管用的应对反射的措施,为何很少应用呢?凡事有利有弊。看看在走线末端添加并联端接电阻 R 之后电路发生的改变,固然反射被压制住了,信号波形得到了完好的

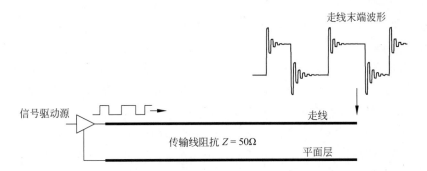

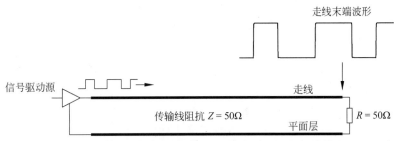

图 7-29 传输线末端的端接电阻消除信号波形的反射效应

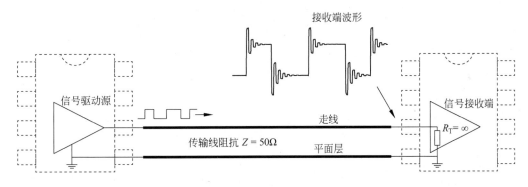

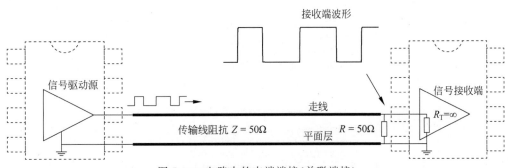

图 7-30 电路中的末端端接(并联端接)

改善,这是其利。但是对信号驱动源来说,原本其面对的信号接收端负载 R_T 是近乎无穷大的,现在给 R_T 并联了一个 50Ω 电阻 R,整个等效负载电阻就也变为了 50Ω,如图 7-31 所示。这就极大地提高了对信号驱动源驱动能力的要求。例如,在一个 2.5V 的电路中,信号的高电平电压为 2.5V。当信号驱动源输出高电平时,由于原本信号接收端负载阻抗 R_T 为近乎无穷大,信号驱动源的输出电流是非常小的,几乎为 0。而并联上 50Ω 末端电阻 R 后,信号驱动源需要输出 50mA 的电流才能维持 2.5V 的高电平电压。一方面,这个要求比较高,可能信号驱动源器件根本无法提供如此大的电流。另一方面,即便能够提供如此大的电流,它全部"无谓"地消耗在端接电阻 R 上,很不经济。并且,整个电路的功耗极大地增加了,这是其弊。

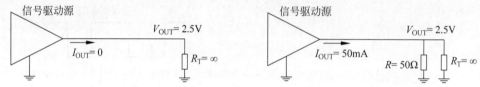

图 7-31　并联端接电阻带来信号驱动源输出电流的极大增加

那么,在"末端端接"之外,还有什么抑制反射的措施吗?

我们知道,反射不仅仅发生在传输线的末端。当末端发生了第一次反射后,反射信号又会在传输线的起始端发生第二次反射,接下来,末端发生第三次反射,起始端发生第四次反射……,如图 7-32 所示。信号接收端波形中的"振荡"效应,是由传输线两端的一次又一次反射所叠加而最终形成的。

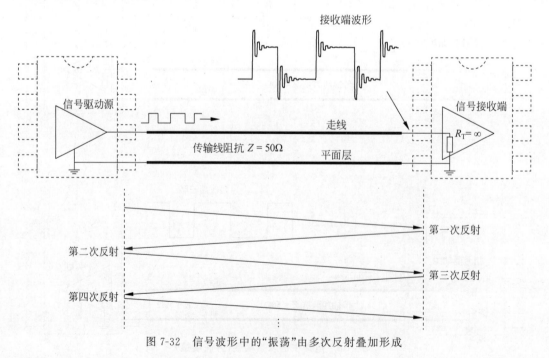

图 7-32　信号波形中的"振荡"由多次反射叠加形成

"末端端接"解决的是在传输线末端发生的第一次反射。在第一次反射被消除后,后面的各次反射也就不复存在。这是最彻底的解决之道,美中不足的就是有如前所述的弊端。

那我们就把目光转向传输线的另一端,信号的起始端,也即"源端"。方法措施仍然是"端接",只要让源端的端接电阻与传输线阻抗50Ω相等,那么就能消除第二次反射及以后的各次反射。

是不是也要像"末端端接"那样给源端并联一个50Ω电阻呢?这个做法不适用了。因为,信号接收端和信号驱动源对外表现出的阻抗特性是完全不一样的。上面已介绍,信号接收端的负载阻抗R_T远远大于传输线阻抗50Ω,近乎为无穷大。而信号驱动源的内部阻抗,即内阻R_s,却是相当小的,通常小于传输线阻抗50Ω,如11Ω、17Ω或28Ω,等等。这也就决定了在源端的端接无法照搬末端端接的做法。

无论是在源端端接还是在末端端接,其目的都是使端接后的阻抗与传输线阻抗50Ω相等。末端的做法是通过"并联"电阻来降低阻抗,源端的做法则是通过"串联"电阻来增加阻抗。故而又称为"串联端接"。如图7-33所示,信号驱动源的内阻R_s为28Ω,在信号驱动源器件输出引脚之外的信号走线上,串接上一个22Ω的电阻R。这样,当从末端反射来的信号到达源端时,它所感受到的源端阻抗就不再仅仅是信号驱动源内阻R_s,而是加上了外部电阻R的串联电阻和,正好等于传输线阻抗50Ω,反射便不会发生。

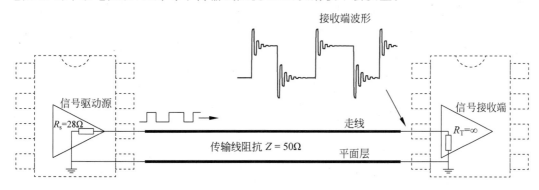

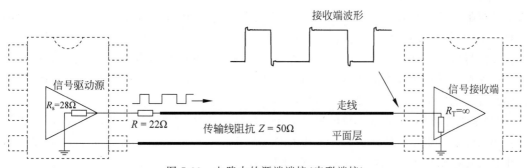

图 7-33　电路中的源端端接(串联端接)

相比"末端端接"从第一次反射就开始下手、能够消除所有反射的解决之道,"源端端接"只是消除了第二次以及之后的各次反射,而第一次反射依然存在。从这一点来说,它不如"末端端接"彻底。这从信号波形上也可以反映出来。把图 7-33 中进行了源端端接后的接收端波形与图 7-30 中进行了末端端接后的接收端波形相比,前者的波形质量稍逊,表现在上升沿和下降沿跳变部分存在一定的"过冲"和"下冲"现象,这就是第一次反射仍然存在的标记。但整体波形框架已属优良,相比端接前的信号波形已有很大改观,完全可接受。

而关键是,"源端端接"完全没有"末端端接"所固有的弊端。因为新添的电阻 R 是串接在走线上,而非并联在传输线两支之间,在传输线末端依然保持了近乎无穷大的信号接收端负载阻抗,信号驱动源的输出电流和电路的功耗都不会增加。解决了问题,又不会像"末端端接"那样带来新的问题,"源端端接"因此就成为了高速电路设计中广泛使用的反射抑制措施。

在我们还未曾掌握此中道理的时候,一定对如图 7-34 所示电路原理图中的 22Ω 电阻充满不解。这些电阻的阻值不大,或者是 22Ω,或者是 10Ω、33Ω、39Ω,等等,串接在信号线中间,究竟是干什么用的呢?越是我们还没明白的东西,就越不敢怠慢,所以在我们自己设计电路原理图的时候,往往也参照着前人的电路图,依葫芦画瓢地在信号线上串接一个电阻。

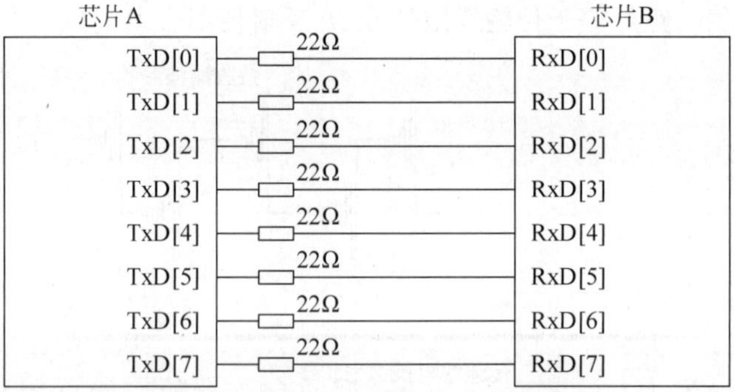

图 7-34 某电路原理图中的串联端接电阻实例

现在清楚了,这些 22Ω 电阻都是承担"源端端接"的串联电阻,它的作用是补偿信号驱动源内阻与走线传输线阻抗之间的差额。如果信号驱动源内阻为 28Ω,就补一个 22Ω 的电阻,如果内阻为 40Ω、17Ω、11Ω,就分别补一个 10Ω、33Ω、39Ω 的电阻。最终使信号走线源端的端接阻抗,即驱动源内阻与串联补偿电阻之和,达到与传输线阻抗相等的 50Ω。在电路原理图上,我们看不到信号发送端芯片(图 7-34 中的芯片 A)内部的驱动源内阻,只能看到串接在信号线上的补偿电阻。如果只是盯着这个孤零零的电阻本身,是无法理解它的用途的。必须将发送端芯片内部的驱动源内阻与芯片外部的串联补偿电阻合为一个整体,作为传输线源端的端接阻抗,才能理解其背后的原理。

与"末端端接"要求并联端接电阻尽可能地放置在走线末端尽头类似,"源端端接"也需要将串联端接电阻尽可能地放置在走线的源端尽头。对应到印制电路板设计中,就是需要将串联端接电阻尽可能地挨近器件的输出引脚放置。只有将电阻与器件输出引脚充分挨近,它才能与器件内部的驱动源内阻合为一个共同发生作用的整体。按照 7.1 节"集总"与"分布式"系统的原理,两个电阻挨得很近,它们就是"集总"的,对外部信号的响应呈现同时性,可以进行串联等效,合为一个总电阻。而如果两个电阻相距太远,则它们就是"分布式"的,对外部信号的响应会呈现出时间上的先后差异,无法进行等效合并。

回想当初,我们虽然在电路原理图上按照前人的参考设计依葫芦画瓢地在信号线上添加了串接电阻,但因为不明其里,所以在印制电路板设计时完全没有意识要将电阻挨近信号发送端器件放置。结果电阻被放到了距离器件较远的地方。这样一来,这个电阻"源端端接"的效能就会大打折扣,无法起到抑制反射和改善波形的作用。比较一下,在一个 10in 长走线的不同位置添加串联端接电阻的实际效果,如图 7-35 所示。一个放在走线的源端起始位置,紧挨着器件的输出引脚。另一个放在走线的中间位置,相距器件的输出引脚 5in 远。可以看到,走线中间的串联电阻几乎没有起到什么抑制反射的作用,信号接收端的波形在每个上升沿和下降沿跳变的地方都产生了大幅度、长持续的"振荡",与不加电阻的时候毫无二致。把串联端接电阻加在这个位置,等于是白加了。

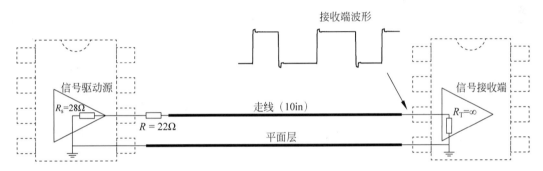

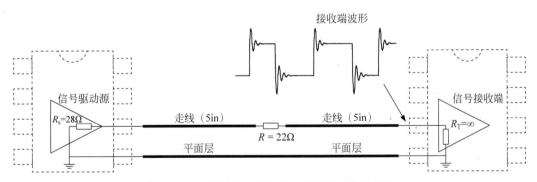

图 7-35 串联端接电阻放置位置不同的效果差异

"源端端接"已是现今高速电路设计中应用最广泛的反射抑制手段。对于板级电路设计来说,也几乎是唯一可用的手段。我们应当在设计中充分且善于运用这个手段。不过,对初学者来说,一个首要的问题是,该如何确定串联端接电阻的阻值? 是 22Ω? 还是 10Ω、33Ω

或 39Ω？换言之，这个问题的实质是怎么知道信号驱动源的内阻是多少？查遍集成电路器件的数据手册（Data Sheet）都找不到这个值。那么，在图 7-35 中标示的的信号驱动源内阻 $R_s=28\Omega$ 是从何而来的？我们非常疑惑，在集成电路器件内部真的存在这样一个 28Ω 的电阻吗？同样，在信号接收端，集成电阻器件内部的负载阻抗 R_T 为近乎无穷大，这个"无穷大"的状态究竟是怎样具体的电路情形呢？要回答这些问题，需进入到集成电路器件内部去一探究竟。

第8章

数字集成电路

8.1 外观和内貌

前面七章的内容,围绕着一个中心主题——电路中的"连接"。从这一章开始,我们把目光移到"连接"的对象,信号所源起和最终到达的地方——数字电路中的集成电路器件。

当提到集成电路器件,大家脑海里最先浮现的景象往往是多种多样的外观形状和形形色色的引脚分布方式,也就是所谓集成电路器件的"封装"形式,如图 8-1 所示,这是使用数字集成电路者最关心的东西。

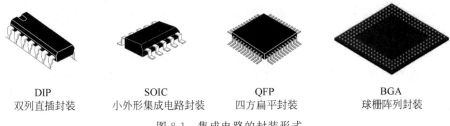

DIP	SOIC	QFP	BGA
双列直插封装	小外形集成电路封装	四方扁平封装	球栅阵列封装

图 8-1　集成电路的封装形式

但似乎我们的了解也仅止于此。虽然谁都知道器件内部的电路就藏在这些封装的躯壳里面,但对集成电路的内部究竟是怎样的往往不得而知。如图 8-2 所示,数字集成电路的内部构造。

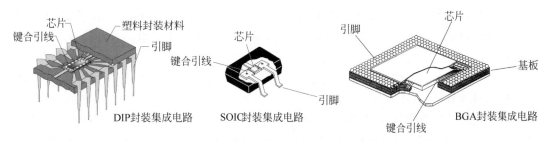

图 8-2　集成电路器件的内部剖视

即便进入到集成电路封装的内部，在相当大的空间范围内看到的，仍然是"连接"。像DIP 和 SOIC 这样的封装，引脚本身会深入封装内部相当一段距离，并不是仅有露在封装外面的那部分。在末端，引脚与一根细细的金丝相连。这根细丝在术语上叫作"键合引线"，它仍不属于集成电路的内部电路元件，与引脚一样，是"连接"的一部分，是信号"连接"在封装内部的延伸。BGA 封装的引脚是球形的金属颗粒，从引脚到键合引线之间还经过了基板的连通。基板其实就是集成电路内部的印制电路板，它与板级印制电路板提供连接的方式是一样的，有不同的布线层，层与层之间通过过孔连通。每一个球形引脚通过基板的走线都连到了封装内部的键合引线上。

引脚、基板走线和键合引线，这是信号在进入集成电路封装内部以后继续走过的路，它们构成信号传输的整个路径上不可缺少的一部分。当站在板级、系统级电路的角度讨论信号连接的时候，通常只注意到了集成电路封装之外的部分，印制电路板走线、连接器、电缆等。现在看到，信号并不是起始或终止于器件的外部引脚的，在集成电路封装内部，仍有传递信号的连接部件，它们是整个信号路径上最靠近发送端和接收端的部分。在封装外部的连接部件上可能发生的信号完整性问题，同样可能在封装内部的连接部件上出现。因此，数字集成电路内部的连接设计同样需要克服信号完整性问题带来的挑战。当然这是数字集成电路的设计者需要面对的问题，并不需要板级电路设计者操心。但应当清楚，信号会受到它所经过的所有连接部件的影响，无论是封装外部的还是封装内部的。当信号从发送端器件引脚送出时，它已经携带了器件内部的连接部件给它带来的改变，而信号到达接收端器件引脚时的模样也不等同于终点的模样，它还将在封装内部继续前行。

那么，电路是在哪里？就在引脚通过键合引线、基板走线等最终连接的地方，一个薄薄的方形片块上。这是集成电路真正的核心——芯片，全部的秘密都藏在这个小小的薄片上。图 8-3 是两个著名的集成电路芯片的放大照片，Intel 4004 和 Intel Core i7-2600K（酷睿 i7-2600K）。

我们看到了密密麻麻的构成结构，这就是芯片内部电路的直观景象。想要凭借肉眼去看清电路中的元件和连接关系，无疑是天方夜谭。Intel 4004 是世界上第一款商用微处理器，在它被推出的年代（1971 年），集成电路产业起步发展的时间还不长。Intel 在 4004 中集成了 2250 个晶体管，这代表了当时集成电路工艺的水平。整整四十年后，2011 年，Intel 发布新一代微处理器——酷睿 2 代微处理器 Core i7-2600K，在仅仅 216mm^2 的芯片面积上集成的晶体管数量高达 11.6 亿个。这两张照片放在一起反映了集成电路产业飞速千里的发展变化。

具有如此巨大容量的小小芯片，是从一个直径 50～300mm 的圆形薄片开始制造的。圆片的材料成分是硅，称为"硅片"，是从圆柱形的单晶硅锭上一片一片切割而成的，如图 8-4 所示。切割的尺寸非常薄，硅片的厚度通常不超过 1mm。成千上万、成万上亿的电路元件就要在这个薄薄的硅片上制作出来，这是一个包含数百道工艺步骤的庞杂工业制造过程。自集成电路诞生以来，这一过程始终处于技术发展的最前沿并不断激励着创新。

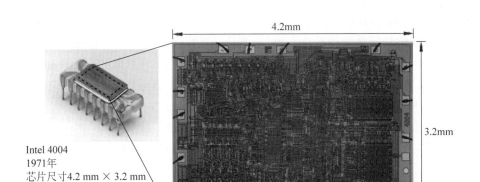

Intel 4004
1971年
芯片尺寸4.2 mm × 3.2 mm
2250个晶体管

Intel Core i7-2600K
2011年
芯片尺寸20.8 mm × 10.4 mm
11.6亿个晶体管

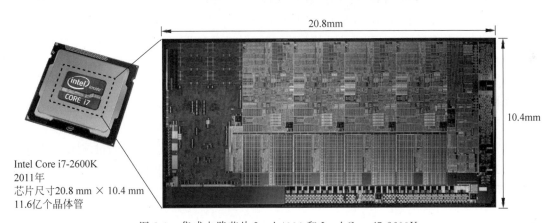

图 8-3　集成电路芯片 Intel 4004 和 Intel Core i7-2600K

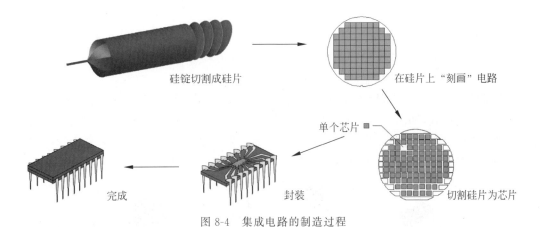

硅锭切割成硅片　　在硅片上"刻画"电路

单个芯片

完成　　封装　　切割硅片为芯片

图 8-4　集成电路的制造过程

　　最简单地来描述一下，在硅片上制作电路的过程是一个对硅片进行"刻画"的过程。在原本一片空白的硅片平面上，有选择地掩盖掉一些部分，露出另外的部分，对露出的部分执行特定的工艺处理,从而这部分就变得与掩掉的部分不再一样。在硅片制造的不同阶段,若干不同功能的其他材料层叠加到硅片表面,如绝缘层和导体连接层等,每一层都伴随着这样的掩掉一部分、露出另外部分进行处理的"刻画"过程。最终,一个个电路元件在硅片上被"刻画"出来,构成庞大的电路系统。这个电路生成的方式与宏观层面进行板级电路设计采用的方式是全然不同的。板级电路是用一个个现成的电路器件由小到大"堆积"而成的,而集成电路芯片上的电路是在一片空白的硅片上"刻画"出来的。能够在同一个硅片上制作出多个电路元件,这是促使集成电路技术产生和发展的根源,是取名"集成"二字所体现的核心实质含义。

硅片的尺寸比最终制成的单个芯片大得多,一个硅片上可以制成多个芯片,具体的数目取决于芯片的实际面积和采用的硅片大小。Intel 4004 是用直径 50mm 的硅片制成的,芯片长 4.2mm、宽 3.2mm,扣除圆周的边角废料,一个硅片上可以制成 132 个芯片。Intel Core i7-2600K 采用直径 300mm 硅片,芯片长 20.8mm、宽 10.4mm,扣除圆周的边角废料,一个硅片上可以制成 278 个芯片。硅片越大,容纳的芯片数量就越多,单个芯片的制造成本就会降低。因此伴随着集成电路产业的发展,硅片直径不断在增大,从 50mm 到 100mm、125mm、150mm、200mm,再到 300mm、450mm。

实际从一个硅片上得到的可用芯片数目会更少,因为各种原因总是存在一定比例的缺陷芯片,在硅片电路制作完成后进行的测试中,这些缺陷芯片无法通过测试,被标记出来不再继续后续的工艺流程。而后,硅片被切割为一个个独立的单个芯片,对通过测试的可用芯片进行封装,为芯片装配上躯壳,伸出用于外部连接的引脚,成为我们熟知的 DIP、SOIC 和 BGA 等多种多样的外观形式,整个集成电路的制造流程完成。

8.2 MOS 晶体管

无论多么庞大的电路系统,都是由最基本的电路元件组合而成的,正如高楼大厦是靠一砖一瓦堆砌而成的。对数字电路而言,构建大厦的砖瓦就是晶体管。在硅片上制作电路的具体内容,就是要在硅片上"刻画"出一个个晶体管。

大家见过宏观电路(板级电路)中作为分立器件使用的晶体管,有三个引脚,被封装为多种多样的外观形式,如图 8-5 所示。在硅片上制作的晶体管与做成分立器件的晶体管在技术原理和构成机制上都是一样的,不同之处是,分立器件是将一个晶体管封装为一个器件,而集成电路是将很多晶体管连接组合成更复杂的电路后共同封装为一个器件。

图 8-5 分立器件晶体管的不同封装形式

"晶体管"是一个笼统的称谓,基于不同的实现原理,区分为不同的具体类型:双极型晶体管(BJT)、结型场效应晶体管(JFET)和金属氧化物半导体场效应晶体管(MOSFET),等等。在历史上,BJT 是最早被用来构建数字集成电路的晶体管。20 世纪 70 年代起,MOSFET 即"MOS 晶体管",得到了广泛使用,成为数字集成电路晶体管类型的绝对主流,一直到今天。我们的学习也将以之为对象。先来看硅片上制成的 MOS 晶体管是什么模样,如图 8-6 所示。

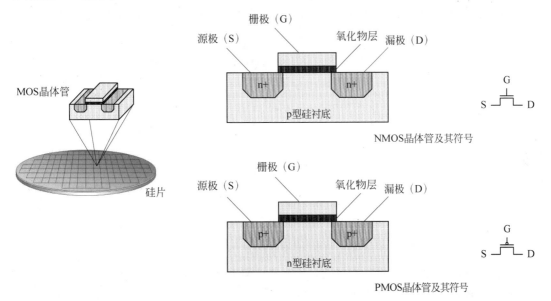

图 8-6 在硅片上制作的 MOS 晶体管

这是一个有三个连接电极的元件,分别称为栅极、源极和漏极。硅片本身现在被称为"衬底"。在衬底的某些区域进行"掺杂"而形成了源极、漏极。在源极和漏极的中间,衬底的上方,有一层薄薄的氧化物,再往上,是晶体管的栅极。这一层氧化物的作用是将栅极与下方的源极、漏极和衬底进行绝缘隔离。MOS 晶体管全名为"金属氧化物半导体场效应晶体管"(Metal-Oxide-Semiconductor Field-Effect Transistor,MOSFET),其中的"金属"和"氧化物"分别指栅极和绝缘层的材料成分。不过,"金属"二字源于早期 MOS 晶体管的栅极制作材料,今天已很难再见到金属栅极的晶体管,主流的工艺是用"掺杂"的多晶硅构成栅极。在 MOS 晶体管的构成结构中,源极、漏极和衬底是在硅片自身的区域中制作形成的,而栅极和氧化物绝缘层是在后来的工艺流程中添加到硅片之上的。当需要制造多个晶体管时,它们可以使用同一块硅片提供的衬底,在这个共同的衬底上制作出各自独立的栅极、源极、漏极。正是这一想法导致了 1958 年世界第一块集成电路的诞生(由美国 Texas Instruments 公司的 Jack Kilby 发明,并因此获得诺贝尔物理学奖),开启革命性的集成电路工业时代。

我们看到了"掺杂"这一处理步骤的反复使用,源极、漏极、栅极都是经过掺杂而形成的。

这一步骤背后的物理原理,是 MOS 晶体管得以工作的基础。

　　构成集成电路基础制作材料的硅(Si)是元素周期表上第 IVA 族的元素,是一个四价元素。"四价"的意思是说硅原子的外层有 4 个电子。在纯净的硅材料中,硅原子之间挨得很近,导致分属不同硅原子的两个外层电子结合在一起,形成所谓的"共价键"结构,如图 8-7 所示。共价键的结合力很强,电子被束缚在这种结构中,很难脱离。每个硅原子与相邻的四个硅原子分别组成共价键,纯净的硅中所有的外层电子都存在于共价键中,难以脱离而移动至别处。而没有电子的移动,就不会形成电流。所以,纯净的硅是不导电的,是绝缘体。

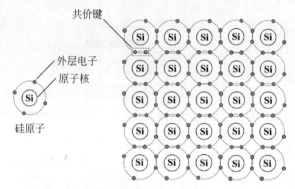

图 8-7　纯净硅中的电子均存在于共价键中

　　"掺杂"是指往纯净的硅中掺入其他元素的物质。掺杂的目的是让原本的绝缘体变得具有导电性。被掺入的杂质元素是与硅元素相邻的第 IIIA 族(三价元素)和第 VA 族(五价元素)两族元素,常用的有第 IIIA 族元素硼(B)、第 VA 族元素磷(P)、砷(As)、锑(Sb)。为什么掺入这些元素就能让硅导电?

　　如图 8-8 所示,在纯净硅中掺入磷元素后的情形。新加入的磷原子也会与硅原子组成共价键结构。磷是五价元素,外层有 5 个电子,而相邻的硅原子只有 4 个,所以只有 4 个外层电子与相邻硅原子组成了共价键,剩余一个电子不在共价键中。这个剩余电子只受磷原子核的束缚,这种束缚作用比共价键的束缚作用弱得多,只需较小的能量就能克服。在外加电场或其他能量激发时,剩余电子很容易挣脱磷原子的束缚而成为自由电子,移动到别处。自由电子的移动便能形成导电电流,纯净的硅中因掺入磷杂质所提供的大量自由电子而使导电性能得到显著提升。掺杂的浓度越高,自由电子的比例就越高,导电性就越强。

　　如果掺入的杂质是三价元素硼(B),其原子外层只有 3 个电子,在与相邻的 4 个硅原子组成共价键时,有一个共价键缺少一个电子而形成一个空位,术语上叫作"空穴",如图 8-9 所示。这个空穴对相邻共价键上的电子是一个吸引,当外加电场或其他能量激发时,相邻硅原子的外层电子很容易来填补这个空穴。而硅原子在失掉外层电子后,自身的共价键又形成了空穴,其他的电子又会来填补新的空穴。一个个电子在不断填补共价键空穴的过程中形成了连续的电荷移动。这是在纯净的硅中掺入硼杂质后导电性能提升的原因。掺杂浓度越高,共价键中的空穴比例就越高,导电性就越强。

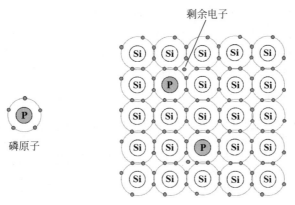

图 8-8 纯净硅中掺入磷杂质后存在剩余电子

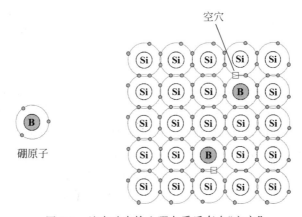

图 8-9 纯净硅中掺入硼杂质后存在"空穴"

原本是绝缘体,掺入杂质后又能成为导体,并能通过掺杂浓度控制导电性能的高低,这是硅之所以被称为"半导体"的重要原因,也是能在硅片上制作出晶体管的根本原理基础。具备这一神奇特性的半导体材料还有锗(Ge),它在早期也曾用作制造集成电路的基础材料。但出于其他一些原因,硅更具优势。硅是今天集成电路产业占据统治地位的基础材料,现阶段应用的绝大部分集成电路都是在硅片上制成的。

看起来,无论是往硅中掺入磷还是掺入硼,导电能力都是因电子的移动而实现的。但实际上,两种情况下的导电原理有本质的差异,如图 8-10 所示。在掺入磷的杂质硅中,形成导电电流的是自由电子。自由电子是脱离了原子核的束缚而不依附于任何原子的"游荡"电子,在外加电场条件下,自由电子会持续地定向移动,大量自由电子一起移动,便形成了导电电流。而在掺入硼的杂质硅中,电子因填补相邻共价键上的空穴而移动,移动之后它仍在共价键中,仍受到共价键及原子核的束缚,不是自由电子。并且,每个电子仅仅从一个共价键移动到了相邻的另一个共价键,下一轮移动是由另一个电子填补新的空穴而完成,与前一个移动的电子已无关系。这不同于掺入磷的硅中自由电子在导电时持续地长距离移动的状态。倘若反过来看,倒可以认为是空穴在持续地不断移动。为了方便理解,可以把空穴想象成跟电子一样的带电粒子,电子带负电,空穴带正电,二者电量相等,极性相反。现在就能比较简洁分明地描述两种掺杂情况下导电机理的区别:在掺入磷的硅中,电流靠带负电的电子移动而形成,而在掺入硼的硅中,电流靠带正电的空穴移动而形成。

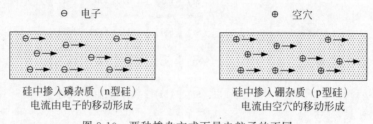

⊖ 电子　　　　　　　　　　⊕ 空穴

硅中掺入磷杂质（n型硅）　　　　硅中掺入硼杂质（p型硅）
电流由电子的移动形成　　　　　电流由空穴的移动形成

图 8-10　两种掺杂方式下导电粒子的不同

因为存在内部原理的区别,就有必要从名称上加以区分。在纯净硅中掺入三价元素杂质(硼)得到的材料称为 p 型硅,而在纯净硅中掺入五价元素杂质(磷、砷、锑)得到的材料称为 n 型硅。p、n 代表了两种掺杂方式获得的导电粒子的电极性,空穴带正电(positive),电子带负电(negative)。

事实上,空穴并不是只在 p 型硅中存在,n 型硅中也会有空穴。这起因于硅原子自身的共价键中发生的一种"自激发"现象:即便在周围并没有杂质原子存在的情况下,也会有一些电子挣脱原子间共价键的束缚,成为自由电子,它离开后的共价键空位就成为空穴。但是自激发产生的空穴数量相比掺杂产生的自由电子数量是很少很少的,在 n 型硅中决定导电行为的主体是电子,而不是空穴,电子是承载导电电流的多数粒子,故称电子为"多数载流子",空穴为"少数载流子"。同样的道理,p 型硅中也不全是空穴,也会有自激发而生的少量自由电子,二者数量相较悬殊,决定导电行为的主体是空穴,不是电子。p 型硅中,空穴是"多数载流子",电子是"少数载流子"。

掺杂在集成电路制造很早的阶段就开始使用了,最初的空白圆硅片本身就已经是掺过杂的,所形成的晶体管衬底因掺杂类型不同而分为 p 型硅衬底和 n 型硅衬底。相应地,在两种衬底上会制作出两种不同的 MOS 晶体管:PMOS 晶体管和 NMOS 晶体管(见图 8-6)。

源极(S)和漏极(D)是在已经掺杂的衬底上对某些区域再进行掺杂而形成的。掺杂的类型正好与衬底相反,往 p 型硅衬底中掺入 n 型杂质(五价元素),往 n 型硅衬底中掺入 p 型杂质(三价元素)。最终形成的源极、漏极就是嵌入衬底之中但其内部的多数载流子类型与衬底相反的区域,见图 8-6。NMOS 晶体管采用 p 型衬底,衬底中的多数载流子是空穴,其上的源极、漏极却是 n 型的,多数载流子是电子。PMOS 晶体管采用 n 型衬底,衬底中的多数载流子是电子,其上的源极、漏极却是 p 型的,多数载流子是空穴。并且,这一次的掺杂是重度掺杂,源极和漏极中的载流子浓度比衬底的载流子浓度更大。

就制造过程而言,源极(S)和漏极(D)是一样的,并无差别,两者可以互换。之所以有源、漏之名,是在使用 MOS 晶体管时依据两者的不同作用加以区分的。通常情况下,在数字电路中使用的 MOS 晶体管会将源极(S)与衬底(B)连在一起,这可以作为最直观的判别

方法。有一种带衬底的 MOS 晶体管电路符号的画法会表示出衬底与源极的连接，如图 8-11
所示。因为这是必然的连接，在一般的简便画法中就省略掉了。

图 8-11　MOS 晶体管的电路符号画法

在数字电路中，晶体管所扮演的角色，是像一个"开关"一样工作。开关是控制通断的器
件。例如为了能够人为控制电灯泡的亮与灭，就在电源与灯泡的回路中接上一个开关，按下
开关，回路接通，灯泡被点亮，拉起开关，回路被断开，灯泡就熄灭。现在，MOS 晶体管也能
完成同样的功能。如图 8-12 所示，一个 NMOS 晶体管像一个开关一样接在了回路中，源极
（S）和漏极（D）是开关的两端。

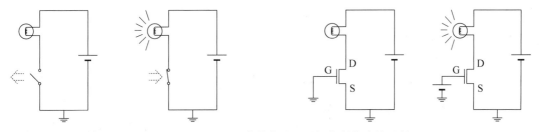

图 8-12　用 NMOS 晶体管作为"开关"控制线路的通断

怎么控制通断呢？真实的开关有一个控制端，通过拉起或按下控制端实现线路的切断
或接通。NMOS 晶体管的控制端在哪？就是它的栅极（G）。但它不像真实的开关那样通过
机械方式切断或接通线路，而是靠加在栅极（G）上的电压实现通断控制。在图 8-12 中，电
源的负极和 NMOS 晶体管的源极（S）所连接的点定义为地，当栅极（G）电压也接至地时，源
极（S）和漏极（D）之间处于"断开"的状态，电流无法通过，灯泡不亮。当给栅极（G）接上一个
适当高的电压的时候，源极（S）和漏极（D）被"接通"了，电流形成回路，灯泡被点亮。这是一
种用电信号实现的通断控制，晶体管因此又名"电子开关"。

在 NMOS 晶体管内部究竟发生了怎样的情况，使它的行为像开关？源极（S）、漏极（D）
是开关的两端，在它们之间隔着衬底，要让源极和漏极"接通"意味着什么？意味着电流要能
依次流过源极、衬底、漏极。乍一看，这似乎毫无问题，三者都是经过掺杂的硅，从不导电的
绝缘体变成了导电的导体，几块导体传送电流，那是天经地义。而且该是始终接通的状态，
灯泡一直亮着才是。

实际情况却不是这样的。掺杂的硅终究不是我们熟知的金属导体。所有金属导体，包
括铜、铁、金、锡等，其内部用于导电的载流子都是自由电子，一块金属导体连着另一块金属

导体,组成的还是导体。掺杂硅却是需要区分两种不同载流子类型的电流载体。NMOS 晶体管上,源极(S)和漏极(D)都是 n 型硅,主要载流子是电子,要在源极和漏接之间接通电流,就是要源极的电子能够流动到漏极去。这中间的必经之路是衬底,但衬底却是与源极和漏极掺杂相反的 p 型硅,主要载流子是空穴。试想一下,当带负电的电子从源极(S)流出进入到衬底之后,它立即被衬底中存在的大量带正电的空穴所包围,很快就因正、负电荷的中和而消失掉了,它根本无法穿过衬底到达漏极(D)。导电粒子在此处被阻断,电流无法形成。这就是开关的"断开"状态。注意,这时讨论的对象只是源极(S)、漏极(D)、衬底三者组成的整体,暂时没有考虑栅极(G)的存在。有另外一种角度来解释为什么这个构造是"断开"的,这引出一个基础的概念——PN 结。

一块 p 型硅和一块 n 型硅相邻接,所形成的结构就叫"PN 结"。我们熟悉的另一种基本元件——二极管,其实质就是一个 PN 结,如图 8-13 所示。

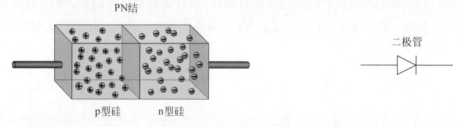

图 8-13　PN 结和二极管

NMOS 晶体管内部存在两个 PN 结,源极(S)和衬底形成一个,衬底和漏极(D)又形成一个,如图 8-14 所示。当从二极管的视角来看源极、漏极、衬底三者形成的构造,就能轻易解释它为何是"断开"的。这两个 PN 结背靠背而邻,便是两个相背而接的二极管。无论加在源极(S)和漏极(D)两端的电压是怎样的,都不能同时让两个二极管处于正向偏压状态(p 端电压大于 n 端电压),其中必有一个处于反向偏压状态(n 端电压大于 p 端电压)。反向偏压时的二极管电阻非常大,电流难以流过,所以源极(S)到漏极(D)之间处于"断开"状态。同样,在 PMOS 晶体管中的情况也是如此,两个 PN 结相面而接,任何时候总有一个反向偏压,使源极(S)到漏极(D)"断开"。

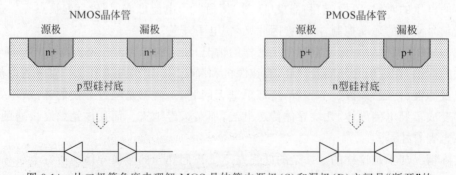

图 8-14　从二极管角度来理解 MOS 晶体管中源极(S)和漏极(D)之间是"断开"的

PN 结是半导体集成电路的精髓。它看似简单,仅仅是两块掺杂硅的结合,却因杂质类型的不同而在两者间产生了一些奇特的交互,并在不同的外部电压条件下作出不同的对外反应。这其中的关键是载流子的运动,对二极管原理的理解需要建立在对 PN 结内部载流子运动变化过程进行细致分析的基础上。作为一本以信号完整性为主题的书,我们可以跳过这一分析,直接用两个二极管去解释 MOS 晶体管的"断开"状态。这是"以果为因"的理解方式,不失为一种有效学习方法。毕竟对于二极管的行为,大家再熟悉不过。

现在来看断开的开关是怎么被"合上"的。如图 8-15 所示,在 NMOS 晶体管的栅极(G)施加大于源极(S)的电压值。因为衬底是与源极是接在一起的,在栅极和衬底之间的氧化物绝缘层就形成正向电场。这个电场会排斥 p 型硅衬底中的主要载流子空穴,使带正电的空穴从靠近衬底顶部与栅极氧化物绝缘层接界的区域离开。正电荷的离开意味着负电荷的到来,空穴离开后的空隙就由电子来填补。栅、源之间的电压 V_{GS} 越大,在 p 型硅衬底顶部氧化物绝缘层下方聚集的电子越多。当 V_{GS} 大到一定程度的时候,就在氧化物绝缘层下方形成一个"沟道",沟道里的主要载流子是电子。这意味着衬底在这个区域被"反型"了,从 p型变成了 n 型。这样,同为 n 型的源极(S)和漏极(D)就被这个沟道给连接起来,承载电流的电子能够从源极经由沟道移动到漏极,而不会被正电荷中和掉。这就是 NMOS 晶体管作为开关被"接通"的状态。另有一个更为专业的术语,称此时 NMOS 晶体管处于"导通"状态。

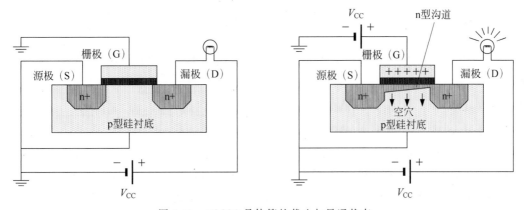

图 8-15 NMOS 晶体管的截止与导通状态

与"导通"状态相对应的是"截止"状态。当栅极(G)与源极(S)、衬底间电位相等,没有正向的电压差,或者栅极(G)悬空不带电荷的时候,MOS 晶体管处于"截止"状态。此时栅极上没有正电荷的聚集,就不会对衬底顶部的空穴产生排斥,n 型沟道就不会形成。所以栅、源之间的电压 V_{GS} 是决定开关通、断的条件。这个电压需要达到某个门限值之上,沟道才会形成,开关才被接通,称这个门限值为"开启电压"。开启电压的值与 MOS 晶体管的具体制造参数有关,包括衬底掺杂浓度、氧化物绝缘层厚度等。基于不同的使用目的,有的 MOS 晶体管开启电压可达 10V 以上,有的则低至 0.7V、0.4V。现代数字集成电路的发展趋势是不断降低电路的工作电压,相应地,今天用于数字电路的 MOS 晶体管开启电压都是比较低的。

与 NMOS 晶体管一样,PMOS 晶体管也能作为"开关"控制电路通断,如图 8-16 所示。其导通、截止的基本原理与 NMOS 晶体管是完全一样的,通过栅、源之间的电压控制沟道的形成与否,如图 8-17 所示。

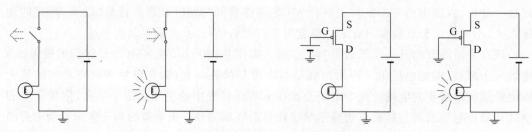

图 8-16   用 PMOS 晶体管作为"开关"控制线路的通断

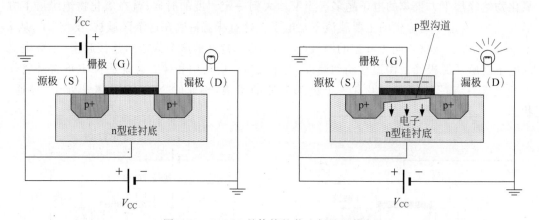

图 8-17   PMOS 晶体管的截止与导通状态

所不同的是,NMOS 形成的沟道是 n 型的,而 PMOS 形成的沟道是 p 型的。两者名称中的第一个字母 P 和 N 代表的就是各自的沟道类型。p 型沟道是在 PMOS 晶体管的栅极(G)聚集负电荷而对 n 型硅衬底顶部的电子进行排斥后形成的,这就需要在栅极(G)和源极(S)之间加上负向电压,即栅极电位低于源极和衬底电位,这正好是与 NMOS 相反的。同样也存在开启电压,当 PMOS 的栅极与源极、衬底间的电压差超过开启电压后,p 型沟道形成,开关"接通",PMOS 处于导通状态。当栅极与源极、衬底间电位相等,没有负向的电压差,或者栅极悬空不带电荷的时候,n 型硅顶部的电子不会受到排斥,p 型沟道不会形成,源极(S)和漏极(D)之间"断开",PMOS 处于截止状态。

8.3   CMOS 反相器

当讲到 MOS 晶体管怎么构成数字集成电路时,一切教材都是从反相器开始的,这是最简单的数字集成电路器件。本书也不例外。并且幸运的是,这是一本以信号完整性为主题的书,我们只需要掌握这一个最简单的器件,就已是全部。

　　只需要两个 MOS 晶体管就能构成一个反相器,一个 PMOS,一个 NMOS,如图 8-18 所示。输入信号 V_{IN} 连接到两个 MOS 晶体管的栅极(G),PMOS 的源极(S)接电源电压 V_{CC},NMOS 的源极(S)接地。两个 MOS 晶体管的漏极(D)接在一起作为输出信号 V_{OUT}。

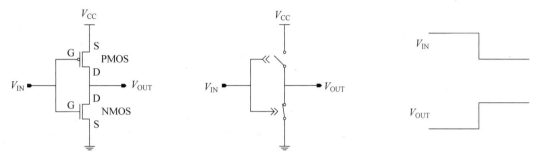

图 8-18　CMOS 反相器

　　很容易分析这个电路的工作原理。当 V_{IN} 为高电平(电压为 V_{CC})时,NMOS 的栅、源间电压为 $V_{CC}-0=V_{CC}$。因 V_{CC} 是器件的电源电压,必然是大于 NMOS 开启电压的,所以 NMOS 处于导通状态。PMOS 的栅、源电压为 $V_{CC}-V_{CC}=0$,不满足开启的条件,PMOS 处于截止状态。这样,输出端 V_{OUT} 与地连通而与 V_{CC} 断开,为低电平状态,实现对输入 V_{IN} 高电平的反相。反过来,当 V_{IN} 为低电平(电压为 0)时,NMOS 的栅、源间电压为 0,处于截止状态。PMOS 的栅、源间电压为 $0-V_{CC}=-V_{CC}$,满足开启条件,PMOS 导通。输出端 V_{OUT} 因此与 V_{CC} 连通而与地断开,为高电平状态,也是对输入 V_{IN} 低电平的反相。MOS 晶体管所扮演的"开关"角色在电路中体现得非常直观。输入信号 V_{IN} 控制着上、下两个开关,当 V_{IN} 为高电平时,它拉开上面的开关,合上下面的开关,使输出 V_{OUT} 为低电平。当 V_{IN} 为低电平时,它拉开下面的开关,合上上面的开关,使输出 V_{OUT} 为高电平。

　　看起来还是挺简单地,两个开关接在一起,就成了一个反相器。不过在制造阶段会遇到一个问题,这个反相器同时用到了 PMOS 和 NMOS 两种晶体管,需要两种不同掺杂类型的衬底,而在同一个硅片上该如何来实现? 例如制造 PMOS 晶体管需要 n 型硅衬底,但原料硅片却是 p 型掺杂的,怎么办? 这是通过在衬底上再次进行掺杂来解决的。如图 8-19 所示,一个 CMOS 反相器的集成电路硅片制作结构图。在已经被掺杂为 p 型的衬底上划出一部分区域来,再次进行掺杂,杂质类型与原始衬底相反,这部分区域就被"反型"为 n 型掺杂区。这个 n 型硅区域是陷在大片 p 型硅之中的,形象地称为"n 阱"。在 n 阱之上,再来制作 PMOS 晶体管。两个 MOS 晶体管虽是生长在同一个硅片上,NMOS 晶体管以硅片原有的 p 型区域为衬底,而 PMOS 以 n 阱为衬底。同样的道理,如果原料硅片是 n 型的,就需要先行制作出"p 阱",再在 p 阱之上制作 NMOS。

　　这是一个完整的硅片电路。我们看到,每个 MOS 晶体管衬底区域的四周都被划出沟槽,填充绝缘氧化物,形成"氧化物隔离沟槽",将 MOS 晶体管与电路其他部分隔离开来。MOS 晶体管之间、MOS 晶体管与电源 V_{CC}、地之间需要连接,通过添加金属导线来完成。

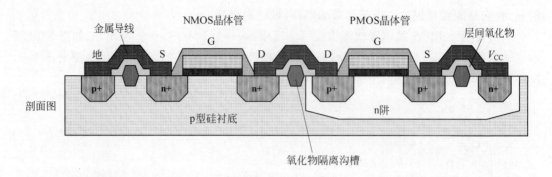

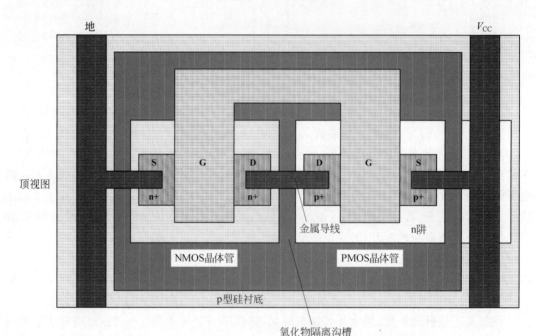

图 8-19 CMOS 反相器集成电路硅片制作结构图

这些导线是在硅片上覆盖整个金属导体层后刻蚀掉不需要的部分而"刻画"形成的。除去连接点区域,金属导线层与下层物质间也会有绝缘氧化物进行隔离,形成"层间氧化物"。

反相器电路很简单,只需一个金属导线层。如果是包含成千上万、成万上亿 MOS 晶体管的大型复杂集成电路,一个导线层根本不够,需要叠加多个导线层才能完成全部连接。就像板级电路多层印制电路板一样,有多个信号布线层。现代集成电路的发展使晶体管越来越小,而电路越来越复杂,导线层越来越多,真正在硅片电路垂直方向上占据大部分空间的,是金属导线层。图 8-20 所示是某大型集成电路芯片的剖面照相图。MOS 晶体管处于最下层,只占据整个剖面高度的很小一点。在其之上,则是叠着一层又一层的金属导线层。越往上,导线的尺寸越大。信号完整性问题是因"连接"而生的问题,无论是在板级电路还是在芯片内部电路都是一样的。芯片内部金属导线层的设计不仅仅是一个"连上就行"的问题,随着数字电路工作速率的不断增长,今天的集成电路芯片设计者在导线的信号完整性方面花费的精力并不比在电路原理构成设计方面花费得少。本书虽然以板级电路为主要场景来展开信号完整性的讨论,但无论是现象的原理、问题的成因和应对的措施,对于集成电路内部的"连接"并无二致。

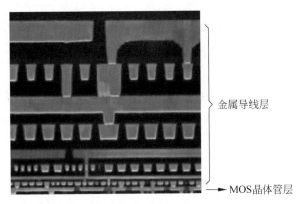

图 8-20 某大型集成电路芯片的剖面照相图

其实,用两个 MOS 晶体管组成一个反相器还不是最简单的设计方案,一个 MOS 晶体管也能实现反相器的功能。如图 8-21 所示,一个 NMOS 晶体管与一个电阻构成的反相器。当输入 V_{IN} 为高电平时,NMOS 导通,开关合上,V_{OUT} 被接至地,输出状态为低电平。当输入 V_{IN} 为低电平时,NMOS 截止,开关断开,在电阻 R 两端没有压降,V_{OUT} 的电位与电源电压 V_{CC} 相等,输出状态为高电平。

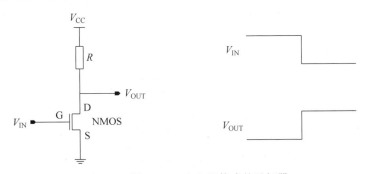

图 8-21 用 NMOS 和电阻构成的反相器

电阻 R 在这个反相器中起到的是负载的作用,因为电路中只有一个开关,当开关闭合的时候,如果没有负载电阻,电源 V_{CC} 就被直接短路到地了。

在硅片上怎么做出电阻来? 有两种方法,如图 8-22 所示。一种是"薄膜电阻",用很薄的金属或者掺杂多晶硅材料覆盖在衬底上"刻画"而成,电阻的阻值通过材料的电阻率、薄膜的厚度和长宽尺寸等参数进行控制。另一种是"扩散电阻",通过往衬底特定区域掺入杂质形成,就像在衬底上制作 MOS 晶体管源极、漏极采用的方法一样。通过掺杂浓度和掺杂区域的尺寸来控制阻值。

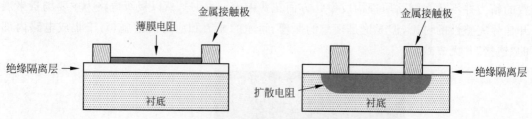

图 8-22　薄膜电阻和扩散电阻

现在有了两个不同的反相器实现电路，一个用到了 PMOS、NMOS，一个只用 NMOS，这并非个例。数字电路的任何一个功能，都能够按照只使用单一类型的 MOS 晶体管或同时使用两种 MOS 晶体管给出两种不同的实现电路。无论多么复杂庞大的功能，都是如此。从制造的角度来说，单一 MOS 类型的实现方式应该是更优的选择，因为它不需要制作"阱"，工艺过程会简单一些。在早期阶段，单一 MOS 实现方式确实是数字集成电路最流行的制造工艺，世界上第一款商用微处理器 Intel 4004（1971 年）就是用只含 NMOS 的工艺制造实现的。但从 20 世纪 80 年代开始，同时使用两种 MOS 的工艺实现方式占据了主流地位。这种工艺技术因为将两种类型相反的 MOS 晶体管（PMOS 和 NMOS）做在同一个硅片衬底上而得名为 CMOS，即"Complementary MOS"，意为"互补的 MOS"。

CMOS 技术凭什么取代单一类型 MOS 技术的优势地位？一个最重要的因素是功耗。比较 CMOS 反相器（见图 8-18）和单一 NMOS 反相器（见图 8-21）的电路，当电路处于静态的时候（即输入 V_{IN}、输出 V_{OUT} 均稳定无改变的时候），无论 V_{OUT} 输出高电平还是低电平，CMOS 反相器的两个开关中必然有一个是断开的，若 PMOS 闭合，则 NMOS 断开，反之若 NMOS 闭合，则 PMOS 断开。两个开关的状态永远相反。这是理解它们被称为"互补的 MOS"的立脚之处。你若闭合，我就断开，你若断开，我就闭合，任何时候都不会在电源 V_{CC} 和地之间形成通路，电流接近于 0，意味着电路几乎不消耗任何静态功耗。而单一 NMOS 反相器电路中，只有在 NMOS 开关断开时（此时 V_{OUT} 输出高电平），没有电流存在，电路不消耗静态功耗。而当 NMOS 开关闭合时，V_{CC} 和地经负载电阻 R 连通，电流流过电阻 R，消耗静态功耗。静态功耗的存在会严重限制单芯片上所能集成的电路规模，因为由静态功耗所产生的热量大到一定程度时芯片会"烫"到根本无法工作。所以，在 20 世纪 80 年代，集成电路的集成度需要进一步提高时，不得不转向具有最低功耗的 CMOS 技术。

CMOS 技术在产业和市场的推动下已经持续发展了数十年，牢牢占据着集成电路最主流和最受欢迎工艺技术的位置。今天活跃在人们周围的大量数字电子设备，如个人计算机、智能手机、平板电脑、数码相机和摄像机，等等，其内部使用的集成电路几乎全部都是 CMOS 工艺。虽然还有其他的一些集成电路工艺技术也在应用和发展着，一些新的工艺技术也不断被提出来，但在大规模和超大规模数字集成电路制造领域，目前还难以看到有哪种新技术能够撼动 CMOS 技术的主流优势地位，至少在可预见的十年之内还很难出现。

图 8-23 是一个比反相器稍微复杂一点的 CMOS 电路。有 5 个信号输入端 A、B、C、D、

E，对它们执行一个特定的逻辑运算后，从 V_{OUT} 输出运算结果。整个电路共使用 10 个 MOS 晶体管，5 个 PMOS 和 5 个 NMOS。就是这样，一个个小小的 MOS 晶体管通过各种不同的组合连接就搭出了多种多样的电路功能。无论多么庞大的集成电路，都是这样被搭出来的。

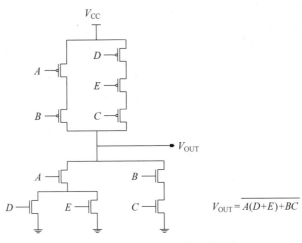

$$V_{\mathrm{OUT}} = \overline{A(D+E)+BC}$$

图 8-23　CMOS 逻辑运算电路实例

8.4　*I-V* 特性曲线

至此，我们了解了 CMOS 数字集成电路制造和工作的基本原理。假如信号完整性问题从来就不存在，那这些内容已然足够，因为无论电路的运行速率有多快，都可以只从逻辑层面进行设计。在这种情况下，我们认为 MOS 晶体管扮演的是纯粹的、理想的"开关"角色，CMOS 反相器通过开关的一开一合所输出的 V_{OUT} 信号具有如图 8-24 那样陡直而完美的高低跳变边沿。即便这并不真实，但无所谓，不会影响我们的电路设计结果。或者说，在逻辑层面，重要的是状态的确认，某个时刻信号从低电平变成了高电平，或者从高电平变成了低电平。至于"跳变"本身是什么样子的，或者随便它是什么样子的，毫无紧要，并不是我们关心的内容。

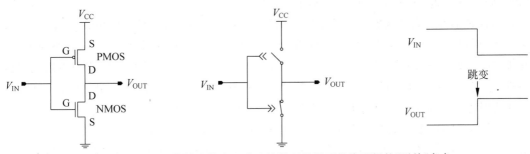

图 8-24　MOS 晶体管在数字电路纯粹的逻辑层面扮演理想的"开关"角色

　　而放在信号完整性的讨论中,这恰恰是最紧要的关心内容之一。前面早已提到,"跳变"是引发一切信号完整性问题的"祸因"。从信号完整性角度来关注数字电路,其信号传递的实质就是"跳变"的传递。我们需要深入探究,作为电路系统中产生信号的最早的源头,CMOS 数字集成电路输出跳变时的实际内部电路运行过程是怎样的,电压、电流具有怎样的变化细节。这被称为 CMOS 输出的动态特性。

　　为此,必须重温 MOS 晶体管的 I-V 特性曲线。久做"数字"设计,这些东西已经很生疏了。如图 8-25 所示,一个 NMOS 晶体管的 I-V 特性曲线。它表示的是漏极(D)、源极(S)两端的电压 V_{DS} 和漏极电流 I_D 的关系。理解这个曲线最好的方式是将漏极(D)、源极(S)看作一个电阻的两端,V_{DS} 是电阻两端的电压,而 I_D 是流过电阻的电流,如图 8-26 所示。

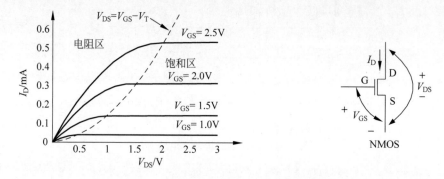

图 8-25　某 NMOS 晶体管的 I-V 特性曲线

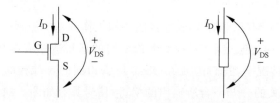

图 8-26　从电阻的角度理解 MOS 晶体管的 I-V 特性曲线

　　通常意义上的电阻,其阻值是固定的,电压和电流值保持固定不变的比例,画出来的 I-V 特性是一条直线。而 MOS 晶体管漏极(D)、源极(S)之间的这个电阻有所不同,其 I-V 特性不是直线,而是曲线,并且,曲线不止一条,存在多条。

　　为什么需要多条曲线?这是这个电阻的特殊之处。通常我们理解的电阻器件,其阻值取决于自身因素,与外部因素无关。而漏极(D)、源极(S)间的电阻受控于一个外部因素:栅极(G)和源极(S)间的电压 V_{GS}。当 V_{GS} 不同时,漏极、源极间的电阻会表现出不同的阻值特性,相当于每一个不同的 V_{GS} 电压值都对应着一个不同的漏极、源极电阻。所以,绘制 I-V 曲线时需要明确 V_{GS} 电压条件,每一个 V_{GS} 电压值都对应着一条 I-V 曲线。

　　如图 8-25 所示的 NMOS 晶体管 I-V 特性曲线,横坐标上取同一个漏极(D)、源极(S)电压值 V_{DS} 来比较各个曲线,V_{GS} 越大时,漏极电流 I_D 越大,说明 V_{GS} 电压越大,漏极、源极

间的电阻阻值越小。这是容易解释的。MOS晶
体管是依靠漏极(D)、源极(S)间的导电沟道来导
电的,漏极、源极间的电阻也就是沟道的电阻,如
图8-27所示。而沟道的形成,则完全取决于栅极
(G)、源极(S)间电压V_{GS}。

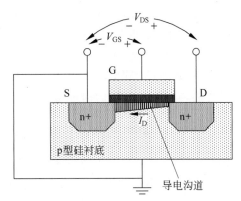

图8-27　MOS晶体管漏极(D)、源极(S)间的
电阻就是导电沟道的电阻

当V_{GS}小于开启电压V_T时,没有沟道形成,
无论在漏极(D)、源极(S)间加多大电压,都没有
电流在漏极、源极间流过,漏极(D)电流I_D为0,
说明漏极、源极间电阻为无穷大。当V_{GS}大于开
启电压V_T时,导电沟道形成,在漏极、源极间加
上电压V_{DS},就会有漏极电流I_D流过,漏极、源极
间表现为有限的电阻值。栅极(G)、源极(S)间
的电压V_{GS}越大,形成的导电沟道越厚,导电能力越强,电阻就越小,同等漏极、源极电压
V_{DS}值所获得的漏极电流I_D就越大。

再来看图8-25中每一条具体的I-V曲线。在漏极(D)、源极(S)间电压V_{DS}从0增长的
开始阶段,曲线的走势近似为沿着固定线性比例爬升的一段直线,在这段区域,漏极、源极间
表现出类似于常规电阻的固定阻值特性,故称为MOS晶体端的"电阻区"(或称"线性区")。
爬升到一定程度以后,曲线逐渐趋变为水平横线。在这个区域,漏极电流I_D不再随着V_{DS}
的增加而增长,表明导电沟道存在一个容纳电流的上限,达到上限值后,电流就饱和了,不再
增加,因此称这个区域为"饱和区"。

为什么会存在电流饱和现象?或许大家已注意到,之前所有对MOS晶体管导电沟道
的图示上,沟道的厚度都不是均匀的,靠近源极(S)的地方厚些,靠近漏极(D)的地方薄些,
图8-27如此,前图8-15和图8-17等也是如此。之前没有解释为什么画成这样。这是导电
沟道真实状态的表示。一般用来判断MOS晶体管内部导电沟道能否形成的条件是栅极
(G)与源极(S)间的电压V_{GS}是否大于开启电压V_T,但从沟道产生的物理机制来看,栅极
(G)和衬底间的电压才应当是本质的考察对象,因为沟道形成于衬底之中,电场需要加在衬
底上才能引起载流子的移动,最终形成沟道。只不过衬底总是和源极(S)接在一起的,用栅
极(G)、源极(S)间的电压V_{GS}作为判断条件也是一样的,一般的电路图上都将MOS晶体管
的衬底略去不予表示,使用V_{GS}会让描述更方便、直观。

如图8-27所示,衬底位于栅极(G)的正下方,从两者的相对构成关系来看,不应当出现
沟道厚薄不均的现象,至少应该是两侧对称的。造成一侧比另一侧厚的原因是加在漏极
(D)、源极(S)两端的电压V_{DS}。NMOS晶体管在使用中,漏极(D)、源极(S)间加正向偏压,
漏极电压值高于源极电压值。而漏极、源极是嵌于衬底之中的,这就使得衬底不同区域间存
在电压值的差异。在靠近漏极(D)的衬底区域,电压值与漏极电压值相等,在靠近源极(S)
的衬底区域,电压值与源极电压值相等。两者之间的中间衬底区域,电压值呈现从漏极(D)
到源极(S)逐步连续降低的状态。所以,细致地考察栅极(G)与衬底间的电压差,会发现在

靠近源极(S)的地方,栅极(G)与衬底间的电压差要大些,而在靠近漏极(D)的地方,栅极(G)与衬底间的电压差要小些。电压差越大,形成的导电沟道就越厚。这就是导电沟道在源极(S)一侧比漏极(D)一侧更厚的原因。

在 NMOS 晶体管的每根 I-V 特性曲线上,$V_{DS}=0$ 的那一点,可以想象此时的沟道是均匀平衡的,漏极(D)一侧的沟道与源极(S)一侧的沟道一样厚,如图 8-28 所示,因为源极和漏极的电压值相等。但此时没有电流流过沟道,漏极电流 I_D 为 0。

如图 8-25 所示,随着 V_{DS} 增加,电流 I_D 也对应增加,曲线在"电阻区"内以近似固定比例爬升。同时,V_{DS} 的增长也在逐步改变导电沟道的形态。漏极(D)附近的沟道变得越来越薄。源极(S)附近的沟道厚度没有变化,因为源极(S)与衬底是接在一起的,在这个区域栅极(G)与衬底间的电压差也就是栅极(G)与源极(S)间的电压差 V_{GS},对特定的某根曲线来说,V_{GS} 是不变的,这一侧的沟道厚度不受影响。终于,在 V_{DS} 增长到某个值后,沟道在靠近漏极(D)的地方完全消失了,这种情况被形象地称为"夹断",意指沟道两头原本挨着源极和漏极,现在漏极那头断掉了,如图 8-29 所示。

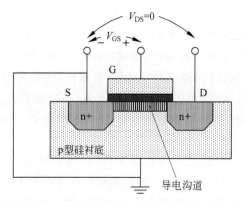

图 8-28　V_{DS} 为 0 时 NMOS 晶体管的导电沟道
两侧厚度相同

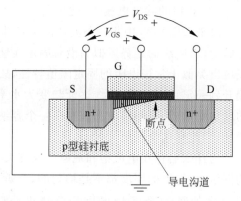

图 8-29　NMOS 晶体管的导电沟道被"夹断"

推算一下需要多大的 V_{DS} 才能将沟道夹断。在衬底的任何地方要形成沟道的条件都是一样的,栅极(G)与该处衬底间的电压差要大于开启电压 V_T。栅极(G)与源极(S)间的电压差为 V_{GS},而源极(S)接地,为电压 0 点,故而栅极(G)的绝对电压值 V_G 在数值上与 V_{GS} 相等。同理,漏极(D)的绝对电压值 V_D 在数值上也与漏极(D)、源极(S)间的电压值 V_{DS} 相等。紧挨在漏极(D)附近的衬底区域,衬底的绝对电压值与漏极电压 V_D 相等,则在该处栅极(G)与衬底间的电压差为

$$V_G - V_D = V_{GS} - V_{DS}$$

如果此值小于开启电压 V_T,该处的沟道就会消失,即

$$V_{GS} - V_{DS} < V_T$$
$$V_{DS} > V_{GS} - V_T$$

所以,导致沟道开始夹断的临界值是 $V_{DS} = V_{GS} - V_T$。如某 NMOS 晶体管,开启电压为

$V_T = 0.4V$,在 $V_{GS} = 2.5V$ 时,V_{DS} 电压超过 $2.1V$ 后,沟道开始夹断。

在图 8-25 上,将 NMOS 晶体管每根 I-V 特性曲线对应的临界值点连成一根虚线,这是电阻区与饱和区的分界线。V_{DS} 超过临界值 $V_{GS} - V_T$ 后继续增大,沟道会被更大程度地夹断,断点逐步远离漏极(D),断开的缝隙越来越大,相当于沟道会越来越短。虽然加在漏极(D)与源极(S)之间的电压是 V_{DS},但由于沟道变短,这个电压并没有全部加在沟道两端。从"断点"到漏极(D)之间的这部分电压所在的衬底区域是不存在沟道的,只有"断点"到源极(S)之间的这部分电压加在了沟道两端。断点处的衬底区域绝对电压值 $V_断$ 等于临界值 $V_{GS} - V_T$,源极(S)的绝对电压值 V_S 为 0,则加在沟道两端的电压为

$$V_断 - V_S = V_{GS} - V_T - 0 = V_{GS} - V_T$$

对于某个确定的 V_{GS} 值对应的 I-V 曲线,这是一个固定的值。在沟道被夹断以后,无论 V_{DS} 如何提高,加在沟道两端的电压都固定为 $V_{GS} - V_T$。电压不变,流过沟道的电流就不会变,这就是 I-V 曲线上漏极电流 I_D 会达到饱和的原因。在沟道夹断以前,V_{DS} 是全部加在沟道两端的,V_{DS} 的增长就是沟道两端电压的增长,在夹断以后,沟道两端的电压增长就停止了。

沟道的变化过程从 MOS 晶体管内部原理机制的角度解释了 I-V 特性曲线的变化规律。从外部来看,我们始终把漏极(D)、源极(S)以及它们之间的衬底共同看作是一个电阻,漏极和源极是电阻的两端。I-V 曲线的斜率反映了从外部感受到的电阻阻值的变化情况。如图 8-25 所示,从每根曲线的整体走势来看,这是个受漏、源电压 V_{DS} 控制的可变电阻,在 V_{DS} 达到临界值 $V_{GS} - V_T$ 之前,阻值较小,在超过 $V_{GS} - V_T$ 之后,就变得很大了。

PMOS 晶体管的 I-V 特性曲线如图 8-30 所示。曲线的走势、随外部条件变化的方向都具有与 NMOS 晶体管相似的规律,依然存在电阻区和饱和区。不同之处是,PMOS 在正常工作区间内需要在栅极(G)、源极(S)间加反向偏压,所以主要展示 V_{GS} 为负值时的曲线。同理,漏、源间电压 V_{DS} 的极性也与 NMOS 相反,相应产生漏极电流 I_D 的方向也相反,按照与 NMOS 定义相一致的坐标体系画出来,I-V 曲线就位于横、纵坐标的负半区。

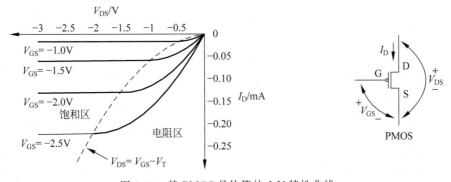

图 8-30 某 PMOS 晶体管的 I-V 特性曲线

8.5 动态特性

CMOS 反相器由一个 PMOS 和一个 NMOS 连接而成。从反相器的整体来说，PMOS 和 NMOS 共同实现了输入到输出的反相，而对每个单独的 MOS 晶体管而言，它遵循自身的 I-V 特性曲线而工作。下面从 I-V 特性曲线出发，分析 CMOS 反相器输出"跳变"时的电压、电流变化细节，也就是 CMOS 反相器的输出动态特性。

如图 8-31 所示，用上一节所述 I-V 曲线对应的 NMOS、PMOS 构成反相器，电源电压为 $V_{CC}=2.5V$。反相器输入 V_{IN} 原本为高电平状态，输出 V_{OUT} 为低电平状态。某个时刻，输入 V_{IN} 从高电平(2.5V)跳变为低电平(0V)。为了方便地分析输出 V_{OUT} 的动态变化情况，假设输入 V_{IN} 发生的这个下降沿跳变是近乎理想的阶跃下降信号，从高到低经历的时间很短，可忽略为 0。输入端 V_{IN} 电平状态的跳变将带来反相器的输出 V_{OUT} 状态相应的改变。V_{OUT} 连接着 PMOS、NMOS 的漏极(D)，V_{OUT} 电压值的变化对两个 MOS 晶体管来说意味着各自的漏极(D)、源极(S)间电压 V_{DS} 的变化。它们会沿着各自的 I-V 特性曲线进行变化。输入 V_{IN} 连接 PMOS、NMOS 的栅极(G)，V_{IN} 跳变导致两个 MOS 晶体管的栅极(G)、源极(S)间电压 V_{GS} 发生改变。跳变发生的时刻记为 $t=0$，在这一时刻，PMOS 的 V_{GS} 从 0V 变为 $-2.5V$，NMOS 的 V_{GS} 从 2.5V 变为 0V。因此，PMOS 从 $t=0$ 时起的状态变化遵循 $V_{GS}=-2.5V$ 时的 I-V 曲线，NMOS 从 $t=0$ 时起的状态变化遵循 $V_{GS}=0V$ 时的 I-V 曲线。将这两个曲线以反相器输出 V_{OUT} 为统一的横坐标画在一起，如图 8-31 所示。

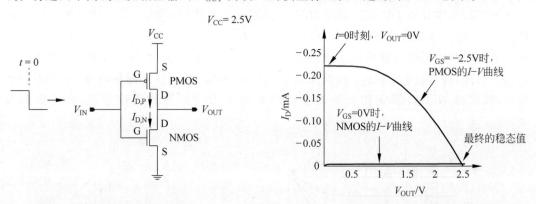

图 8-31　反相器输出从低到高发生上升沿跳变时 PMOS 和 NMOS 沿各自 I-V 特性曲线变化

从概念性的理解角度，NMOS 在 $V_{GS}=0$ 时没有导电沟道存在，处于截止状态，开关断开，漏极电流 I_D 为 0，I-V 曲线是一段 I_D 恒等于 0 的直线。但实际状况中的器件是不可能达到这种理想的关断状态的，V_{DS} 的存在总会产生微弱的漏极电流 I_D。这跟二极管在反向偏压的情况下仍然会有细微电流流过的道理一样。图 8-31 中的 I-V 曲线反映了真实截止状态下的 NMOS 漏极电流 I_D。

反相器输出 V_{OUT} 的初始状态为低电平(0V)，由于输入 V_{IN} 的跳变，从 $t=0$ 时刻开始，

V_{OUT} 向高电平状态变化。PMOS 和 NMOS 分别沿着各自的 I-V 曲线移动,最终到达两条曲线的交点,即反相器的高电平输出状态点,并稳定于此。图 8-31 中的这一点显示实际状况下的 CMOS 反相器在"跳变"完成达到最终的稳态值时并不是绝对理想的完全不消耗电流,但与理想状态的差异非常微小。

从 $t=0$ 时刻开始,PMOS、NMOS 需要花多长时间在 I-V 曲线上移动到位?也就是 V_{OUT} 需要多长时间完成低电平到高电平的改变?是像输入 V_{IN} 一样几乎不花费时间瞬间跳变完成的吗?那是我们期望的完美波形。

PMOS、NMOS 沿着 I-V 曲线移动的轨迹背后其实藏着一个疑问,不知读者是否留意到。按电流的流动路径来看,从 PMOS 的漏极(D)流出的电流又会流入 NMOS 的漏极(D)。在输出端 V_{OUT} 悬空无连接的情况下,这条电流路径没有其他支路,两个 MOS 晶体管的漏极电流应当大小相等。但从图 8-31 上看,直到两条曲线最终相交,它们的漏极电流才达到了一致,在此之前,从 PMOS 漏极流出的电流 $I_{D,P}$ 都是大于流入 NMOS 漏极的电流 $I_{D,N}$ 的。多出的部分流到哪里去了?

电容无处不在。栅极(G)、漏极(D)、源极(S)、衬底(B)在共同组成 MOS 晶体管的同时,它们彼此之间也不可避免地结合成隐形的电容。以反相器输出端 V_{OUT} 所在的漏极(D)来说,它与其他部位构成的电容如图 8-32 所示。

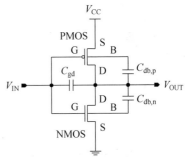

图 8-32 反相器中 PMOS 和 NMOS 晶体管的漏极(D)与其他部位间的电容

$C_{db,p}$ 和 $C_{db,n}$ 是漏极(D)与衬底(B)间形成的电容,C_{gd} 是漏极(D)与栅极(G)间形成的电容。这些电容的两极并不是金属导体,而是掺杂的半导体。两极的构成关系也有别于常规。一般情况下我们认识的电容,两极间是隔离有空气或其他绝缘介质的,而在 MOS 晶体管中,漏极(D)和衬底(B)是挨在一起的,中间并无其他介质。对于 MOS 晶体管内部的这些电容,不太容易用传统的直观方式去理解,因为涉及比较复杂的内部载流子分布,并且与外部条件有关。如 $C_{db,p}$、$C_{db,n}$,主要是由漏极(D)、衬底(B)间的 PN 结在外部施加电压下处于反向偏置状态而形成的结电容。我们不必深入到这个结电容形成机制的具体细节,重要的是知晓它的存在。

正是这些寄生于 MOS 晶体管内部的电容,在相当大的程度上决定着反相器的输出动态特性。我们看 NMOS 漏极(D)与衬底(B)间的电容 $C_{db,n}$,在输出 V_{OUT} 原本处于低电平的时候,$C_{db,n}$ 两端电平一致,没有电压差(衬底与源极接在一起,$C_{db,n}$ 两端电压差即 NMOS 漏极与源极间电压差),处于被完全放电的状态。在输入端 V_{IN} 从高电平跳至低电平后,V_{OUT} 沿着 MOS 晶体管 I-V 曲线从低电平移动至高电平,这个电压升高的过程同时也是电容 $C_{db,n}$ 被充电的过程。电容充电就会存在充电电流,电流从何而来?就从 PMOS 漏极流出电流 $I_{D,P}$ 比 NMOS 漏极流入电流 $I_{D,N}$ 多出的部分而来。

同样的分析也适用于漏极、栅极之间的电容 C_{gd}。V_{OUT} 电压从低到高的上升也伴随着 C_{gd} 被充电,充电电流同样来自 PMOS 漏极流出电流 $I_{D,P}$。所以,在输出端 V_{OUT} 高低切换的过程中,从 PMOS 漏极流出的大部分电流都被电容的充电所消耗掉了。

充电是需要时间的。这就决定了反相器 V_{OUT} 的状态切换不会是时间轴上一个时刻点上瞬间发生的事情。

如图 8-33 所示,一个电阻 R 与一个电容 C 连接而成的 RC 电路。在 $t=0$ 时刻开关闭合,电源通过电阻 R 为电容 C 充电,电容 C 两端的电压呈指数曲线上升。上升的快慢可以通过 R 与 C 的乘积来衡量,也就是 RC 电路的"时间常数",记为 $\tau=RC$。从开关闭合后的时间 τ 内,电容 C 两端的电压上升至最终满幅电压的 63%,完全充电完成达到最终满幅电压的 100% 则需要约 5τ 的时间。电容越大,则电压爬升得越慢。如 $R=1\Omega$,$C=1\text{pF}$,电压上升至 63% 需要的时间是 $\tau=RC=1\text{ns}$。如果电容值增大至 2pF,电压上升至 63% 需要的时间就会增至 $\tau=RC=2\text{ns}$。

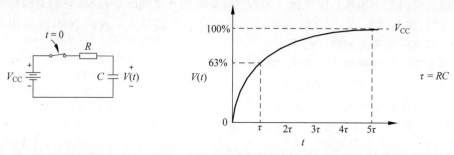

图 8-33　RC 电路的充电曲线

RC 电路刻画出了在 V_{OUT} 状态切换的时候反相器内部电路的本质。如图 8-34 所示,在 V_{OUT} 电压上升的过程中,PMOS 和寄生电容构成 RC 电路,PMOS 扮演一个电阻的角色,电源 V_{CC} 通过 PMOS 对 $C_{\text{db},n}$、C_{gd} 电容进行充电。NMOS 并不消耗电流,扮演一个单纯的开关角色。开关原本闭合,在输入 V_{IN} 从高跳变至低后,NMOS 开关断开,电容开始充电。无论 V_{IN} 跳变得多快,它仅仅是断开了 NMOS 开关而已,V_{OUT} 能有多快的响应,终究要取决于构成 RC 电路的电阻参数和电容参数。

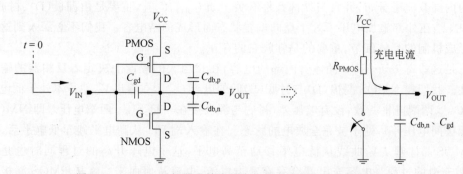

图 8-34　CMOS 反相器在输出状态切换时内部的 RC 充电电路

但是,很难用计算时间常数 τ 的方式来得出充电时间,因为电阻和电容的值都不是固定不变的。PMOS 的电阻值 R_{PMOS} 在 V_{OUT} 上升的过程中是个变化的值,这已由其 I-V 曲线确定。寄生电容也会随外部电压变化而改变。例如 PN 结的结电容会随着反向偏置电压值而改变,那么 V_{OUT} 上升的时候,$C_{db,n}$ 就是一个变化的值。

不仅有电容充电,也有电容放电,如图 8-35 所示。在 $C_{db,n}$、C_{gd} 充电的时候,PMOS 漏极与衬底间的电容 $C_{db,p}$ 是在被放电,因为在 V_{OUT} 电压从低到高上升的过程中,$C_{db,p}$ 两端的电压处于不断下降之中。PMOS 的 I-V 曲线所确定的电阻 R_{PMOS} 和寄生电容 $C_{db,p}$ 形成了又一个 RC 电路,在输入 V_{IN} 跳变导致 NMOS 开关断开后,电容 $C_{db,p}$ 开始放电。

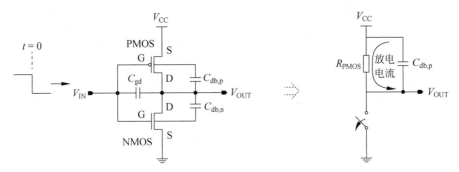

图 8-35　CMOS 反相器在输出状态切换时内部的 RC 放电电路

RC 电路放电的快慢依然由时间常数 $\tau = RC$ 确定,在时间 τ 内,电容两端电压下降至原有电压的 37%,约 5τ 时间后放电完成,如图 8-36 所示。

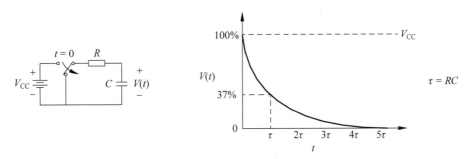

图 8-36　RC 电路的放电曲线

$C_{db,p}$ 的放电电流流过 PMOS 的导电沟道而形成放电回路,它会挤占掉 $C_{db,n}$、C_{gd} 充电电流的一部分空间。因为不管是充电还是放电,大家的电流都在沟道这个公共通道上走过,而沟道容纳电流的能力是一定的,完全由 PMOS 的 I-V 曲线确定。电容充电、放电的快慢与电流大小息息相关,电流大则充电、放电快,电流小则充电、放电慢。在沟道所能提供的电流一定的情况下,反相器内部需要充电、放电的寄生电容越多、电容量越大,分摊在各个电容的电流就越小,大家充电、放电的速度都变慢,输出 V_{OUT} 就上升得越慢。

上面对反相器输出上升沿跳变的分析过程对于下降沿跳变也同样适用,只是 PMOS 与 NMOS 的角色发生了互换。如图 8-37 所示,在 V_{OUT} 从高到低变化的过程中 PMOS 处于截止状态,NMOS 提供充电、放电电流,两者沿着各自的 I-V 曲线移动,稳定于曲线的交点,即反相器的低电平输出状态点。

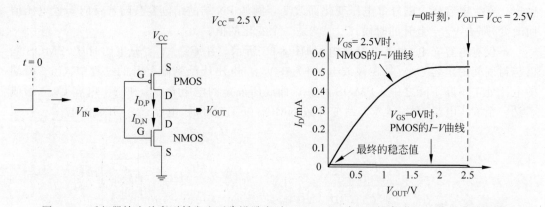

图 8-37 反相器输出从高到低发生下降沿跳变时 PMOS 和 NMOS 沿各自 $I\text{-}V$ 特性曲线变化

现在,我们彻底理清了反相器在输出状态跳变时内部电路行为的实质,就是一个通过 PMOS 或 NMOS 对寄生电容充电、放电的过程,如图 8-38 所示。V_{OUT} 能以多快的速度完成"跳变",取决于充电、放电需要花费多长时间。决定这个时间的因素有两个,一是导电沟道提供电流的能力,这由 PMOS、NMOS 的 $I\text{-}V$ 特性曲线确定;二是需要充电、放电的寄生电容量的大小。这两个因素最终又是由器件的制造工艺参数所确定的,并且在输出跳变的过程中是变化的量。不管怎样,反相器 V_{OUT} 输出的"跳变"波形都不会是一个在某个时刻点突然笔直上升或下降的理想直线,而是花费了一定时间的充电、放电曲线。

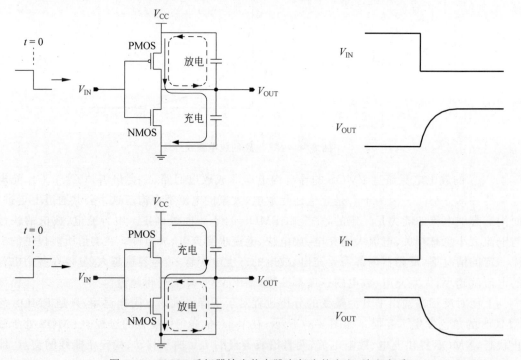

图 8-38 CMOS 反相器输出状态跳变行为的充电、放电实质

信号完整性的学习过程就是一个将理想拉回到实际的过程。在前面关于传输线的学习中,我们认识了信号之间的连线不是理想的,上面分布着电容和电感。现在,我们认识到PMOS、NMOS作为"开关"不是理想的,有寄生电容存在其中,因此所输出的"跳变"波形不是理想的。后面我们还将看到,电源不是理想的,地不是理想的,电容器件本身也不是理想的,等等。

再把目光从输出转到输入。一个器件的输入无非是另一个器件的输出,既然输出一个绝对理想的笔直跳变边沿是不可能的,那之前所设想的输入 V_{IN} 在 $t=0$ 时刻不花时间就完成跳变的前提并不存在。即便真的有信号源能够输出理想的跳变,它输入到反相器的 V_{IN} 输入端后的波形也不会是理想的。为什么?仍然是因为电容。输入 V_{IN} 是连接在 PMOS、NMOS 的栅极(G)上的,栅极(G)与源极(S)、漏极(D)、衬底(B)间均有寄生电容存在,如图 8-39 所示。当跳变发生的时候,这些电容或被充电,或被放电,都需要时间来完成。电容量大, V_{IN} 电压上升得就缓慢一些,电容量小, V_{IN} 电压上升得就陡直一些。但再小的电容,也总是要花时间的, V_{IN} 的波形不可能"笔直"地上升。

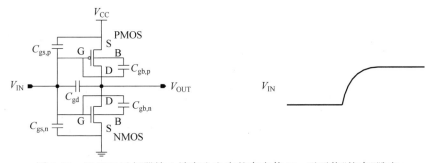

图 8-39　CMOS 反相器输入端寄生电容的存在使 V_{IN} 不可能"笔直"跳变

在 V_{IN} 电压值随时间变化的过程中,PMOS、NMOS 的栅极(G)、源极(S)间电压 V_{GS} 也处于变化之中,PMOS、NMOS 的 $I\text{-}V$ 工作点会在不同 V_{GS} 对应的多条 $I\text{-}V$ 曲线间移动,这时要分析输出 V_{OUT} 的动态特性就相对复杂一些。之前假设 V_{IN} 为理想跳变信号正是为了让 V_{OUT} 的动态分析变得简单,因为理想跳变不花费时间,从 $t=0$ 时刻以后的 $I\text{-}V$ 工作点只沿着一条 $I\text{-}V$ 曲线移动。这种简化让我们理解起来清晰、简单,也很容易扩展到实际的情形。

相比理想情况下 V_{IN} 在 $t=0$ 时刻瞬间跳变到位,实际情形下的 V_{IN} 是逐步改变PMOS、NMOS 的 V_{GS} 电压的。这意味着在 V_{OUT} 输出改变时扮演充电、放电电流提供者角色的 MOS 晶体管(输出上升沿时是 PMOS、输出下降沿时是 NMOS)是逐步开放电流供应的,而不像理想跳变时是在 $t=0$ 时刻瞬间就达到了最大的电流供应。同时,扮演开关角色的 MOS 晶体管(输出上升沿时是 NMOS、输出下降沿时是 PMOS)是逐步关断的,而不是像理想跳变时是在 $t=0$ 时刻瞬间就关断的。但不管怎样,电路行为的实质都能用 RC 充电、放电电路来理解。只是在跳变过程中的电阻、电容、电压、电流等各个因素都处于不断变化的复杂状态,很难用简洁的公式或手工计算方式来确定输出跳变的波形。

一个实际的反相器电路输入输出波形如图 8-40 所示。我们逐渐增进了对这种波形的亲近感,因为它才是真实存在的。那种端端正正笔直上升和下降的完美波形,终究只是一种不可实现的理想状态。当我们讨论的背景是信号完整性时,一切信号的"跳变"都是需要花费时间的。时间的长短体现了信号间不同的"个性"。通常衡量"跳变"快慢的标准是取信号从高、低电平满幅电压的 10% 变化到 90% 所需要的时间。按这个衡量标准,图 8-40 上反相器输出 V_{OUT} 的上升时间是 1ns,下降时间是 0.6ns。这个例子说明同一个信号在输出上升沿跳变和下降沿跳变时花费的时间有可能是不一样的。

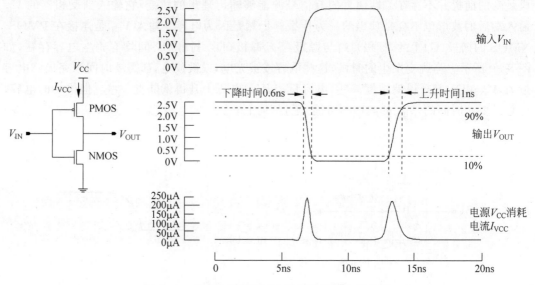

图 8-40　CMOS 反相器输入输出波形和电流曲线

图 8-40 同时给出了电源 V_{CC} 为电路提供的电流 I_{CC} 随时间的变化曲线,这是在逻辑层面设计数字电路时根本不会关心的东西。曲线清晰地显示,电路消耗电流的时候,就是输出发生跳变的时候。这是显然的,跳变的过程对应着寄生电容充电的过程,充电就将消耗电流,电流的最终提供者就是电源 V_{CC}。这个电路在跳变时消耗电流的瞬时峰值达到了 $200\mu A$ 以上。在没有跳变的时候,电路中没有寄生电容需要充电,或者说它们已经充好了电,也就不需要消耗电流,电源 V_{CC} 输出的电流为 0。

反相器是最简单的 CMOS 器件,其电路特性却具有广泛的典型代表意义,它在处于静态时 PMOS 和 NMOS 不会同时导通的"互补"特性,是一切 CMOS 电路所具有的共性。

如图 8-41 所示,一个 NOR2 门的 CMOS 电路,由两个 PMOS 和两个 NMOS 组成,比反相器稍微复杂一些。分析这个电路就会发现,无论两个输入端 A 和 B 的电平状态是怎样的,在 V_{CC} 和地之间的 PMOS、NMOS 都不会同时全部导通,从而不会在 V_{CC} 和地之间形成静态电流通路,电路的静态功耗为 0。

更复杂些的电路如图 8-42 所示,一位全加器的 CMOS 电路。无论三个输入端 A、B、C 怎样组合变化,在 V_{CC} 到地之间的任何一个支路上,都不会存在全部 MOS 晶体管同时导通

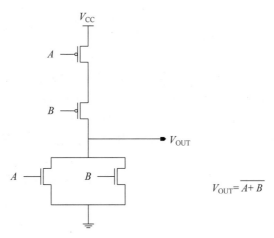

图 8-41　CMOS NOR2 逻辑门电路

的可能。两个输出端，全加和输出 SUM 和进位输出 $CARRY$，采用的输出结构与反相器完全类似，使用某个内部信号同时连接 PMOS、NMOS 的栅极，使 PMOS、NMOS 形成互补结构，漏极作为输出。电路的输出动态特性必然与反相器电路具有相似的规律。

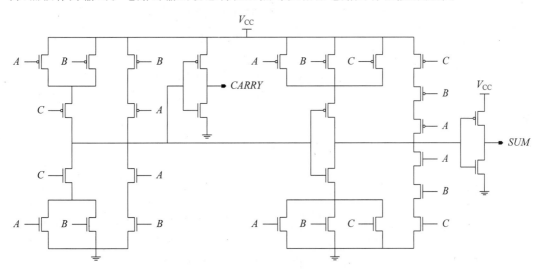

SUM：A、B、C一位全加和输出
$CARRY$：进位输出

图 8-42　CMOS 三输入一位全加器电路

　　作为信号完整性理论的学习者，我们不需要分析所有的 CMOS 电路，只要将最简单的反相器理解透彻，也就抓住了数字集成电路工作的基本原理。现在，发生在集成电路器件内部的事情不再是秘密，我们弄清了信号完整性理论中所最关心的信号——"跳变"是如何产生的。

8.6 从 10μm 到 10nm

2019 年 8 月，Intel 公司发布了其微处理器家族产品的最新成员——代号为"Ice Lake"的第十代"酷睿"处理器。作为统领全球微处理器技术与市场领域的龙头霸主，Intel 发布一款新处理器产品本不是新鲜事，但这一次的发布却顶着业界翘首以盼的巨大光环——这是 Intel 第一款采用"10nm"工艺制造的微处理器，距离其上一代工艺制程技术节点——14nm 的首次发布已过去了五年。

半导体集成电路技术无疑是当今最具科技含量和专业高度的技术之一，其包罗的内容精深而广博，非专业人士难以言说。但是，如此庞杂、高深的一门产业制造技术，对其发展水平的评价体系却是如此简单方便，人尽皆知。10nm、14nm，这样一个数字尺寸指标就代表了集成电路工艺制程技术的发展水平。数字越小，技术越新，也越先进。在 10nm、14nm 之前，是 22nm、32nm、45nm……，由此回溯到 1971 年 Intel 发布世界上第一款商用微处理器 Intel 4004，那是以微处理器为代表的半导体集成电路产业刚刚起步的年代，当时的工艺制程技术水平是"10μm"，如表 8-1 所示。

表 8-1　Intel 集成电路工艺制程技术发展历程

工艺制程技术	时　间	处理器芯片产品	集成晶体管数目
10μm	1971 年	Intel 4004	2250
6μm	1974 年	Intel 8080	4500
3μm	1978 年	Intel 8086	29000
1.5μm	1982 年	Intel 80286	134000
1μm	1989 年	Intel i486	1200000
0.8μm	1993 年	Intel Pentium（60～66MHz）	3100000
0.6μm	1994 年	Intel Pentium（75～120MHz）	3200000
0.35μm	1995 年	Intel Pentium（133～200MHz）	3300000
0.25μm	1998 年	Intel Pentium Ⅱ	7500000
0.18μm	1999 年	Intel Pentium Ⅲ	9500000
0.13μm	2002 年	Intel Pentium 4(1.6～3.4GHz)	55000000
90nm	2004 年	Intel Pentium 4(2.4～3.8GHz)	125000000
65nm	2005 年	Intel Pentium D	291000000
45nm	2008 年	Intel Core 2	410000000
32nm	2011 年	Intel Core i7 2600K（酷睿二代）	1160000000
22nm	2012 年	Intel Core i7 3770K（酷睿三代）	1400000000
14nm	2014 年	Intel Core i7 6700K（酷睿六代）	1750000000
10nm	2019 年	Intel Ice Lake（酷睿十代）	＞2000000000

从 10μm 到 10nm，这就是对集成电路技术近半个世纪发展历程最精炼的概括（1μm＝1000nm）。那么，这个数字究竟代表什么？

不妨先来看看表 8-1 中的另一列数字——芯片中集成的晶体管数目,它的含义简单易懂。作为微处理器的鼻祖,1971 年的 Intel 4004 在芯片中集成了 2250 个晶体管。而到了 2019 年,最新的 Intel 酷睿十代处理器 Ice Lake 芯片中集成的晶体管数目高达 20 亿以上。从 2250 到 20 亿,这个数字的增长更为震撼。

今天使用的微处理器,性能比 1971 年的 Intel 4004 强了太多太多。而造成这个差距的根本原因,就在于今天的集成电路芯片中所包含的晶体管数目比 Intel 4004 多了太多太多。如何在一个芯片中装下更多的晶体管,这是自集成电路诞生以来推动技术和产业发展至今的最根本动力。

芯片本身的尺寸变化自始至终是在一个有限的量级范围内,没有什么发展的,如图 8-43 所示。Intel 4004 的芯片面积为约 13.5mm^2。酷睿 Ice Lake 双核版芯片面积为约 70.5mm^2,如果是四核版,芯片会更大些,达到 100mm^2 左右。再大的,如在 65nm、45nm 工艺时期的 Intel 处理器,芯片面积曾达到接近 300mm^2。就整个集成电路技术和产业半个世纪的发展历程来看,常规的芯片尺寸都在这样一个量级范围(300mm^2 以内)。小至小半个指甲盖般大小,大至一元硬币般大小。

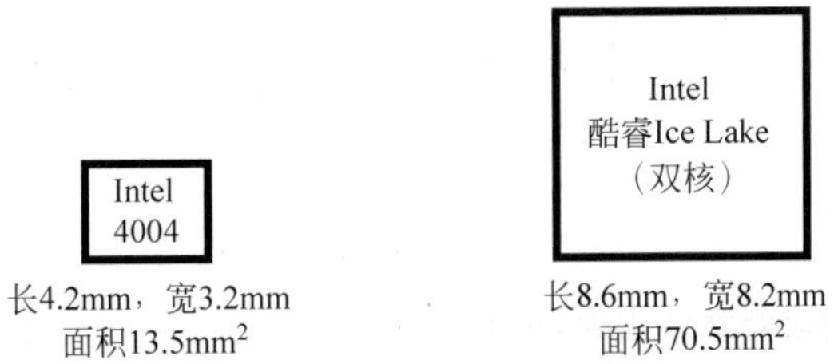

长4.2mm,宽3.2mm
面积13.5mm²

长8.6mm,宽8.2mm
面积70.5mm²

图 8-43 芯片的尺寸大小

在芯片的尺寸大小始终维持在这个有限的量级范围保持不变的情况下,要想在芯片中装入更多的晶体管,只有一个办法,那就是把晶体管做得尽可能小。晶体管的尺寸越小,同等芯片面积上集成的晶体管数目就越多。$10\mu m$、$6\mu m$、$1\mu m$、$0.25\mu m$、90nm、65nm……,这些数字所反映的正是晶体管的尺寸,也就是晶体管的"个头"大小。例如 Intel 4004 是用 $10\mu m$ 工艺制造的,那么在 Intel 4004 的芯片上,MOS 晶体管的"个头"就是 $10\mu m$。Intel Pentium 4 是用 90nm 工艺制造的,那么在 Intel Pentium 4 的芯片上,MOS 晶体管的"个头"就是 90nm,如图 8-44 所示。

前已讲过,MOS 晶体管是在硅片上"刻画"而成的。以 MOS 晶体管栅极的制作方法来说,最初整个硅片的衬底之上都覆盖有氧化物层和多晶硅层,通过"刻蚀"的工艺步骤去除掉不需要的部分,留下来的剩余部分就形成了栅极,如图 8-45 所示。

栅极宽度决定了 MOS 晶体管的"个头"大小。所以,MOS 晶体管能做到多小,取决于工艺水平能够"刻画"出的最小栅极宽度是多少。这就好比生活当中用菜刀切豆腐,把菜市上买回的一整块豆腐切成小块,一般的菜肴做法是切成 2~3cm 见方的小块,这是很容易的。现在要考验厨师的刀法功底,要求把豆腐块切得尽可能小,例如 1cm,也不会有难度。

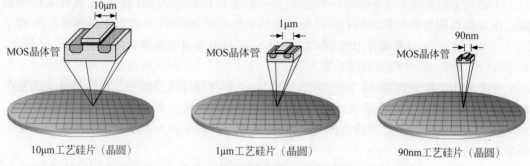

图 8-44　不同工艺时期硅片电路上的 MOS 晶体管尺寸大小

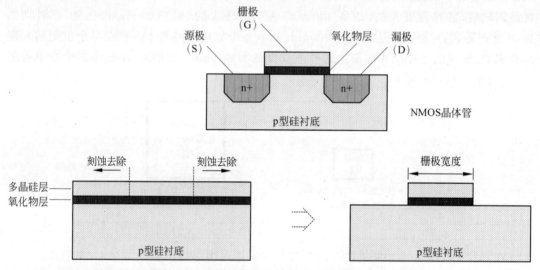

图 8-45　在硅片上"刻画"出 MOS 晶体管的栅极

5mm，大概就不太容易了。再小，例如到 1mm，甚至 1mm 以下，这就毫无可能了。当豆腐块的宽度小到比菜刀的厚度还小，操作的难度是可想而知的。除非真的能有一把"薄如纸翼"的锋利菜刀。

在硅片上"刻画"MOS 晶体管的工具不是刀，而是光，即所谓"光刻"，这是集成电路制造工艺流程中最核心的步骤。半个多世纪来，每一代集成电路光刻工艺所能刻出的最小栅极宽度，就成为了代表这一代工艺水平的最关键指标，这也就是 $10\mu m$、$6\mu m$、$1\mu m$、$0.25\mu m$、90nm、65nm 这些数字的来历。

当 MOS 晶体管工作时，在栅极的下方形成导电沟道，如图 8-46 所示。随着栅极的宽度在集成电路光刻工艺的不断进步中变得越来越窄，导电沟道变得越来越短。当短到一定程度时，MOS 晶体管内部所具有的一些在长沟道状态时忽略不计的负面因素，却会急剧增长，以致严重影响 MOS 晶体管的开关性能，即所谓"短沟效应"。工艺技术的发展进步不仅要缩小晶体管的尺寸，还得解决由此带来的新问题。

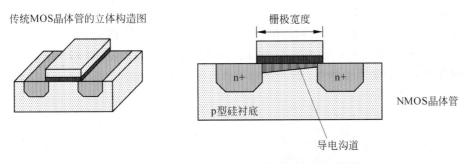

图 8-46 栅极宽度决定 MOS 晶体管的导电沟道长度

所以,今天的工艺"刻画"出的 MOS 晶体管,早已不是图 8-46 所示的这番模样。在 22nm 以后,Intel 的处理器芯片中采用的 MOS 晶体管构造如图 8-47 所示。从衬底中向上高高地伸出一块,直插到栅极之中。沟道不再像图 8-46 中传统 MOS 晶体管那样产生于栅极下方的衬底之中,而是产生于被栅极包裹着的伸出部分之中。这种新构造能够很好地克服"短沟效应"等负面因素的影响,从而使晶体管能够做得更小。因为栅极从三个面包裹着沟道,如同有三个栅极在控制沟道,Intel 将这种全新设计的 MOS 晶体管称为"三栅晶体管"(Tri-Gate Transistor)。伸出的这块被形象地称为"Fin",含义是"鳍片"的意思,因为它就好像鱼背上的鳍片一样,长在衬底之上。因此,这种晶体管还有一个使用更广泛的名字叫作"FinFET"(Fin Field-Effect Transistor,鳍式场效应晶体管)。

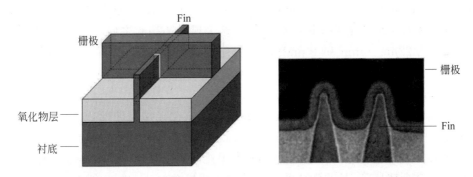

图 8-47 FinFET 的构造示意图和实物截面照片

在 22nm 以前,也就是 MOS 晶体管还是如图 8-46 所示的传统构造的时候,"栅极宽度"是最关键的尺寸,直接决定晶体管的大小,进而决定芯片集成度的高低。所以在 22nm 之前的数字值,32nm、45nm、65nm、90nm、0.13μm 和 0.18μm 等是直接对应栅极宽度的。每一代工艺水平的这个数字直接表明了该代工艺条件下所能"刻画"出的最小栅极宽度。

而在采用了 FinFET 的晶体管构造以后,Fin 的体量比栅极还要小,最体现工艺难度和水准的部位从栅极转到了 Fin,Fin 的特征尺寸就成为了最关键的参数,包括 Fin 的宽度、Fin 的高度和相邻两个 Fin 的间距,如图 8-48 所示。由于它们都是决定芯片集成度的"关键尺寸",无法只用其中的某一个作为整个工艺水平的代表。因此,从 22nm 以后的数字其实并不对应实际芯片工艺中的某个具体尺寸。例如 10nm 工艺,其 Fin 的宽度为 7nm,Fin 的高度为 43~54nm,相邻 Fin 的间距为 34nm。这些特征尺寸或者比 10nm 大,或者比 10nm 小,但没有任何一个是等于 10nm 的。

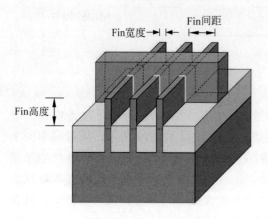

Intel的14nm和10nm工艺Fin特征尺寸比较

	Fin宽度	Fin间距	Fin高度
14nm工艺	8nm	42nm	42nm
10nm工艺	7nm	34nm	43~54nm

图 8-48　FinFET 的关键尺寸

既然如此,为何要将这一代工艺命名为"10nm"呢？这不过是延续了之前各代工艺的数字命名习惯和规律。在 32nm 之前,Intel 每一代工艺的关键尺寸大约是上一代工艺的 0.7 倍。32nm、45nm、65nm、90nm、0.13μm、0.18μm……均是如此。这个当然不是巧合或者刻意为之,有其技术层面的合理缘由。于是,按照这个规律,32nm 之后的最新三代工艺,依次被 Intel 命名为 22nm、14nm 和 10nm。这个数字纯粹只代表集成电路工艺发展水平的演进,而不再具有芯片制造过程中实际特征尺寸的含义。未来,Intel 推出 10nm 之后的下一代工艺时,将命名为 7nm。再之后,是 5nm。

一代代集成电路工艺技术的更新进步,不断地挑战在硅片上进行"刻画"的最小尺寸的极限,使芯片中的晶体管获得一次又一次的"极致化"缩小。有多小？可能仅凭数字还难以想象。10nm 工艺制造出的 Fin 宽度是 7nm,如果让硅原子一个挨一个排队而列,这个距离只容得下 60 余个硅原子,是非常薄的一个薄片。要想在硅片上"刻画"出如此小尺寸的薄片,需要当今最顶尖的科技和数十道精密、繁杂的工艺步骤。半导体集成电路产业包含庞大而复杂的技术体系,每一代工艺技术的进步都需要克服大量的实现难题,依靠众多的技术创新,远非"刻画"二字本身所体现的这么简单。

每一代工艺技术的进步都使芯片的晶体管密度(每平方毫米面积上的晶体管数目)跃升一个台阶。在 10nm 工艺条件下,每平方毫米面积上集成的晶体管数量高达 1 亿个以上,如图 8-49 所示。这真是叹为观止,在如此微小的面积区域内居然装下了如此巨量的晶体管。集成电路技术已成为二十一世纪最体现人类智慧和创造力的技术之一。它的脚步远未停止,我们还将看到一次又一次的工艺技术发展、迭代、进步。

只不过,站在本书讨论的主题——信号完整性的角度,这样的进步是非常"不幸"的。因为,每一代工艺技术的进步所带来的后果都是晶体管的"开关"速度越来越快,信号的"跳变"时间越来越短,我们需要面对的信号完整性问题越来越多。

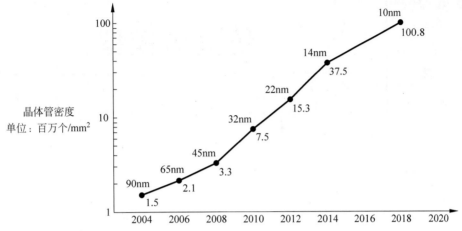

图 8-49 集成电路制造工艺技术的进步带来芯片集成度的上升

第 9 章

仿真与模型

9.1　仿真

第 4 章分析过传输线的反射,通过传输线两端的反射系数,推算出信号传输的波形。当时作为信号的输出者驱动传输线的,是一个能输出理想跳变的信号源和一个固定阻值的内阻,如图 9-1 所示。

在板级数字电路系统中,往传输线上输出信号的驱动源就是一个个集成电路器件。我们已经知道了这个驱动源的内部构成,其实与"信号源+内阻"这样的结构是大相径庭的。一个个电子开关——MOS 晶体管组合成各种各样的功能,掌管着信号的输出。难以看出哪些部分该归纳为"信号源",具有确定阻值的"内阻"更是无从分辨,如图 9-2 所示。那么,使用"信号源+内阻"作为驱动源来分析传输线波形还有实际价值吗?

那是一种仿真方法。仿真的目的,是为了无须真正的实现而能预知实际的结果。因而,必然是有实际价值的。信号完整性是完完全全伴随着数字电路设计实践的发展而诞生的学问,它最核心的价值是用来指导电路的设计实现——板级电路的设计实现、芯片级电路的设计实现和系统级电路的设计实现。仿真是信号完整性分析最有效、最常用的手段,它直接告诉我们将来电路被制造实现以后,信号波形是什么样子的。

不必狭隘地理解仿真,似乎一定得是在计算机上运行某个软件,通过烦冗的设置,进行复杂的运算,得出详尽而眼花缭乱的图表结果,这样的过程才可以称作"仿真"。但凡是在无需实物环境的情况下对实际情形所做的预计性分析,无论形式与过程,皆是"仿真"。一个最简单的例子,一个 5V 的电池加在一个 5Ω 电阻器的两端,问流过电阻器的电流大小?几乎不假思索就能回答电流大小是 1A。这就是仿真,我们得出答案的方法不是真正去搭这样一个电路来测量电流,而是直接根据欧姆定律计算出电流。

说到底,仿真的实质是用"已知"来推测"未知",所以这其中一个关键的步骤是"建模"。实物电路中的对象,需要把它提炼成在已知理论体系中的对应物,从而能够进行理论层面的电路分析、推演和运算。这个对应物称为实物电路的"模型"。

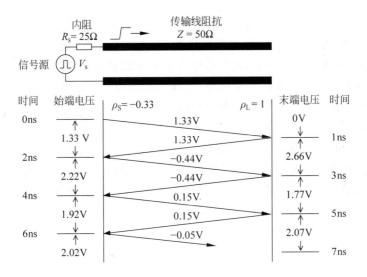

$$末端反射系数\ \rho_L = \frac{R_L - Z}{R_L + Z} = \frac{\infty - 50}{\infty + 50} = 1$$

$$始端反射系数\ \rho_S = \frac{R_S - Z}{R_S + Z} = \frac{25 - 50}{25 + 50} = -0.33$$

$$初始电压 = 2V \times \frac{R_s}{R_s + Z} = 2 \times \frac{25}{25 + 50} = 1.33V$$

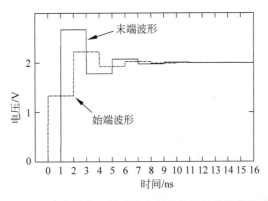

图 9-1 通过传输线反射系数和理想信号源推算信号波形

图 9-2 数字集成电路作为信号驱动源难以直接对应为"信号源+内阻"结构

即便是电池和电阻器这样简单的电路元素,也是经过了建模然后才能计算分析的,如图 9-3 所示。5V 电池的模型,就是"输出电压为 5V 的电压源"。这二者听起来几乎是一回事,这个模型似乎毫无价值。确实,这个对应关系太过简单直接,所以我们忽略了这其实就是一个建模的过程。作为实物的"5V 电池"与作为模型的"5V 电压源"是有着本质不同的。作为实物的"5V 电池",其身上拥有多种多样的实物属性,形状、尺寸、材质、内部成分、储电机理和工作寿命等等。当"5V 电压源"作为它的模型在电路分析中替代它时,所有的实物属性都消失了,只留下"输出 5V 电压"这个唯一的属性。同理,5Ω 电阻器的模型,是"5Ω 大小的电阻"。这个"电阻",是在电路理论中定义的表示"阻碍电流能力"的纯粹的物理量,不含有实物电阻器的其他任何属性。经过这样的建模,便具备了欧姆定律的两个计算前提:电压和电阻,也就能够计算出电流了。

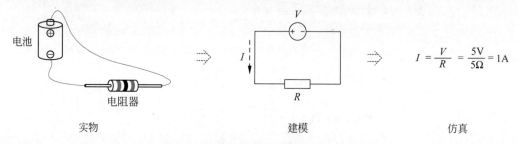

电池

电阻器

$$I = \frac{V}{R} = \frac{5V}{5\Omega} = 1A$$

实物　　　　　　　　　　　　　建模　　　　　　　　　　　　仿真

图 9-3　实物电路经过建模后进行仿真

所以,"信号源+内阻"也是一个模型,它用来对应给传输线注入信号的驱动源。在今天的数字电路系统中,这种驱动源最常见的实物形态就是一个个集成电路器件。但这个模型是高度理想化和高度简化的,我们用它来仿真传输线上的信号波形,是为了便于研究传输线反射特性,其实重点在于传输线而非波形仿真本身,故而仿真得到的波形也是高度理想化的。图 9-1 中的波形,主要目的是展示传输线反射在波形整体框架上带来的"振荡"效果,而在波形的局部细节方面,与我们在实际世界中看到的波形相比,观感差异太大,还不够"逼真"。

如果仿真的目的是用来指导实际的电路设计,这种用理想模型所做的概念层面的仿真是远远不够的。集成电路需要按照尽可能接近它实际表现的方式来建模,才能获得尽可能接近真实的仿真波形。

9.2　SPICE 模型

构成数字集成电路的主要成分是晶体管,数字集成电路的建模也主要落脚在"晶体管该怎么建模"。

电路元件的模型所反映的本质信息,是这个元件的电流、电压关系。例如一个电阻,它的电流、电压关系服从欧姆定律,是一种简单的常数因子关系,如图 9-4所示。

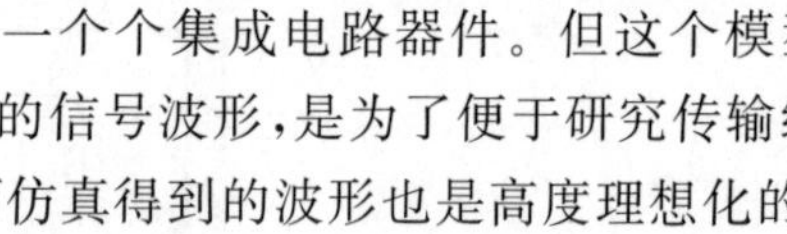

$$I = \frac{V}{R}$$

图 9-4　电阻的电压、电流关系

电容的电流、电压关系比电阻复杂,是与时间 t 相关的一阶微分关系,如图 9-5 所示。电感的电流、电压关系,也是与时间 t 相关的一阶微分关系,如图 9-6 所示。

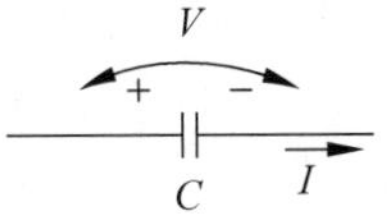

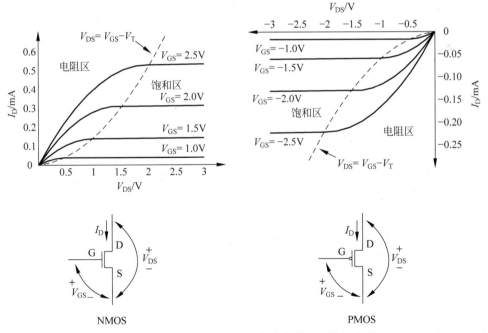

$$I = C \frac{\mathrm{d}V}{\mathrm{d}t}$$

图 9-5 电容的电压、电流关系

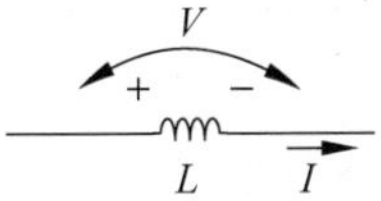

$$V = L \frac{\mathrm{d}I}{\mathrm{d}t}$$

图 9-6 电感的电压、电流关系

所以,建模的核心工作就是揭示元件的电流、电压关系,并且这种关系一定是"可计算"的,也就是可以进行数学求解的。因为建模的目的是为了仿真,而仿真的实质工作就是计算。知道了电阻模型所揭示的电流、电压关系,便可以通过乘除因子计算"仿真"出外加电压下流过电阻的电流。知道了电容模型揭示的电流、电压关系,便可以通过一阶微分求导计算"仿真"出外部电压变化时流过电容的电流。知道了电感模型揭示的电流、电压关系,便可以通过一阶微分求导计算"仿真"出流经电感的电流变化时所产生的电压。

MOS 晶体管的电流、电压关系完全反映在它的 I-V 特性曲线中,如图 9-7 所示。该用怎样的数学关系式来描述这个曲线?从曲线的样式来看,比电阻、电容、电感的电流、电压关系曲线要复杂多了,也无法匹配上常数因子或一阶微分这样简单、直观的计算关系。MOS 晶体管的建模并不是件容易事。好在有现成的 CAD(计算机辅助设计)工具可以帮助我们,这就是大名鼎鼎的 SPICE。

图 9-7 某 NMOS 和 PMOS 晶体管的 I-V 特性曲线

我们从学生时代的电路课程开始就使用 PSPICE 或 Multisim 这样的软件进行电路分析和设计。IC(集成电路)设计领域的工程师们使用 HSPICE 软件对芯片内的电路进行分析仿真。这些电路仿真软件各有自己的运行界面,彼此的显示和输出形式也多有差异,是不同公司推出的软件产品。PSPICE 是 MicroSim 公司的产品(后来 MicroSim 被 OrCAD 收购,再后来 OrCAD 又被 Cadence 收购),Multisim 是 NI 公司(National Instruments,美国国家仪器公司)的产品,HSPICE 是 Meta-Software 公司的产品(后来 Meta-Software 被 Avant! 收购,再后来 Avant! 又被 Synopsys 收购)。但是,它们执行电路仿真的核心算法程序却是一模一样的,这个核心算法程序就是 SPICE。从"PSPICE"和"HSPICE"这两个名称本身,就能看出这层渊源关系。SPICE 是这些电路仿真软件真正的核心精髓,它不是由哪家公司开发出来的,而是美国加州大学伯克利分校开发出来的。这所名为"Berkeley"(伯克利)的大学虽在中文习惯中被译为"分校",但其实是一所独立的大学,并且是培养了 70 多位诺贝尔奖获得者的全球理工名校。SPICE 出身于如此顶尖的学府中,也就不足为奇。

SPICE 诞生于 1971 年,它源自加州大学伯克利分校电机工程与计算机科学系的师生们在电路课程教学过程中完成的论文课题。SPICE 的全称是"Simulation Program with Integrated Circuit Emphasis",意为"以集成电路为重点的仿真程序"。20 世纪 70 年代正是集成电路产业完成起步之后飞速前行的年代,SPICE 的出现契合了集成电路不断攀升的集成度给电路仿真带来的挑战。在这样的背景下,SPCIE 从诞生之初就被人看到了可观的商业价值。但是,伯克利却没有将它封包出售,而是选择了全部源代码公开。这种开源共享的做法无疑极大地促进了 SPICE 的推广和不断的改进、发展,使其成为全世界公认的电路仿真工业标准。相形之下,倒是校园之外的众多商业公司们,以伯克利公布的 SPICE 源代码为蓝本,进行各种各样的实用化、改进和扩充,推出一个个商业电路仿真软件产品,赚得盆满钵满,形成以 SPICE 为内核的仿真软件百花齐放的局面,PSPICE、HSPICE、Multisim 和 Spectre 等等。

SPICE 是怎样给 MOS 晶体管建模的? 在 SPICE 中,MOS 晶体管的模型由两部分的内容构成:"模型参数"和"模型方程式"。为了理解这两个概念,先以一种简单的器件为例进行说明:导线电阻,如图 9-8 所示。

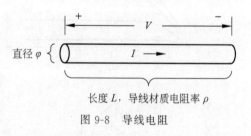

图 9-8　导线电阻

一段导线,在它两端加上电压 V,求流过导线的电流 I。这很简单,只要知道导线的电阻 R 即可。导线的电阻与制作导线的金属材质电阻率 ρ 以及导线的尺寸相关。通常标准规格的导线横截面为圆形,一段横截面直径为 φ、长度为 L 的导线电阻为

$$R = \rho \frac{4L}{\pi \varphi^2} \quad (圆周率\ \pi = 3.1415\cdots)$$

再根据欧姆定律:

$$I = \frac{V}{R}$$

即可求得流过导线的电流为

$$I = V \frac{\pi \varphi^2}{4\rho L}$$

这个关系式就是导线电阻的"模型方程式",它直接反映了导线的 $I\text{-}V$ 关系,即电压和电流的关系。并且,这种关系是可计算的。通过这个方程式,可以用导线的电压 V 计算电流 I,或者反之,用电流 I 计算电压 V,而这正是运用模型进行仿真的目的。所以,给器件建模的核心任务,就是获得器件的"模型方程式"。

在导线的模型方程式中,那些因具体导线不同而不同的变量,材质电阻率 ρ,导线横截面直径 φ,导线长度 L,称为"模型参数",如图 9-9 所示。当进行实际的仿真计算求解时,这些变量需要被赋予具体的值。它们是体现不同导线间"个性"差异的地方,因为它们的不同,每一根导线的 $I\text{-}V$ 关系也各不相同。"模型方程式"总结出了适用于"导线"这种器件的 $I\text{-}V$ 关系的普遍计算关系,所有导线都满足这个计算关系。"模型参数"则是在这个普遍计算关系的基础上对具体导线个体进行的实例化声明。当对实际电路进行仿真时,面对的总是一个个具体的个体实例,"模型方程式"和"模型参数"都缺一不可。

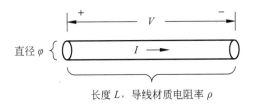

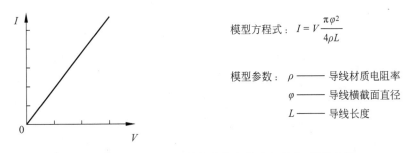

图 9-9　导线电阻的 $I\text{-}V$ 特性曲线和模型方程式、模型参数

现在来看 SPICE 中 MOS 晶体管的模型是什么样的,无非也就是"模型方程式"和"模型参数"两个关键因素,如图 9-10 和图 9-11 所示。

从方程的样式来看,MOS 晶体管的模型方程式比导线电阻这样的简单器件复杂得多。并且,由于在电阻区和饱和区呈现出完全不同的 $I\text{-}V$ 特性规律,两个区域的模型方程式也是不同的,无法只用一个单一方程式来涵盖整个 $I\text{-}V$ 特性曲线。这两个方程式分别揭示出 MOS 晶体管在电阻区和饱和区漏极电流 I_D 与栅、源极电压 V_{GS} 及漏、源极电压 V_{DS} 间的数学计算关系 $I_D = f(V_{GS}, V_{DS})$。

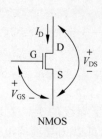
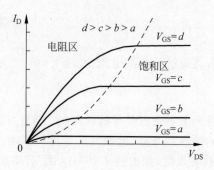

$$模型方程式 I_D = f(V_{GS}, V_{DS}):$$

$$I_D = 0 \qquad\qquad V_{GS} < V_T$$

电阻区 $\quad I_D = \dfrac{k'W}{2L_{eff}}\,[\,2(V_{GS}-V_T)V_{DS}-V_{DS}^2\,](1+\lambda V_{DS}) \qquad V_{GS} \geqslant V_T,\ 且\, V_{DS} < V_{GS}-V_T$

饱和区 $\quad I_D = \dfrac{k'W}{2L_{eff}}\,(V_{GS}-V_T)^2(1+\lambda V_{DS}) \qquad V_{GS} \geqslant V_T,\ 且\, V_{DS} \geqslant V_{GS}-V_T$

模型参数:

k' —— 跨导参数 $\qquad W$ —— 沟道宽度 $\qquad V_T$ —— 阈值电压

L_{eff} —— 有效沟道长度 $\qquad \lambda$ —— 沟道长度调整

图 9-10　NMOS 晶体管的模型方程式

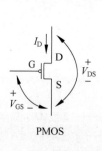
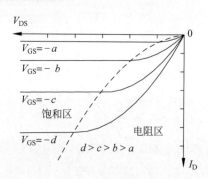

$$模型方程式 I_D = f(V_{GS}, V_{DS}):$$

$$I_D = 0 \qquad\qquad V_{GS} > V_T$$

电阻区 $\quad I_D = \dfrac{k'W}{2L_{eff}}\,[\,2(V_{GS}-V_T)V_{DS}-V_{DS}^2\,](1+\lambda V_{DS}) \qquad V_{GS} \leqslant V_T,\ 且\, V_{DS} > V_{GS}-V_T$

饱和区 $\quad I_D = \dfrac{k'W}{2L_{eff}}\,(V_{GS}-V_T)^2(1+\lambda V_{DS}) \qquad V_{GS} \leqslant V_T,\ 且\, V_{DS} \leqslant V_{GS}-V_T$

模型参数:

k' —— 跨导参数 $\qquad W$ —— 沟道宽度 $\qquad V_T$ —— 阈值电压

L_{eff} —— 有效沟道长度 $\qquad \lambda$ —— 沟道长度调整

图 9-11　PMOS 晶体管的模型方程式

方程式中除了 I_D、V_{GS}、V_{DS} 以外的其他变量符号,是 MOS 晶体管的模型参数。如 k' 表示"跨导参数",W 表示"沟道宽度",L_{eff} 表示"有效沟道长度",等等。这些名词术语听起来专业味很浓,要想弄清它们的含义,需要深入了解集成电路的制造工艺技术原理。从信号完整性学习的角度,不必如此深入。但需要清楚的是,MOS 晶体管的这些模型参数都是与集成电路制造工艺和实现息息相关的。

明白了模型的本质是方程式,也就明白了仿真的本质是求解方程式。来看 SPICE 是怎样用模型进行集成电路仿真的。仍以 CMOS 反相器为例,已知 CMOS 反相器输入端 V_{IN} 的波形,如图 9-12 所示,用 SPICE 仿真求输出端 V_{OUT} 的波形。

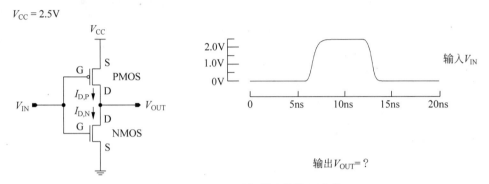

图 9-12 CMOS 反相器及其输入波形

首先,分别列出构成 CMOS 反相器的 PMOS、NMOS 的模型方程式:

$$I_{D,P} = f_{PMOS}(V_{GS,P}, V_{DS,P})$$

$$I_{D,N} = f_{NMOS}(V_{GS,N}, V_{DS,N})$$

其中,$I_{D,P}$ 和 $I_{D,N}$ 分别是 PMOS 和 NMOS 的漏极(D)电流,$V_{GS,P}$ 和 $V_{GS,N}$ 分别是 PMOS 和 NMOS 的栅极(G)、源极(S)间电压,$V_{DS,P}$ 和 $V_{DS,N}$ 分别是 PMOS 和 NMOS 的漏极(D)、源极(S)间电压。

根据图 9-12 中 CMOS 反相器内、外部的连接关系,有:

$$V_{GS,P} = V_{IN} - V_{CC}$$

$$V_{DS,P} = V_{OUT} - V_{CC}$$

$$V_{GS,N} = V_{IN} - 0 = V_{IN}$$

$$V_{DS,N} = V_{OUT} - 0 = V_{OUT}$$

把上述等式关系代入到 PMOS、NMOS 的模型方程式中:

$$I_{D,P} = f_{PMOS}(V_{IN} - V_{CC}, V_{OUT} - V_{CC})$$

$$I_{D,N} = f_{NMOS}(V_{IN}, V_{OUT})$$

PMOS 和 NMOS 的漏极(D)连接在一起,电流从 PMOS 的漏极(D)流出,又从 NMOS 的漏极(D)流入。在 CMOS 反相器输出 V_{OUT} 悬空无连接的情况下,二者的漏极(D)电流是相等的:

$$I_{\mathrm{D,P}} = I_{\mathrm{D,N}}$$

于是,两个模型方程式联立为一个方程:

$$f_{\mathrm{PMOS}}(V_{\mathrm{IN}} - V_{\mathrm{CC}}, V_{\mathrm{OUT}} - V_{\mathrm{CC}}) = f_{\mathrm{NMOS}}(V_{\mathrm{IN}}, V_{\mathrm{OUT}})$$

这个方程只含有 V_{IN}、V_{OUT} 两个变量,有了 V_{IN},就能通过解方程求得 V_{OUT},如图 9-13 所示。

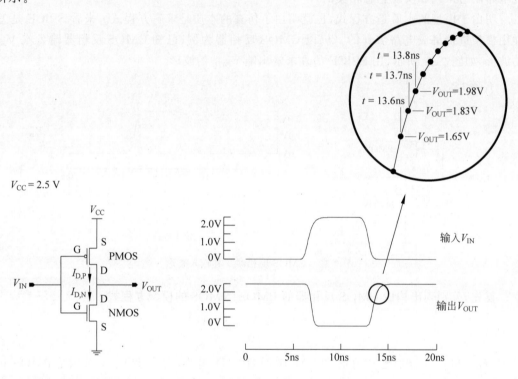

图 9-13　SPICE 仿真求解 CMOS 反相器输出

这就是 SPICE 仿真的方法过程,通过集成电路内、外部的连接关系,将各个 MOS 晶体管的模型方程式进行联立求解,从而用已知量(输入)计算出未知量(输出)的值。无论多么复杂的集成电路,其内部包含的 MOS 晶体管千千万万,SPICE 都是用这样的解方程运算方法过程来进行仿真求解的。

看起来,SPICE 仿真的结果似乎得到了一段连续的 CMOS 反相器输出 V_{OUT} 信号波形,但把波形局部放大以后,其实并不是连续的,而是时间上离散的点穿接而成的,如图 9-13 所示。图中相邻两点之间的时间间隔是 0.1ns。SPICE 在时间轴上每隔 0.1ns 进行一次仿真运算,用该时点上输入 V_{IN} 的值求得对应的输出 V_{OUT} 的值,而后用直线把每相邻两个 V_{OUT} 点穿接起来,形成整段输出 V_{OUT} 波形曲线。这个 0.1ns 的时间间隔称为仿真波形的“时间分辨率”或“时间精度”。在这个分辨率下,时长 20ns 的波形需要进行 200 次仿真运算。时间分辨率越高,所获得的仿真波形就越平滑、越逼真,但由此需要的仿真运算量就越大。同样时长 20ns 的波形,如果把时间分辨率提高到 0.01ns,需要进行 2000 次仿真运算。

对 SPICE 仿真来说,运算量是个很现实的问题。越少的运算量,意味着能越快地获得仿真结果。对 CMOS 反相器这样仅仅包含两个 MOS 晶体管的简单集成电路进行仿真,无论是 200 次还是 2000 次的仿真运算,以今天的计算机运算速度,都只是一眨眼间的事情,不会觉察到时间长短的差异。但是,随着集成电路的集成度上升,当一个集成电路包含几千、几万甚至几亿个晶体管的时候,SPICE 仿真的运算量是相当惊人的,需要经过相当长的时间才能获得仿真结果。道理很简单,晶体管越多,方程式就越多,联立求解需要的时间就越多。

实际应用中的 SPICE 仿真方程式求解过程会比上面列出的更复杂。在上面的 CMOS 反相器仿真求解过程中,为了简化理解,方程式中忽略了 MOS 晶体管寄生效应(寄生电容、寄生电阻)的影响,这是一种比较粗略的仿真。实际的 SPICE 仿真中,为了使仿真结果尽可能接近真实,寄生效应的影响必须被考虑进来,如图 9-14 所示。

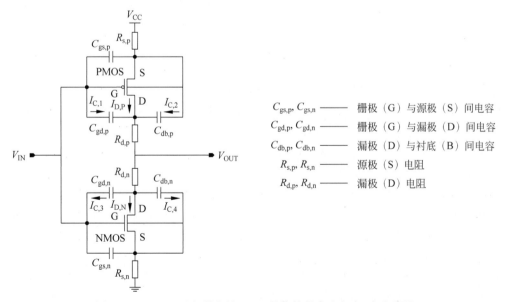

$C_{\text{gs,p}}, C_{\text{gs,n}}$ —— 栅极（G）与源极（S）间电容

$C_{\text{gd,p}}, C_{\text{gd,n}}$ —— 栅极（G）与漏极（D）间电容

$C_{\text{db,p}}, C_{\text{db,n}}$ —— 漏极（D）与衬底（B）间电容

$R_{\text{s,p}}, R_{\text{s,n}}$ —— 源极（S）电阻

$R_{\text{d,p}}, R_{\text{d,n}}$ —— 漏极（D）电阻

图 9-14　CMOS 反相器中的 MOS 晶体管的寄生电容、寄生电阻

在忽略寄生效应的情况下，PMOS 和 NMOS 的漏极电流 $I_{D,P}$、$I_{D,N}$ 被认为是相等的（在输出 V_{OUT} 悬空无连接的情况下），即

$$I_{D,P} = I_{D,N}$$

但实际上由于栅极（G）与漏极（D）间电容 $C_{gd,p}$、$C_{gd,n}$，漏极（D）与衬底（B）间电容 $C_{db,p}$、$C_{db,n}$ 的存在，电流的分配关系要更复杂一些，因为这些寄生电容身上也会有电流流过。如图 9-14 所示，准确的方程式应该是

$$I_{D,P} + I_{C,1} + I_{C,2} = I_{D,N} + I_{C,3} + I_{C,4}$$

其中，$I_{C,1}$、$I_{C,2}$、$I_{C,3}$、$I_{C,4}$ 分别是流过寄生电容 $C_{gd,p}$、$C_{db,p}$、$C_{gd,n}$、$C_{db,n}$ 的电流。

再如，在不考虑寄生电阻的情况下，输入 V_{IN} 与电源 V_{CC} 之间的压降是全部加在 PMOS 的栅极（G）与源极（S）之间的，输入 V_{IN} 与地（0V）之间的压降是全部加在 NMOS 的栅极（G）与源极（S）之间的，因此有：

$$V_{GS,P} = V_{IN} - V_{CC}$$

$$V_{GS,N} = V_{IN} - 0 = V_{IN}$$

但实际上由于源极（S）电阻 $R_{s,p}$、$R_{s,n}$ 的存在，上两式不再成立，因为 $R_{s,p}$、$R_{s,n}$ 会分去一部分压降，把这部分压降加进来，方程式才能成立。

所以，MOS 晶体管的"模型参数"除了包括前面介绍过的沟道宽度（W）、沟道长度（L_{eff}）等晶体管自身特征参数以外，还有必不可少的一部分就是寄生效应参数。这部分参数用来给 MOS 晶体管内部的寄生电容、寄生电阻建模，进而在仿真方程式中加入寄生效应所带来的影响，使仿真结果趋近真实。

所谓"寄生"，是完全隐附于 MOS 晶体管躯体之内的，并不能看到一个确然分明的独立电容或电阻，它们的成因复杂多样，要给它们准确建模并不容易。例如漏极（D）与衬底（B）间电容 $C_{db,p}$、$C_{db,n}$，它的电容值不仅仅由 MOS 晶体管的几何、物理制造工艺特性参数决定，还会随着漏极（D）与衬底（B）间的电压变化而变化，是一个压变电容，其电流、电压关系会比电容值固定不变的恒定电容器复杂得多。在 SPICE 仿真方程式中加入这部分表征寄生效应的运算分量后，方程式变得更加复杂，运算量也增加了。

当然，决定方程运算复杂度和仿真准确度的最主要方面，仍是 MOS 晶体管自身的模型，这是 SPICE 的精髓。图 9-10 和图 9-11 给出的 MOS 晶体管模型，是 SPICE 推出的第一个 MOS 晶体管模型（1971 年），也是最简单的 MOS 晶体管模型，称为"一级模型"（Level 1），它是所有 MOS 晶体管模型的鼻祖。

在一级模型（Level 1）之后，SPICE 陆续推出了二级模型（Level 2）、三级模型（Level 3）和 BSIM 模型（Level 4），直至最新的 FinFET 模型。这是一个伴随集成电路工业发展的过程。从 $10\mu m$、$6\mu m$、$3\mu m$、$1\mu m$，到 $0.6\mu m$、$0.25\mu m$、$0.13\mu m$，再到 90nm、65nm、45nm、32nm、22nm、14nm、10nm，在集成电路制造工艺技术持续不断的进步过程中，当已有的模型无法涵盖新的工艺水平，SPICE 就会推出新的 MOS 晶体管模型版本，来适应新的技术需求。MOS 晶体管模型在这一过程中变得越来越复杂，一级模型（Level 1）在仿真软件中只占用几十行程序代码，到 BSIM 模型和 FinFET 模型的时候，已经发展到上万行代码。

9.3 IBIS 模型的源起

在 SPICE 模型之后,我们迎来下一个重量级话题——IBIS 模型。对正在学习和从事信号完整性设计的电路工程师来说,这是重要程度比 SPICE 模型有过之而无不及的话题。

假如要寻找一个行为特征,来把"信号完整性工程师"与电子行业的其他工程师区别开来,大概"使用 IBIS 模型进行信号完整性仿真"可以算作最典型的特征事件。作为伴随着集成电路的诞生而生的 SPICE 模型,其使用场合是多种多样的,涉及与集成电路有关的方方面面:可用于数字电路的逻辑原理验证,可用于集成电路设计的前端构造,可用于电路系统复杂度评估,可用于电路功耗需求预估等,当然,也能用于信号完整性仿真。而 IBIS 模型却是纯粹而单一的,它是完完全全为信号完整性而生的模型,这从它诞生之日就已注定。我们有必要了解历史,看看当初 IBIS 模型是在怎样的机缘下面世的。

时间回到 1991 年,Intel 公司在这一年首次向业界推出它全新设计的新型总线架构——PCI 总线。可能在当时,即便是亲手设计出 PCI 总线架构的 Intel 工程师们,也难以预计这一新技术架构未来的前景。但今天回过头来评价当年这一事件的意义,无疑是技术发展史上划时代的里程碑事件。PCI 总线问世以后,迅速击败同时代提出的其他一些总线技术架构(如 MCA 和 EISA 等),实现计算机系统局部总线的一统江湖。每一块计算机主板上一列列整齐的 PCI 总线插槽,成为我们对 20 世纪 90 年代以来台式计算机辉煌时代最直观的回忆,如图 9-15 所示。如今,作为一个已推出近三十年的"陈旧"技术架构,即便 PCI 总线已从计算机主板的舞台上谢幕,但在工业控制、嵌入式系统和通信电子等其他广泛的应用领域,依然有着用武之地。

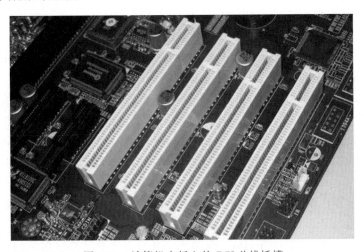

图 9-15 计算机主板上的 PCI 总线插槽

Intel 赋予 PCI 总线的使命是接替计算机总线系统的前一代标准,即 ISA 总线。ISA 总线采用 8MHz 时钟频率,8 位或 16 位总线宽度,是 20 世纪 80 年代由 IBM 公司所设计、确立的总线标准。IBM 被称为"蓝色巨人",是 PC(个人计算机)早期发展阶段的绝对霸主。因为 ISA 总线的标准化和开放化,使得其他的计算机厂商得以制造出外设总线接口与 IBM PC 相兼容的 PC 产品,很大地促进了 20 世纪 80 年代 PC 产业的发展。

但随着计算机应用领域的不断扩展和微处理器性能的不断提升,ISA 总线的数据传输速度逐渐成为计算机整体性能的瓶颈。在 16 位宽度时,ISA 总线的理论最大传输速度仅为 16MB/s,这难以满足处理器与外设间日益增长的数据交互的需要。于是,PCI 总线在时钟和总线宽度两方面均作出提升,将时钟频率提升至 33MHz,总线宽度扩大至 32 位,总线的理论最大传输速度达到 132MB/s 以上。

从 8MHz 到 33MHz,以今天的电路动辄数百 MHz、超过 1GHz 的运行速度看来,这个提升算不了什么。但是在当时,这却是跨越式的一大步。要知道,33MHz 的时钟频率是与当时 CPU 的运行时钟频率(主频)比肩齐平的。1991 年、1992 年的时候,统治整个 PC 市场的 CPU 是 Intel i386 微处理器,而 Intel i386 的最大运行时钟频率(主频)就是 33MHz。这也是 PCI 总线为什么选择 33MHz 为运行时钟频率值的原因。PCI 总线在诞生的时候是与 CPU 一样"快"的,这是它的高起点。在当时的技术条件下,对一种总线技术而言,33MHz 的运行时钟频率是一个全新的高速度。

正是这个全新的运行速度,给板级数字电路系统的设计方式带来全新的改变。从此以后,一个全新的设计要素成为数字电路设计者们不得不面对的新课题,成为决定电路成败的绝对关键,这就是我们今天再熟悉不过的"信号完整性"。

在 ISA 总线的时代,板级电路的正确性直接来自于逻辑和原理层面的正确性,不需要关心信号的波形质量,无所谓信号波形的优劣,也即无所谓信号的"完整性"。这时的信号互连设计,也就是印制电路板的布线设计,是纯粹以"连通"为目的的设计,信号走线的需求是"连通"即可,没有其他考究,在这上面也从未出过问题。

但当信号速度达到 33MHz 这样的级别,正如我们现在已经知道的,反射、时延和噪声等现象给信号波形带来的干扰,其严重程度可能足以导致信号逻辑状态的错误判决,使信号失去其驱动电路正确工作的"完整性"。在低速电路时代从未失效过的"逻辑设计正确,则电路设计正确"的法则不再适用。板级数字电路的正确性,除了取决于"逻辑完整性",还取决于"信号完整性"。数字电路系统的设计工程师们发现,他们现在需要像模拟电路工程师一样关心信号的波形。印制电路板的布局和布线,再也不是仅需要"连通"即可的事情。一个信号究竟该以怎样的方式进行互连,这个从来不费思索的问题,现在极大地困扰着板级电路布线工程师们。

Intel 的工程师是最早面对这个问题的一批人。PCI 总线的正式规范发布于 1992 年 6 月(PCI 技术规范 1.0 版),开始在业界逐步大规模应用则是在 1993 年之后。而在规范还没有发布之前的 1990 年和 1991 年,Intel 内部已经开始考虑 PCI 总线系统的板级电路设计与实现。这是必然的,作为 PCI 总线的提出者,Intel 对技术规范的每一处设计,都需要经过自身的先行验证,以确保其技术的可实现性。

于是,Intel 进行了 PCI 总线的信号完整性仿真分析,以对这一新型总线架构在板级互连后的信号表现进行评估和验证。这可能是最早开展的纯粹针对数字电路板级系统的信号完整性仿真活动。仿真需要模型,Intel 的芯片设计部门需要向系统设计部门提供 PCI 信号的芯片级模型,供后者进行 PCI 板级电路系统信号完整性仿真使用。

作为芯片设计部门,提供芯片模型本非难事。只要是设计完成的芯片,在其设计过程中自然经历过 SPICE 仿真验证,仿真环节构造的芯片 SPICE 模型是已有的产出物。但实际上,这个时候 Intel 的芯片设计部门并没有任何现成的 PCI 芯片设计。在系统设计部门进行 PCI 总线的板级系统信号完整性仿真分析的时候,芯片设计部门也正在对 PCI 总线的芯片设计实现细节进行推敲分析,现在还是对 PCI 总线的规范草案进行讨论验证的阶段,规范对于 PCI 芯片技术特性的规定还未最终敲定,芯片设计部门还未开始正式的芯片设计工作,也就暂时无法提供 PCI 信号的芯片 SPICE 模型。

芯片设计部门对 PCI 总线的芯片级实现方案进行验证分析的一个关键内容是 PCI 芯片的输入、输出电路特性,也就是 PCI 信号的驱动、接收端的 IO 特性。我们知道,PCI 总线可以支持多达 10 个负载设备,一个 PCI 信号在最多的情况下会连接 10 个负载芯片,如图 9-16 所示。既要支持如此多的负载连接,又要能运行在 33MHz 这样的高速度上,芯片的 IO 设计必须满足一定的技术特性要求。如今可以在 PCI 总线的正式规范文本中看到这部分要求的详细规定。如图 9-17 所示,PCI 总线技术规范对芯片的输出信号电路特性的要求。

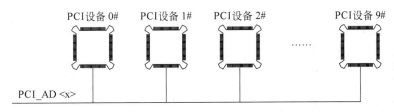

图 9-16　PCI 总线信号可连接多达 10 个负载芯片

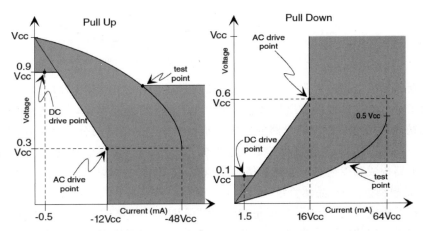

图 9-17　PCI 总线输出信号电路特性要求(摘自 PCI 总线技术规范)

芯片设计者必须确保 PCI 芯片在输出高电平(Pull Up)和输出低电平(Pull Down)过程中的 V-I 曲线落在图 9-17 中阴影范围内。作出这样的规定不是凭空设想的,正是 Intel 的芯片设计部门和系统设计部门经过大量的仿真分析和前期验证后最终确定的。在这个过程中,系统设计部门的信号完整性仿真结果是参与决定性评判的重要依据,芯片设计部门以此来逐步评估并遴选出最适宜 PCI 总线板级电路系统运行环境的芯片 IO 设计方案,最终形成规范中的芯片 IO 电路特性要求。

那么,在缺少芯片 SPICE 模型的情况下,系统设计部门拿什么来仿真呢?

其实,从系统设计部门的需求来说,并非一定要有芯片 IO 电路的完备 SPICE 模型。只要能够获得芯片 IO 电路在输入、输出时的"行为"数据,他们就能进行信号完整性仿真。也就是说,他们只需要芯片 IO 电路的"行为级"模型。

什么是"行为级"模型? 这可以从芯片设计者和系统设计者在看待芯片时的不同视角来说起。对芯片设计者而言,他们的工作是在芯片的内部,他们的设计内容是在硅片上用千千万万的晶体管构造出特定的集成电路功能。在他们的设计视角里,总是在内部微观构成的层面来研究、开发和调试,如图 9-18 所示。说到集成电路芯片,对于他们就意味着硅片上的晶体管、互连线、工艺参数和寄生效应等内容。

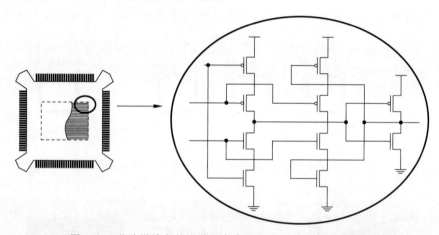

图 9-18 芯片设计者的设计视角专注于芯片的内部电路构成

一个新的集成电路芯片设计,在被实际投产制造出片之前,SPICE 仿真是必不可少的环节。为了尽可能准确地模拟出将来芯片被产出后的实际运行状态,芯片的 SPICE 模型需要尽可能精确地描述芯片内部电路的实际构成:芯片上晶体管的分布是怎样的,晶体管之间的连接关系是怎样的,工艺制程参数是怎样的,寄生效应参数是怎样的等。模型反映实际芯片内部电路构成和工艺实现参数的精确度越高,仿真结果就越接近真实。因此,我们说芯片的 SPICE 模型是一种"晶体管级"模型,它采用的是按照芯片内部电路结构的本来面目进行原样呈现的建模方式,呈现的粒度是"晶体管"级别的。实际的芯片中众多的晶体管是如何连接组合成特定的电路功能的,在 SPICE 模型中就会有同样多的晶体管按照同样的方式连接组合在一起;实际的芯片制造过程中在硅片上制作晶体管时采用的什么工艺制程参数,在 SPICE 模型中就会对应成等效的晶体管模型参数。芯片设计者使用 SPICE 模型进行仿真,就能深入到芯片电路的内部,进行"晶体管"级别的电路分析与调试。

现在把视角转移到系统设计层面,芯片被关注的东西就大不一样了。在构建、分析和调试板级电路系统的时候,系统设计师"操持"电路的粒度是"芯片"级的。集成电路芯片成为电路系统最基础一级的组成元素,不需要再进行更细粒度的剖析。系统设计师专注于芯片的外部信号接口,根据芯片与外界进行信号交互的规则要求来设计芯片与板上其他电路元件的连接,将一个个芯片汇集连接成完整的板级电路系统,如图 9-19 所示。至于芯片内部是怎样的构成机理,无需关心。对系统设计师来说,电路板上的集成电路芯片就是一个个只需要看见外部引脚的"黑匣子"。

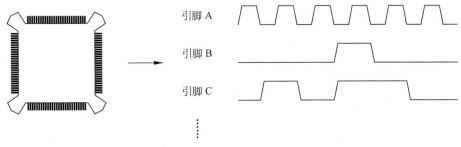

图 9-19　系统设计者的设计视角专注于芯片的外部信号

所谓芯片的"行为",就是指芯片通过外部引脚与外界进行信号交互的具体方式和表现,是从外部观察视角看到的芯片引脚上信号的状态及其变化特征。如图 9-20 所示,某个芯片的 RESET 输入引脚,芯片会在每一个 CLK 时钟上升沿检测外界供给这个引脚的电压,如果电压低于低电平判决门限,RESET 引脚将识别为低电平输入状态,这意味着接收到了来自外部的复位指令,它就去触发芯片内部电路的复位操作。这就是从外部感受到的这个RESET 输入信号的"行为"。另一个输出引脚 DONE,在芯片处于正常工状态时一直对外输出高电平,任何时候复位操作到来时,DONE 立即变换为输出低电平,表示当前芯片处于复位状态中,暂不可用。持续几个时钟周期之后,DONE 恢复为输出高电平,表示芯片复位完成,进入正常工作状态。这就是从外部感受到的这个 DONE 输出信号的"行为"。下一个输入引脚 READ,它的"行为"是在监测到高电平输入状态时触发芯片内部的读取操作。八位输出引脚 DATA[7:0]的"行为"是在 READ 引脚接收到高电平时将芯片内部读取的数据输出给外部。

在低速电路的时代,系统设计师对芯片信号"行为"的把握只需要在逻辑层面来进行。对输出信号来说,什么时候输出高电平,什么时候输出低电平,分别代表什么含义;对输入信号来说,什么时候输入高电平,什么时候输入低电平,会带来怎样的输入后果;只要正确掌握了这些信息,就足够进行芯片间的互连设计,完成板级电路系统的搭建。

但这种逻辑层面的芯片行为信息,还不是 Intel 的系统设计部门所需要的能够进行信号完整性仿真的芯片信息,他们关心的是一些更"细致"的行为细节。以输出信号引脚为例,这

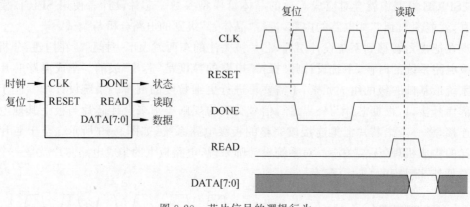

图 9-20　芯片信号的逻辑行为

些行为细节包括如下两方面。

第一,在信号输出状态从低电平向高电平变化的过程中(以及反向变化的过程中),引脚上的电压-电流关系(V-I 曲线)是怎样的?

第二,信号输出从低电平变化到高电平(以及反向的变化)经历了多长的时间? 或者说,信号输出在从低到高上升过程(以及从高到低下降过程)中的电压—时间关系(V-t 曲线)是怎样的?

这两方面的信息展现了芯片在输出电平状态跳变(从低电平到高电平或从高电平到低电平)时的详尽电路行为细节。在 PCI 总线诞生之前的板级数字电路系统设计中,几乎从未关心过这些信息。信号“跳变”除了在逻辑层面表示信号从一个电平状态变成另一个电平状态,无需更多的解读。不同芯片、芯片的不同引脚所输出的信号跳变,在系统设计者眼中是同等“模样”的,无人深究它们的行为“个性”和差异。

但正如前面早已指出的,高速数字电路之所以给我们带来了反射等信号完整性问题的困扰,最根源的原因正是芯片输出的“跳变”与过去大不一样了。信号完整性理论与设计实践对于信号的关注,最核心的焦点就是“跳变”。只要掌握了芯片输出“跳变”时上述两方面的详细行为信息,就能仿真出信号在离开芯片进入到电路板经过走线传输后的模样。

于是,Intel 的芯片设计部门和系统设计部门共同商讨制定了一种新的芯片模型方案,用来解决在没有 SPICE 模型的情况下系统设计部门进行 PCI 信号完整性仿真的燃眉之急。在这种新的模型中,芯片设计部门只需要提供芯片输入、输出的详细行为数据,主要包括芯片在输入、输出时的电压-电流关系(V-I 曲线)和电压-时间关系(V-t 曲线)。其他的在 SPICE 模型中需要提供的大量信息,如芯片 IO 电路的晶体管级组成结构、连接关系、晶体管内部结构参数、工艺制程参数等,统统不需要。

对芯片设计部门来说,提供这样的模型比提供 SPICE 模型容易多了。即便还没有开始 PCI 芯片设计,Intel 的芯片设计部门也不难通过前期技术评估、相似电路 SPICE 仿真、经验分析等手段对 PCI 芯片输入输出的 V-I 曲线、V-t 曲线等“行为”细节作出预计,这种模型完全不涉及芯片的真实内部结构和制造工艺参数,只反映从外部感受到的芯片输入、输出“行为",故而被称为"行为级"模型。

对系统设计部门来说,这种新模型给他们带来一个极大的好处,就是他们自己就可以构造出这种模型,因为建模只需要芯片的"行为"数据,而几乎不需要任何芯片设计技术背景。系统设计部门根据 PCI 总线需要达到的板级互连能力目标,预先规划出芯片 IO 可能需要具备的行为特性,构造出"行为级"模型,然后进行信号完整性仿真,根据仿真结果对模型进行修正,再仿真,再修正,最终获得 PCI 总线芯片所需要具备的 IO 行为特性参数,并反馈给芯片设计部门。芯片设计部门按照这种已经先行经过信号完整性仿真验证的参数要求来设计 PCI 总线芯片的 IO 电路,就能确保芯片将来实际生产出来后能够满足 PCI 总线板级互连的需求。在 Intel 的系统设计部门和芯片设计部门都关注的 PCI 总线芯片交集部分(IO电路),新模型成为两个部门间沟通的最好的工具,促成他们共同完成了对 PCI 总线规范芯片 IO 特性部分的制定。

并且,这个模型在 Intel 的信号完整性工程师中得到了非常好的使用反响,因为用它来做信号完整性仿真比用 SPICE 模型快得多。同样一个仿真电路场景,从前用 SPICE 模型需要运行半个小时才能得出结果,现在用这种行为级模型只需要十秒钟就完成了。为什么会这样?因为 SPICE 模型的运算量比行为级模型大得多。SPICE 模型是晶体管级模型,模型的核心实质是反映晶体管 V-I 关系的模型方程式。仿真波形上每一个点的电压和电流,都是经过解方程运算得到的。而在 Intel 的芯片设计部门提供的行为级模型中,V-I 曲线是直接给出来的。模型通过表格化的方式,直接列出了每个电压点上对应的电流值。仿真时,通过电压值即可直接在表格中读取电流值,无须计算,带来几十、几百倍仿真效率的提升。

这套最初为了解决 PCI 总线信号完整性仿真问题而开发的行为级建模和基于行为级模型的信号完整性仿真设计方法很快在 Intel 内部广泛使用起来。Intel 各个系列的芯片产品,处理器、桥接芯片组和通信控制器等等,逐步都开始配备行为级模型,供 Intel 内部各部门进行板级测试验证仿真使用。Intel 总结并发扬在开发 PCI 总线时积累的经验,在随后的其他总线接口技术(AGP 总线和 SDRAM PC100 等)的开发中也充分利用行为级模型的先行仿真验证功能,由信号完整性仿真结果来指导芯片 IO 电路设计。

Intel 看到了这种行为级模型仿真给高速电路设计带来的极大促进和指引作用,决定将模型提供给使用 Intel 芯片的客户们,以帮助他们进行板级电路信号完整性仿真,从而更好地使用 Intel 的芯片。而这样的提供不会在知识产权方面给 Intel 造成任何隐忧和心理负担,因为行为级模型不会透露任何有关芯片内部电路结构和工艺制程参数方面的信息,外界无法通过行为级模型"窥探"出 Intel 是怎样设计芯片的。

在向客户推广的过程中,遇到了一个问题。在 Intel 公司内部,无论是芯片设计部门进行芯片内部电路仿真,还是系统设计部门进行板级信号完整性仿真,都是使用 HSPICE 作为仿真工具软件的,HSPICE 是 Intel 的企业级仿真工具平台统一标准。所以,Intel 提供的行为级模型自然也都是针对 HSPICE 软件环境的,其文件格式按照 HSPICE 的输入要求编制而成,需要在 HSPICE 中打开和运行。但是,不是所有的客户都用 HSPICE 进行仿真,有些客户采用了其他的仿真工具软件。Intel 意识到,有必要给模型制定一种不依赖于任何特定仿真工具软件的标准文件格式,以推动所有仿真工具软件对模型的支持。

于是,Intel 邀请开发仿真工具软件的各大 EDA 厂商来共同商议制定,包括 Meta-Software、Cadence、HyperLynx(后来被 Mentor 收购)、Quad-Design 等,如图 9-21 所示。EDA 厂商们对 Intel"制定统一的芯片行为级模型规范标准"的倡议表现出浓厚兴趣和积极支持。新模型的规范很快被制定出来,这就是诞生于 1993 年 6 月的 IBIS 模型(IBIS 规范 1.0 版)。同时,Intel 与受邀 EDA 厂商共同发起成立了开放性技术论坛组织"IBIS Open Forum"(IBIS 开放论坛),以吸引更多的厂商加入,共同推广和维护 IBIS 模型在业界的应用。

Intel	IntuSoft
Cadence	Meta-Software
Contec Micro.	MicroSim
HyperLynx	Quad-Design
Integrity Engr.	Quantic Labs

图 9-21　参与制订 IBIS 规范 1.0 版的十家厂商(IBIS Open Forum 最初的十个成员)

IBIS 的全称是"I/O Buffer Information Specification",意为"输入/输出 Buffer 信息规范"。其中"Buffer"一词,刻意用保持英文原文的方式来突出它,而它在这个标题中的含义,似乎也确实难以找到一个十分贴切的中文翻译。什么是"Buffer"? 我们对"Buffer"一词在芯片中的具体所指是否清晰、明了? 这是在认识 IBIS 模型之前必须首先回答的问题。

9.4　Buffer 的含义

看一个最简单的 CMOS 逻辑门数字电路芯片实例——与非门。用 MOS 晶体管搭出这种逻辑门的电路结构原理图如图 9-22 所示,包含两个并联的 PMOS 晶体管 P1、P2 和两个串联的 NMOS 晶体管 N1、N2。两个输入端 A、B 通过控制各个 MOS 晶体管的导通、截止状态来实现输出端 Y 的上拉或下拉。并联的两个 PMOS 晶体管 P1、P2 中有任一个处于导通状态时,Y 被上拉至 V_{CC},输出高电平。串联的两个 NMOS 晶体管 N1、N2 则需要同时处于导通状态时,Y 被下拉至地,输出低电平。

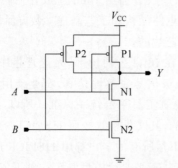

$$Y = \overline{A \cdot B}$$

A	B	Y
0	0	1
0	1	1
1	0	1
1	1	0

图 9-22　CMOS 与非门电路

当 $A=0$、$B=0$ 时，PMOS 晶体管 P1、P2 均导通，NMOS 晶体管 N1、N2 均截止，输出端 Y 被上拉至 V_{CC}，$Y=1$；

当 $A=0$、$B=1$ 时，PMOS 晶体管 P1 导通，NMOS 晶体管 N1 截止，输出端 Y 被上拉至 V_{CC}，$Y=1$；

当 $A=1$、$B=0$ 时，PMOS 晶体管 P2 导通，NMOS 晶体管 N2 截止，输出端 Y 被上拉至 V_{CC}，$Y=1$；

当 $A=1$、$B=1$ 时，PMOS 晶体管 P1、P2 均截止，NMOS 晶体管 N1、N2 均导通，输出端 Y 被下拉至地，$Y=0$。

图 9-23 所示是另一种简单逻辑门——或非门的 CMOS 电路。同与非门一样，它也只需要 4 个 MOS 晶体管，两个 PMOS 和两个 NMOS，只是在对 PMOS、NMOS 的串、并联使用方式上与"与非门"正好相反。通过输入端 A、B 在不同取值时各个 MOS 晶体管的导通、截止状态，很容易分析出它是如何实现"或非"功能的。

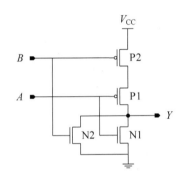

$$Y = \overline{A + B}$$

A	B	Y
0	0	1
0	1	0
1	0	0
1	1	0

图 9-23　CMOS 或非门电路

从完成与非、或非逻辑门功能的角度，图 9-22 和图 9-23 的电路已经足够。但从芯片设计的角度，如果就此原封不动地做进芯片里，还存在一些缺陷。这里列举其中一个最易于理解的缺陷。如图 9-24 所示，在与非门电路中，输出端 Y 外接一个负载电阻 R_L 到地。当输入端 $A=1$、$B=0$ 时，PMOS 晶体管 P1 截止，P2 导通，输出端 Y 被 P2 上拉至电源 V_{CC}，输出高电平。这个高电平的具体电压值并不与 V_{CC} 齐平，因为导通状态下的 MOS 晶体管具有一定的导通内阻（漏极、源极间电阻），会分去一部分压降。输出端 Y 的电压值就是负载电阻 R_L 与 PMOS 晶体管 P2 导通内阻 R_{P2} 之间分压的结果。当输入端 $A=0$、$B=0$ 时，输出端 Y 也输出高电平，但与前一种情况不同的是，PMOS 晶体管 P1 和 P2 均处于导通状态，输出端 Y 被 P1 和 P2 共同上拉至电源 V_{CC}，与负载电阻 R_L 一起参与分压的是 P1、P2 两个 PMOS 晶体管导通内阻的并联体（$R_{P1} \| R_{P2}$），其等效电阻值必然小于单个 PMOS 晶体管的导通内阻，分去的压降要小一些，故而此种情况下 Y 端输出高电平的电压值要高于前种情况。

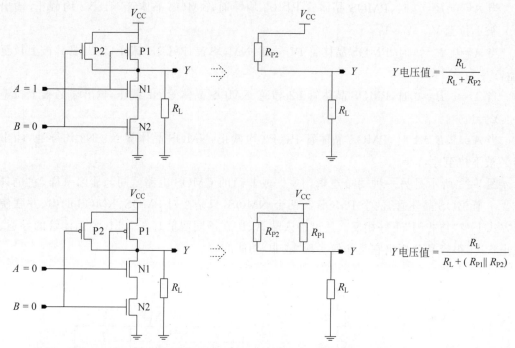

图 9-24 输入的不同导致与非门电路输出高电平电压值不同

同样的负载,因为输入的不同而导致输出高电平的电压值时高时低,这样的芯片,输出特性的同一性太差,容易给芯片使用者带来困扰。好的芯片设计,应当尽量做到输出逻辑电平(高电平、低电平)的电压值在所有情况下稳定而同一。只要负载不变,无论是何种输入情况导致的高电平输出,都应当具有同等的电压值。这样的缺陷使得上述与非门电路的 Y 输出端并不适合作为芯片的外部输出引脚直接驱动外部负载。

同样地,因为另外一些缺陷的原因,输入端 A、B 也不适合作为芯片的外部输入引脚去直接接收外来信号的输入。这里不再展开详述这些缺陷的细节。芯片设计需要考虑的问题是方方面面的,完成电路逻辑功能设计,仅仅是完成了全部设计任务的第一步。

克服缺陷的办法,是给每个输入、输出端都加上一个专门负责外部连接的电路部件。如图 9-25 所示,最终实现的与非门芯片电路是这样的,每个输入、输出端在连接到外部引脚之前,都加上了一个 CMOS 反相器。原来的输入、输出端被反相器"隔离"在芯片内部,成为芯片内部信号。现在直接负责驱动外部负载和接收外部输入的,是这些反相器。原有的 Y 输出端高电平电压值随输入不同变化不一、时高时低的问题不复存在,因为外部输出信号现在由反相器控制,反相器只包含一个 PMOS 晶体管和一个 NMOS 晶体管,PMOS 负责上拉,NMOS 负责下拉。无论输入信号是哪种情况,输出信号的高电平都是由反相器 PMOS 导通上拉实现,电压值没有差异。

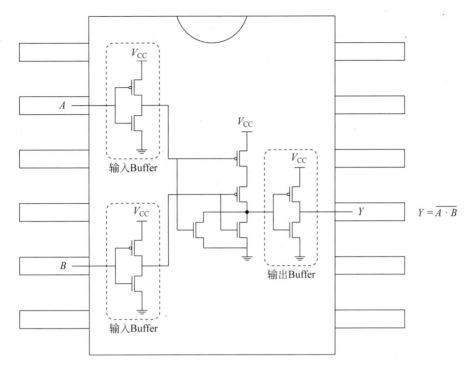

图 9-25　实际出产的"与非门"芯片电路

$$Y = \overline{A \cdot B}$$

同样,在芯片的输入方面,原来输入端 A、B 存在的缺陷也在加入反相器后得到了很好的解决。

这些在与非门芯片电路输入、输出端新加入的反相器,就是"Buffer"。加在输入端的是输入 Buffer,加在输出端的是输出 Buffer。从"与非门"逻辑功能实现本身来说,并不需要"反相"这一步,加入反相器纯粹是利用它在输入、输出方面的特性来解决芯片的信号输入、输出问题,这些反相器的角色本质是"Buffer"而非"反相"。只是,客观上"反相"功能的存在,需要将芯片内部电路更换为"或非门"电路,才能使芯片整体功能表现为"与非门"。

图 9-26 是实际出产的"或非门"芯片电路,在输入端 A、B 和输出端 Y 也都加上了 Buffer。同样,因为 Buffer 加入后带来的"反相"效果,内部电路换成了原本的"与非门"电路,使芯片整体功能保持为"或非门"。

Buffer 的作用并不仅限于克服上述芯片内部信号在外部连接方面的缺陷,还在于输入、输出的其他方面。如电平兼容性问题,一个工作在 3.3V 电源电压的器件要能兼容 5V 信号的输入,也是通过输入 Buffer 的设计来实现的。

总之,Buffer 就是芯片中专门负责输入、输出的电路部件。多数资料、书籍会按照 "Buffer"一词的英文原意直接将其翻译为"缓冲器",这并不错。但今天从事板级数字电路系统设计的工程师,可能多数都无暇掌握太多有关芯片内部结构的专业知识。尤其对初学者,"缓冲"二字其实仍是不知所云。所以,在本书的文本中,干脆保留"Buffer"一词的英文原样,以醒目的方式提示它在信号完整性学习中的重要性,不明其义的读者在遇到时也自然会不可回避地去探究它的内涵。

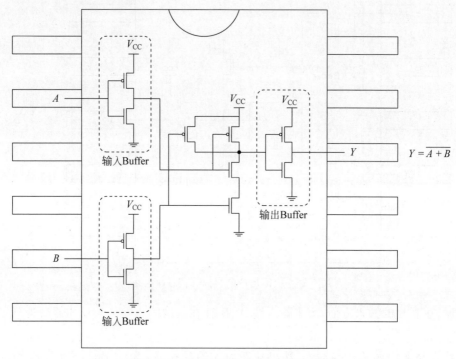

图 9-26　实际出产的"或非门"芯片电路

　　简单如与非门和或非门这样的门电路,复杂如智能手机和 PC 电脑中的处理器,每一个数字集成电路芯片的输入、输出都需要 Buffer。在 CMOS 集成电路芯片中,反相器是最常见的 Buffer 样式。还有其他一些样式的 Buffer。但我们的学习背景是 IBIS 模型和信号完整性,不是芯片设计,所以不必深究,记住这个最典型的例子就好。对初学者来说,能够实实在在地在"与非门"和"或非门"这样的简单芯片电路实例里看清楚 Buffer 的模样就足够了。为了简单,可以笼统地认为所有数字集成电路芯片的每一个输入、输出引脚背后都有一个反相器在充当 Buffer。

　　IBIS 模型就是为 Buffer 建立的模型。虽然在一般的称呼中,IBIS 模型和 SPICE 模型都被称作"芯片的模型",但 IBIS 模型仅仅是给芯片中负责输入、输出的这一小部分电路建模,对于内部电路,则是完全不涉及,如图 9-27 所示。集成几个、几十个晶体管的简单芯片和集成几亿、几十亿晶体管的复杂芯片相比,如果大家使用的 Buffer 种类数目都差不多,那么 IBIS 模型文件的"体量"也是差不多的。这与 SPICE 模型有显著不同。

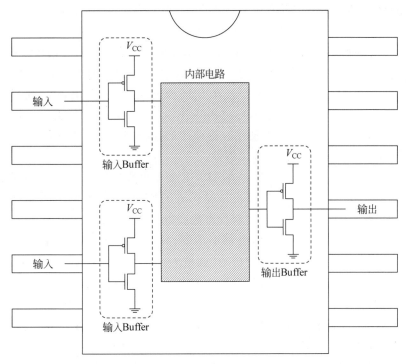

图 9-27 IBIS 模型是只关注芯片 Buffer 而不涉及芯片内部电路的模型

9.5 IBIS 模型详解——输出 Buffer

在了解了 IBIS 模型诞生的由来和 Buffer 的含义之后,接下来我们来看 IBIS 是怎样给芯片 Buffer 建模的,IBIS 模型文件包含了哪些具体内容。

作为一种能够普遍适用的芯片 Buffer 建模规范标准,IBIS 首先需要提炼、定义出 Buffer 的标准构成要素,也就是什么样的东西称之为 Buffer,它需要包含哪些必要的构成要素。这种提炼要具有广泛的代表意义和典型性,能够为各家芯片厂商的芯片产品所适用。

首先来看输出 Buffer。在 IBIS 的规范定义中,一个输出 Buffer 包含的组成部件如图 9-28 所示。

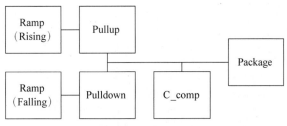

图 9-28 IBIS 输出 Buffer 模型组成框图

这个方框组成图对于初学者来说非常抽象,一时难明其义,但其实与芯片 Buffer 实物的对应关系是相当清晰的。回到上一节,一个典型的 CMOS 输出 Buffer 由一个 PMOS 晶体管加一个 NMOS 晶体管组成,PMOS 通过上拉至电源 V_{CC} 输出高电平,NMOS 通过下拉至地输出低电平。在 IBIS 模型规范中,"Pullup"就是指这个负责上拉的 PMOS,"Pulldown"就是指这个负责下拉的 NMOS,如图 9-29 所示。这两个部件分别决定着 Buffer 在上拉和下拉时的信号输出特性。

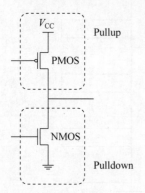

图 9-29　CMOS 输出 Buffer 中的 Pullup 和 Pulldown

如果是在 SPICE 模型中来描述这两个上、下拉的 MOS 晶体管,需要提供晶体管的模型方程式,给出晶体管的结构特性参数、工艺制程参数和寄生效应参数,等等。而在 IBIS 模型中,这一切信息都不需要,只需要提供上、下拉晶体管的"行为"即可。这个"行为"就是 I-V 曲线。对上拉晶体管来说,在电平上拉的过程中,每一个电压点上流过晶体管的电流是多少;对下拉晶体管来说,在电平下拉的过程中,每一个电压点上流过晶体管的电流是多少,给出这些数据即可。所以,在 IBIS 模型中,"Pulldown"和"Pullup"的实质内容就是一条 I-V 曲线。

下面看实例,某个芯片 IBIS 模型文件中的"Pullup"和"Pulldown"描述部分。其中,以符号"|"起头的那些文本行是注释内容,不属于模型文件的实际有效部分。

```
[Temperature Range]      50.000      100.000      0.000
[Voltage Range]          3.300V      3.000V       3.600V
[Pulldown]
| voltage        I(typ)       I(min)       I(max)
|
  -3.300        -0.249A      -0.204A      -0.302A
  -3.100        -0.242A      -0.199A      -0.293A
  -2.900        -0.234A      -0.193A      -0.284A
  -2.700        -0.226A      -0.186A      -0.273A
  -2.500        -0.217A      -0.179A      -0.262A
  -2.300        -0.207A      -0.171A      -0.250A
  -2.100        -0.196A      -0.162A      -0.237A
  -1.900        -0.184A      -0.152A      -0.223A
  -1.700        -0.171A      -0.142A      -0.207A
  -1.500        -0.158A      -0.130A      -0.191A
  -1.000        -0.117A      -96.330mA    -0.142A
  -0.900        -0.107A      -88.630mA    -0.130A
  -0.800        -97.595mA    -80.455mA    -0.118A
  -0.700        -87.067mA    -71.852mA    -0.105A
  -0.600        -75.868mA    -62.714mA    -91.642mA
  -0.500        -63.844mA    -52.959mA    -76.970mA
  -0.400        -51.428mA    -42.648mA    -62.018mA
  -0.300        -38.819mA    -32.165mA    -46.850mA
  -0.200        -26.040mA    -21.549mA    -31.450mA
```

− 0.100	− 13.100mA	− 10.830mA	− 15.840mA
0.000	0.000A	0.000A	0.000A
0.100	12.930mA	10.650mA	15.670mA
0.200	25.350mA	20.840mA	30.790mA
0.300	37.260mA	30.590mA	45.340mA
0.400	48.680mA	39.890mA	59.340mA
0.500	59.590mA	48.760mA	72.760mA
0.600	70.010mA	57.180mA	85.630mA
0.700	79.940mA	65.180mA	97.920mA
0.800	89.380mA	72.760mA	0.110A
0.900	98.330mA	79.910mA	0.121A
1.000	0.107A	86.650mA	0.131A
1.100	0.115A	92.990mA	0.141A
1.200	0.122A	98.940mA	0.151A
1.300	0.129A	0.104A	0.160A
1.400	0.136A	0.110A	0.168A
1.500	0.142A	0.114A	0.176A
1.600	0.148A	0.119A	0.184A
1.700	0.153A	0.123A	0.191A
1.800	0.158A	0.127A	0.197A
1.900	0.163A	0.130A	0.203A
2.000	0.167A	0.133A	0.208A
2.100	0.171A	0.136A	0.213A
2.200	0.174A	0.138A	0.218A
2.300	0.177A	0.140A	0.222A
2.400	0.180A	0.142A	0.226A
2.500	0.182A	0.144A	0.229A
2.600	0.184A	0.145A	0.231A
2.700	0.185A	0.145A	0.231A
2.800	0.185A	0.145A	0.231A
2.900	0.185A	0.145A	0.232A
3.000	0.185A	0.145A	0.232A
3.100	0.186A	0.146A	0.232A
3.200	0.186A	0.146A	0.233A
3.300	0.186A	0.146A	0.233A
3.400	0.186A	0.146A	0.233A
3.500	0.187A	0.146A	0.234A
3.600	0.187A	0.147A	0.234A
3.700	0.187A	0.147A	0.234A
3.800	0.187A	0.147A	0.234A
3.900	0.188A	0.147A	0.235A
4.000	0.188A	0.147A	0.235A
4.100	0.188A	0.148A	0.235A
4.200	0.188A	0.148A	0.236A
4.300	0.188A	0.148A	0.236A
4.500	0.189A	0.148A	0.237A
4.700	0.189A	0.149A	0.237A
4.900	0.190A	0.149A	0.238A
5.100	0.190A	0.149A	0.238A
5.300	0.191A	0.150A	0.239A

5.500	0.191A	0.152A	0.240A
5.700	0.192A	0.154A	0.240A
5.900	0.193A	0.155A	0.241A
6.100	0.195A	0.157A	0.242A
6.600	0.199A	0.162A	0.245A

|

[Pullup]
| voltage   I(typ)   I(min)   I(max)
|

voltage	I(typ)	I(min)	I(max)
− 3.300	6.866mA	4.620mA	10.099mA
− 3.100	6.749mA	4.532mA	9.963mA
− 2.900	6.646mA	4.447mA	9.820mA
− 2.700	6.538mA	4.364mA	9.686mA
− 2.500	6.432mA	4.280mA	9.548mA
− 2.300	6.326mA	4.199mA	9.412mA
− 2.100	6.222mA	4.117mA	9.276mA
− 1.900	6.117mA	4.037mA	9.141mA
− 1.700	6.014mA	3.957mA	9.007mA
− 1.500	5.911mA	3.878mA	8.874mA
− 1.000	5.657mA	3.682mA	8.544mA
− 0.900	5.607mA	3.644mA	8.478mA
− 0.800	5.557mA	3.605mA	8.413mA
− 0.700	5.507mA	3.567mA	8.348mA
− 0.600	5.457mA	3.529mA	8.284mA
− 0.500	5.408mA	3.491mA	8.204mA
− 0.400	5.263mA	3.453mA	7.740mA
− 0.300	4.692mA	3.207mA	6.723mA
− 0.200	3.642mA	2.564mA	5.115mA
− 0.100	2.086mA	1.502mA	2.882mA
0.000	− 60.292nA	− 45.928nA	− 77.987nA
0.100	− 2.522mA	− 1.889mA	− 3.371mA
0.200	− 5.344mA	− 4.077mA	− 7.033mA
0.300	− 8.435mA	− 6.534mA	− 10.950mA
0.400	− 11.770mA	− 9.232mA	− 15.100mA
0.500	− 15.320mA	− 12.150mA	− 19.450mA
0.600	− 19.060mA	− 15.270mA	− 24.000mA
0.700	− 22.990mA	− 18.570mA	− 28.710mA
0.800	− 27.080mA	− 22.040mA	− 33.580mA
0.900	− 31.330mA	− 25.670mA	− 38.590mA
1.000	− 35.710mA	− 29.440mA	− 43.730mA
1.100	− 40.230mA	− 33.340mA	− 48.990mA
1.200	− 44.860mA	− 37.370mA	− 54.370mA
1.300	− 49.610mA	− 41.520mA	− 59.850mA
1.400	− 54.470mA	− 45.770mA	− 65.440mA
1.500	− 59.420mA	− 50.130mA	− 71.110mA
1.600	− 64.470mA	− 54.590mA	− 76.870mA
1.700	− 69.610mA	− 59.130mA	− 82.710mA
1.800	− 74.820mA	− 63.770mA	− 88.630mA
1.900	− 80.120mA	− 68.480mA	− 94.620mA
2.000	− 85.490mA	− 73.280mA	− 0.101A

2.100	− 90.940mA	− 78.140mA	− 0.107A
2.200	− 96.450mA	− 83.080mA	− 0.113A
2.300	− 0.102A	− 88.080mA	− 0.119A
2.400	− 0.108A	− 93.140mA	− 0.126A
2.500	− 0.113A	− 98.260mA	− 0.132A
2.600	− 0.119A	− 0.103A	− 0.138A
2.700	− 0.125A	− 0.109A	− 0.145A
2.800	− 0.131A	− 0.114A	− 0.151A
2.900	− 0.137A	− 0.119A	− 0.157A
3.000	− 0.143A	− 0.124A	− 0.163A
3.100	− 0.148A	− 0.130A	− 0.169A
3.200	− 0.154A	− 0.135A	− 0.176A
3.300	− 0.160A	− 0.140A	− 0.182A
3.400	− 0.166A	− 0.145A	− 0.188A
3.500	− 0.171A	− 0.150A	− 0.194A
3.600	− 0.177A	− 0.156A	− 0.201A
3.700	− 0.183A	− 0.162A	− 0.207A
3.800	− 0.188A	− 0.168A	− 0.213A
3.900	− 0.194A	− 0.175A	− 0.219A
4.000	− 0.200A	− 0.182A	− 0.226A
4.100	− 0.207A	− 0.190A	− 0.232A
4.200	− 0.215A	− 0.198A	− 0.238A
4.300	− 0.223A	− 0.205A	− 0.244A
4.500	− 0.240A	− 0.221A	− 0.260A
4.700	− 0.258A	− 0.238A	− 0.279A
4.900	− 0.276A	− 0.254A	− 0.299A
5.100	− 0.295A	− 0.271A	− 0.319A
5.300	− 0.314A	− 0.288A	− 0.340A
5.500	− 0.334A	− 0.305A	− 0.362A
5.700	− 0.353A	− 0.323A	− 0.384A
5.900	− 0.373A	− 0.340A	− 0.406A
6.100	− 0.393A	− 0.357A	− 0.428A
6.600	− 0.442A	− 0.400A	− 0.484A

IBIS 模型文件是用 ASCII 文本格式来书写和存储的,对 I-V 曲线的描述采用表格化的文本描述方式。"Pulldown"和"Pullup"描述部分的每一行代表 I-V 曲线上的一个点,给出该点的电流、电压值。将全部点穿连起来,就成为整条 I-V 曲线。

写入表格中的电压数据值,是指加在上、下拉 MOS 晶体管两端的电压值,即 PMOS、NMOS 源极(S)、漏极(D)间的电压值,如图 9-30 所示。对 Pullup 来说,表格电压值 V 等于电源电压值 V_{CC} 减去 Buffer 输出端电压值 V_{OUT} 的差。如上面 Pullup 表中第一行,电压值 V 为 −3.3V,该输出 Buffer 的电源电压值 V_{CC} 为 3.3V,则此时对应的 Buffer 输出端电压值 V_{OUT} 为 6.6V。

对 Pulldown 来说,表格电压值 V 等于 Buffer 输出端电压值 V_{OUT} 减去地电压值的差。地电压值为 0,所以表格电压值 V 正好与 Buffer 输出端电压值 V_{OUT} 相等。如上面 Pulldown 表中第一行,电压值 V 为 −3.3V,此时对应的 Buffer 输出端电压值 V_{OUT} 也为 −3.3V。

写入表格中的电流数据值,是指流经上、下拉 MOS 晶体管的电流值,即 PMOS、NMOS

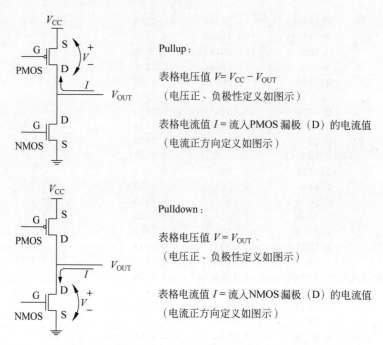

图 9-30　IBIS 模型 Pullup 和 Pulldown 表格 V、I 取值含义

漏极(D)处的电流值。IBIS 规范统一规定从外部引脚流入 Buffer 的方向为电流的正方向，对 PMOS、NMOS 来说，也即从漏极(D)流入的方向为正方向。如果实际的电流方向是从 PMOS、NMOS 的漏极(D)流出的，表格中的电流值就是一个负值。

　　在 Pulldown 和 Pullup 表格的每个电压点上，都给出了三个电流值，分别是典型值(typ)、最小值(min)、最大值(max)。所以，Pulldown 和 Pullup 表格实际上包含了三条 I-V 曲线。因为 MOS 晶体管的 I-V 特性并不是恒定不变的，会随着工作环境条件的不同而发生偏移变化。IBIS 模型通过提供三条曲线来体现温度和供电电压这两个主要工作环境条件给上、下拉晶体管 I-V 特性带来的影响，相应的表格取值与工作环境条件的对应关系如表 9-1 所示。

表 9-1　IBIS 模型中 CMOS 器件 Buffer 表格取值与工作环境条件的对应关系

取　值	温　度	供 电 电 压
典型值(typ)	常规温度	常规供电电压
最小值(min)	最高温度	最低供电电压
最大值(max)	最低温度	最高供电电压

　　对 CMOS 器件 Buffer 来说，典型值(typ)对应常规工作环境条件：常规温度和常规的供电电压，具体的温度和供电电压值在 Pullup 和 Pulldown 之前的 Temperature Range 和 Voltage Range 两部分中指明。上面这个 IBIS 模型实例中，常规温度值为 50℃，常规供电电压值为 3.3V。最小值(min)对应 CMOS 器件 Buffer 在最高温度和最低供电电压时的状

态。当然,"最高"和"最低"不是绝对、无限制的,而是在器件能够工作的一段合理范围内的极端值。本例中,最高温度为100℃,最低供电电压为3.0V。最大值(max)对应CMOS器件Buffer在最低环境温度和最高供电电压时的状态。本例中,最低温度为0℃,最高供电电压为3.6V。

用上例Pulldown和Pullup表格数据绘制成的三条I-V曲线如图9-31和图9-32所示。

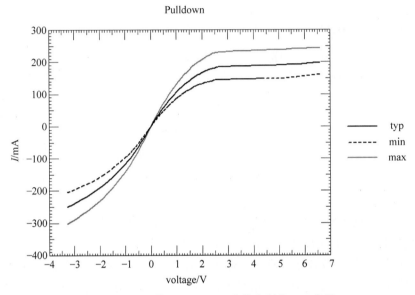

图9-31 IBIS模型Pulldown表格绘制的I-V曲线

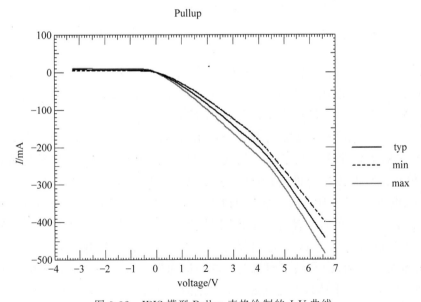

图9-32 IBIS模型Pullup表格绘制的I-V曲线

对一般的仿真需求来说，典型状态下的 $I\text{-}V$ 曲线就足够了，也是最有价值的。IBIS 技术规范规定，典型状态下的 $I\text{-}V$ 曲线是模型文件必须要提供的，两种极端情况下的 $I\text{-}V$ 曲线则是可选项，可以不提供。所以，有些芯片厂商提供的 IBIS 模型文件中 Pullup 和 Pulldown 表格只列出了电流的典型值（typ），没有最小值（min）和最大值（max），如下面这样。

```
[Pullup]
| voltage          I(typ)           I(min)           I(max)
|
  - 3.300         1.20mA            NA               NA
  - 3.200         1.26mA            NA               NA
  - 3.100         1.30mA            NA               NA
  ....
```

我们注意到，图 9-31 和图 9-32 所示的 $I\text{-}V$ 曲线所覆盖的 Buffer 输出端电压范围是 $-3.3 \sim 6.6\text{V}$。本例中输出 Buffer 电源电压 V_{CC} 为 3.3V，输出信号的电压范围只有 $0 \sim 3.3\text{V}$。$I\text{-}V$ 曲线的电压覆盖范围在高、低两个方向上都超过输出电压范围的一倍。这多出来的部分用得上吗？

当然用得上。这个地方充分体现了 IBIS 模型对于信号完整性仿真的明显的针对性。虽然一个电源电压为 V_{CC} 的输出 Buffer 其自身的输出电压范围只有 $0 \sim V_{CC}$，但在电路的运行过程中，Buffer 可不是仅仅承受自身的输出信号电压。当它输出一个信号，而信号在前行过程中发生了反射，那么反射回来的信号电压也会叠加到 Buffer 输出端上。在发生最大反射的极端情况下（反射系数为 1），Buffer 输出一个 0 到 V_{CC} 的上升沿信号后，反射信号到来后将再叠加 V_{CC} 的电压到 Buffer 输出端上，此时 Buffer 输出端上的电压就是 $V_{CC}+V_{CC}=2V_{CC}$，如图 9-33 所示。同样，Buffer 输出一个 V_{CC} 到 0 的下降沿信号后，如果发生最大反射，反射信号到来后将再叠加 $-V_{CC}$ 的电压到 Buffer 输出端上，此时 Buffer 输出端上的电压就是 $0-V_{CC}=-V_{CC}$，正是基于能对所有的反射情况进行仿真的需求，IBIS 模型 Pullup 和 Pulldown 需要提供电压范围为 $-V_{CC} \sim 2V_{CC}$ 的 $I\text{-}V$ 曲线，对于 3.3V 器件来说，就是 $-3.3 \sim 6.6\text{V}$，对于 2.5V 器件来说，就是 $-2.5 \sim 5\text{V}$。

现在回答第 7.3 节"源端端接"末尾部分提出的问题：怎么知道信号驱动源的内阻是多少？IBIS 模型的 $I\text{-}V$ 曲线提供了这个问题的答案。如图 9-34 所示，如果把负责下拉的 NMOS 晶体管的漏极（D）、源极（S）看作是一个电阻的两端，那么利用 Pulldown 表格中的每一对电压、电流值，都能计算出一个电阻值来。如 Pulldown 表格第一行，电压为 -3.3V，电流为 -0.249A（典型值），二者相除可得电阻值为 13.3Ω。第二行，电压为 -3.1V，电流为 -0.242A（典型值），二者相除可得电阻值为 12.8Ω。两次计算得到的值不一样，说明这不是一个阻值恒定的电阻，而是随着两端电压的不同而发生变化的电阻。这在 Pulldown 的 $I\text{-}V$ 曲线图（见图 9-31）上体现得更直观。如果电阻是恒定不变的，绘制出的 $I\text{-}V$ 曲线将是一条直线。

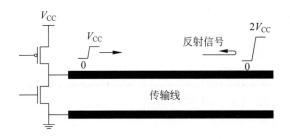

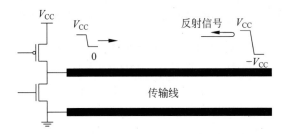

图 9-33   发生最大反射的情况下 Buffer 输出端的电压范围是 $-V_{CC} \sim 2V_{CC}$

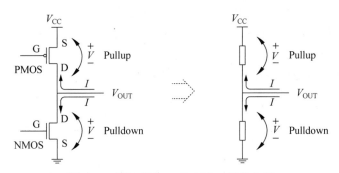

图 9-34   将 Pulldown 和 Pullup 看作电阻

同样的道理,如果把负责上拉的 PMOS 晶体管的漏极(D)、源极(S)看作一个电阻的两端,那么利用 Pullup 表格中的每一对电压、电流值,也能计算出一个电阻值来。Pulldown表格的第一行对应的 Buffer 输出端 V_{OUT} 电压为 $-3.3V$,再对应到 Pullup 表格上,是 Pullup 表格最后一行:电压为 $6.6V$,电流为 $-0.442A$(典型值)。二者相除计算得到电阻值 14.9Ω。

这一上一下两个电阻,就是输出 Buffer 作为信号驱动源对外所体现出来的"信号源内阻"。当信号驱动源发出的"跳变"信号在传输线末端发生反射,反射信号经过反向传输到达传输线的源端时,所感受到的源端端接阻抗,就是"信号源内阻"。如果信号源内阻与传输线阻抗不一致,将再次发生反射,如图 9-35 所示。

按本例的计算结果,在 Buffer 输出端 V_{OUT} 电压为 $-3.3V$ 这一点上(Pulldown 表格第一行和 Pullup 表格最后一行),上面的电阻为 13.3Ω,下面的电阻为 14.9Ω。为了像图 9-35

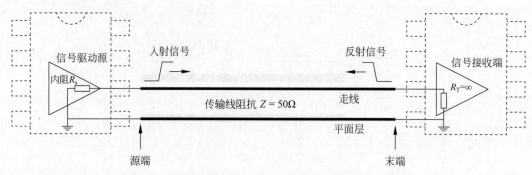

图 9-35　信号驱动源内阻决定传输线源端是否发生反射

那样将内阻表示成一个电阻,需要将二者进行等效合并。在 V_{OUT} 电压为 $-3.3V$ 这一点上,两个表格的电流值都为负数。按照图 9-30 中电流方向的定义,实际的电流流向是从两个 MOS 晶体管的漏极(D)向外流的。以外部视角来看,两个电阻的一端连在一起且两股电流从相同方向流出,则这两个电阻是并联的关系。将上、下两个电阻(13.3Ω 和 14.9Ω)进行并联等效合并计算,所得约为 7Ω。也即是说,在输出端 V_{OUT} 电压为 $-3.3V$ 这一点上,从外部感知的"信号源内阻"约为 7Ω。按通常情况下传输线阻抗 50Ω 来衡量,这个内阻值与传输线阻抗不一致,将导致源端发射发生。

　　如果要消除源端反射,可以添加"源端端接"措施,在信号输出端串联一个 43Ω 的端接电阻,补足信号驱动源内阻与传输线阻抗间的差额,如图 9-36 所示。这个串联端接电阻需要靠近信号输出引脚放置,使其充分挨近信号驱动源内阻。

图 9-36　使用"源端端接"措施消除传输线源端的反射

　　但是,43Ω 这个值是只适用于 V_{OUT} 电压为 $-3.3V$ 这一点的。由于 Pulldown 和 Pullup 表格的电压、电流比例关系不是恒定的,换一个 V_{OUT} 电压点,计算得出的信号驱动源内阻就可能不是 7Ω 了,可能是 8Ω、9Ω、10Ω,这时再用 43Ω 的串联电阻就存在一些偏差了。我们没有办法找到一个串联电阻值来满足输出 Buffer 在 Pulldown 和 Pullup 表格整个电压区间每一点上的源端端接需求。

　　所以,实际电路中采用的串联端接电阻注定是一个兼顾和折中的值,不必纠结其精确性。究竟该用 43Ω 还是 42Ω? 这样的讨论毫无价值。如果用 43Ω 电阻能起到作用,那么换成 42Ω 也差不了什么。究竟该用 43Ω 还是 33Ω、22Ω、10Ω？至少是这样粒度级别的差距才会产生足够的效果差异。

那么究竟该如何确定源端串联端接电阻的值？这就是 IBIS 模型被设计发明出来派上用场的地方——仿真。有了 IBIS 模型通过 Pulldown、Pullup 等表格提供的芯片输出 Buffer"行为"数据，通过 IBIS 仿真软件就能得到在不同端接电阻值下的信号波形。根据波形的优劣，我们就能判断出某个信号的走线是否需要添加源端串联端接电阻，以及添加多大的端接电阻值是最优的。

对输出 Buffer 来说，除了上拉、下拉的 *I-V* 曲线，Buffer"行为"的另一个重要方面是上拉、下拉的速度有多快。也就是 Buffer 输出一个上升沿和下降沿分别需要多少时间。对高速数字电路来说，这是真正代表着芯片有多"快"的关键信息。在 IBIS 规范中，描述这个信息的部分称为"Ramp"，见图 9-28。如下所示为一个 IBIS 模型实例中的"Ramp"描述部分。

```
[Ramp]
| variable        typ            min            max
dV/dt_r         1.285/0.526n   1.092/0.632n   1.492/0.424n
dV/dt_f         1.697/0.382n   1.492/0.510n   1.902/0.286n
R_load = 50.000
```

Ramp 部分很简单，通过两个"dV/dt"比值数据的形式来描述 Buffer 输出上升沿（Rising）和下降沿（Falling）的快慢。其中的 dt_r 和 dt_f 分别代表输出 Buffer 的上升时间和下降时间。IBIS 规范对上升时间、下降时间的取值定义是"20％～80％时间"，即 Buffer 输出电压从整个电压输出摆幅的 20％到 80％之间经历的时间，如图 9-37 所示。dV 代表从 20％到 80％之间的电压摆幅。

图 9-37　IBIS 模型 Ramp 部分对上升时间、下降时间的取值定义

与 Pullup 和 Pulldown 一样，Ramp 部分提供了三组 dV/dt 值，分别描述 Buffer 在典型状态（typ）和两种极端状态（min、max）下的上升、下降时间。其中，典型状态（typ）值是必须要提供的，极端状态（min、max）的两组值为可选提供。上例中，典型状态（typ）下的上升时间 dt_r 为 0.526ns，对应的电压摆幅 dV 为 1.285V，下降时间 dt_f 为 0.382ns，对应的电压摆幅 dV 为 1.697V。

我们知道，Buffer 输出上升/下降时间的快慢、电压的摆幅其实是跟负载有很大关系的，所以，Ramp 部分还需要说明列出的 dV/dt 数据是在何种负载情况下得到的。IBIS 规范要求使用一个纯电阻负载来获得 dV/dt 数据，最后一行的 R_load 用来指明负载电阻的阻值。本例中，R_load 阻值为 50Ω。在获取上升沿数据 dV/dt_r 时，负载电阻 R_load 以下拉至地的方式连接在 Buffer 输出端，在获取下降沿数据 dV/dt_f 时，负载电阻 R_load 以上拉至电

源 V_{CC} 的方式连接在 Buffer 输出端,如图 9-38 所示。

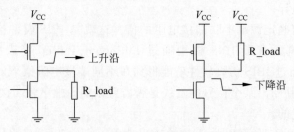

图 9-38   CMOS 输出 Buffer 的 R_load 连接

上升、下降时间当然是描述芯片输出跳变特性最关键、最重要的信息。但是,随着信号完整性仿真对芯片 IO 特性细节不断增加的需求,仅仅用上升、下降时间来描述芯片 Buffer 的跳变特性,还是过于简陋和粗犷了。板级电路工程师和信号完整性工程师希望知道 Buffer 输出上升沿和下降沿的完整波形,也就是 Buffer 输出上升沿、下降沿时的 $V\text{-}t$ 曲线(电压-时间关系曲线)。作为对 Ramp 描述部分的补充,从 2.0 版本开始,IBIS 模型规范中增加了输出 Buffer 的上升沿、下降沿波形描述部分,即 "Rising Waveform" 和 "Falling Waveform" 部分,如下例。

```
|第一个"Rising Waveform"表格
[Rising Waveform]
R_fixture = 50.000
V_fixture = 3.300
V_fixture_min = 3.000
V_fixture_max = 3.600
L_fixture = 0.000H
C_fixture = 0.000F
| time          V(typ)       V(min)       V(max)
|
   0.000S       0.472V       0.512V       0.430V
1.000e-10S      0.472V       0.512V       0.430V
   0.200nS      0.472V       0.512V       0.430V
   0.300nS      0.472V       0.512V       0.430V
   0.400nS      0.472V       0.512V       0.429V
   0.500nS      0.471V       0.511V       0.430V
   0.600nS      0.471V       0.511V       0.433V
   0.700nS      0.474V       0.511V       0.440V
   0.800nS      0.478V       0.513V       0.488V
   0.900nS      0.494V       0.517V       0.600V
   1.000nS      0.546V       0.524V       0.772V
   1.100nS      0.648V       0.537V       1.034V
   1.200nS      0.777V       0.574V       1.503V
   1.300nS      1.017V       0.639V       2.154V
   1.400nS      1.416V       0.769V       2.892V
   1.500nS      1.883V       0.921V       3.251V
```

1.600nS	2.251V	1.062V	3.420V
1.700nS	2.661V	1.374V	3.513V
1.800nS	2.917V	1.733V	3.558V
1.900nS	3.129V	2.099V	3.589V
2.000nS	3.209V	2.411V	3.595V
2.100nS	3.261V	2.653V	3.599V
2.200nS	3.289V	2.839V	3.601V
2.300nS	3.294V	2.909V	3.601V
2.400nS	3.296V	2.938V	3.601V
2.500nS	3.300V	2.961V	3.601V
2.600nS	3.301V	2.982V	3.601V
2.700nS	3.301V	2.996V	3.600V
2.800nS	3.301V	3.000V	3.600V
2.900nS	3.301V	3.002V	3.600V
3.000nS	3.301V	3.002V	3.600V
3.100nS	3.301V	3.002V	3.600V
3.200nS	3.300V	3.002V	3.600V
3.300nS	3.300V	3.001V	3.600V
3.400nS	3.300V	3.001V	3.600V
3.500nS	3.300V	3.001V	3.600V
3.600nS	3.300V	3.001V	3.600V
3.700nS	3.300V	3.001V	3.600V
3.800nS	3.300V	3.000V	3.600V
3.900nS	3.300V	3.000V	3.600V
4.000nS	3.300V	3.000V	3.600V
4.100nS	3.300V	3.000V	3.600V
4.200nS	3.300V	3.000V	3.600V
4.300nS	3.300V	3.000V	3.600V
4.400nS	3.300V	3.000V	3.600V
4.500nS	3.300V	3.000V	3.600V
4.600nS	3.300V	3.000V	3.600V
4.700nS	3.300V	3.000V	3.600V
4.800nS	3.300V	3.000V	3.600V
4.900nS	3.300V	3.000V	3.600V
5.000nS	3.300V	3.000V	3.600V

|
|第二个"Rising Waveform"表格
[Rising Waveform]
R_fixture = 50.000
V_fixture = 0.000
V_fixture_min = 0.000
V_fixture_max = 0.000
L_fixture = 0.000H
C_fixture = 0.000F

time	V(typ)	V(min)	V(max)
0.000S	0.000V	0.000V	0.000V

1.000e − 10S	− 22.330uV	− 20.120uV	− 28.898uV
0.200nS	− 30.991uV	− 41.525uV	0.190uV
0.300nS	0.126mV	70.013uV	0.198mV
0.400nS	0.301mV	0.198mV	0.183mV
0.500nS	− 9.655uV	0.229mV	− 0.331mV
0.600nS	− 0.409mV	− 28.180uV	− 0.205mV
0.700nS	0.147mV	− 0.301mV	18.540mV
0.800nS	6.175mV	− 0.391mV	88.075mV
0.900nS	40.205mV	0.570mV	0.196V
1.000nS	0.101V	11.534mV	0.332V
1.100nS	0.184V	39.295mV	0.494V
1.200nS	0.288V	85.050mV	0.711V
1.300nS	0.413V	0.139V	1.126V
1.400nS	0.607V	0.228V	1.686V
1.500nS	0.875V	0.313V	1.988V
1.600nS	1.122V	0.388V	2.129V
1.700nS	1.438V	0.543V	2.282V
1.800nS	1.654V	0.713V	2.327V
1.900nS	1.807V	0.898V	2.366V
2.000nS	1.905V	1.108V	2.398V
2.100nS	1.966V	1.349V	2.420V
2.200nS	2.017V	1.488V	2.437V
2.300nS	2.038V	1.539V	2.448V
2.400nS	2.051V	1.587V	2.453V
2.500nS	2.069V	1.645V	2.460V
2.600nS	2.085V	1.673V	2.466V
2.700nS	2.097V	1.706V	2.471V
2.800nS	2.107V	1.729V	2.474V
2.900nS	2.112V	1.742V	2.476V
3.000nS	2.116V	1.753V	2.477V
3.100nS	2.122V	1.763V	2.479V
3.200nS	2.125V	1.772V	2.481V
3.300nS	2.128V	1.780V	2.482V
3.400nS	2.130V	1.786V	2.483V
3.500nS	2.132V	1.793V	2.483V
3.600nS	2.134V	1.797V	2.484V
3.700nS	2.136V	1.802V	2.484V
3.800nS	2.137V	1.805V	2.485V
3.900nS	2.138V	1.807V	2.485V
4.000nS	2.139V	1.809V	2.485V
4.100nS	2.139V	1.811V	2.485V
4.200nS	2.140V	1.812V	2.485V
4.300nS	2.140V	1.814V	2.485V
4.400nS	2.141V	1.815V	2.485V
4.500nS	2.141V	1.816V	2.486V
4.600nS	2.141V	1.817V	2.486V
4.700nS	2.141V	1.818V	2.486V

time	V(typ)	V(min)	V(max)
4.800nS	2.142V	1.819V	2.486V
4.900nS	2.142V	1.819V	2.486V
5.000nS	2.142V	1.820V	2.486V

|

|第一个"Falling Waveform"表格

[Falling Waveform]
R_fixture = 50.000
V_fixture = 3.300
V_fixture_min = 3.000
V_fixture_max = 3.600
L_fixture = 0.000H
C_fixture = 0.000F

time	V(typ)	V(min)	V(max)
0.000S	3.300V	3.000V	3.600V
1.000e-10S	3.300V	3.000V	3.600V
0.200nS	3.300V	3.000V	3.600V
0.300nS	3.299V	3.000V	3.599V
0.400nS	3.299V	2.999V	3.600V
0.500nS	3.301V	2.999V	3.606V
0.600nS	3.305V	3.000V	3.612V
0.700nS	3.310V	3.002V	3.525V
0.800nS	3.282V	3.006V	3.255V
0.900nS	3.151V	3.008V	2.750V
1.000nS	2.905V	2.979V	2.063V
1.100nS	2.532V	2.883V	1.332V
1.200nS	2.083V	2.732V	0.866V
1.300nS	1.589V	2.517V	0.680V
1.400nS	1.079V	2.187V	0.580V
1.500nS	0.836V	1.886V	0.536V
1.600nS	0.740V	1.641V	0.516V
1.700nS	0.662V	1.303V	0.496V
1.800nS	0.614V	1.044V	0.480V
1.900nS	0.583V	0.879V	0.470V
2.000nS	0.560V	0.780V	0.461V
2.100nS	0.539V	0.706V	0.454V
2.200nS	0.524V	0.659V	0.448V
2.300nS	0.516V	0.637V	0.445V
2.400nS	0.510V	0.621V	0.443V
2.500nS	0.504V	0.604V	0.440V
2.600nS	0.498V	0.587V	0.438V
2.700nS	0.493V	0.573V	0.436V
2.800nS	0.488V	0.561V	0.435V
2.900nS	0.487V	0.556V	0.434V
3.000nS	0.485V	0.551V	0.434V
3.100nS	0.482V	0.545V	0.433V
3.200nS	0.481V	0.541V	0.432V

3.300nS	0.479V	0.536V	0.432V
3.400nS	0.478V	0.533V	0.431V
3.500nS	0.477V	0.530V	0.431V
3.600nS	0.476V	0.527V	0.431V
3.700nS	0.475V	0.525V	0.431V
3.800nS	0.475V	0.522V	0.430V
3.900nS	0.474V	0.521V	0.430V
4.000nS	0.474V	0.520V	0.430V
4.100nS	0.474V	0.519V	0.430V
4.200nS	0.473V	0.518V	0.430V
4.300nS	0.473V	0.517V	0.430V
4.400nS	0.473V	0.517V	0.430V
4.500nS	0.473V	0.516V	0.430V
4.600nS	0.473V	0.515V	0.430V
4.700nS	0.472V	0.515V	0.430V
4.800nS	0.472V	0.514V	0.430V
4.900nS	0.472V	0.514V	0.430V
5.000nS	0.472V	0.514V	0.430V

|
|第二个"Falling Waveform"表格
[Falling Waveform]
R_fixture = 50.000
V_fixture = 0.000
V_fixture_min = 0.000
V_fixture_max = 0.000
L_fixture = 0.000H
C_fixture = 0.000F

time	V(typ)	V(min)	V(max)
0.000S	2.142V	1.822V	2.486V
1.000e-10S	2.142V	1.822V	2.486V
0.200nS	2.142V	1.822V	2.486V
0.300nS	2.142V	1.822V	2.486V
0.400nS	2.142V	1.822V	2.486V
0.500nS	2.144V	1.822V	2.493V
0.600nS	2.149V	1.822V	2.503V
0.700nS	2.155V	1.824V	2.415V
0.800nS	2.133V	1.829V	2.123V
0.900nS	1.996V	1.835V	1.583V
1.000nS	1.716V	1.805V	0.914V
1.100nS	1.287V	1.693V	0.453V
1.200nS	0.814V	1.509V	0.214V
1.300nS	0.452V	1.232V	94.055mV
1.400nS	0.207V	0.797V	28.250mV
1.500nS	93.420mV	0.509V	12.630mV
1.600nS	52.530mV	0.344V	8.891mV
1.700nS	21.285mV	0.211V	6.840mV

1.800nS	10.790mV	0.106V	5.188mV
1.900nS	8.621mV	57.905mV	3.885mV
2.000nS	6.649mV	23.185mV	3.202mV
2.100nS	4.420mV	11.726mV	2.558mV
2.200nS	3.663mV	7.145mV	1.869mV
2.300nS	3.498mV	6.581mV	1.623mV
2.400nS	3.224mV	5.833mV	1.450mV
2.500nS	2.536mV	4.617mV	1.220mV
2.600nS	1.862mV	3.867mV	0.993mV
2.700nS	1.639mV	3.492mV	0.712mV
2.800nS	1.536mV	2.930mV	0.557mV
2.900nS	1.340mV	2.557mV	0.508mV
3.000nS	1.089mV	2.236mV	0.459mV
3.100nS	0.768mV	2.012mV	0.368mV
3.200nS	0.695mV	1.809mV	0.270mV
3.300nS	0.690mV	1.581mV	0.199mV
3.400nS	0.632mV	1.334mV	0.190mV
3.500nS	0.465mV	1.113mV	0.180mV
3.600nS	0.306mV	0.995mV	0.142mV
3.700nS	0.290mV	0.860mV	83.737uV
3.800nS	0.310mV	0.716mV	67.795uV
3.900nS	0.266mV	0.627mV	73.300uV
4.000nS	0.200mV	0.549mV	77.870uV
4.100nS	0.117mV	0.489mV	59.320uV
4.200nS	0.116mV	0.433mV	33.400uV
4.300nS	0.139mV	0.378mV	18.710uV
4.400nS	0.138mV	0.324mV	29.380uV
4.500nS	88.110uV	0.274mV	39.290uV
4.600nS	41.100uV	0.241mV	28.900uV
4.700nS	47.240uV	0.210mV	12.500uV
4.800nS	71.650uV	0.179mV	6.664uV
4.900nS	44.995uV	0.150mV	19.080uV
5.000nS	11.430uV	0.124mV	26.530uV

"Rising Waveform"和"Falling Waveform"部分使用表格化方式来描述上升沿和下降沿的 V-t 曲线。但我们看到,存在两个"Rising Waveform"表格和两个"Falling Waveform"表格,两个表格中的数据并不相同。这是怎么回事?为什么需要两个表格?这两个表格描述的 V-t 曲线有什么不一样?

CMOS 输出 Buffer 是怎么输出一个上升沿跳变的?通过控制 PMOS、NMOS 晶体管的通、断状态,使原本处于导通状态的 NMOS 晶体管变为截止状态,原本处于截止状态的 PMOS 晶体管变为导通状态,Buffer 的输出端便由原来的低电平变为高电平,产生上升沿信号,如图 9-39 所示。

Buffer 输出端最初是由处于完全导通状态的 NMOS 晶体管下拉至地的,当芯片内部电路控制它切换到截止状态以后,注意,这不像真正的开关那样能够"一下子"切换到位,而是

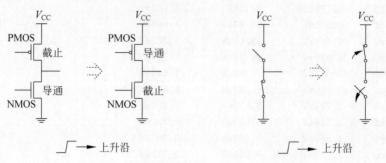

图 9-39　CMOS 输出 Buffer 产生上升沿信号

需要一定的时间来逐步释放掉下拉作用,直至最终达到完全的截止状态,实现彻底释放。同样,PMOS 晶体管最初处于完全截止状态,在芯片内部电路控制它切换到导通状态以后,它开始施加对输出端的上拉作用,这个上拉从无到有、从弱到强,也是在经历了一定的时间后达到最终完全导通状态下的最强上拉。芯片不可能输出一个完全笔直的、不需要时间爬升的"理想"上升沿的内部原因就在于,NMOS 晶体管释放下拉、PMOS 晶体管施加上拉都是需要花费一定的时间的,这个时间的长短也就决定了上升时间的长短。所以,Buffer 输出的上升沿 V-t 曲线是由"NMOS 晶体管释放下拉"和"PMOS 晶体管施加上拉"这两个事件过程的特性所决定的。

从 CMOS 输出 Buffer 产生上升沿的原理概念上来讲,"NMOS 晶体管释放下拉"和"PMOS 晶体管施加上拉"是处于对等位置的两个事件。但在实际的电路运行环境中,不同的负载条件下,这两者影响上升沿波形的程度是有轻重之别的,下面我们会看到。再从芯片的设计实现来说,也存在诸多细节。例如,在有些芯片中,这两者不是同时发生的,而是人为地加入了延时间隔,在控制 NMOS 开始释放上拉后一定的延时,再控制 PMOS 开始施加上拉。所以,从仿真的需求来说,IBIS 模型需要将两个事件对上升沿跳变特性的影响分开来描述,也就是分别给出两者在单独起主导作用情况下的上升沿 V-t 曲线,这就是存在两个"Rising Waveform"表格的原因。

怎样做到让"NMOS 晶体管释放下拉"和"PMOS 晶体管施加上拉"这两个事件过程分别单独起主导作用呢? 通过合适的负载连接来实现。在每个"Rising Waveform"和"Falling Waveform"表格之前,列出了 R_fixture、V_fixture 等几个参数,这些参数就是用来说明 Buffer 的负载连接情况的,如图 9-40 所示。

"fixture"一词的意思是"夹具",这里指的是用来测量 Buffer 的 V-t 曲线的仪表探头夹子一类的东西。当探头夹子搭接在 Buffer 输出端进行测量时,它就成为 Buffer 的负载。IBIS 模型在"Rising Waveform"和"Falling Waveform"部分就是以这种测试夹具的形式来描述 Buffer 的负载连接的,所以这几个参数都带有"fixture"后缀。R_fixture、L_fixture、C_fixture 分别是负载的电阻、电感、电容,V_fixture 是负载另一端的电压值。

一个实际的测试夹具通常具有电阻、电感和电容三个分量。但对测量来说,测试夹具自身越单纯,对测试结果的干扰就越小。最理想的情况是测试夹具只有电阻,没有电感和电容。所以,IBIS规范虽然定义了 R_fixture、L_fixture、C_fixture 和 V_fixture 四个负载参数,但同时规定,只有电阻 R_fixture 和端接电压 V_fixture 是必须提供的参数,电感 L_fixture 和电容 C_fixture 则是可选参数,可不提供。并且,IBIS 规范强烈建议各芯片厂商提供的 IBIS 模型不要提供 L_fixture 和 C_fixture 参数(赋其值为 0),因为这样的负载条件下所获得的 V-t 曲线能够最直接地反映 Buffer 的输出跳变特性。各芯片厂商大多遵循这样的建议,我们看到的几乎所有实际芯片的 IBIS 模型都没有提供 L_fixture 和 C_fixture 参数,就像上面的例子一样,将 L_fixture 和 C_fixture 赋值为 0,或者压根就不列出这两个参数。所以,实际上 IBIS 模型"Rising Waveform"和"Falling Waveform"部分的负载连接图就简化为图 9-41。

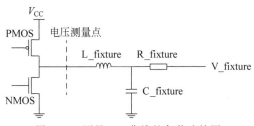

图 9-40 测量 V-t 曲线的负载连接图

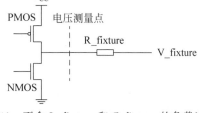

图 9-41 不含 L_fixture 和 C_fixture 的负载连接图

上例的第一个"Rising Waveform"表格,R_fixture=50Ω,V_fixture=3.3V。这是一个上拉至电源 V_{CC} 的电阻负载(3.3V 是这个 Buffer 实例的电源 V_{CC} 的电压值)。

在这样的负载连接情况下,Buffer 输出的上升沿 V-t 曲线可以认为是由"NMOS 晶体管释放下拉"事件进程单独主导的,而不受"PMOS 晶体管施加上拉"事件进程的影响。为什么呢? 可以这样来理解。如图 9-42 所示,PMOS 从截止状态切换到导通状态的目的是要将 Buffer 输出端上拉至电源 V_{CC},但实际上由于 50Ω 上拉负载电阻的存在,这个任务从一开始就已经完成了,PMOS 自身的切换过程对于整个上升曲线的影响便十分有限。Buffer 输出端的状态主要取决于另一半——NMOS 释放下拉的进程。每当 NMOS 释放一分,Buffer 输出端的电压便会上升一分,什么时候 NMOS 达到彻底释放下拉的完全截止状态,上升沿的爬升就最后完成。因此,第一个"Rising Waveform"表格描述的上升沿 V-t 曲线,主要体现的是负责下拉的 NMOS 晶体管释放下拉(从导通到截止)过程的特性。

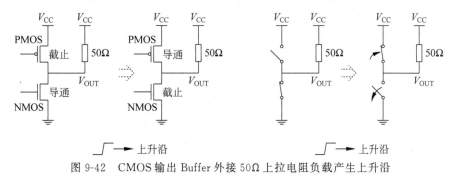

图 9-42 CMOS 输出 Buffer 外接 50Ω 上拉电阻负载产生上升沿

　　将第一个"Rising Waveform"表格绘制成 V-t 曲线，如图 9-43 所示。与"Pullup"和"Pulldown"部分一样，表格提供了典型(typ)、最小(min)和最大(max)三种状态下的 V-t 曲线，来反映工作环境条件对曲线的影响。这三种状态的含义与"Pullup"和"Pulldown"部分的定义相同，"典型(typ)"代表常规温度(本例为 50℃)和常规供电电压(本例为 3.3V)时的状态，"最小(min)"代表最高温度(本例为 100℃)和最低供电电压(本例为 3.0V)时的状态，"最大(max)"代表最低温度(本例为 0℃)和最高供电电压(本例为 3.6V)时的状态。

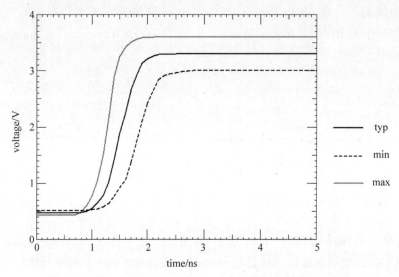

图 9-43　第一个"Rising Waveform"表格数据绘制的 V-t 曲线

　　由于最小(min)和最大(max)两个状态下的供电电压取值与典型(typ)状态不同，如果外接电阻负载是直接上拉到供电电源上，其端接电压值也是不一样的。为了表示这种差异，IBIS 模型在 V_fixture 参数之外又定义了 V_fixture_min、V_fixture_max 两个参数，分别表示最小(min)和最大(max)两个状态下的电阻负载端接电压值。但这两个参数是可选的，可以提供，也可以不提供。如果模型中提供了 V_fixture_min 和 V_fixture_max 参数，V_fixture 参数就仅指典型(typ)状态下的电阻负载端接电压值，如果模型中没有提供 V_fixture_min 和 V_fixture_max 参数，V_fixture 参数就是三种状态共同的电阻负载端接电压值。本例的第一个"Rising Waveform"表格中，典型(typ)、最小(min)、最大(max)三种状态下的端接电压值分别是 3.3V、3.0V、3.6V。

　　IBIS 规范要求"Rising Waveform"和"Falling Waveform"部分的所有 V-t 曲线表格都要以同一个时间基准来描述，因此，所有曲线的时间(time)轴起点(即 0 时刻点)在电路层面的含义是相同的，是同一个时间点。这个点就是芯片内部的控制电路触发 Buffer 去改变输出逻辑电平(从低变为高或从高变为低)的那个点。好比是，在时间(time)轴的 0 时刻点上，芯片内部控制电路向输出 Buffer 下达了改变输出状态的"命令"。从图 9-43 中三个 V-t 曲线的对比来看，Buffer 在最大(max)状态时响应"命令"的速度是最快的，它的曲线最早开始爬升,爬升的坡度也最陡,最终第一个爬升到位。这表明,温度越低,供电电压越高,CMOS电路的运行速度就越快。

有一点比较奇怪,上例的上升沿 V-t 曲线不是从 0V 开始向上爬升的,以典型(typ)状态为例,在 0 时刻点 Buffer 还处于低电平状态的时候,电压值是 0.472V。低电平的电压值不该是 0V 吗?为什么这个 Buffer 实例输出的低电平不能达到 0V 呢?还是因为前面提过的 MOS 晶体管的导通内阻。在 Buffer 输出低电平的时候,负责上拉的 PMOS 晶体管处于截止状态,负责下拉的 NMOS 晶体管处于导通状态。MOS 晶体管在数字集成电路中是当作一个开关来使用的,截止和导通分别对应开关的"断开"和"闭合"两种状态。如果 MOS 晶体管能够承担"理想"的开关职责,它在截止时的内阻应当是无穷大,在导通时的内阻应当是 0。当然,这是不可能的,实际电路世界中找不到这样的理想 MOS 晶体管。不过,就 MOS 晶体管的截止状态来说,即便其内阻达不到无穷大,也是相当大了(可达 $10^9\Omega$ 以上),处于截止状态的 PMOS 晶体管可近似为理想的断开,视为内阻无穷大。

如图 9-44 所示,上拉负载电阻和两个 MOS 晶体管的内阻组成一个电阻分压网络,Buffer 输出端的电压值 V_{OUT} 就等于 NMOS 晶体管的导通内阻 R_N 分去的压降值。除非上拉负载电阻的值也是非常大,远远大于 R_N,Buffer 才能输出一个接近于 0V 的低电平电压值。但现在上拉负载电阻并不大,仅为 50Ω,所以输出的电压值就会明显比 0V 高出一部分。我们可以根据低电平电压值 0.472V 和 V_{CC} 电压值 3.3V 倒推出本例中 NMOS 晶体管在典型(typ)状态下的导通内阻 R_N 约为 8.35Ω。

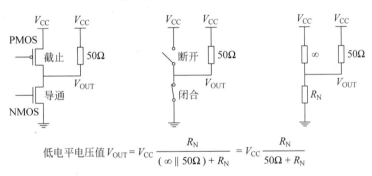

$$\text{低电平电压值}\,V_{OUT} = V_{CC}\frac{R_N}{(\infty \parallel 50\Omega) + R_N} = V_{CC}\frac{R_N}{50\Omega + R_N}$$

图 9-44 上拉 50Ω 负载电阻时低电平电压值高于 0V

上例的第二个"Rising Waveform"表格,R_fixture$=50\Omega$,V_fixture$=0$V。这是一个下拉至地的电阻负载,如图 9-45 所示。在这样的负载连接情况下,Buffer 输出的上升沿 V-t 曲线可以认为是由"PMOS 晶体管施加上拉"事件进程单独主导的,而不受"NMOS 晶体管释放下拉"事件进程的影响。这又该如何理解呢?可以这样看,Buffer 输出端最初被处于导通状态的 NMOS 晶体管下拉至地,同时,也被 50Ω 负载电阻下拉至地,在 NMOS 晶体管从导通状态切换到截止状态释放掉下拉后,50Ω 负载电阻的下拉也仍然存在,这就使得 NMOS 晶体管的释放过程属于"白忙活",它对整个上升曲线的影响便十分有限。Buffer 输出端的状态主要取决于另一半——PMOS 施加上拉的进程,每当 PMOS 施加一分,Buffer

输出端的电压便会上升一分,什么时候 PMOS 达到施加最大上拉的完全导通状态,上升沿的爬升就最后完成。因此,第二个"Rising Waveform"表格描述的上升沿 V-t 曲线,主要体现的是负责上拉的 PMOS 晶体管施加上拉(从截止到导通)过程的特性。

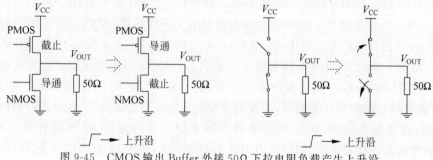

图 9-45　CMOS 输出 Buffer 外接 50Ω 下拉电阻负载产生上升沿

　　将第二个"Rising Waveform"表格绘制成 V-t 曲线,如图 9-46 所示,仍然是最大(max)状态时的上升沿最快。不同于第一个"Rising Waveform"表格(如图 9-43 所示),第二个"Rising Waveform"表格的上升沿 V-t 曲线是从 0V 开始往上爬升的,说明 Buffer 输出的低电平电压值是"完美"的 0V。在 50Ω 负载电阻下拉的情况下,低电平状态下的 Buffer 输出端电压值 V_{OUT} 等于 NMOS 晶体管导通内阻 R_N 与 50Ω 负载电阻的并联电阻($R_N\|50\Omega$)两端的压降,如图 9-47 所示,这个并联电阻的阻值与 PMOS 晶体管在截止状态时的内阻(可视为无穷大)相比,相差悬殊,使得 V_{OUT} 输出十分接近于 0V。

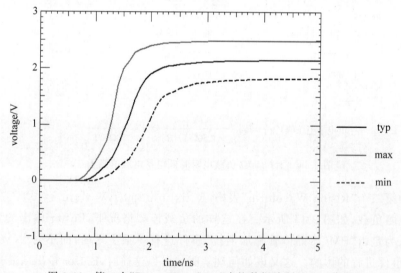

图 9-46　第二个"Rising Waveform"表格数据绘制的 V-t 曲线

　　不过,顾此则失彼。等到上升沿爬升完成,Buffer 输出高电平的时候,V_{OUT} 电压值却偏低。以典型(typ)状态为例,第二个"Rising Waveform"表格的上升沿 V-t 曲线最终达到的高度仅为 2.142V。按照最"完美"的标准,高电平的电压值应当与电源电压 V_{CC} 持平,为

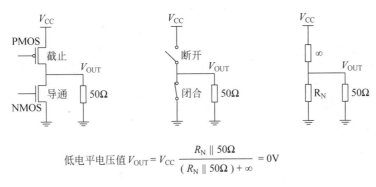

$$低电平电压值\, V_{OUT} = V_{CC}\, \frac{R_N \parallel 50\Omega}{(R_N \parallel 50\Omega) + \infty} = 0V$$

图 9-47 下拉 50Ω 负载电阻时低电平电压值等于 0V

3.3V。在 50Ω 负载电阻下拉的情况下,高电平状态下的 Buffer 输出端电压值 V_{OUT} 等于 50Ω 负载电阻与 PMOS 晶体管导通内阻 R_P 之间对电源电压 V_{CC} 分压的结果,如图 9-48 所示。我们可以根据高电平电压值 2.142V 和 V_{CC} 电压值 3.3V 倒推出本例中 PMOS 晶体管在典型(typ)状态下的导通内阻 R_P 约为 27Ω。

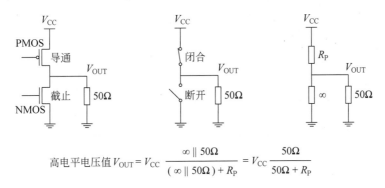

$$高电平电压值\, V_{OUT} = V_{CC}\, \frac{\infty \parallel 50\Omega}{(\infty \parallel 50\Omega) + R_P} = V_{CC}\, \frac{50\Omega}{50\Omega + R_P}$$

图 9-48 下拉 50Ω 负载电阻时高电平电压值低于 V_{CC}

而回到第一个"Rising Waveform"表格的 $V\text{-}t$ 曲线,在典型(typ)、最小(min)、最大(max)三种状态下曲线的上升最终都到达了与各自的电源 V_{CC} 电压值(3.3V、3.0V 和 3.6V)相等的高度。在这种 50Ω 负载电阻上拉的情况下,电源电压 V_{CC} 几乎全部加在 NMOS 晶体管截止状态下的内阻(可视为无穷大)上,Buffer 输出的高电平电压值就是"完美"的,如图 9-49 所示。

理解了两个"Rising Waveform"表格是怎么回事,两个"Falling Waveform"表格也就同样简单、清晰了。

第一个"Falling Waveform"表格,R_fixture=50Ω,V_fixture=3.3V,描述的是 Buffer 外接上拉 50Ω 负载电阻输出的下降沿波形,如图 9-50 所示。

第一个"Falling Waveform"表格绘制成的 $V\text{-}t$ 曲线如图 9-51 所示。同样是由于 MOS 晶体管导通内阻存在的原因,三种状态(typ、min、max)下曲线最终到达的低电平电压值都比"完美"的 0V 要高一些。

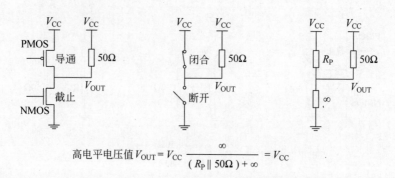

$$高电平电压值 V_{OUT} = V_{CC} \frac{\infty}{(R_P \parallel 50\Omega) + \infty} = V_{CC}$$

图 9-49　上拉 50Ω 负载电阻时高电平电压值等于 V_{CC}

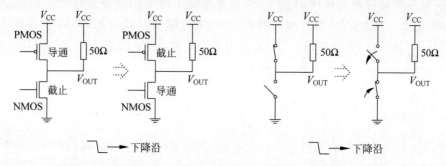

图 9-50　CMOS 输出 Buffer 外接 50Ω 上拉电阻负载产生下降沿

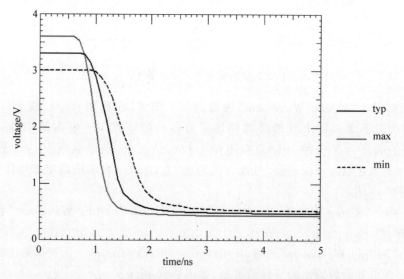

图 9-51　第一个"Falling Waveform"表格数据绘制的 $V\text{-}t$ 曲线

第二个"Falling Waveform"表格，R_fixture＝50Ω，V_fixture＝0V，描述的是 Buffer 外接下拉 50Ω 负载电阻输出的下降沿波形，如图 9-52 所示。

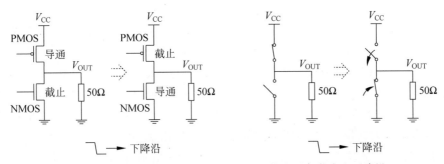

图 9-52 CMOS 输出 Buffer 外接 50Ω 下拉电阻负载产生下降沿

第二个"Falling Waveform"表格绘制成的 $V\text{-}t$ 曲线如图 9-53 所示。由于 MOS 晶体管导通内阻存在的原因,曲线的高电平电压值低于电源电压 V_{CC}。

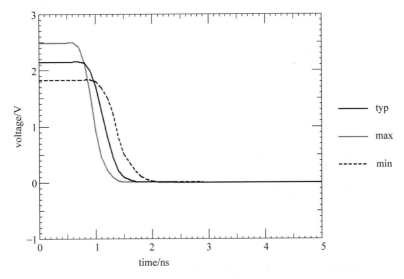

图 9-53 第二个"Falling Waveform"表格数据绘制的 $V\text{-}t$ 曲线

与"Ramp"部分仅提供上升/下降时间 $\mathrm{d}t$ 和电压摆幅 $\mathrm{d}V$ 两个数据相比,"Rising Waveform"和"Falling Waveform"部分提供的完整 $V\text{-}t$ 曲线无疑使信号完整性仿真在细节上更接近真实。并且,"Rising Waveform"和"Falling Waveform"涵盖的情况更为全面。"Ramp"部分只提供了 50Ω 电阻负载下拉情况下的上升时间,而"Rising Waveform"部分提供了 50Ω 电阻负载上拉、下拉两种情况下的上升沿 $V\text{-}t$ 曲线。下降沿的情况也是如此。

我们有没有想过,为什么 IBIS 模型要给输出 Buffer 加上一个 50Ω 的上拉、下拉电阻负载来描述上升沿、下降沿波形?这种情况在实际的板级数字电路设计中其实是十分罕见的。一个芯片的输出信号,一般是连接到另一个芯片的输入信号,其负载就是另一个芯片的输入引脚,而非一个 50Ω 电阻。有一些情况下,例如存在高阻态的情况下,芯片的输出信号引脚会连接上拉或下拉电阻,但这些电阻的阻值会大得多,如 4.7kΩ 或 10kΩ。为什么 IBIS 模型不提供这些大阻值负载情况下的上升沿、下降沿波形？或者干脆不要任何上、下拉负载电阻的上升沿、下降沿波形？为什么它偏偏要提供 50Ω 上、下拉电阻情况下的上升沿、下降沿波形？

不要忘了，IBIS 模型是为信号完整性仿真而设计的模型。这个 50Ω 电阻其实并不对应电路原理图上的任何实体电阻，而是模拟传输线的效果。通过前面对传输线的认识，我们知道，如果 Buffer 驱动的是一段无限长的理想传输线，那么从 Buffer 的感受和输出行为来说，与驱动一个电阻并无二致，这个电阻的阻值与传输线的阻抗相等。

所以，本例的 IBIS 模型设置负载电阻 R_fixture 的值为 50Ω 是有很强的实际针对性的，它模拟的是电路板上信号走线与平面层间组成的 50Ω 阻抗传输线环境，如图 9-54 所示。上拉和下拉分别对应传输线的平面层是电源平面层和地平面层两种情况。在之前的"Ramp"描述部分，负载电阻 R_load 取值为 50Ω，其道理也是一样的。50Ω 传输线是最常见的芯片信号传输环境，很多芯片在设计 Buffer 时都是以 50Ω 传输线为预期传输场景的，所以我们能看到很多芯片的 IBIS 模型中 R_fixture 和 R_load 均取值为 50Ω。而另外也有一些芯片，由于其信号传输机制要求采用不同于 50Ω 的传输线环境，这些芯片的 IBIS 模型中 R_fixture 和 R_load 就会采用其他的值，如 65Ω。

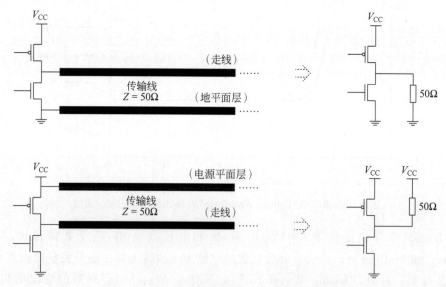

图 9-54　50Ω 负载电阻模拟 50Ω 阻抗理想传输线

至此，在如图 9-55 所示的 IBIS 模型输出 Buffer 组成框图中，我们已介绍了 Pullup、Pulldown、Ramp(Rising)和 Ramp(Falling)四个部分。这四个部分是最直接反映"行为级"这一建模方式特征的。在它们的描述内容中，没有透露半分芯片 Buffer 的电路构造与组成，有的只是直接刻画 Buffer 行为的表格和数据。这一个接一个的大段表格排列，是 IBIS 模型文本在视觉上的典型特征，与传统的 SPICE 模型采用的对芯片电路结构进行直接剖析的语句风格有着显著的差异。

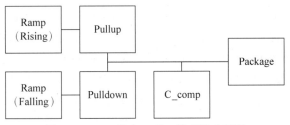

图 9-55 IBIS 输出 Buffer 模型组成框图

相比之下,剩下的另外两部分 Package 和 C_comp,内容篇幅简短得多,也不再含有表格。如下,一个 IBIS 模型实例中的"Package"描述部分。

```
[Package]
| variable      typ         min         max
R_pkg          67.500m      66.000m     69.000m
L_pkg          3.910nH      3.550nH     4.260nH
C_pkg          0.895pF      0.790pF     1.000pF
```

"Package"意为"封装"。我们知道,芯片都是在经过"封装"后才成为真正的集成电路器件的。对集成电路的使用者——板级电路设计者来说,看不到"封"在器件里的芯片,更熟悉的是器件的封装外观,DIP、SOIC 和 BGA,等等,如图 9-56 所示。

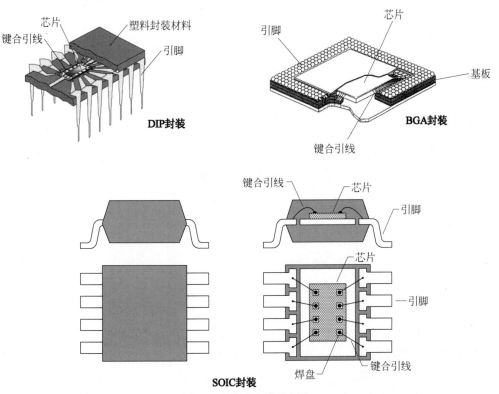

图 9-56 集成电路的封装

　　封装的存在,使得 Buffer 信号不是直接与外部连接的,而是经过了封装中的连接部件后才到达外部的,包括键合引线、基板走线和引脚等。在信号完整性的视角里,任何"连接"都不是理想的,这些封装中的连接部件因为自身寄生的电阻、电容和电感等参数,不可避免会对信号造成影响。为了尽可能真实地仿真出信号波形,IBIS 模型需要提供这部分封装寄生参数,这就是"Package"部分描述的内容。一共三个参数 R_pkg、L_pkg 和 C_pkg,分别代表在 Buffer 信号从芯片焊盘到器件引脚的整个封装连接路径上的电阻、电感和电容,如图 9-57 所示。上例中,封装连接路径(典型状态 typ)的电阻为 $67.5m\Omega$,电感为 $3.91nH$,电容为 $0.895pF$。

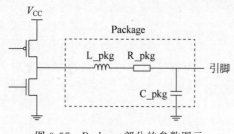

图 9-57　Package 部分的参数图示

　　C_comp 部分的内容就更简单了,仅占一行,如下例。

```
| variable        typ           min           max
C_comp           8.000pF       6.000pF       10.000pF
```

　　C_comp 部分描述了一个电容值,其含义是 Buffer 信号端在芯片上所连接的所有电容的总和。当然,这些电容都不是显式存在的,而是寄生的,包括 MOS 晶体管的寄生电容 C_{MOS}、从 MOS 晶体管到芯片焊盘间的金属导线电容 C_{METAL} 以及焊盘电容 C_{PAD},如图 9-58 所示。

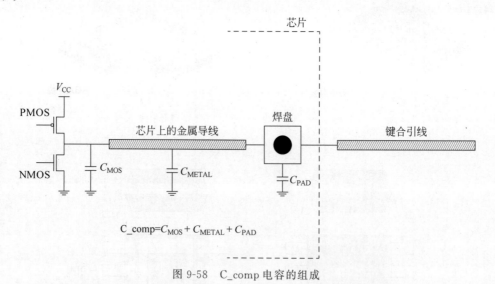

$$C\_comp = C_{MOS} + C_{METAL} + C_{PAD}$$

图 9-58　C_comp 电容的组成

　　C_comp 与"Package"部分的 C_pkg 一样,都是附着在 Buffer 信号路径上的电容,但二者覆盖不同的路径范围。C_comp 是芯片上的电容,C_pkg 是封装部件上的电容。二者以芯片焊盘为界,焊盘以内芯片中的连接部件(焊盘、金属导线和 MOS 晶体管)上的寄生电容,属于 C_comp;焊盘以外封装连接部件(键合引线、基板走线和引脚)上的寄生电容,属于

C_pkg。

在一般的图示中,C_comp 电容都被标示为与地之间的电容。如图 9-58 所示,焊盘电容 C_{PAD} 标示为焊盘与地之间的电容,金属导线电容 C_{METAL} 标示为导线与地之间的电容。但实际上我们知道,电容是存在于任意两导体之间的,"地"作为构成电容两极关系中的其中一极,本身并无任何特殊性。与"地"一样在芯片内以大量导体形式存在的电源 V_{CC},也会与 Buffer 信号的连接部件之间形成可观的寄生电容。图 9-58 中 MOS 晶体管的寄生电容 C_{MOS} 标示在 Buffer 信号端与地之间,这种图示方式只体现了负责下拉的 NMOS 晶体管的寄生电容。但显然,负责上拉的 PMOS 晶体管的寄生电容也是客观存在的。所以,完整地理解 C_comp 的组成,还应包括与电源 V_{CC} 之间的电容成分,如图 9-59 所示。

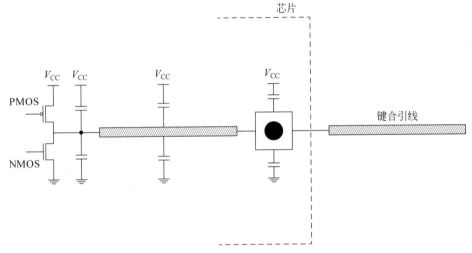

图 9-59　C_comp 也包括与电源 V_{CC} 之间的电容

当 Buffer 输出从低到高跳变信号(上升沿)的时候,信号端与地之间的电容被充电,信号端与 V_{CC} 之间的电容被放电。当 Buffer 输出从高到低跳变信号(下降沿)的时候,信号端与地之间的电容被放电,信号端与 V_{CC} 之间的电容被充电。充电与放电的过程是同时进行的,充电电容与放电电容两端的电压完全互补。那么,从 Buffer 信号端的角度,充电电容与放电电容是可以等效合并的。所以,IBIS 模型中的 C_comp,其实是等效合并后的总电容,将芯片上所有附着在 Buffer 信号端上的寄生电容,无论是与电源 V_{CC} 之间的,还是与地之间的,全部加起来合并为一个单一的电容 C_comp。既然这是个合并的等效总电容,IBIS 模型就只提供了 C_comp 的电容值,而未说明它究竟是与电源 V_{CC} 之间还是与地之间的电容,因为两者都包含。

但在用图示方法表示 C_comp 在 Buffer 中的位置时,却无法回避这个问题。我们看到的绝大多数资料按照人们更习惯的方式将 C_comp 画在 Buffer 信号端与地之间,如图 9-60 所示。不应被这种图示的局限性所误导,而应该清楚 C_comp 是包含了与电源 V_{CC} 之间和与地之间的所有寄生电容的。与此相类似,Package 部分的电容 C_pkg,也需要同样的理解和认识。在一般的图示方法中，C_pkg 被画作封装连接部件与地之间的电容，如图 9-60 所示，但实际上是包括了与电源 V_{CC} 之间和与地之间的所有封装电容的等效总电容。

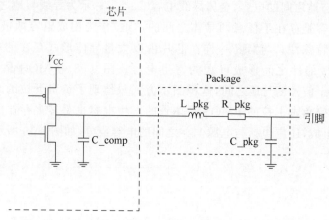

图 9-60　C_comp 在 Buffer 中的连接位置的常见图示方式

C_comp 仅仅提供了 Buffer 信号端在芯片上的总电容，而没有涉及它与电源 V_{CC} 之间、与地之间的具体分布，这确实带来了一些问题。在一些需要区分两者的仿真场合，例如电源/地噪声仿真的时候，仿真工具软件无法从 IBIS 模型中获取到足够的真实芯片信息，只能采用简单折半的粗略方式估值，仿真精度大打折扣。于是，从 4.0 版开始，IBIS 规范给 C_comp 增加了 C_comp_pullup 和 C_comp_pulldown 等几个补充参数，用来说明 C_comp 在与电源 V_{CC} 之间、与地之间的具体分布。但为了保持版本的向下兼容性，新增的这些参数不是必须要提供的，芯片厂商仍然可以在 IBIS 模型中只提供一个总的 C_comp 参数。

9.6　IBIS 模型详解——输入 Buffer

梳理完了输出 Buffer 的 IBIS 模型，下面来看输入 Buffer 的 IBIS 模型。在 IBIS 的规范定义中，一个输入 Buffer 包含的组成部件如图 9-61 所示。看起来输入 Buffer 的 IBIS 模型组成要简单一些。

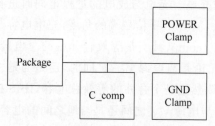

图 9-61　IBIS 输入 Buffer 模型组成框图

与输出 Buffer 一样，输入 Buffer 也包含"Package"和"C_comp"两个部分。这两部分是所有类型的 Buffer 都需要建模的共有部分，主要描述的是信号在集成电路器件内部所经历的传输路径的特征。集成电路器件的所有外部信号，无论是输入信号，还是输出信号，又或是输入/输出双向信号，都是在芯片内部的 Buffer 中起源、经过了芯片内的连接部件（芯片导线、焊盘等）、再由封装内的连接部件（键合引线、基板走线和引脚等）引出到外部引脚的。芯片内连接部件的特征由 C_comp 描述，封装内连接部件的特征由

Package 描述,如图 9-62 所示。

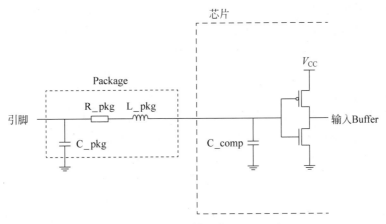

图 9-62 IBIS 输入 Buffer 模型的 Package 和 C_comp

具体到 C_comp 的电容组成,输入 Buffer 与输出 Buffer 稍有不同。如图 9-63 所示,两者的 C_comp 中都包含了 MOS 晶体管的寄生电容。对 CMOS 输出 Buffer 来说,输出信号是连接在两个 MOS 晶体管的漏极(D)上的,C_comp 中包含的 MOS 晶体管寄生电容是漏极(D)与源极(S)间的电容。而对 CMOS 输入 Buffer 来说,输入信号是连接在两个 MOS 晶体管的栅极(G)上的,C_comp 中包含的 MOS 晶体管寄生电容则是栅极(G)与源极(S)间的电容。

图 9-63 输入 Buffer 与输出 Buffer 的 C_comp

输入信号是靠施加在输入 Buffer 的 PMOS、NMOS 的栅极(G)上的电压来控制漏极(D)、源极(S)之间的通断,从而将信号传递给芯片内部的。栅极(G)与漏极(D)、源极(S)之间都是绝缘的,所以,从信号的导体传输路径来说,栅极(G)就是输入信号在进入芯片后所抵达的终点。板级电路设计的实质是"连接"的设计,我们通过印制电路板上的走线将信号从一个集成电路器件的输出引脚引出来,连接到另一个集成电路器件的输入引脚上。信号进入器件后,最终又去了哪里呢?最终就终结在输入 Buffer 的 MOS 晶体管栅极(G)上。所以,对输入信号来说,它在接收它的芯片内所感受到的负载,其实就是栅极(G)及其连接部件(芯片导线、焊盘等)上附着的所有电容,也就是 C_comp。在输入 Buffer 的 IBIS 模型各组成部分中,C_comp 居于中心位置,因为它就是从外部所"看"到的输入 Buffer 的样子。

而在输出 Buffer 的 IBIS 模型各组成部分中,C_comp 不占显眼位置,这里是信号最初产生的地方,Pullup、Pulldown 和 Ramp 这些负责刻画信号主要行为特征的部分居于主体位置。

"POWER Clamp"和"GND Clamp"是什么？"Clamp"的本意是"钳子",这两部分描述的是输入 Buffer 中的钳位二极管。在之前对 CMOS 输入 Buffer 的介绍中,只提到它的两个"主体"部件——两个 MOS 晶体管,钳位二极管被省略掉了。实际的 CMOS 芯片在信号输入端还会加上钳位二极管,如图 9-64 所示。

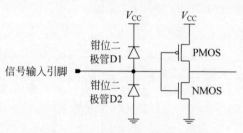

图 9-64　输入 Buffer 中的钳位二极管

为什么要加上这两个二极管呢？是用来保护 PMOS、NMOS 晶体管的。这个 Buffer 的工作电压是 V_{CC},那么要求外部输入信号的电压范围在 0～V_{CC} 之间。但在实际的电路板工作环境中,芯片的信号输入引脚与电路板上其他器件连接后,外界施加在引脚上的电压是不可预知的,难免可能遇到一些异常的电压输入,超出了 0～V_{CC} 范围之外。最典型的情况就是人体触碰时的静电感应电压,其电压值可达数千伏。如果没有钳位二极管,外部输入电压会直接加在输入 Buffer 的 MOS 晶体管栅极上。这些外部来源的异常电压超出了 MOS 晶体管栅极所能承受的电压极限,导致 MOS 晶体管击穿,芯片损坏。钳位二极管针对性地避免这种情况。如图 9-64 所示,如果外部来源施加在引脚上的电压高于电源电压 V_{CC},将会导致二极管 D1 正向导通,引脚电压值被限制在 V_{CC},不会继续上升。如果外部来源施加在引脚上的电压低于地电位 0,将会导致二极管 D2 正向导通,引脚电压值被限制在地电位 0,不会继续下降。两个二极管像"钳子"一样将引脚电压"夹"在 0～V_{CC} 之间,避免来自外部过高或过低电压的影响,确保 Buffer 中的 MOS 晶体管始终工作在安全范围内,不会损坏。

"POWER Clamp"和"GND Clamp"两部分描述的是两个钳位二极管的 I-V 曲线,仍然采用表格化的描述方法。"POWER Clamp"对应钳位至电源电压 V_{CC} 的二极管 D1,"GND Clamp"对应钳位至地电位的二极管 D2。如下例所示是一个 IBIS 模型实例的"POWER Clamp"和"GND Clamp"部分。

```
[GND_clamp]
| voltage        I(typ)          I(min)          I(max)
|
   - 3.30       - 12.09A        - 12.43A        - 11.72A
   - 3.20       - 11.60A        - 11.94A        - 11.22A
   - 3.10       - 11.11A        - 11.45A        - 10.73A
   - 3.00       - 10.61A        - 10.95A        - 10.23A
   - 2.90       - 10.12A        - 10.46A        -  9.74A
   - 2.80       -  9.63A        -  9.98A        -  9.25A
   - 2.70       -  9.14A        -  9.48A        -  8.75A
   - 2.60       -  8.65A        -  8.99A        -  8.26A
   - 2.50       -  8.16A        -  8.50A        -  7.77A
```

− 2.40	− 7.66A	− 8.01A	− 7.27A
− 2.30	− 7.17A	− 7.53A	− 6.78A
− 2.20	− 6.69A	− 7.04A	− 6.29A
− 2.10	− 6.20A	− 6.55A	− 5.80A
− 2.00	− 5.71A	− 6.07A	− 5.31A
− 1.90	− 5.22A	− 5.58A	− 4.82A
− 1.80	− 4.74A	− 5.10A	− 4.33A
− 1.70	− 4.25A	− 4.62A	− 3.85A
− 1.60	− 3.77A	− 4.14A	− 3.36A
− 1.50	− 3.30A	− 3.66A	− 2.88A
− 1.40	− 2.82A	− 3.19A	− 2.40A
− 1.30	− 2.35A	− 2.72A	− 1.93A
− 1.20	− 1.89A	− 2.26A	− 1.46A
− 1.10	− 1.43A	− 1.80A	− 1.01A
− 1.00	− 0.99A	− 1.36A	− 0.58A
− 0.90	− 0.58A	− 0.94A	− 0.21A
− 0.80	− 0.23A	− 0.54A	− 20.97mA
− 0.70	− 29.90mA	− 0.22A	− 4.97mA
− 0.60	− 1.61mA	− 33.90mA	− 1.34mA
− 0.50	− 0.14mA	− 1.96mA	− 0.16mA
− 0.40	− 17.45uA	− 0.10mA	− 19.76uA
− 0.30	− 7.63uA	− 9.40uA	− 11.63uA
− 0.20	− 7.15uA	− 4.81uA	− 11.45uA
− 0.10	− 7.13uA	− 4.59uA	− 11.44uA
0.00	− 7.13uA	− 4.58uA	− 11.44uA
0.10	− 7.13uA	− 4.58uA	− 11.44uA
0.20	− 7.13uA	− 4.58uA	− 11.43uA
0.30	− 7.13uA	− 4.58uA	− 11.43uA
0.40	− 7.12uA	− 4.58uA	− 11.43uA
0.50	− 7.12uA	− 4.57uA	− 11.42uA
0.60	− 7.12uA	− 4.57uA	− 11.42uA
0.70	− 7.12uA	− 4.57uA	− 11.41uA
0.80	− 7.11uA	− 4.57uA	− 11.41uA
0.90	− 7.11uA	− 4.57uA	− 11.40uA
1.00	− 7.10uA	− 4.56uA	− 11.40uA
1.10	− 7.10uA	− 4.56uA	− 11.39uA
1.20	− 7.08uA	− 4.54uA	− 11.37uA
1.30	− 7.05uA	− 4.51uA	− 11.35uA
1.40	− 6.99uA	− 4.46uA	− 11.30uA
1.50	− 6.91uA	− 4.39uA	− 11.22uA
1.60	− 6.79uA	− 4.29uA	− 11.09uA
1.70	− 6.64uA	− 4.18uA	− 10.92uA
1.80	− 6.46uA	− 4.04uA	− 10.69uA
1.90	− 6.25uA	− 3.88uA	− 10.42uA
2.00	− 6.01uA	− 3.70uA	− 10.10uA
2.10	− 5.73uA	− 3.49uA	− 9.73uA
2.20	− 5.43uA	− 3.26uA	− 9.31uA

2.30	− 5.09uA	− 3.01uA	− 8.84uA
2.40	− 4.72uA	− 2.73uA	− 8.33uA
2.50	− 4.32uA	− 2.43uA	− 7.77uA
2.60	− 3.89uA	− 2.11uA	− 7.16uA
2.70	− 3.43uA	− 1.77uA	− 6.50uA
2.80	− 2.93uA	− 1.40uA	− 5.80uA
2.90	− 2.41uA	− 1.01uA	− 5.06uA
3.00	− 1.85uA	− 0.60uA	− 4.27uA
3.10	− 1.27uA	0.000A	− 3.43uA
3.20	− 0.65uA	0.30uA	− 2.55uA
3.30	0.000A	0.4uA	− 0uA

```
|
[POWER_clamp]
| voltage       I(typ)        I(min)        I(max)
|
```

voltage	I(typ)	I(min)	I(max)
− 3.30	3.86A	3.94A	3.78A
− 3.20	3.70A	3.77A	3.61A
− 3.10	3.53A	3.61A	3.45A
− 3.00	3.37A	3.44A	3.28A
− 2.90	3.20A	3.28A	3.12A
− 2.80	3.04A	3.12A	2.95A
− 2.70	2.87A	2.95A	2.79A
− 2.60	2.71A	2.79A	2.62A
− 2.50	2.54A	2.62A	2.46A
− 2.40	2.38A	2.46A	2.29A
− 2.30	2.22A	2.30A	2.13A
− 2.20	2.05A	2.14A	1.97A
− 2.10	1.89A	1.97A	1.80A
− 2.00	1.73A	1.81A	1.64A
− 1.90	1.57A	1.65A	1.48A
− 1.80	1.40A	1.49A	1.31A
− 1.70	1.24A	1.33A	1.15A
− 1.60	1.08A	1.17A	0.99A
− 1.50	0.92A	1.01A	0.83A
− 1.40	0.77A	0.85A	0.67A
− 1.30	0.61A	0.70A	0.51A
− 1.20	0.46A	0.54A	0.36A
− 1.10	0.31A	0.39A	0.21A
− 1.00	0.17A	0.25A	75.61mA
− 0.90	51.71mA	0.12A	4.36mA
− 0.80	3.55mA	30.55mA	43.44uA
− 0.70	94.20uA	2.31mA	8.10uA
− 0.60	6.53uA	0.11mA	6.67uA
− 0.50	3.71uA	7.38uA	5.50uA
− 0.40	2.88uA	2.24uA	4.35uA
− 0.30	2.12uA	1.50uA	3.22uA
− 0.20	1.39uA	0.97uA	2.11uA

-0.10	0.68uA	0.47uA	1.04uA
0.00	0.000A	0.000A	0.000A

表格中的电压值,是钳位二极管两端的电压值,如图 9-65 所示。对 POWER Clamp 来说,表格电压值 V 等于电源电压值 V_{CC} 与 Buffer 输入端电压值 V_{IN} 的差。如 POWER Clamp 表中第一行,电压值 V 为 $-3.3V$,该输入 Buffer 的电源电压值 V_{CC} 为 $3.3V$,则此时对应的 Buffer 输入端电压值 V_{IN} 为 $6.6V$。对 GND Clamp 来说,表格电压值 V 等于 Buffer 输入端电压值 V_{IN} 减去地电压值的差。地电压值为 0,所以表格电压值 V 正好与 Buffer 输入端电压值 V_{IN} 相等。如 GND Clamp 表中第一行,电压值 V 为 $-3.3V$,此时对应的 Buffer 输入端电压值 V_{IN} 也为 $-3.3V$。

表格中的电流值,是流经钳位二极管的电流,如图 9-65 所示。IBIS 规范统一规定从外部引脚流入 Buffer 的方向为电流的正方向,所以两个钳位二极管的电流正方向是相背向的。如果实际的电流方向与电流的正方向相反,表格中的电流值就是一个负值。每一个电压点上都给出了典型(typ)、最小(min)和最大(max)三个电流值,体现 Buffer 在不同环境条件下工作时的差异,这跟前面的 Pulldown 和 Pullup 等表格是一样的,不再多述。同样,最小(min)和最大(max)两个值不是必需的。

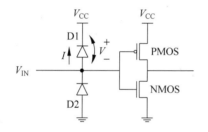

POWER Clamp:

表格电压值 $V = V_{CC} - V_{IN}$
（电压正、负极性定义如图示）

表格电流值 I = 流过二极管D1的电流值
（电流正方向定义如图示）

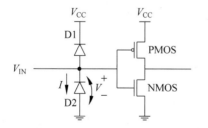

GND Clamp:

表格电压值 $V = V_{IN}$
（电压正、负极性定义如图示）

表格电流值 I = 流过二极管D2的电流值
（电流正方向定义如图示）

图 9-65 IBIS 模型 POWER Clamp 和 GND Clamp 表格 V、I 取值含义

将上例的 GND Clamp 和 POWER Clamp 表格绘制成 I-V 曲线,如图 9-66 所示。

这些曲线非常直观地展现了钳位二极管的"钳位"能力。当 Buffer 输入端电压值 V_{IN} 在 $0 \sim V_{CC}$ 范围内时,两个二极管都处于"反向偏压"状态,对应到 GND Clamp 和 POWER Clamp 的 I-V 曲线上,是 $V \geqslant 0$ 的部分。在这部分曲线上,电流值 $I = 0$,说明在 $0 \sim V_{CC}$ 正常输入电压区间内,两个钳位二极管不吸收电流,不"干预"输入信号。

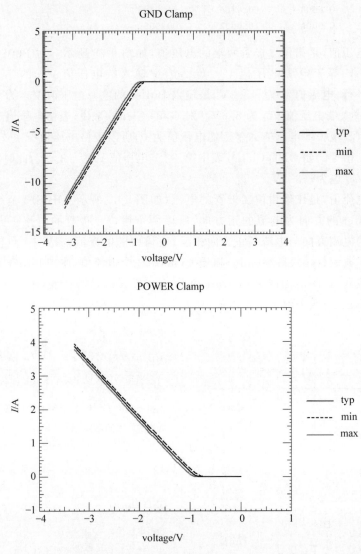

图 9-66　GND Clamp 和 POWER Clamp 曲线

　　当 Buffer 输入端电压值 V_{IN} 超出电源电压 V_{CC} 后,对应的是 POWER Clamp 曲线的 $V<0$ 的部分。在这部分,电源钳位二极管 D1 处于"正向偏压"状态,流过它的电流 I 随着 V_{IN} 的增加而升高。V_{IN} 超过 V_{CC} 越多,钳位二极管上的电流 I 就越大。如 POWER Clamp 表格的第一行数据,电压值 V 为 -3.3V,对应的 Buffer 输入端电压值 V_{IN} 为 6.6V,超过电源电压 V_{CC} 一倍,此时流过电源钳位二极管 D1 的电流为 3.86A(典型值 typ)。对于 CMOS 数字电路而言,这是个相当大的电流值。在静电感应等外部电荷涌入导致 Buffer 输入端电压超高的时候,如此大的电流会迅速泄放掉外部电荷,相当于钳位二极管 D1 提供了一个电荷的快速泄放通道,使外部异常电荷不会在输入 Buffer 的 MOS 晶体管栅极累积,从而能够

将 Buffer 输入端电压迅速"拉"回至正常范围,Buffer 避免受损。钳位二极管吸纳的电流越大,表明其将电压"拉"回来的能力越强,对芯片的保护就越到位。

或者也可以换个角度来理解。钳位二极管的存在是给静电感应等外部破坏源设置了很高的"门槛",如果想要损坏芯片 Buffer,那就要具备很强的电荷注入能力才行。例如要想施加 6.6V 的电压在 Buffer 输入端上并持续保持,那至少得有 3.86A 这么强的电荷注入能力才行。而我们知道,静电感应这类异常电压输入现象的典型特征是电压高但电荷总量有限,经过大电流的泄放通道很快就释放干净了,不具备持续注入电荷的能力,也就无法持续维持高输入电压。经过钳位二极管的泄放,Buffer 输入端的异常电压只能存在很短的时间,不会对芯片造成伤害。

当 Buffer 输入端电压值 V_{IN} 低于地电压值 0V 时,对应的是 GND Clamp 曲线的 $V<0$ 的部分。由处于"正向偏压"状态的地钳位二极管 D2 来提供快速电荷泄放通道,将 Buffer 输入端电压"拉"回至正常范围,形成对芯片的保护。工作原理与电源钳位二极管 D1 相同,不再多述。

至此,输入 Buffer 的 IBIS 模型各组成部分介绍完毕。对于因不了解集成电路芯片内部构成而对集成电路的内部世界怀有神秘感的人来说,IBIS 的建模方式是一个很好的入门提领,它揭开集成电路芯片的最外层,揭示内部的原理并不复杂。

9.7　IBIS 模型详解——其他 Buffer 类型

除了输入和输出这两种最单纯的芯片信号类型,还有既能作输入也能作输出的双向信号。这种 I/O 双向 Buffer 的 IBIS 模型,同时包括了输入 Buffer 和输出 Buffer 的描述内容,其组成框图如图 9-67 所示。

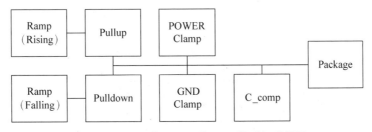

图 9-67　I/O 双向 Buffer 的 IBIS 模型组成框图

是不是输入(Input)、输出(Output)和双向(I/O)这三种 Buffer 就能涵盖所有的芯片 Buffer 类型了呢? 从信号的逻辑方向关系来说,似乎足够了。一个信号要么是输入,要么是输出,具有双向功能的信号则有时是输入,有时是输出。但落到实际的芯片 Buffer 实现中,情形却要丰富得多。IBIS 规范定义的 Buffer 类型有十余种,除了 Input、Output 和 I/O 这三种,还有 3-state、Open_sink、Open_drain、Open_source、I/O_open_sink、I/O_open_drain 和 I/O_open_source,等等。

3-state 是"三态"之意,这是一种用于输出的 Buffer,它与普通的输出 Buffer(类型为 Output)有所不同。普通的输出 Buffer,其输出状态要么为高电平,要么为低电平,非高即低,仅此两种状态。而 3-state 在高、低电平之外,还能输出第三种状态——高阻态。如图 9-68 所示的 CMOS 输出 Buffer,当负责上拉(Pullup)的 PMOS 和负责下拉(Pulldown)的 NMOS 都处于截止状态时,Buffer 输出端就处于高阻态。"高阻"的意思是指此时 Buffer 输出端与电源 V_{CC} 和与地之间的电阻都非常高,既没有被上拉,也没有被下拉,处于悬空的状态。Buffer 此时既不输出高电平,也不输出低电平,实际上是"无输出"的状态。

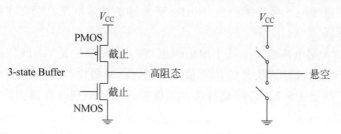

图 9-68　3-state 输出 Buffer 能输出高阻态

在普通的输出 Buffer(类型为 Output)中,上拉部件(Pullup)和下拉部件(Pulldown)的通断状态从设计上保证了任何时候都是互斥的。如果 Pullup 处于截止状态,则 Pulldown 必然处于导通状态。反之亦然,不会出现两者同时截止或同时导通的状态。所以 Buffer 的输出只能在高、低电平中变换,不会有高阻态。而 3-state 类型的 Buffer,在设计上仍然禁止出现 Pullup 和 Pulldown 同时导通的情况,但开放了对 Pullup 和 Pulldown 同时截止状态的支持,故而能输出"高阻态"。

这种"三态"Buffer 一般用在总线系统中,物理上通过同一个总线信号连接在一起的多个芯片,任何时候只能有一个芯片向总线进行输出,这时总线上的其他芯片就必须处于高阻态,如图 9-69 所示。

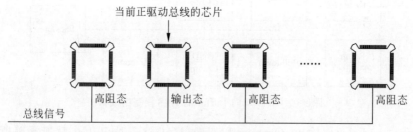

图 9-69　总线信号上的高阻态

Open_sink、Open_drain 和 Open_source,这几个带有"Open"前缀的 Buffer 类型,也都是用于输出的 Buffer。与普通的 Output 类型输出 Buffer 相比,它们的差异在于只具有上拉部件(Pullup)和下拉部件(Pulldown)中的其中一个。Open_sink、Open_drain 只有 Pulldown,没有 Pullup;Open_source 只有 Pullup,没有 Pulldown,如图 9-70 所示。

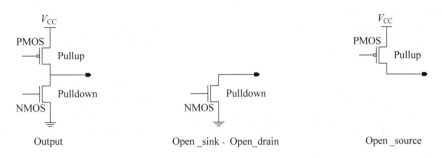

图 9-70 "Open"类型的 Buffer 没有 Pullup 或 Pulldown

"Open"表示 Pullup 和 Pulldown 中的其中一支是"断开"的。在 IBIS 规范最初的 1.0 版本中,这种"Open"类型的 Buffer 只定义了 Open_drain 一种,用来仿真只有 Pulldown、没有 Pullup 的输出 Buffer。从 2.0 版本开始,增加了对只有 Pullup、没有 Pulldown 的 Buffer 的定义,并将两种 Buffer 类型重新命名为 Open_sink 和 Open_source。因为要保持版本的向下兼容性,Open_drain 仍然被保留,它的含义与 Open_sink 一样。

只有 Pulldown 而没有 Pullup,Open_sink 凭借自身的能力只能输出低电平而无法输出高电平。借助外部的上拉力量,可实现高电平的状态。如图 9-71 所示,Open_sink 的输出端外接电阻上拉至电源 V_{CC}。当 NMOS 处于导通状态时,输出端被下拉至地,输出低电平。当 NMOS 处于截止状态时,Buffer 释放掉对输出端的控制,由外部电阻上拉至 V_{CC},输出高电平。同样的道理,Open_source 凭借自身的能力无法输出低电平,依靠外部的下拉电阻实现低电平的输出。

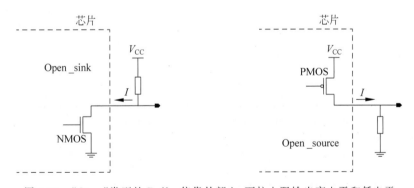

图 9-71 "Open"类型的 Buffer 依靠外部上、下拉电阻输出高电平和低电平

Open_sink 自身只承担输出低电平的任务,Pulldown 部件(NMOS 晶体管)将输出端下拉至地时,输出端处于电路中的电压最低位,电流的方向是从外部流入 Buffer 的,如图 9-71 所示。这就是 Buffer 名称中"sink"一词的由来。"sink"有"进入"之意,表示这种 Buffer 在工作时总是将外部电流吸纳入 Buffer 之中,即通常所说的"灌电流",因为电流是从外部"灌"进芯片的。

Open_source 则正好相反,只承担输出高电平的任务,Pullup 部件(PMOS 晶体管)将输

出端上拉至电源 $V_{\rm CC}$ 时,输出端处于电路中的电压最高位,电流的方向是从 Buffer 流出的,如图 9-71 所示。故而其名称中有"source"一词,表示这种 Buffer 在工作时总是向外部流出电流的,是电流的来源之处。也即通常所说的"拉电流",因为电流是从芯片里"拉"出来向外流的。

在 Open_sink 的基础上加上输入 Buffer 的功能,使其成为既能输出也能输入的双向 Buffer,这就是 I/O_open_sink。与普通的输入输出双向 Buffer(类型为 I/O)相比,I/O_open_sink 的区别在于它无法依靠自身能力输出高电平,需要外部的上拉。I/O_open_drain 和 I/O_open_source 的含义是类似的。

上面这些新介绍的 Buffer 类型,与 Input、Output 和 I/O 一样,在 IBIS 模型中仍然是用 Pullup、Pulldown、POWER Clamp、GND Clamp 这些 I-V 曲线和 Rising Waveform、Falling Waveform 这些 V-t 曲线来描述的,只是在具体的曲线组成方面,因 Buffer 类型的不同而有所差异,如表 9-2 所示。

表 9-2　IBIS 规范定义的 Buffer 类型

	Pullup	Pulldown	POWER Clamp	GND Clamp	Rising Waveform	Falling Waveform
Input	无	无	可选	可选	无	无
Output	必须	必须	可选	可选	推荐	推荐
I/O	必须	必须	可选	可选	推荐	推荐
3-state	必须	必须	可选	可选	推荐	推荐
Open_sink	无	必须	可选	可选	推荐	推荐
Open_drain	无	必须	可选	可选	推荐	推荐
Open_source	必须	无	可选	可选	推荐	推荐
IO_open_sink	无	必须	可选	可选	推荐	推荐
IO_open_drain	无	必须	可选	可选	推荐	推荐
IO_open_source	必须	无	可选	可选	推荐	推荐

注:① "无"表示 IBIS 规范规定该 Buffer 类型的模型不应包含的组成部分。
② "必须"表示 IBIS 规范规定该 Buffer 类型的模型必须包含的组成部分。
③ "可选"表示 IBIS 规范规定该 Buffer 类型的此组成部分是可选的,以反映芯片实际情况为准。如果实际的芯片包含,则应当包含。
④ "推荐"表示 IBIS 规范规定该 Buffer 类型的此组成部分是可选的,不强制要求必须包含,但推荐包含。

至此,我们对 IBIS 建模的基本原理有了认识。其中最核心的内容是 I-V 曲线和 V-t 曲线,它们是 IBIS 模型的主体组成部分。除去在这一章所介绍的,IBIS 模型还包括对集成电路器件、芯片和引脚等其他方面信息的描述,这些描述直白易懂,不再详述。合上本书之后,我们可以去寻找一个完整的 IBIS 文件实例,对 IBIS 模型的全貌加以认识。

IBIS 模型是用来进行信号完整性仿真的。能够运用仿真软件进行信号完整性仿真操作,这是一名信号完整性工程师最基本的技能素养。关于仿真本身,包括方法、软件、列举、实践和技巧等,不在本书的关注视线之内。这些操作层面的内容是信号完整性知识体系中最显眼的部分,相关的书籍、论坛和渠道众多,不难获得。我们在这内容颇多的一章中进入到 IBIS 模型内部去细细地"打量",从而明白 IBIS 建模的原理是什么。这样的背景知识往往是初学者所忽视和缺失的,即便这并不妨碍我们熟练地使用仿真软件完成 IBIS 仿真操作。

第 10 章

时延与时序

10.1　时延对时序的影响

前文已经介绍了传输线、反射、阻抗和端接等,这些是信号完整性讲义或教材中不可或缺的内容,言必称之。当笼统地提到信号完整性时,我们脑海中也总是条件反射式地浮现出这些概念。在板级数字电路设计中,有一个因素,并未被打上显眼的信号完整性标签,其重要性却丝毫不亚于其他任何方面,实质上是高速电路设计的关键内容之一,这就是时延。

第 2 章告诉我们,板级数字电路实现的实质是"连接"的设计。在印制电路板上,信号是通过走线从一个器件传递到另一个器件的。"高速电路"给我们的设计思维带来的改变之一,就是不能再像设计"低速电路"时那样将信号在走线上传递的时间即信号的时延忽略不计。即便这个时间很短(因为信号在走线上是以光速前进的)。问题的关键并不在于信号能传输得有多快,而在于信号是否在"规定"的时间到达接收端。这又引出了另一个概念——时序。

高速数字电路几乎都是同步电路。"同步"意味着电路中各个器件的行为都是以时钟为基准的。大家都按照时钟所规定的"步点"执行动作,实现彼此间相互配合和协调,共同完成电路功能。看一个实例,如图 10-1 所示。有一块电路板,上面有两个集成电路器件,处理器和存储器(RAM)。存储器中存放着数据,供处理器在需要时读取。二者之间的连接信号有地址(ADDR_OUT[7:0]和 ADDR_IN[7:0])、数据(DATA_IN[7:0]和 DATA_OUT[7:0])、读取控制信号(RD_OUT 和 RD_IN)等。一个共同的时钟信号通过时钟扇出器输出给两个器件的时钟输入端 CLK,它们便"同步"于这个共同的时钟,按照这个时钟的"步点"和"节拍"彼此协同配合,共同完成数据的读取动作。

具体来看看动作的执行过程。当处理器要从存储器读取数据,它通过 RD_OUT 引脚输出高电平(不读取的时候,该信号为低电平),向存储器发出读取指令。同时,通过八个地址引脚 ADDR_OUT[7:0]输出八位地址信息。"同步"机制的体现之一,就是 RD_OUT 和 ADDR_OUT[7:0]都是由 CLK 时钟的上升沿触发而发生状态变化的。如图 10-1 所示,在

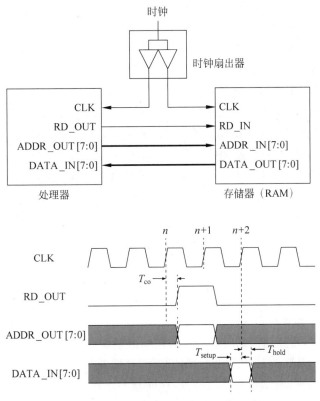

图 10-1 同步电路基于时钟的工作时序

CLK 时钟的第 n 个上升沿到来时,处理器将 RD_OUT 由低电平切换为高电平,将 ADDR_OUT[7:0]置为将要读取的存储器地址。在接下来的一个上升沿,即第 $n+1$ 个上升沿到来时,RD_OUT 恢复回低电平,表明读取指令发送结束。再接下来,就该读取存储器送来的数据了。数据是通过八位引脚 DATA_IN[7:0]输入的,输入的动作也仍然在 CLK 时钟的上升沿时刻执行。在接下来的一个上升沿,即第 $n+2$ 个上升沿到来时,处理器"抓取"DATA_IN[7:0]引脚的输入信号,数据被读入处理器内部,这一次读取过程完成。在整个过程中,依次在 CLK 时钟的各个上升沿,每个信号按照既已约定的规则执行所需的状态变化动作,这种以时钟为基准、各个信号的状态变化和彼此配合协同关系,便是时序。

这个电路的运行时钟是 200MHz。作为一个以单端信号传输机制运行的电路,这个速度已经相当高了。但由于印制电路板的设计者缺少高速设计的经验,这部分电路的布局布线没有作足够的高速电路相关的考虑。电路板制作完成后,无法正常工作,处理器从存储器读取到的数据总是错误的。但在调试的过程中发现,当把运行时钟降低为 100MHz,故障消失了,处理器能够从存储器读取到正确的数据,电路工作正常。出现这样的情况,有两种可能的原因,一是器件不能支持如此高的时钟频率,二是发生了信号完整性问题。由于这个电路最初就是按照 200MHz 的运行指标设计的,器件的选型也满足设计指标的需求,无论是处理器还是存储器,都能够支持 200MHz 的工作时钟,所以,第一种原因被排除了,只可能是信号完整性方面的原因。

电路的调试者用示波器逐个观察各个信号在接收端的波形就会发现每个信号的波形质量都不错,似乎也不应该是反射等因素导致的波形劣化带来的问题。那么剩下的最大可能就是这个电路的时序配合出了问题。

图 10-1 所画出的时序图,是处理器的读取接口时序图,是站在处理器的角度观察的。按照这个时序所呈现的信号动作先后关系,处理器在第 n 个上升沿将 RD_OUT 置为表示读取指令的高电平,并在 ADDR_OUT[7:0]上输出地址信息后,就会在 2 个时钟周期之后的第 $n+2$ 个上升沿从 DATA_IN[7:0]上获取对应地址的数据信息。电路功能是收发两端的器件共同完成的,这个时序对信号连接的另一端——存储器提出了要求,即在第 $n+2$ 个上升沿到来的时刻,存储器需要将处理器所读取的那个地址上存储的数据准备好,并输出在自己的 DATA_OUT[7:0]引脚上。这就是存储器为了达到处理器的读取时序要求所需要配合的工作。问题是,存储器能完成这个时序配合工作吗?作为独立的集成电路器件,存储器也有自己的时序。站在存储器的角度,并不存在一个配合不配合的问题,它仅仅是以自身 CLK 引脚所输入的时钟为基准、按照自身的时序来工作罢了。两个器件的时序关系是否"配合",这是电路设计者应该考虑的事情。

如图 10-2 所示,是存储器的时序图。对存储器来说,RD_IN 和 ADDR_IN[7:0]都是输入信号。当每一个 CLK 时钟上升沿到来的时刻,存储器都会监测 RD_IN 输入信号的状态,如果 RD_IN 为低电平,表明没有读取指令,存储器不作任何反应。如果在某个上升沿时刻,如图 10-2 的第 m 个上升沿,RD_IN 为高电平,表明读取指令到来,于是存储器就在这一个上升沿时刻按照 ADDR_IN[7:0]引脚上输入的地址信息,把存储在这个地址上的八位数据从 DATA_OUT[7:0]引脚上输出去。数据会在 DATA_OUT[7:0]引脚上保持一个时钟周期,在第 $m+1$ 个上升沿时刻,DATA_OUT[7:0]被置为另外的值。至此,存储器对于一次读取的响应全部完成。至于 DATA_OUT[7:0]输出的数据是不是能够被处理器正确地读取到,那得看它是不是在处理器的工作时序所期望的正确时间出现在处理器的 DATA_IN[7:0]引脚上。

从逻辑层面来看,两个器件的时序当然是配合无误的。处理器在第 n 个上升沿从 RD_OUT 输出读取指令(高电平),从 ADDR_OUT[7:0]输出地址。存储器就会在第 $n+1$ 个上升沿从 RD_IN 和 ADDR_IN[7:0]接收到读取指令和地址,它在这个上升沿从 DATA_OUT[7:0]上输出该地址存储的数据,正好在第 $n+2$ 个上升沿被处理器从 DATA_IN[7:0]上读入。这是电路的原理图所设计和期望的,也没有什么问题。具体地看,一次正确的读取,需要两处准确无误的信号接收。第一,在第 $n+1$ 个上升沿,存储器需要准确无误地接收读取指令和地址信息;第二,在第 $n+2$ 个上升沿,处理器需要准确无误地接收数据。实际的电路是否做到了这两点?

信号接收真正发生的时刻,是时钟上升沿来到的时刻。这也被形象地称为时钟对信号的"采样",即把信号在时钟上升沿到来的那一时点上的状态采集下来。但是,这并不意味着

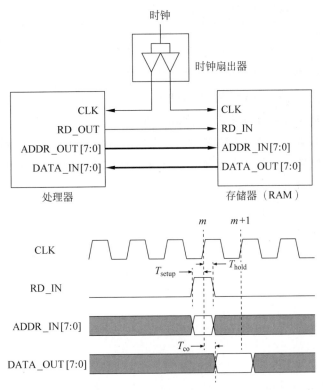

图 10-2 存储器的工作时序

信号只需要在采样发生的那个时点处于正确的电平状态就行了。在上升沿之前的一段时间和上升沿之后的一段时间,信号都需要保持稳定的正确电平状态,才能被准确、可靠地采样,也就是我们熟知的"建立时间"和"保持时间"的要求。信号先于时钟边沿(上升沿或下降沿)提前建立采样状态的时长,称为"建立时间"(Setup-time),记为 T_{setup},信号在时钟边沿(上升沿或下降沿)之后仍保持采样状态的时长,称为"保持时间"(Hold-time),记为 T_{hold}。图 10-1 和图 10-2 所示的处理器和存储器的时序图上,标出了 T_{setup} 和 T_{hold} 的含义。

建立时间和保持时间是由数字时钟同步电路的实现机制所决定的,任何依靠时钟边沿(上升沿或下降沿)采样进行接收的信号,都会对建立时间和保持时间提出要求。不同的器件、不同的信号之间,因集成电路实现工艺、内部构造和封装等诸多因素不同,对 T_{setup} 和 T_{hold} 的要求也不一样。通过查阅器件手册,本例中两个器件各输入引脚的建立时间 T_{setup} 和保持时间 T_{hold} 要求如表 10-1 和表 10-2 所示。

表 10-1 存储器输入信号建立时间和保持时间要求

输 入 信 号	T_{setup}	T_{hold}
RD_IN	≥1.4ns	≥0.4ns
ADDR_IN[x]	≥1.4ns	≥0.4ns

表 10-2　处理器输入信号建立时间和保持时间要求

输　入　信　号	T_{setup}	T_{hold}
DATA_IN[x]	$\geqslant 1.3\text{ns}$	$\geqslant 0.3\text{ns}$

　　下面就来看实际电路中的信号是否达到了上述 T_{setup} 和 T_{hold} 的要求。注意到,器件在输出信号的时候,从 CLK 时钟上升沿到输出信号真正发生改变,有一个时间延迟。如图 10-1 所示,处理器在第 n 个 CLK 时钟上升沿到来时将 RD_OUT 引脚置为高电平,RD_OUT 由低到高的改变边沿在时间上却并不与第 n 个 CLK 时钟上升沿相重合,而是延后了一些时间。ADDR_OUT[7:0] 也是如此。数字同步电路的运行设计机制虽然是让输出信号的状态改变"同步"于时钟边沿(上升沿或下降沿),但实际集成电路的实现机制决定了输出总是延后于时钟边沿的,任何数字同步集成电路器件的输出信号都有延后,无非或短或长而已。这段延后的时长被记为 T_{co},意指"time from clock to output",即从时钟边沿到输出真正发生改变的时间。通过查阅器件手册,本例中两个器件各输出引脚的 T_{co} 如下:

　　处理器 RD_OUT 和 ADDR_OUT[7:0]:$T_{\text{co}} = 3.1\text{ns}$

　　存储器 DATA_OUT[7:0]:$T_{\text{co}} = 3.2\text{ns}$

　　这些 T_{co} 的值其实挺长的。想想看,本例的运行时钟 CLK 频率为 200MHz,其相邻两个上升沿相距的时间仅为 5ns,T_{co} 为 3.1ns 或 3.2ns 意味着第 n 个时钟上升沿触发的输出信号状态改变距离随后的第 $n+1$ 个时钟上升沿反而更近一些。当然,上升沿的远近并无所谓,我们只关心输出信号在到达接收端时能否满足输入信号的 T_{setup} 和 T_{hold} 要求。

　　先暂时不考虑印制电路板走线带来的时延,或者先设想处理器和存储器间的走线非常短,其时延可以忽略不计的情况。这样,输出引脚上输出的信号不经过任何时间就直接到达了对方的输入引脚,输入引脚上的波形与输出引脚上的波形是一模一样的。把这种情形下电路的运行时序图画出来,如图 10-3 所示。

　　图 10-3 将处理器与存储器的时序以同一个 CLK 时钟基准画在了一起。能够这样做的前提是两个器件 CLK 引脚上输入的时钟来自同一个 200MHz 时钟源,并且这个电路板对时钟信号作了严格的"等长"处理,即从时钟扇出器分别到处理器和存储器的两根时钟走线的长度是相等的。这样,每一个时钟上升沿到达两个器件 CLK 引脚的时间也是相同的,它们的时钟基准就是同一的。这其实是采用共用时钟的数字同步电路对时钟处理的基本要求。

　　图 10-3 所呈现的时序关系无疑与电路的期望是相吻合的。各个信号都在规定的 CLK 时钟"步点"上出现在器件的输入引脚,并且也满足 T_{setup} 和 T_{hold} 的要求。如第 $n+1$ 个上升沿时刻到来时,出现在存储器 RD_IN 引脚上的高电平在上升沿之前和之后分别保持了 1.9ns 和 3.1ns,满足表 10-1 中 $T_{\text{setup}} \geqslant 1.4\text{ns}$ 和 $T_{\text{hold}} \geqslant 0.4\text{ns}$ 的时间要求,这个采样是非常

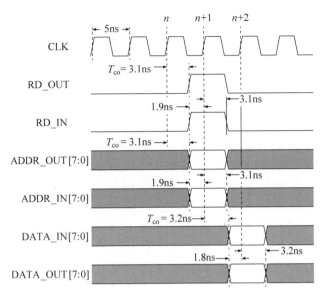

图 10-3 在同一时钟基准下的处理器和存储器电路工作时序

平稳的。同样，八根地址引脚 ADDR_IN[7:0]上输入的地址信号在第 $n+1$ 个上升沿时刻之前和之后维持有效电平状态的时间也满足 T_{setup} 和 T_{hold} 的时间要求，也会被准确可靠地采样。于是，在这一上升沿时刻，存储器向外输出被读取地址上存储的数据，经过 $T_{co}=3.2$ns 的时间后出现在 DATA_OUT[7:0]引脚上。随后，在第 $n+2$ 个上升沿时刻，是处理器对八根数据引脚 DATA_IN[7:0]上的数据信号采样的时刻，这组信号在上升沿前后分别保持了 1.8ns 和 3.2ns，满足表 10-2 中 $T_{setup} \geqslant 1.3$ns 和 $T_{hold} \geqslant 0.3$ns 的时间要求，数据被准确无误地读入处理器。

这个时序当然无可挑剔，但由于没有考虑走线带来的时延，毕竟不是电路中发生的真实情况。现在就来看看实际信号波形的真面目。图 10-4 是用示波器在存储器的引脚上测得的一次读写的信号波形。由于处理器的地址输出引脚 ADDR_OUT[7:0]在未进行读取操作时缺省保持低电平状态，为了看清信号是何时发生改变的，处理器读取的地址设置为 ADDR_OUT[7:0]=11111111，即所有地址引脚都会输出高电平。在第 n 个上升沿到来时输出。受限于示波器测量通道数目的限制，八根地址信号 ADDR_IN[7:0]只展示了其中两根，ADDR_IN[0]和 ADDR_IN[5]。

测量是有讲究的，我们强调，这些波形都是直接在存储器的引脚上测得的，而不是在走线的中途测得的。只有这样，才能正确地评判信号波形是否满足器件的时序要求，因为集成电路器件手册所提供的 T_{setup}、T_{hold} 和 T_{co} 等时序参数，都是以"器件自身引脚上的信号状态"为描述对象的。

这个波形图揭示了问题所在。首先，就各个输入信号的波形模样而言，无论是时钟 CLK，还是 RD_IN、ADDR_IN，都存在振荡、上冲或下冲等失真现象，这是无可避免的，尤其

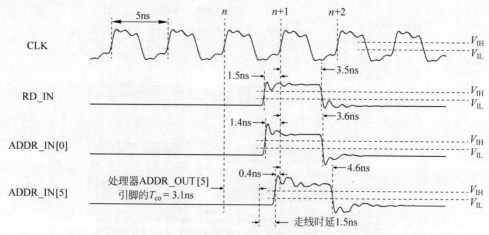

图 10-4 存储器输入引脚信号实测波形(200MHz 运行时钟)

在 200MHz 如此高的一个频率下,器件的上升时间(和下降时间)比较快,反射等因素必然会对波形带来明显的改变。但,这些改变并未影响到器件对于信号的判决识别,处于高、低电平状态的信号电压都达到了门限判决电压 V_{IH}、V_{IL} 的要求,所有的振荡、上冲、下冲都发生在 V_{IH}、V_{IL} 之外。在 V_{IH} 和 V_{IL} 之间的区域,信号的上升、下降边沿保持了很好的单调性(即持续地上升或下降而没有途中的反复),整个波形的逻辑框架仍然清晰。因此,并非是反射这一类造成波形劣化的因素带来了问题,问题的根源在于时序。

看 RD_IN 引脚的波形。在图 10-4 中标记的第 $n+1$ 个 CLK 上升沿时刻,RD_IN 引脚上出现了表示读取命令的高电平状态。这个高电平由处理器在第 n 个上升沿从 RD_OUT 引脚输出,到达存储器的 RD_IN 引脚时,在上升沿之前和之后持续的时间分别是 1.5ns 和 3.5ns,满足建立时间 $T_{setup} \geqslant 1.4$ns 和保持时间 $T_{hold} \geqslant 0.4$ns 的要求,这个高电平的采样可靠无误,RD_IN 的输入没有问题,存储器在第 $n+1$ 个上升沿时刻获得了准确的读取命令。

按照存储器的时序定义规则,第 $n+1$ 个上升沿时刻同时对 ADDR_IN[7:0]引脚输入的地址信号进行采样。观察最低位地址引脚 ADDR_IN[0]的波形,在第 $n+1$ 个上升沿时刻前后,出现高电平状态,这个高电平由处理器在第 n 个上升沿从 ADDR_OUT[0]引脚输出,说明处理器这次读取的地址最低位值为"1"。到达存储器的 ADDR_IN[0]引脚时,高电平在第 $n+1$ 个上升沿之前持续了 1.4ns,刚好满足建立时间 $T_{setup} \geqslant 1.4$ns 的要求,在上升沿之后持续了 3.6ns,满足保持时间 $T_{hold} \geqslant 0.4$ns 的要求,这个采样也是可靠的,没有问题。

再看地址引脚 ADDR_IN[5]。这个高电平的到来明显比 RD_IN 和 ADDR_IN[0]要晚,在第 $n+1$ 个上升沿之前只持续了 0.4ns 的时间,远小于 $T_{setup} \geqslant 1.4$ns 的建立时间要求。这样,这个高电平极有可能无法被存储器正确地识别,采样获得的结果可能是一个低电平,从而导致这一位地址值在存储器上的错误输入。例如,处理器输出的地址明明是"11111111",因 ADDR_IN[5]采样出错,存储器获得的地址将是"11011111"(假设其他地址位都正确采样),于是存储器将在 DATA_OUT[7:0]引脚送出"11011111"地址上存储的数据,而不是处理器所期望读取的"11111111"地址上存储的数据。

这就是这个电路出错的原因所在。将全部八根地址引脚 ADDR_IN[7:0]上的波形测量一遍后,不止 ADDR_IN[5],还有其他几根也存在同样的问题。表 10-3 列出了全部八位地址信号在存储器引脚上测得的建立时间和保持时间。

表 10-3　存储器 ADDR_IN[7:0]输入引脚实测建立时间和保持时间(200MHz 运行时钟)

地 址 信 号	T_{setup}/ns	T_{hold}/ns	满足时序要求	走线长度/mil	时延/ns
ADDR_IN[0]	1.4	3.6	满足	2800	0.5
ADDR_IN[1]	1.5	3.5	满足	2350	0.4
ADDR_IN[2]	1.3	3.7	不满足	3400	0.6
ADDR_IN[3]	1.2	3.8	不满足	3950	0.7
ADDR_IN[4]	1.4	3.6	满足	2800	0.5
ADDR_IN[5]	0.4	4.6	不满足	8250	1.5
ADDR_IN[6]	0.8	4.2	不满足	6200	1.1
ADDR_IN[7]	1.0	4.0	不满足	5050	0.9

(时序要求:$T_{setup} \geq 1.4$ns　$T_{hold} \geq 0.4$ns)

八位地址信号中,仅有 ADDR_IN[0]、ADDR_IN[1]和 ADDR_IN[4]三位满足存储器建立时间 T_{setup} 和保持时间 T_{hold} 的要求,其余五位均存在违反建立时间 T_{setup} 要求的情况。当处理器输出地址"11111111"的时候,由于这五位地址信号可能存在采样出错,存储器获得的地址输入可能是"00010011",完全大相径庭。

而导致问题发生的根源,正是走线所带来的时延。表 10-3 列出了信号的走线长度,八根地址信号走线长短不一,相差很大。ADDR_IN[5]是最长的一根,长度 8250mil,带来的时延是 1.5ns。这个走线时延太长,导致信号经过走线到达存储器 ADDR_IN[5]引脚时已太晚,无法满足建立时间 $T_{setup} \geq 1.4$ns 的时序要求。其余的几根,ADDR_IN[2]、ADDR_IN[3]、ADDR_IN[6]和 ADDR_IN[7],也是因为同样的原因,走线带来的时延过长,无法满足 T_{setup} 的要求。而另外三根,ADDR_IN[0]、ADDR_IN[1]和 ADDR_IN[4],因走线长度较短而能够满足 T_{setup} 的要求。如 ADDR_IN[0],走线长度为 2800mil,差不多仅是 ADDR_IN[5]走线长度的三分之一,带来的时延也仅为 0.5ns。

同一组地址信号的走线间长度差异如此悬殊,看来这个印制电路板在走线时确实缺失了"高速信号"的意识。图 10-5 是这块电路板实际的印制电路板走线情况(只展示了 ADDR_IN[0]和 ADDR_IN[5]两根)。大概是为了避让其他的器件、走线等的缘故,ADDR_IN[5]的走线绕了比较长的迂回曲折路径。而 ADDR_IN[0]的走线通过两个器件间的短捷路径完成,故而长度短得多。这组地址信号的走线反映出典型的"低速电路"印制电路板设计风格,即"连通就行",完全不计较走线的长短。

在"低速电路"的环境中,没有人关心走线带来了多长的时延。无论多长的走线,都是可以将信号在上面行走的时间直接忽略为 0 的。而在这个运行时钟 200MHz 的高速电路中，走线长一分或短一分，都直接关系到信号能否被正确接收，走线的时延成为绝对不容忽略的关键因素。

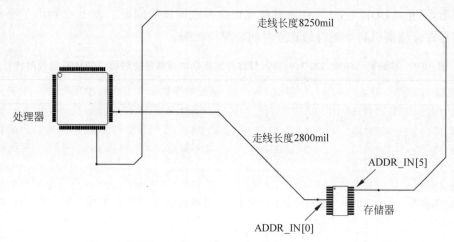

图 10-5 地址信号 ADDR_IN[0]和 ADDR_IN[5]的印制电路板走线

那么，当把运行时钟 CLK 降为 100MHz 的时候，处理器又能够正确地从存储器读取数据，这又是为何呢？仍然需要从时序上寻找原因。图 10-6 是在 100MHz 运行时钟时存储器引脚上的波形测量结果。

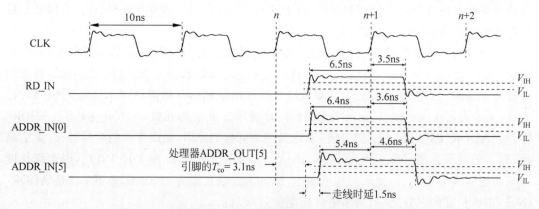

图 10-6 存储器输入引脚信号实测波形（100MHz 运行时钟）

同样是 8250mil 长的走线，信号到达 ADDR_IN[5]引脚时的走线时延仍是 1.5ns，但由于 CLK 时钟的周期增长了一倍，达到 10ns，在第 $n+1$ 个 CLK 上升沿对信号进行采样的时刻到来之前，有足够多的时间余量来容纳走线时延。ADDR_IN[5]的建立时间 T_{setup} 达到 5.4ns，远远大于 $T_{setup} \geqslant 1.4$ns 的最低时序要求，保持时间 T_{hold} 仍为 4.6ns，也满足 $T_{hold} \geqslant 0.4$ns 的最低时序要求，这个采样当然稳定、可靠。同样的原因，原本在 200MHz 运行时钟时不满足建立时间 T_{setup} 要求的其他几根地址信号，在 100MHz 运行时钟时的建立时间

T_{setup} 都达到了 1.4ns 的最低要求以上,数据读取不再出错,如表 10-4 所示。

表 10-4　存储器 ADDR_IN[7:0]输入引脚实测建立时间和保持时间(100MHz 运行时钟)

输入引脚	T_{setup}/ns	T_{hold}/ns	满足时序要求	走线长度/mil	时延/ns
ADDR_IN[0]	6.4	3.6	满足	2800	0.5
ADDR_IN[1]	6.5	3.5	满足	2350	0.4
ADDR_IN[2]	6.3	3.7	满足	3400	0.6
ADDR_IN[3]	6.2	3.8	满足	3950	0.7
ADDR_IN[4]	6.4	3.6	满足	2800	0.5
ADDR_IN[5]	5.4	4.6	满足	8250	1.5
ADDR_IN[6]	5.8	4.2	满足	6200	1.1
ADDR_IN[7]	6.0	4.0	满足	5050	0.9

　　这是一个很好的例子,它展示的现象在高速设计中很有代表性。经过上面的调试分析,最终定位问题的根源在于印制电路板的走线设计存在缺陷。但是,倘若从最开始电路就运行在 100MHz 时钟上,电路将正确地运行,问题并不会暴露出来。"时钟跑不上去",是我们在调试中常常遇到的现象,电路运行在一个较高的时钟频率时,总是存在这样那样的错误,而把时钟降低到一定程度时,错误又莫名消失了。如果不能洞察这背后的真实原因,那么在下一个电路开始设计时仍然心中没底,它究竟能不能"跑"到设计者所期望那么高的时钟频率呢? 这个例子揭示了,走线时延导致的时序要求不满足,是这类问题发生的一个常见原因。再遇到"时钟跑不上去"的现象,可以从这个角度入手,大胆怀疑是不是走线时延带来的时序问题。

　　该如何解决问题呢? 就这个电路而言,一种办法是降频使用,将运行时钟由原本设计的 200MHz 降为 100MHz,这样的好处是已经制作出来的印制电路板可以继续使用,没有成本损失。但时钟的降低也带来处理器从存储器读取速度的降低,能够采用这种办法的前提是降低后的读取速度仍然满足电路的使用需求。倘若运行时钟降低后无法满足电路使用需求,那就只有改进走线设计,重新制作印制电路板了。

　　改进的方法很简单,把走线缩短就行了。那么缩到多短合适呢? 如图 10-7 所示,第 n 个 CLK 上升沿从处理器 ADDR_OUT[x]发出的信号需要在第 $n+1$ 个上升沿之前至少 1.4ns 到达存储器 ADDR_IN[x]引脚,才满足 T_{setup} 最低要求。在运行时钟 CLK 为 200MHz 的情况下,相邻两个上升沿的时间间隔是 5ns。其实留给走线的时间有 $5-1.4=3.6$ns,还是不短的,但由于 T_{co} 的存在,信号其实是在第 n 个 CLK 上升沿之后 3.1ns 才从 ADDR_OUT[x]引脚出发的,所以留给走线的时间其实只有 $5-1.4-3.1=0.5$ns。只要走线的时延不超过 0.5ns,就可以满足 T_{setup} 最低时序要求。原先的印制电路板走线设计中,ADDR_IN[0]、ADDR_IN[4]两根的走线时延是 0.5ns,长度为 2800mil,它们刚好满足 T_{setup} 最低时序要求。那么,在改进印制电路板走线设计时,八位地址信号 ADDR_IN[7:0] 中,凡是走线长度超过 2800mil 的,重新布线,将长度减至 2800mil 以内,就能确保在运行时钟 CLK 为 200MHz 时八位地址信号全部正确采样。

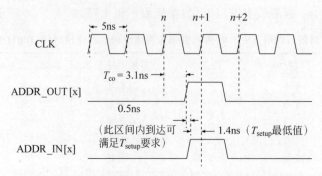

图 10-7 根据信号的时序要求来确定走线的时延要求

10.2 信号的传输速度

既然高速电路中走线的时延足以影响电路时序,对应到电路的印制电路板设计层面,设计者面对的问题是,该给信号设计多长的走线? 回答这个问题的前提是首先需要知道信号在走线上传输的速度有多快。

回到上一节的电路实例,通过处理器和存储器间的走线时延和长度数据,可以算出信号的传输速度。如表 10-3 所示,地址信号 ADDR_IN[0]的走线,长度为 2800mil,产生了 0.5ns的时延,则信号在走线上的传输速度是

$$\frac{2800\text{mil}}{0.5\text{ns}} = 5600\text{mil/ns} = 5.6\text{in/ns}$$

在每 1ns 的时间里,信号在走线上前进 5.6in,换算成公制,大约是 14cm。这个速度有多快? 以宇宙中最快的速度——光在真空中的速度来比较,这个速度差不多是光速的一半。真空中光的传播速度是 $2.9979\times10^8\text{m/s}$,约 11.8in/ns。

事实上,信号也能像光速那样快地传输,但不是在电路板上,而是也需要在"真空"之中。

作为初学者,我们究竟是如何从本质上理解信号在走线上的传输过程的? 是不是就是"带电粒子沿着走线移动的过程"? 这样的认识形象而简单,但与真实的物理本质还存在差距。首先,信号是通过传输线的两支来承载的,如图 10-8 所示。走线只是传输线的第一支,仅仅着眼于走线上发生的事情,而忘记整个传输线的体系背景,是不可能把握信号传输的真实本质的。其次,仅从带电粒子移动的角度,无法涵盖整个物理现象的发生过程。我们需要从更为抽象的层面来认识信号的传输本质,那就是,信号的传输过程其实是电磁场的传输过程。

电磁场包含电场和磁场。传输线上的电场,是容易理解的。就初学者而言,信号最直观的概念内涵,就是电压。而电压的存在,也就意味着电场的存在。某个信号,原本为低电平,某个时刻信号的驱动端将其置为高电平,也即产生了一个上升沿,高电平电压为 1V,则这个1V 的电压就会沿着走线"传递"到信号的接收端去。传输线的两支——走线和平面层间,原本电压差为 0。上升沿到来后,从信号进入走线的那一端开始,在走线和平面层间建立起

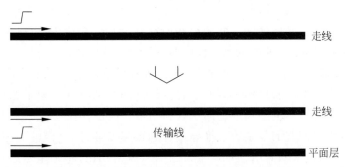

图 10-8 信号的传输不仅仅是走线上发生的事情

1V 的电压差,也就是建立起 1V 的电场。这个电场存在于传输线的两支之间,会沿着传输线向前不断延展,直到在整个传输线上都建立起 1V 的电场,如图 10-9 所示。

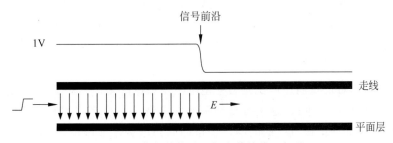

图 10-9 信号传输时电场在传输线上行进

有了电场,再来理解磁场就会比较容易。如图 10-10 所示,在信号前沿已经走过的地方,也就是已经建立起 1V 电压的地方,走线和平面层间的电场是处于静止无变化的。而在信号前沿所在的地方,也就是电压正在从 0V 向 1V 上升的地方,走线和平面层间的电场却是动态变化的,因为电压的不断上升也就意味着电场变得越来越强。回顾我们在中学物理课程中已学过的知识,"变化的电场产生磁场",在这个动态变化的电场周围,就会产生出磁场。随着电场在传输线上向前延展行进,磁场也随之向前延展行进。

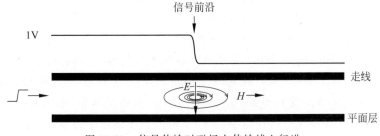

图 10-10 信号传输时磁场在传输线上行进

再从相反的方向来看,"变化的磁场又会产生电场"。这个由信号前沿的动态变化的电场产生出的磁场,也是动态变化的。所以,在磁场的周围,又产生了电场。伴随着信号前沿在传输线上行进的电场和磁场,其实是相生相成的,电场产生了磁场,磁场又产生了电场,它们实际上是密不可分的,必然伴随彼此的存在而存在,因此,合称为"电磁场"。而随着这种变化的电场、磁场交替建立、延展、扩散,也就形成了电磁波的传输。

上面寥寥几段简短文字,揭示出电磁场、电磁波在传输线上的存在。但其实每一句话背后,在电磁场理论中都对应着篇幅满满的内容。能够彻底从物理现象本源角度阐释信号在传输线上的传输过程的,是电磁场理论的课程和书籍。但是,电磁场理论的讲解方法令人望而生畏,那意味着无可回避的复杂数学推导过程和极尽专业性、严谨性的深涩论述,与本书以入门读者为对象而追求的简明、通俗、可亲的书写风格相比,将是全然迥异的。但凡有过电磁场理论学习经历的人,大概都有此体会。

讲到这里,再次引出了信号完整性与电磁场理论之间的渊源。它们的关系已经非常明确了,就是理论与实践的关系。信号完整性是完完全全面向实践、解决实际电路问题的学问,信号完整性问题来源于电路设计实践领域。在"低速电路"时代,电路设计与电磁场是毫不相干的。当"高速电路"带来了信号完整性问题后,其中一些问题已超出了电路理论所能解释的范畴,需要电磁场理论才能予以分析、理解并解决。所以,电磁场是支撑信号完整性研究的理论基础。

有人不免沮丧,难道我们还需要先去补足电磁场理论的知识?对于长期从事电路设计,尤其是数字电路设计的人来说,这无疑是件头大的事情。当然并非如此。这当中主要是一个"谁本谁末"以及如何把握"度"的问题。理论终归是服务于实践的,我们的最终目标是解决电路中的信号完整性问题。所以,无须完整而系统地学习电磁场课程,而是"按需而取,适用即止"。这八字纲领指明在初学信号完整性时,需要以怎样的力道去面对其中涉及的电磁场问题,而不致在翻开电磁场理论书籍时无所适从,被深涩的文字、长长的数学公式所吓退。事实上,要达到这八字所描述的程度,甚至无须翻看电磁场理论书籍,信号完整性书籍本身所介绍的内容已然足够。

回到正在讨论的问题。在理解"信号沿着走线传输"这一现象的本质的时候,最重要的是要建立"场"的概念。信号的传输过程,其实是电场、磁场在不断交替建立、延展、扩散的过程,也就是电磁波的传输过程。只要认识到电场和磁场的存在,那么这就远不仅仅是发生在走线上的事情。因为"场"是分布于空间中的东西,"场"的传输,是要在空间中来进行的。图 10-11 描绘了走线和参考平面所构成的传输线空间的场分布(通过传输线的横截面视角)。可以看到,电场和磁场是分布于走线和平面层之间的整个空间的。当明白了这才是信号传输的真正场景,再来面对"信号在走线上的传输速度有多快"的问题,就知道这根本与"带电粒子在走线上移动速度有多快"是毫不相干的,而是要回答"电场和磁场在空间中建立、延展、扩散的速度有多快"的问题,也就是"电磁波的传输速度有多快"的问题。仅仅盯着走线上发生的事情,是抓不住信号传输的物理本质的。承担信号传输行为的真正主角,并不在走线上,而在走线周围的整个空间中。决定信号传输速度的,不是走线上的带电粒子,而是空间中的电磁波。

那么,电磁波传输的快慢,又跟什么因素相关呢?既然它是在空间中传输的,那么一定

微带线

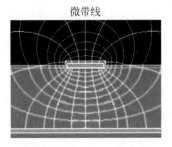

带状线

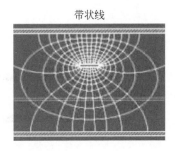

图 10-11　传输线的电磁场分布

是跟空间中的物质相关。这跟光的传输是一样的。当空间中什么东西也没有的时候,也就是真空中,光的传输速度是最快的。一旦空间中存在着任何物质,如在空气、水或玻璃中,光的速度就会慢下来。形象而直观地理解,这些物质分布在空间中,会对光线造成阻碍,所以光线跑得慢了。而在真空中,没有任何东西阻碍,所以光线能全速前进。好比一个人在广场上奔跑,当广场空旷无人的时候,他能最顺畅地奔跑,速度最快。而如果广场上人流熙攘,便会受到很多阻挡,速度必然减慢。不同的物质对光的阻碍程度又有所差异。空气的阻碍很小,故而光在空气中的速度仅比光在真空中的速度略小。水的阻碍就大得多,光在水中的速度比光在空气中的速度差了很大一截,约为真空中光速的 3/4。玻璃的阻碍则更大,玻璃中的光速仅为真空中光速的 2/3。决定它们究竟能多大程度地阻碍光速的是物质的一个光学属性——折射率。折射率越大,阻碍越大,光在其中的速度越低,如表 10-5 所示。

表 10-5　光在不同媒介物质中的速度

媒 介 物 质	折 射 率	光 　　　速
真空	1	$2.9979 \times 10^8 \, \text{m/s}$
空气	约 1.00029	约 $2.9970 \times 10^8 \, \text{m/s}$
水	约 1.33	约 $2.25 \times 10^8 \, \text{m/s}$
玻璃	约 1.5	约 $2.0 \times 10^8 \, \text{m/s}$

电磁波具有与光一样的秉性,它的快慢取决于它处在怎样的物质环境中。当它处于真空中,也就是没有任何东西"阻碍"它的时候,它跑得与光一样快。设想传播信号的传输线并不是制作在电路板上,而是悬于真空之中,在走线和平面层的周围空间、在它们之间没有任何其他物质存在,如图 10-12 所示,这时电场、磁场就会以 $2.9979 \times 10^8 \, \text{m/s}$ 这一等同于真空中光速的宇宙最快速度来沿着传输线交替建立、延展、扩散。反映到走线上,信号的传输速度就是 $2.9979 \times 10^8 \, \text{m/s}$,即 11.8in/ns。

在电路板上,内层的走线和平面层被绝缘介质 FR4 包裹着,表层的走线一侧挨着空气,一侧挨着 FR4,如图 10-13 所示。空气和 FR4 两种绝缘介质就是电路板上的传输线所处的空间物质环境,它们会阻碍电磁场的建立和扩散。所以,电路板上的信号传输速度必然比真空中的信号传输速度低。

具体低了多少呢? 先看两种单一介质物质环境中的情况。如果传输线完全处于空气之

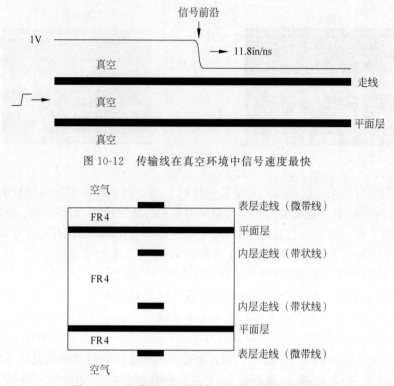

图 10-12 传输线在真空环境中信号速度最快

图 10-13 电路板上的传输线所处的空间物质环境

中,走线和平面层之间只有空气,没有 FR4,如图 10-14 所示,信号的传输速度会是多少？与光在空气中的情况相似,空气对电磁波的阻碍也是非常小的,这种情形下的信号传输速度与真空中的信号传输速度非常接近。真空中的信号传输速度是 11.8in/ns,空气中的信号传输速度是约 11.79in/ns。

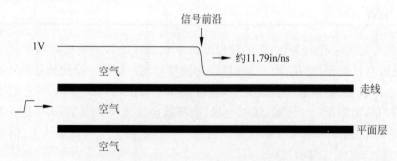

图 10-14 传输线在空气环境中的信号传输速度

与空气相比,FR4 对电磁波的阻碍作用就大得多了。如果传输线完全处于 FR4 中,如图 10-15 所示,信号的传输速度会下降到真空中的一半左右,也就是约 5.9in/ns。

可见,不同的绝缘介质物质环境,对电磁波传输的阻碍程度还是有很大差异的。究竟是什么造成了这种差异呢？在光传输的时候,折射率是反映空间媒介物质能对光速造成多大

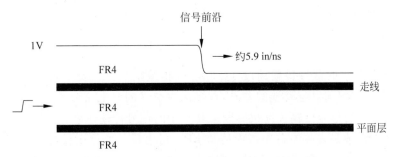

图 10-15 传输线在 FR4 环境中的信号传输速度

阻碍的指标,而在电磁波传输的时候,决定它能受到多大程度的阻碍的,是绝缘介质材料的一个属性参数——介电常数。

第 5 章我们已经介绍过介电常数,它表示的是绝缘介质材料相对于真空所带来的电容的增长倍数,用 ε_r 表示。例如,两个导体处于真空中时,它们之间的电容为 $1\mu F$,现在将两块导体周围的绝缘介质由真空更换为某种介电常数为 2 的绝缘介质材料(即 $\varepsilon_r=2$),则导体间的电容增长为真空中的 2 倍,为 $2\mu F$。如果将绝缘介质更换为某种介电常数为 3 的绝缘介质材料(即 $\varepsilon_r=3$),则导体间的电容增长为真空中的 3 倍,为 $3\mu F$,如图 10-16 所示。

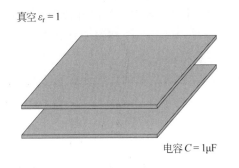 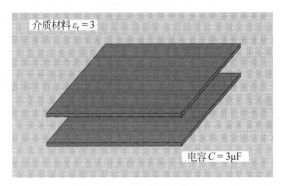

图 10-16 介电常数表示绝缘介质材料相对于真空带来的电容增长倍数

电磁波在不同的绝缘介质材料中传输时,介电常数 ε_r 越大,所受到的阻碍越大,传输速度越慢。所以就能解释为什么传输线处于 FR4 中时,信号的传输速度会比处于空气中时慢得多,因为 FR4 的介电常数比空气的介电常数大得多。

具体的计算关系如下:

$$v = \frac{c}{\sqrt{\varepsilon_r}}$$

其中,c 为传输线处于真空时信号的传输速度,$11.8 in/ns$;ε_r 为介电常数;v 为传输线处于介电常数为 ε_r 的介质环境中时信号的传输速度。

空气的介电常数是多少?一个在真空中电容量为 $1\mu F$ 的电容器,将其所处的介质环境更换为空气后,电容量仅增至约 $1.000585\mu F$,所以空气的介电常数为 $\varepsilon_r=1.000585$。代入上式,就得到前文提到的传输线处于空气中时信号的传输速度 11.79in/ns。

$$v = \frac{c}{\sqrt{\varepsilon_r}} = \frac{11.8}{\sqrt{1.000585}} = 11.79\text{in/ns}$$

这个值与真空中的信号传输速度 11.8in/ns 相差很小。只要不是需要十分精确的场合,都可以忽略掉空气与真空环境的差异,直接认为空气的介电常数等同于真空,即 $\varepsilon_r = 1$,传输线处于空气中的信号传输速度也等同于真空中的信号传输速度,为 11.8in/ns。

FR4 的介电常数是多少?首先得弄清楚 FR4 究竟是一种什么材料。大家都说制作印制电路板的绝缘材料板材是 FR4,但其实"FR4"原本并不是一种材料的名称,而是代表材料耐燃性能的等级编号(FR——Flame Retardant,阻燃、耐燃)。除了 FR4,还有其他的编号,如 FR1、FR2、FR3 和 FR5 等。数字越大,表明材料就越不易燃烧,耐燃性能就越好。用于制作印制电路板的材料,就是达到 FR4 耐燃等级的材料中的一种,是由环氧树脂和玻璃纤维通过高温高压所制成的一种复合材料。在印制电路行业里,说到 FR4,就特指这种环氧树脂玻璃纤维复合材料。所以,FR4 包括了环氧树脂和玻璃纤维两种材料成分,它的介电常数 ε_r 一般在 4~5 之间,具体数值取决于环氧树脂和玻璃纤维的含量比例。不同厂商、不同规格的 FR4 板材,可能因环氧树脂和玻璃纤维的含量比例差异而导致介电常数不同,如有的 $\varepsilon_r = 4$,有的 $\varepsilon_r = 4.2$,有的 $\varepsilon_r = 4.5$,等等。在对实际的印制电路板进行计算、分析的时候,我们需要向印制电路板制造厂商询问所使用的 FR4 板材的介电常数的准确数值。在书籍和教材的理论讲解论述中,一般取一个方便易记的值,$\varepsilon_r = 4$。一个在真空中电容量为 $1\mu F$ 的电容器,将其所处的介质环境更换为 FR4 后,电容量将增至 $4\mu F$。

将 $\varepsilon_r = 4$ 代入上式,就得到前文提到的传输线处于 FR4 中时信号的传输速度 5.9in/ns,正好是真空中信号传输速度的一半。

$$v = \frac{c}{\sqrt{\varepsilon_r}} = \frac{11.8}{\sqrt{4}} = 5.9\text{in/ns}$$

在印制电路板上,内层的带状线就是一个处于 FR4 中的传输线实例,如图 10-17 所示。带状线的走线和上、下平面层都是浸没于 FR4 中,从场的分布来看,电场、磁场被限制在两平面层之间的 FR4 介质空间中建立、扩散、传播,所以,带状线上的信号传输速度就是 FR4 中的电磁波速度,5.9in/ns。

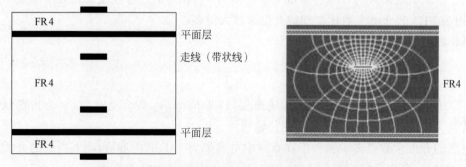

图 10-17　带状线的电场、磁场在 FR4 中建立、扩散、传播

表层的微带线则要复杂一些,它处于空气和 FR4 两种介质环境中,如图 10-18 所示。从场的分布看,当信号在表层走线上传输的时候,电场、磁场既需要在走线和平面层之间的 FR4 中建立、扩散、传播,也需要在表层走线上方的空气中建立、扩散、传播。这个电磁波并不是在一个单一种类的介质中传输的,难以直接套用上面的公式通过介电常数来计算传输速度,因为两种介质的介电常数并不相等。

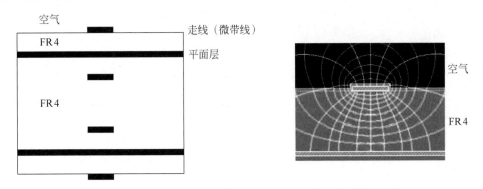

图 10-18　微带线的电场、磁场在空气和 FR4 中建立、扩散、传播

但不难理解,在两种介质对电磁波的传输同时产生阻碍的共同作用下,这个电磁波的传输速度一定是介于两种单一介质之间的,比在空气中的速度慢,而比在 FR4 中的速度快。或者这样来理解,将空气和 FR4 共同组成的微带线电磁波传输空间作为一个整体介质环境来看待,这个整体介质环境的"等效介电常数"将会是处于组成它的两种成分介质的介电常数之间的值,比空气的介电常数大,比 FR4 的介电常数小。于是,信号在这个介质环境里的传输速度将比空气中的慢,而比 FR4 中的快。

可见,在多层印制电路板上,表层走线(微带线)上的信号是比内层走线(带状线)上的信号传输得更快。能快多少呢? 这个就看信号传输时电磁场能量在两种介质中的分布情况了,分布在空气中的越多,信号速度就越接近空气中的电磁波速度;分布在 FR4 中的越多,信号速度就越接近 FR4 中的电磁波速度,也就是带状线上的信号速度。上面提到的所谓"等效介电常数",就是由这个分布关系决定的。落实在直观的东西上,电磁场的分布是跟微带线的实际构成参数有关的,如走线线宽、FR4 介质厚度和确切的介电常数值等。通过电磁场理论中的求解方法能够根据这些参数求得精确的微带线信号传输速度值。从信号完整性学习的角度,我们不必深究这套求解理论和方法,只需对实际电路中的信号传输速度值足够了解即可。图 10-19 是几种常用的印制电路板叠层实例中各走线层的信号传输速度。

从这几个四层板、六层板和八层板叠层设计来看,同为 50Ω 阻抗的表层微带线,在 FR4 介电常数相同的情况下,它们的线宽和介质厚度(表层与相邻平面层间的介质厚度)各不相同,由此也导致表层走线的信号速度存在差异,但相差的幅度非常小,大致的取值都是在 6.8in/ns 附近。与各个叠层的内层带状线相比,表层微带线的信号速度快了大约 1in/ns。

内层的带状线不受线宽和介质厚度差异的影响,六层板和八层板的内层走线信号速度是一样的,都是 5.759in/ns。这个值小于之前我们用 $\varepsilon_r = 4$ 计算得到的值 5.9in/ns,因为这

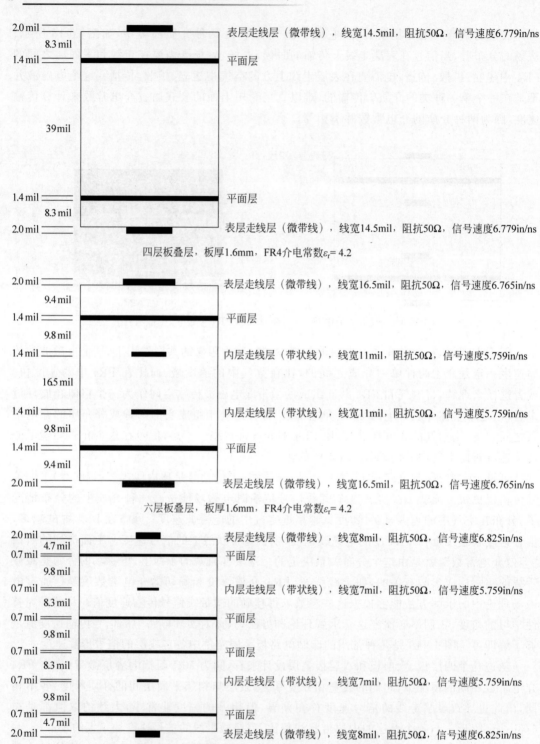

2.0 mil 表层走线层（微带线），线宽14.5mil，阻抗50Ω，信号速度6.779in/ns
8.3 mil
1.4 mil 平面层
39mil
1.4 mil 平面层
8.3 mil
2.0 mil 表层走线层（微带线），线宽14.5mil，阻抗50Ω，信号速度6.779in/ns

四层板叠层，板厚1.6mm，FR4介电常数ε_r= 4.2

2.0 mil 表层走线层（微带线），线宽16.5mil，阻抗50Ω，信号速度6.765in/ns
9.4 mil
1.4 mil 平面层
9.8 mil
1.4 mil 内层走线层（带状线），线宽11mil，阻抗50Ω，信号速度5.759in/ns
16.5 mil
1.4 mil 内层走线层（带状线），线宽11mil，阻抗50Ω，信号速度5.759in/ns
9.8 mil
1.4 mil 平面层
9.4 mil
2.0 mil 表层走线层（微带线），线宽16.5mil，阻抗50Ω，信号速度6.765in/ns

六层板叠层，板厚1.6mm，FR4介电常数ε_r= 4.2

2.0 mil 表层走线层（微带线），线宽8mil，阻抗50Ω，信号速度6.825in/ns
4.7 mil
0.7 mil 平面层
9.8 mil
0.7 mil 内层走线层（带状线），线宽7mil，阻抗50Ω，信号速度5.759in/ns
8.3 mil
0.7 mil 平面层
9.8 mil
0.7 mil 平面层
8.3 mil
0.7 mil 内层走线层（带状线），线宽7mil，阻抗50Ω，信号速度5.759in/ns
9.8 mil
0.7 mil 平面层
4.7 mil
2.0 mil 表层走线层（微带线），线宽8mil，阻抗50Ω，信号速度6.825in/ns

八层板叠层，板厚1.6mm，FR4介电常数ε_r= 4.2

图 10-19　常见印制电路板叠层的信号传输速度

几个叠层实例使用的 FR4 实际介电常数为 $\varepsilon_r=4.2$,故而带状线上的信号速度要略慢一些。带状线的信号传输速度仅仅由 FR4 的介电常数 ε_r 决定,ε_r 越大,则信号速度越慢。

作为高速电路的设计和调试者,我们应当对印制电路板上表层和内层走线的信号速度值足够熟悉和敏感,就如同我们已将"高速信号的传输线阻抗一般是 50Ω"这样的数值烂熟于胸一样。不需要精确,只需对大致的取值有清晰的概念即可。按照下面的方法,记忆起来就不太难:

首先,真空中的信号速度(也即真空中的光速)是 11.8in/ns;

其次,印制电路板内层走线(带状线)的信号速度大致是真空中的一半,即 5.9in/ns;

最后,印制电路板表层走线(微带线)的信号速度比内层走线(带状线)快大约 1in/ns,即 6.9in/ns。

对这些速度数值足够熟悉,我们就能在任何需要的时候对印制电路板上走线的时延作出快速的评估。在印制电路板内层,一段 5.9in 长的走线会带来 1ns 的时延。在印制电路板表层,一段 6.9in 长的走线会带来 1ns 的时延。如果对英制长度单位 in 的反应不够敏感,换算成公制(1in=2.54mm)后,对走线长度和时延的关系把握起来更直观一些。在印制电路板内层,一段约 15cm 长的走线会带来 1ns 的时延,在印制电路板表层,一段约 17cm 长的走线会带来 1ns 的时延。

一些常见的其他绝缘材料的介电常数见表 10-6。在通常说到"印制电路板"的时候,如果不特别说明,必定是指以 FR4 为绝缘介质材料的印制电路板,这是印制电路制作行业中占据统治地位的电路板制作介质材料。但也有一些 FR4 不适合或无法胜任的场合,需要采用其他的绝缘介质材料。如在某些高温环境或需要快速散热的应用场合,陶瓷材料(主体成分是氧化铝)被用作电路板的绝缘介质。

表 10-6　常见绝缘材料的介电常数

材　　料	介电常数(ε_r)	材　　料	介电常数(ε_r)
真空	1	FR4	4~5
空气	1.000585	钻石	5.7
聚乙烯	2.3	氧化铝	9~10
石英	3.8		

10.3　时钟的不同供给方式

回到前面的处理器、存储器电路实例,如图 10-20 所示。为了确保处理器在第 n 个 CLK 时钟上升沿从 ADDR_OUT[x]输出的地址信息能被存储器在第 $n+1$ 个上升沿正确地采样,信号需要遵循存储器 ADDR_IN[x]输入引脚建立时间 T_{setup} 的要求,在第 $n+1$ 个上升沿之前至少 1.4ns 到达存储器 ADDR_IN[x]引脚。由于 T_{co} 的存在,信号从 ADDR_OUT[x]输出引脚出发时距离第 n 个上升沿已过去 3.1ns,留给走线的时间仅剩下 0.5ns,

即走线的时延不能超过 0.5ns。

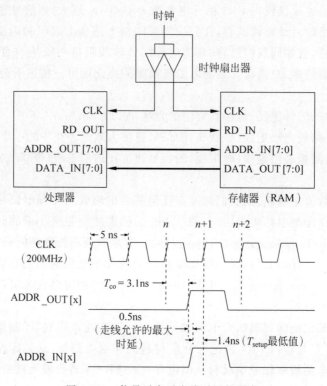

图 10-20　信号时序对走线时延的要求

0.5ns 的时间允许多长的走线？在印制电路板表层，走线长度最长不超过 3450mil（按微带线信号速度 6.9in/ns 计）。在印制电路板内层，走线长度最长不超过 2950mil（按带状线信号速度 5.9in/ns 计）。这样的走线长度限制需要从印制电路板设计的器件布局阶段就加以考虑，在一些面积较大、器件庞杂的电路板上，走线长度要达到如此要求可能比较困难。

另一方面，这个电路还有进一步提高运行时钟频率的潜力吗？目前它工作在 200MHz 的时钟频率上，如果这个频率仍不能满足电路的使用性能需求，还需要继续提高，那么还能提高多少？

设想一种最优的极端走线情况，让处理器的 ADDR_OUT[x] 引脚与存储器的 ADDR_IN[x] 引脚捩在一起，走线长度为 0，时延也为 0。这时，为了使处理器在第 n 个 CLK 时钟上升沿从 ADDR_OUT[x] 输出的信号能被存储器在第 $n+1$ 个 CLK 时钟上升沿正确地采样，第 $n+1$ 个 CLK 时钟上升沿必须在至少经过 T_{co} 时间 3.1ns 和建立时间 T_{setup} 最低要求值 1.4ns 之后才能到来，如图 10-21 所示，即所需的最小 CLK 时钟周期为

$$T_{co} + T_{setup} \text{最低值} = (3.1 + 1.4)\text{ns} = 4.5\text{ns}$$

对应的时钟频率为

$$\frac{1}{4.5\text{ns}} = 222\text{MHz}$$

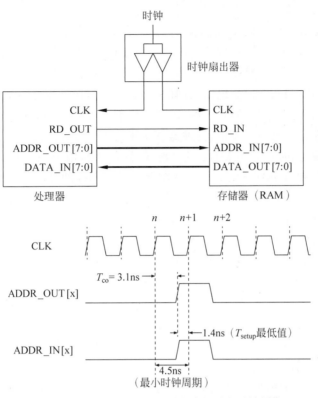

图 10-21　走线时延为 0 时所允许的最小时钟周期

这就是电路的最大时钟运行频率。如果 CLK 时钟频率超过 222MHz,时钟周期将小于 4.5ns,在第 $n+1$ 个上升沿到来的时刻,ADDR_IN[x]引脚上建立起有效信号电平的时间将低于建立时间 T_{setup} 所要求的最低值 1.4ns,无法确保能够正确采样。

信号输出端的 T_{co} 和信号输入端的 T_{setup} 共同决定了电路正确运行的最小时钟周期,也即决定了最大时钟运行频率。而且,这仅仅是理论上的最大时钟运行频率,因为是在假设走线时延为 0 的前提下得出的。实际电路设计中几乎不可能出现两个器件的引脚紧挨在一起的情况,必然是存在走线时延的,我们只能尽量缩短走线长度以减少时延,却难以令其为 0。当把走线时延加进来,电路的最大时钟运行频率将被限制得更低。所以,实际电路中的最大运行频率受到 T_{co}、T_{setup} 和走线时延三者的共同限制。而之所以有这样的限制,又是由电路所采用的时钟供给方式所决定的。

在这个电路中,一个时钟信号通过时钟扇出器输出给处理器、存储器的 CLK 时钟输入引脚。时钟扇出器的作用是将时钟信号"复制"成一模一样的两支,频率相等,相位相等,再通过长度相等的走线分别连接到处理器和存储器。这样,处理器和存储器就是接受一模一样的时钟信号的驱动;每一个时钟上升沿、下降沿到达它们的 CLK 时钟输入引脚的时间也是一模一样的,这个时钟信号就是它们共同的时钟信号;处理器和存储器间的信号发送、接收都同步于这个共同的时钟。像这样一种信号的收、发两方均由一个共同的外部时钟源来供给统一的时钟的方式,称为"公共时钟"供给方式。

"公共时钟"是数字电路同步机制最自然的一种时钟供给方式,整个电路系统只有一个时钟,大家都同步于这个时钟,都按照这个时钟所规定的唯一的"节拍"执行各自的动作,彼此间的时序关系清晰、明了、整齐统一。但是,也正因为这种时钟的公共性,使得信号从发送到接收所有环节的时间花费成为电路共同的"公共"负担,包括发送方的 T_{co}、走线的时延和接收方的 T_{setup}。受制于这些"公共"负担因素的限制,电路要想追求比较高速的运行频率,存在先天不足。像这个电路实例中,处理器 ADDR_OUT[x]信号的 T_{co} 是 3.1ns,放在一个低速运行的电路中,如时钟为 10MHz,这个时长并不起眼,因为一个时钟周期是 100ns。但如果想让电路运行在 200MHz 以上,T_{co} 的限制将是压倒性的,因为 200MHz 时钟一个周期仅有 5ns,T_{co} 将占去整个周期的一多半。因此,"公共时钟"供给方式并不适合非常高速电路的设计场合,它更多地用在低速电路的设计中。

下面这个电路使用了与"公共时钟"不同的另外一种时钟供给方式。如图 10-22 所示,两个器件之间的一个八位数据传送电路,发送器从八位数据输出引脚 DATA_T[7:0]将数据信息输出给接收器的八位数据输入引脚 DATA_R[7:0]。发送器的 EN_T 引脚是使能控制输出信号,当 EN_T 为高电平时,表明当前正在通过 DATA_T[7:0]进行数据发送。对应地,接收器的 EN_R 引脚是使能控制输入信号。当 EN_R 为高电平时,接收器将 DATA_R[7:0]引脚上输入的八位数据读取、接收下来;当 EN_R 为低电平时,接收器忽略 DATA_R[7:0]引脚上输入的数据,不予接收。

当然,一切都是踩着时钟的节拍来进行的。但是,这个电路与之前的处理器和存储器电路显著的不同之处在于,没有一个同时供给双方的统一的公共时钟,数据接收方的时钟是由数据发送方直接供给的。在发送器的时序图上,有两个时钟信号,CLK 和 CLK_T。CLK 是输入引脚,而 CLK_T 是输出引脚。外部时钟从 CLK 引脚输入到发送器,成为驱动发送器工作的时钟源。与"公共时钟"方式不同的是,这个外部时钟源并没有输入给接收器。接收器的输入时钟 CLK_R 来自于发送器的输出时钟 CLK_T。

发送器的 CLK 和 CLK_T 都是 250MHz。从根源上说,CLK_T 是源自于 CLK 的,但从时序的角度,CLK 和 CLK_T 是两个不同的时钟。从时序图上可看到,CLK_T 的上升沿与 CLK 的上升沿之间存在 2.3ns 的时间偏移。

发送器输出时钟 CLK_T 的目的是为接收自己发出的 EN_T 和 DATA_T[7:0]信号的器件提供采样时钟。在这种时钟供给方式下,接收信号的器件直接使用发送信号的器件所提供的时钟进行信号采样,而不是使用统一的外部"公共时钟"。也就是说,时钟是直接来自于信号的源起方,而不是来自于一个公共的第三方,故而这种时钟供给方式称为"源时钟"方式。

这个电路中,接收器的 EN_R 和 DATA_R[7:0]信号对建立时间 T_{setup}、保持时间 T_{hold} 的要求见表 10-7。这个要求与图 10-21 处理器和存储器电路中存储器 ADDR_IN[x]输入信号对建立时间 T_{setup}、保持时间 T_{hold} 的要求是一致的(见表 10-1)。从图 10-22 所示的时序图上看,EN_R、DATA_R[x]的 T_{setup} 为 3.2ns,T_{hold} 为 0.8ns,完全满足要求。

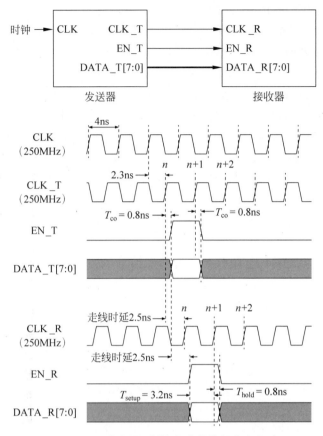

图 10-22 采用"源时钟"方式的数据收发电路

表 10-7 接收器输入信号建立时间和保持时间要求

输入信号	T_{setup}	T_{hold}
EN_R	$\geqslant 1.4\text{ns}$	$\geqslant 0.4\text{ns}$
DATA_R[x]	$\geqslant 1.4\text{ns}$	$\geqslant 0.4\text{ns}$

与处理器和存储器电路相比,在信号接收端对建立时间 T_{setup}、保持时间 T_{hold} 的要求相同的情况下,这个电路能够正确地运行在 250MHz 的时钟频率上。而处理器和存储器电路在极限理想情况下的最大运行频率也仅为 222MHz。"源时钟"确实比"公共时钟"更适合在高速环境中运行。

究竟是怎么做到的呢? 看图 10-22 所示的时序图,发送器在输出 EN_T 和 DATA_T[7:0] 的时候,T_{co} 为 0.8ns,这个指标相比处理器、存储器电路优越了不少。处理器输出 ADDR_OUT[7:0] 的 T_{co} 是 3.1ns(见图 10-21)。之所以这样,是因为发送器的 T_{co} 是以输出时钟 CLK_T 为基准衡量的。但实质上最本源的时钟驱动源仍是外部输入时钟 CLK,如果以输入时钟 CLK 为基准来衡量,从 CLK 上升沿到来的时刻,到 EN_T、DATA_T[7:0] 的状态开始跳变的时刻,经历的时间是(2.3+0.8)ns=3.1ns,这与图 10-21 中处理器输出 ADDR_OUT[7:0]的 T_{co} 时间相当。但"源时钟"方式的好处在于,接收器不是以 CLK 而是以 CLK_T 作为输入时钟的。所以,以 CLK_T 为基准衡量的 T_{co} 才对信号接收端有意义。

CLK_T 在本质上与 EN_T 和 DATA_T[7:0]一样,都是靠 CLK 驱动而产生的,它的上升沿相对于 CLK 的上升沿也存在一个不小的延后时间,即 2.3ns。但 EN_T 和 DATA_T[7:0]相对于 CLK_T 的 T_{co} 时间却只有 0.8ns,这在总共 4ns 的 CLK_T 周期里只占到较小的部分,在下一个上升沿到来之前的较早时刻,信号就已建立起有效电平状态以供接收端采样。而在处理器和存储器电路(见图 10-21)中,由于采用"公共时钟",信号输出端的 T_{co} 时间占到整个时钟周期的相当大部分,在下一个上升沿到来前,信号建立有效电平的时间也就所剩不多。因此,"源时钟"方式通过对时钟的变通,压缩输出信号的 T_{co} 时间,为信号在下一个上升沿到来之前建立有效电平争取到更多的时间,是其能比"公共时钟"更"高速"的第一个原因。

CLK_T、EN_T 和 DATA_T[7:0]从发送器的输出引脚发出后,经过印制电路板走线到达接收器的输入引脚。所有走线都进行了"等长"处理,所以各个信号的走线延时都是一样的,都是 2.5ns。正是由于时钟和被采样信号都经过了相同的走线延时,它们在离开发送器输出引脚时的相对时间关系是怎样的,到达接收器输入引脚时的相对时间关系仍是那样的。那么,走线时延本身就变得完全无关紧要了,因而走线的长短也无关紧要了,因为时钟也被同等地延时了。你可以理解为,"源时钟"方式就是刻意地为时钟引入走线时延,让时钟到达接收端的时间放慢,以等待被采样信号在走线上花费的时间。

而在采用"公共时钟"供给方式的电路中,每一处的时钟都是同时到达的,不会因任何等待而放慢。当信号在时钟的这一个上升沿从发送端发出,接收端就会毫无拖延地在一个周期之后的下一个上升沿进行采样。为了赶在建立时间 T_{setup} 要求的最后期限之前尽可能早地到达接收端,唯有让走线尽可能地短,以减小信号的时延。

这就是为什么"源时钟"比"公共时钟"更"高速"的第二个原因,它能够运行在较高的时钟频率,却并不苛求走线要非常短。图 10-22 所示电路中,所有信号都经历了 2.5ns 的延时,对应的走线长度约是 37cm(内层走线),在经过了这么长的走线之后,信号也依然能在 250MHz 运行频率下满足接收器输入引脚的建立时间 T_{setup} 的要求。而且,这个走线长度还可以更长,理论上来说,可以是无限长。因为无论多长,只要保持时钟与被采样信号"等长",在接收端的信号采样时序要求都是满足的。当然,"无限长"仅仅是从时序角度而言。高速信号走线所面临的信号完整性问题是方方面面的,正如前文已经讨论过的,越长的走线,其面临的反射等问题就越严重。"让走线尽可能短"可以算是高速电路设计中任何时候都"放之四海而皆准"的一条金科玉律。即便"源时钟"方式允许更长的走线,我们也依然要将它设计得越短越好。

技术的选用只有"谁更合适"的问题,而不存在绝对的优劣之分。"公共时钟"供给方式固然不及"源时钟"供给方式能把电路时钟运行速率做得更高,但在它所适用的场合,所体现的优势也是显而易见的。在我们身边,最著名的"公共时钟"电路实例是 PCI 总线系统,如

图 10-23 所示。一个 PCI 总线上允许连接多达 10 个器件(PCI 主设备和 PCI 从设备),要在这么多的器件之间实现同步,无疑"公共时钟"是最简单、最有效也最经济的方式。PCI 规范定义的总线最大时钟频率为 33MHz(后来提高到 66MHz)。这样的时钟速率不算太高,印制电路板走线时延在整个时序空间中所占的比例不是决定性的,采用"公共时钟"方式是最佳选择。

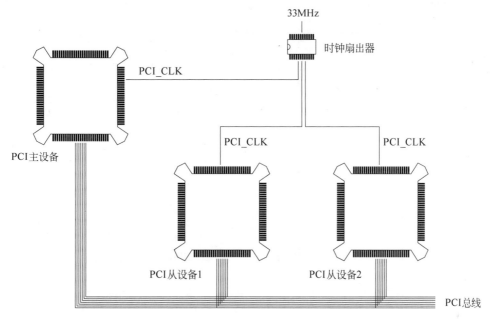

图 10-23 PCI 总线系统采用"公共时钟"供给方式

而采用"源时钟"供给方式的电路实例中,最著名的莫过于内存电路系统。从 PC 时代的台式计算机,到移动互联时代的智能手机,但凡有处理器的地方,都离不开内存(DRAM)。内存技术规格经历了 SDRAM、DDR、DDR2、DDR3 和 DDR4 的发展历程,速度越来越快,容量越来越大,如表 10-8 所示。

表 10-8 内存技术的发展

时　　间	内存技术规格	时　　钟	访 问 速 度	单片 DRAM 容量
1993 年	SDRAM	100～200MHz	100～200Mb/s	64～512Mb
2000 年	DDR	100～200MHz	200～400Mb/s	256Mb～1Gb
2003 年	DDR2	200～400MHz	400～800Mb/s	512Mb～2Gb
2007 年	DDR3	400～800MHz	800～1600Mb/s	1～8Gb
2012 年	DDR4	800～1600MHz	1600～3200Mb/s	4～16Gb

在内存电路系统中,如图 10-24 所示,DRAM 控制器(或者集成于处理器中,或者是独立的芯片器件)负责读写 DRAM,两者之间通过信号组 DQ 来收发数据信息。DQ 是双向信

号,读取操作时,方向从 DRAM 发往控制器;写入操作时,方向从控制器发往 DRAM。负责对 DQ 信号进行采样的信号是 DQS,每八位 DQ 数据信号就会配备一位 DQS 采样信号。这个 DQS 不固定由谁驱动,也是双向的,其方向属性与 DQ 同步,当前谁在发送 DQ,谁就负责同时发送 DQS 给对方,对方用 DQS 对 DQ 进行采样。这是典型的"源时钟"供给方式。从 DDR 到 DDR2、DDR3 和 DDR4,内存电路系统的运行时钟翻了若干倍,但一直延续着这样的数据同步采样机制没有改变。

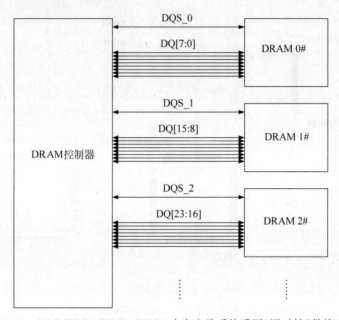

图 10-24 DDR/DDR2/DDR3/DDR4 内存电路系统采用"源时钟"供给方式

第 11 章

电源完整性

11.1 电源完整性问题一

电源完整性(Power Integrity,PI)是当下非常热门的话题。如果把自 20 世纪 90 年代以来业界出版的信号完整性经典论著和书籍都找来,按时间先后一一浏览,就会看到电源完整性所占的篇幅是越来越重的。对初学者而言,我们大都听说过,也知道这是高速电路设计中相当重要的方面,但在实际的把握和学习中,认知一般停留于书本的概念和文字,缺少对其内涵的消化,往往感到难以深入。

"以问题为导向"是万事适用的法则,在信号完整性的学习和实践中,尤其如此。高速电路设计面临的问题林林总总,多种多样,不管什么问题,只要搞清楚了问题是怎么造成的,解决问题的任务就已完成了一半。从字面就知道,"电源完整性"是关于"电源"的问题,电源究竟出了什么问题呢?

现今的板级电路设计,对电源电压的需求种类是比较丰富的。随便一块稍具复杂度的电路板,都可能用到几种甚至十几种电源电压,12V、5V、3.3V、2.5V、1.8V、1.5V、1.2V 和 1.0V,等等。由于电路板上集成电路芯片们的工作电压的多样性,造成了板级电路系统电源电压种类的多样性,如图 11-1 所示。这么多的电源不可能全部由外部直接供给,通常外部只输入 12V 或 5V 这样的高值电源,其余的电源靠电路板自身的电源转换系统来转换产生。

在集成化、模块化高度发展的今天,电源转换系统的设计已经相当简便了。电源厂商已经将各种电源转换电路封装成小型化的模块,或是集成到一个单芯片中,提供多种多样的电源模块和电源芯片供使用者选择,如图 11-2 所示。这些电源模块、电源芯片的集成度很高,使用时几乎不再需要添加其他外围分立器件,或者只需要添加很少的外围分立器件就完成了转换功能,拿来就用,一用就会,上手极其简单。板级电路设计者需要做的只是根据自己的输入、输出电压和功耗需求选择合适的电源模块和电源芯片。至于在模块和芯片内部的电源转换电路是怎样的工作机理,它是如何将输入电源转换成另一种电压的输出电源的,可能我们并不是十分了解。电源设计是专业性很强而又相对独立的一门学问。

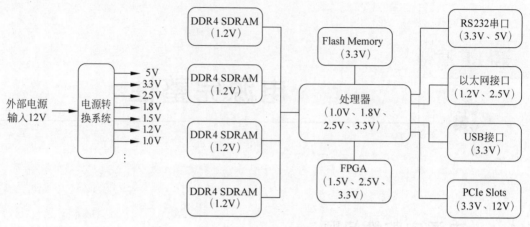

图 11-1   某电路板上电源电压种类的多样性

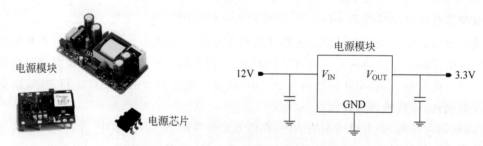

图 11-2   用于电压转换的电源模块和电源芯片

"电源完整性"反映的问题是不是说，这些电源模块、电源芯片输出的电源是存在瑕疵的？用示波器观察实际电路板上的电源信号，它们必然带有或多或少的纹波噪声，在实际的电路中找不到那种理想状态下的绝对笔直、没有丝毫起伏的电源波形，如图 11-3 所示。

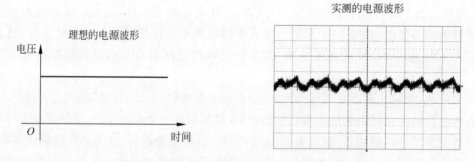

图 11-3   理想的电源波形在实际的电路中不存在

但这个问题并不新鲜。即使是初学者，只要有过实际的电路板调试经验，就知道再优质的电源模块和电源芯片输出的电源波形都是这个样子的。并且，既然电路板已经在正常工作，那说明这样的电源纹波噪声并没有带来故障。集成电路对供电电源的要求并不苛刻，它允许电源电压在一定的容差范围内波动,一般器件的容差范围大约是±10％。例如,某个集成电路器件的工作电源电压标称值为 3.3V,在它的使用手册中注明,实际可接受的电源电压范围是 3.0～3.6V,如图 11-4 所示。只要电源模块、电源芯片输出的电源纹波噪声没有超出容差范围,那么对器件的正常工作就不会有影响。

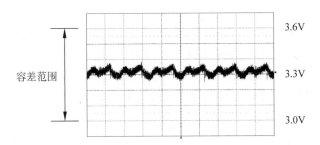

图 11-4　标称值为 3.3V 电源的容差范围

　　所以,"电源完整性"所讨论的问题并不出在产生电源的电源模块和电源芯片上。那是什么呢? 前文已多次提到,信号的"跳变"是诱发大多数信号完整性问题的根源,电源完整性也不例外。

　　回到我们熟悉的 CMOS 反相器,如图 11-5 所示是 CMOS 反相器的工作波形图。当"跳变"发生的时候,即反相器的输出从高降到低或从低升到高的时候,是最消耗电流的时候。"跳变"的到来使得流过反相器的电流陡然迅速增加,达到峰值。这个反相器在输出上升沿、下降沿时的电流峰值都达到了 200μA 以上。随着"跳变"结束,电流又迅速回落。而在反相器处于静态的时候,即没有"跳变"发生的时候,几乎不消耗电流,流过反相器的电流接近为 0。

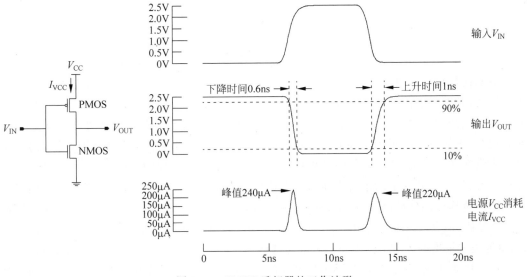

图 11-5　CMOS 反相器的工作波形

　　这是晶体管时代一切数字电路的共同特征,其对电源的消耗集中发生在信号逻辑状态发生跳变的时候。如果已经忘记了为什么信号逻辑状态跳变时会消耗大量电流,可以回到第 8 章,当时详细分析了 CMOS 反相器的动态特性,被消耗的电流用来驱动晶体管从导通状态变为截止状态,或从截止状态变为导通状态。而数字电路信号逻辑状态的改变,正是靠各个晶体管在导通和截止状态间切换来完成的。

　　当我们要从信号完整性角度分析电路的时候,电路原理图忽略了太多的细节。在图 11-5 的 CMOS 反相器工作电路原理图上,电源 V_{CC}、地 GND 是直接连接在器件的 MOS 晶体管上的:电源 V_{CC} 直接连接在 PMOS 晶体管上,地 GND 直接连接在 NMOS 晶体管上。而在实际的电路板上,电源与地的"连接"包含着丰富的内容,如图 11-6 所示。电源 V_{CC} 的最初源头,源自于产生电源的电源模块,从电源模块的电源输出引脚出发,经过印制电路板上的电源平面层、过孔和走线,到达集成电路器件的电源输入引脚。从电源输入引脚进入器件的封装内部,再经过键合引线等封装内的连接部件,才最终到达芯片,连接到晶体管上。地 GND 的连接也是一样,在芯片上的 GND 与电源模块的 GND 之间,也经历了引脚、平面层、走线、过孔和键合引线,等等。

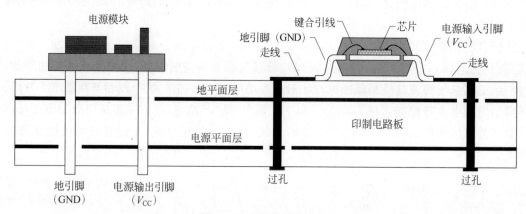

图 11-6　电源与地的连接

　　电源模块输出的电源是以自身引脚上的电压为评判基准的。例如,一个输出 2.5V 的电源模块,其对外输出的职责是在自身的电源输出引脚和地引脚之间建立起 2.5V 的电压,并保持一定的对外电流供应能力。在电源模块引脚之外,印制电路板上连接在引脚之间的所有东西,走线、过孔、平面层和器件,通通都是负载。而对集成电路器件来说,所有的电路都是集成在芯片上的,芯片上的电源电压才是直接供给电路工作的电压。

　　有人想到了,芯片上的电源电压与电源模块引脚上的输出电压是存在差异的,它们之间经过了封装连接部件(键合引线、引脚)、走线、过孔和平面层等的连接,虽然这些连接部件都是金属导体,但也多少是具有电阻的。如图 11-7 所示,当电流在上面流过,就会形成压降。这样,电源模块输出的 2.5V 电源电压,在经过这些连接部件后到达芯片时,就已不足 2.5V。

　　这个因素确实存在,但是其影响微乎其微。这些连接部件的电阻非常小,其导致的压降也非常小,完全可以忽略。真正的关键不在电阻,而在电感。那么,电感又从何而来呢? 就像任何一段导体都会有电阻一样,任何一段导体都会有电感。如果已经对电感的物理本质有所遗忘,可以回到第 5 章"电感"一节。在从电源模块到芯片的连接路径上,走线、过孔、平面层和封装(键合引线、引脚)等这些导体部件都具有电感,如图 11-8 所示。这是客观存在的,而不是我们所期望的。从理想的设计角度来说,我们希望所有的连接都是 0 电阻和 0 电感,但这并不可能。

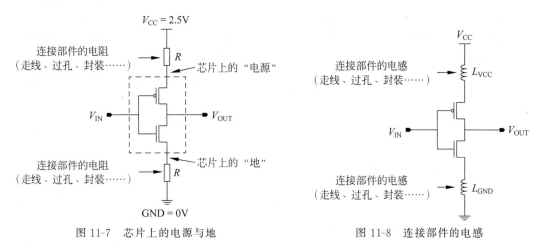

图 11-7　芯片上的电源与地　　　　　　图 11-8　连接部件的电感

　　电感的特性是,当有变化的电流流过时会感应出电压,如图 11-9 所示。注意,是变化的电流。如果是恒定不变的电流,不会有感应电压产生。

　　在反相器的输出状态发生"跳变"的时候,流过的电流正是变化的电流。于是,在走线、过孔、平面层和封装(键合引线、引脚)等这些具有电感的连接部件上,便会感应出电压,如图 11-10 所示。这些电感感应电压的存在,使得芯片上的电源和地电位与电源模块输出的电源和地电位存在偏差。例如,标准的地电位应该是 0V,但由于芯片与地之间的连接部件存在电感 L_{GND},"跳变"发生时就会感应出电压 V_{GND},那么芯片上的"地"电位就被抬高了,高于 0V。

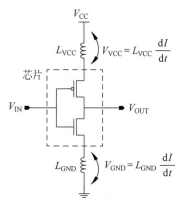

$$V = L\frac{\mathrm{d}I}{\mathrm{d}t}$$

图 11-9　变化的电流流过电感产生电压　　　图 11-10　"跳变"发生时电源和地连接
　　　　　　　　　　　　　　　　　　　　　　　　　部件两端存在电压

有人会想,这个偏差能有多大呢?纵然这些连接部件存在电感,毕竟不是真正的电感器件,只是寄生的电感,就如同连接部件上的电阻一般,其值是很微小的,其影响也该是可以忽略掉的。仅从电感的大小来说,这个猜测没有问题。但感应电压的大小不仅与电感大小有关,还跟电流变化的快慢有关。究竟能在芯片上产生多大的电位偏差,需要看这两个因素的共同影响。

我们来大致估算一下。首先,估算连接部件的电感值。在实际的电路板上去测量电感是难以操作的,这里有一些已知的经验值,可以牢记下来。一段 50mil 长的印制电路板表层走线,其电感值约为 1nH;板厚 1.6mm 的印制电路板上的一个过孔,其电感值约为 1.5nH;一段 100mil 长的键合引线,其电感值约为 2.5nH;表面贴装器件(SOIC 等小型封装类型)的一个引脚,其电感值约为 5nH。可以看到,这些连接部件的电感值确实非常小。根据这些经验值,将整个连接路径(包括引脚、平面层、过孔、走线和键合引线等)的总电感估值为约 10nH,是比较合理的,即图 11-10 中的 $L_{\text{VCC}}=10\text{nH}$,$L_{\text{GND}}=10\text{nH}$。

再看电流变化的快慢,即电感电压计算公式中的 dI/dt。以图 11-5 中反相器输出下降沿跳变时的电流变化为例,下降时间为 0.6ns,在这 0.6ns 的前半程,即约 0.3ns 时间内,电流从 0 升至 240μA,达到峰值。后半程 0.3ns,又从峰值降至 0。精确地计算 dI/dt,应该在每一时点 t 上对电流 I 取微分,但我们不需太精确,就直接用半程的电流变化量作为 dI 的值,对应的时长作为 dt 的值,即 $dI=240\mu\text{A}$,$dt=0.3\text{ns}$,如此大致简单计算一下。这样,可得在反相器输出下降沿跳变时连接部件电感上的压降为(以 V_{GND} 为例,V_{VCC} 与此同)

$$V_{\text{GND}} = L_{\text{GND}}\frac{dI}{dt} = 10\text{nH} \times \frac{240\mu\text{A}}{0.3\text{ns}} = 0.008\text{V} = 8\text{mV}$$

可见仅仅只产生了 8mV 的压降。反相器电路中的地电位电压值本是 0V,在输出跳变的时候,因连接部件上的这个压降,导致芯片内的"地"电位被抬高,实际是 0.008V。在电源那一端,反相器电路中的电源 V_{CC} 电压值本是 2.5V,在输出跳变的时候,因连接部件上的这个压降,导致芯片内的"电源"电位被降低,实际是 2.492V。这样量级的偏差完全不值一提,也丝毫不足以对反相器的正常工作造成干扰。我们拿起身边任意一块正常工作的电路板,用示波器测量电源波形上的任意一个微小的纹波起伏,其幅度都可能不止 8mV。如此看来,电感的影响真的可以忽略掉了吗?

需要注意的是,这只是仅仅包含两个晶体管的反相器电路的情形。对于那些集成了成百上千、成千上万,甚至成万上亿个晶体管的复杂集成电路来说,情形可就大不一样了。

电路工作的时候,电流从集成电路器件的电源引脚流入,经过芯片内部电路,又从地引脚流出。只要稍具规模的集成电路器件,都会提供多个电源引脚和多个地引脚用于电源和地的连接,如图 11-11 所示。

但是,器件的引脚再多,与芯片内部所集成的电路规模(晶体管数量)相比,也完全不在一个量级。苹果 A11 处理器(用于 2017 年 9 月发布的 iPhone X 手机)共有 1300 多个引脚,其中将近 100 个都是地引脚,而其内部集成的晶体管数目则高达 43 亿个。

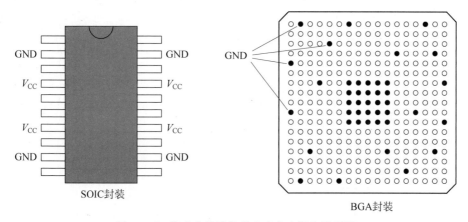

图 11-11　集成电路器件具有多个电源和地引脚

这就是说,器件的电源和地引脚,是被芯片的内部电路所"共享"的。仍然用反相器来举例,例如,某个集成电路芯片内部集成了 1000 个反相器,它们连接到器件的同一个电源引脚和同一个地引脚,那么,这 1000 个反相器的电流就是从同一个电源引脚流入,又从同一个地引脚流出的,如图 11-12 所示。如此一来,流经连接部件电感 L_{VCC} 和 L_{GND} 的电流就不只是一个反相器的电流 I,而是 1000 个反相器的电流 I_{total}。

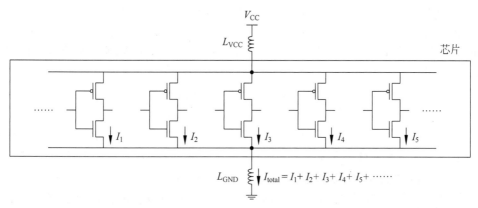

图 11-12　单个电源/地引脚上汇集了芯片内部大量分支电路的电流

高速数字电路几乎都是同步电路,电路状态的切换都是以时钟为基准来执行的,当时钟到来的时刻,电路中需要切换状态的部分会一起动作,同时来执行"跳变"。例如,一个四位计数器电路,如图 11-13 所示。四位计数值 Q[3:0] 的状态同步于时钟 CLK 的上升沿,在每一个 CLK 上升沿到来时,计数值执行加一的动作,相关的计数位进行状态切换,执行"跳变"。计数值从 0 变到 1 时,有一个计数位 Q[0] 发生跳变。从 1 变到 2 时,有两个计数位 Q[0]、Q[1] 发生跳变。从 3 变到 4 时,有三个计数位 Q[0]、Q[1]、Q[2] 发生跳变。从 15 变到 0 时,全部四个计数位都发生了跳变。每一个 CLK 上升沿时刻参与跳变的信号越多,那个时刻电路消耗的电流就越大。

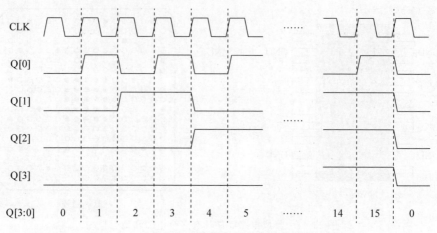

图 11-13　计数器电路的各位在时钟上升沿同时跳变

当电路的规模是成百上千、成千上万,甚至成万上亿个晶体管这样的级别时,同步电路的这种同时切换状态的特性会在电源、地的连接路径上汇集相当可观的跳变电流。在图 11-12 所示的 1000 个反相器电路的例子中,假设在某个时刻,其中的 10% 即 100 个反相器同时发生了下降沿跳变,这时,在整个下降沿的半程时间 0.3ns 内,连接部件电感 L_{VCC} 和 L_{GND} 所感受到的电流变化 $\mathrm{d}I_{\text{total}}$ 将是单个反相器电流变化 $\mathrm{d}I$ 的 100 倍。

$$\mathrm{d}I_{\text{total}} = 100 \times \mathrm{d}I = 100 \times 240\mu\text{A} = 24000\mu\text{A} = 24\text{mA}$$

此时再来计算这个电流变化在连接部件电感上产生的压降,以地引脚连接部件的电感 L_{GND} 上的压降 V_{GND} 为例。

$$V_{\text{GND}} = L_{\text{GND}} \frac{\mathrm{d}I_{\text{total}}}{\mathrm{d}t} = 10\text{nH} \times \frac{24\text{mA}}{0.3\text{ns}} = 0.8\text{V}$$

压降达到了 0.8V。对于工作电源电压仅为 2.5V 的电路而言,这样量级的电压偏差给电路带来的干扰是绝对无法忽略的。因为这个压降的存在,芯片内的"地"电位被抬高了 0.8V,芯片内外的"地"电位偏差达到了 0.8V,如图 11-14 所示。

这就是所谓的"地弹"(Ground Bounce)现象,芯片上的"地"电位在大量"跳变"电流流经连接部件电感时好似被"弹"起来一样,不再是良好的 0V,而是高出一截。这高出来的 0.8V,是破坏了芯片上"地"电位完好性的噪声信号,它根源于芯片内部电路同时执行状态跳变导致的电感感应电压,所以被称为"同时跳变噪声"(Simultaneous Switching Noise, SSN),也被译为"同时开关噪声",其中"开关"一词意在指出高速同步数字电路的状态跳变包含了大量晶体管的同时打开(导通)和关闭(截止)。

在连接电源的那一侧,同时跳变噪声(SSN)会导致芯片上的电源电压发生较大幅度的降低。如 V_{CC} 电压原本为 2.5V,在芯片内部电路发生大量"跳变"的时候,如果在电源连接部件(引脚、平面层、过孔、走线和键合引线等)上形成了 0.8V 的压降,那么在芯片里的"电源"电压就"下跌"到只剩下 1.7V 了,如图 11-15 所示。

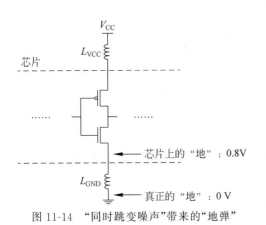

图 11-14　"同时跳变噪声"带来的"地弹"

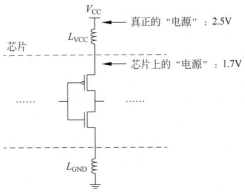

图 11-15　"同时跳变噪声"导致电源电压降低

　　这种电压偏差究竟会给电路的工作带来怎样的干扰呢？如图 11-16 所示,芯片内的反相器电路,工作在芯片内的"电源"和"地"上,其输出电压值 V_{OL} 是以芯片内的"地"为电压零点的。而在输出下降沿的时候,"地弹"形成的电压台阶 V_{GND} 会叠加在输出电压上,最终形成的输出信号电压值 V_{OUT} 是 V_{OL} 与 V_{GND} 二者叠加之和。这个信号成为接收它的其他电路的输入信号 V_{IN}。接收电路按照自身的数字电路逻辑电平判决门限依据来识别输入信号的逻辑状态。当 V_{IN} 的电压值低于低电平判决门限 V_{IL} 时,识别为低电平状态。由于"地弹"电压 V_{GND} 的叠加干扰,信号的低电平状态来得晚一些。这个下降沿在时间轴上被后移了。

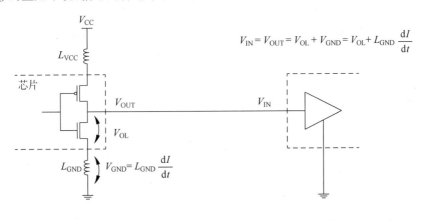

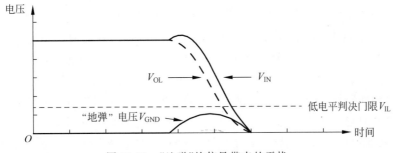

图 11-16　"地弹"给信号带来的干扰

例如,工作电源电压为 2.5V 的数字电路,其输入低电平判决门限 V_{IL} 一般为约 0.7V。按上面的例子,"地弹"电压 V_{GND} 为 0.8V,比 V_{IL} 还要高,即便芯片内的输出值 V_{OL} 已经达到 0V 了,输出电路认为对方应该已经接收到了低电平,但实际上叠加上"地弹"电压 V_{GND} 后,输出信号电压值 V_{OUT} 也还是超出输入电路的低电平判决标准 V_{IL} 的,必须等到输出电路的状态跳变彻底结束,"地弹"电压消失之后,输入电路才能接收到低电平。

有人会想,就算这个下降沿在时间轴上有所延后,但终究信号是正确地完成了逻辑状态的跳变,时间上的少许偏差又能带来多大的危害?在高速电路中,难以一概而论,需要在具体的电路中分析。有可能不会有什么问题,也有可能失之毫厘,却差之千里。

如图 11-17 所示,某个电路有三个输入信号 IN_1、IN_2 和 IN_3,电路的功能是在每个时钟 CLK 的上升沿监控三个输入信号的状态,如果发现三个信号同时为低电平,则认为是一种故障的状态,将输出信号 ERR 置为高电平,以发出告警。图 11-17(a) 是电路正确工作的情形,某个时刻三个信号 IN_1、IN_2 和 IN_3 同时为低,电路准确地识别,将 ERR 输出为高。图 11-17(b) 的情形中,最后一个输入信号 IN_3 因为"地弹"发生了下降沿的后移,正好错过了本该识别到它的低电平的那一个 CLK 上升沿,从而电路未能监控到三个输入信号同时为低的故障状态,ERR 输出信号未发出告警。

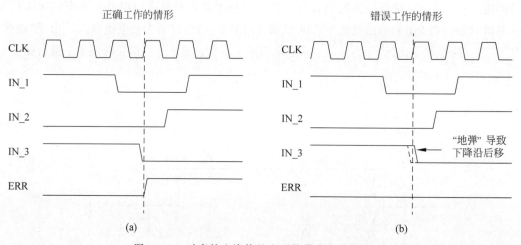

图 11-17　时序的少许偏差也可能带来电路的错误

相较这种外在功能表现上的时序移位错误,同时跳变噪声(SSN)其实存在更为严重的危害。试想,一个工作电源电压为 2.5V 的电路,如果电源侧(V_{CC})和地侧(GND)的连接部件都产生了 0.8V 的电感感应电压,那么刨去这两部分之后,真正加在芯片电路两端的电源电压就只剩下 0.9V,远低于能够满足芯片正常工作的最低电源电压,如图 11-18 所示。虽然这样的电源大幅下滑只存在于"跳变"发生的短暂时刻,但仍足以导致芯片工作完全失常。

"电源完整性"看似深奥复杂、点面众多,但按照我们所提倡的适合于初学者的问题导向角度,其实总共只包含两个问题。以上的讨论,所阐明的是第一个问题:连接部件上的电感引发的同时跳变噪声(SSN)问题。这个问题的物理本质根源是一切导体都具有电感,技术

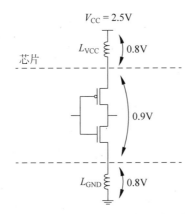

图 11-18　"跳变"发生时芯片电路的电源电压幅度可能不足以驱动电路正常工作

发展根源则是集成电路的规模越来越大、速度越来越高,以及大规模、高速度集成电路所采用的内部电路同时开关的工作特性。

11.2　电源完整性问题二

电源完整性的第二个问题又是什么呢?第一个问题出在"电压"上,第二个问题则出在"电流"上。第一个问题由"连接"引起,第二个问题也同样由"连接"引起。

当集成电路内部大量晶体管同时执行开关动作时,所需的大量瞬时电流由谁来提供?当然是电源。前面的讨论中,我们没有问的一个问题是,电源能提供这么大的电流吗?100个反相器同时切换状态,峰值时的电流需求达到 24mA。如果是 1000 个、10000 个反相器同时切换,那么电流需求就是 240mA、2.4A。同时开关的电路规模越大,电流的需求和消耗就越大。

似乎这是一个肤浅的问题,只要选取的电源模块和电源芯片具有足够大的电流输出能力指标,自然就能够满足电路的电流需求。是这样吗?其实,准确地说,这里要问的问题并不是电源提供的电流是否足够"大",而是电源提供的电流是否足够"快"。

电流只有强弱、大小之分,何来快慢之说?这里的"快慢"不是指电流本身的快慢,而是电流"供应"的快慢。

CMOS 集成电路电流消耗的显著特征就是"动静分明",当电路没有发生状态"跳变",处于稳定不变的"静止"状态的时候,消耗的电流称为"静态电流"。如图 11-19 所示,从反相器的工作电流曲线图可见,静态电流非常小,接近于 0,说明在"静止"状态下电路几乎不消耗电流。当电路发生状态切换时,在"跳变"过程中,电流经历从无到有、从有到无的动态变化过程,称为"动态电流"。高速电路的"跳变"发生过程非常快,动态电流的变化就会非常剧烈。如图 11-19 所示,一个反相器电路在输出下降沿跳变时,在约 0.3ns 的半程下降时间内,消耗的电流从 0 增至 240μA。10000 个反相器组成的电路,或者同等规模的电路,在同时执行下降沿跳变时,0.3ns 时间内消耗的电流将从 0 激增至 2.4A。

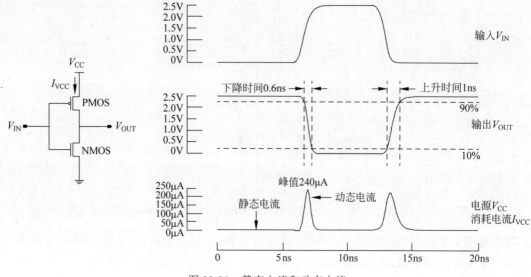

图 11-19　静态电流和动态电流

这对电源来说意味着什么？在短短 0.3ns 时间内,电源对外供应的电流需要从 0 增大至 2.4A。这是一种很快的反应要求,而电源模块本身是否具备如此快的反应能力并不是问题的关键。连接部件的存在,成为决定性的限制因素。

电源模块输出多大的电流,不由自身决定,而由外部负载电路决定。电源模块根据负载电路对电流的不同需求来调整自己的输出。一个输出电压为 2.5V 的电源模块,连接 100Ω 的负载电阻时,电流的需求是 25mA,电源模块的输出就是 25mA,连接 10Ω 的负载电阻时,电流的需求是 250mA,电源模块的输出就是 250mA,如图 11-20 所示。

图 11-20　电源根据负载的不同需求供应不同的电流

当电路中的事件发生于不足 1ns 的瞬息之间,"连接"就是绝对不容忽略的存在。在电源模块的输出端到负载电路的芯片之间,引脚、平面层、走线、过孔、焊盘和键合引线等,这些连接部件在前面的第一个问题中所起的负面作用我们已经清楚,归因于它们所具有的电感。第二个问题仍由连接部件带来,但却与电感无关,因此便不必考虑连接部件上的电感,认为它们都是 0 电感和 0 电阻的理想连接导体。这是分析复杂问题的取舍之道,尽可能剔除当前问题中不起作用或不占主导地位的因素,会使分析对象变得简单、清晰。而事物的同一个属性,在这一个问题中可能无关轻重、不值一提,在另一个问题中却可能是根源核心所在。

当连接部件在电路的图示中被显式地表达出来,电源模块和负载芯片便不是彼此相连的邻居,它们之间相距"遥远"。电源模块的输出连接在整个连接路径的这一端,而芯片远在连接路径尽头的那一端,如图 11-21 所示。电源模块并不知晓芯片的存在,它能够直接"感受"到的负载,就是连接部件紧挨着它的那一段。有一个已经多次帮助我们理清思路、屡试不爽的方法——分节电容分析法,此时又将派上用场。电源模块到芯片之间的连接部件,将其看作是无数多的小段微小导体"分节"连接组合而成,分别连接电源正负两极的上、下两个分节,形成一个"分节电容"。这样,整个连接路径就是由一个挨一个的分节电容组合连接起来的。不需要考虑电感和电阻,很单纯,就是一串长长的电容。而电源模块直接驱动的负载,其实仅是整个连接路径上紧挨着自己的第一节分节电容。正是这个电容,决定着电源模块的输出电流。

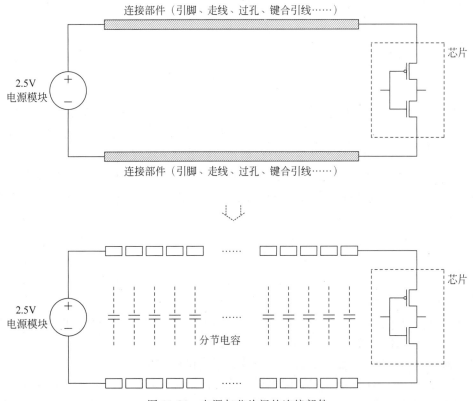

图 11-21　电源与芯片间的连接部件

在电路处于静止状态的时候,也就是芯片没有发生"跳变"的时候,电源模块只输出很小的电流(静态电流),供应芯片在静止工作状态下的消耗。此时,从电源模块的输出端,到连接路径上的每一个分节电容,再到芯片的电源输入端,均保持稳定相等的电压,即电源模块的输出电压,如 2.5V。只要没有"跳变"发生,电源模块就保持这样一种微弱的电流输出状态,整个电路各处的电压也保持静止不变。

　　电流是电荷的移动。当从电荷的角度来审视，这种静止状态其实是一种"动态的平衡"。电源模块将电荷输出给第一节分节电容，正电荷从正极输出，负电荷从负极输出。第一节分节电容又将电荷传递给第二节分节电容，第二节又传递给第三节……，最后一节分节电容将电荷传递给芯片，如图 11-22 所示。单位时间内需要传递的电荷数量，也就是电流的大小，就取决于芯片这个最终消耗电荷的地方。在静止状态下，电荷的需求量很少，所以电流就很小。

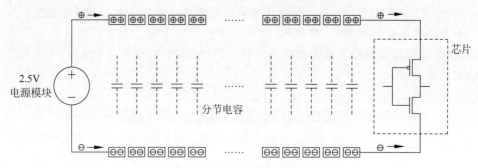

图 11-22　静止状态下的电荷移动和分布

　　这个过程反过来理解更能阐释因果关系。芯片为了维持在静止状态下的正常工作，需要从外部获得持续的电荷供应。静止状态下的电荷需求量虽然不大，但也需要持续、稳定的供应。所以，芯片以一定的速率从紧挨自己的最后一节分节电容持续地"吸入"电荷，即每个单位时间芯片"吸入"电荷的数量是相等的。最后一节分节电容在失去这些电荷后，紧挨其身后的倒数第二节分节电容又会立即补充给它等量的电荷，以维持其电压的稳定。倒数第二节分节电容失去的电荷又会从倒数第三节分节电容得到补充……，最终，第一节分节电容失去的电荷从电源模块得到补充。从电源模块的角度来看，它输出电荷的唯一目的只是为了填补紧挨着它的第一节分节电容丢失的电荷，以维持其两端的电压与自己的输出电压相一致。而第一节分节电容一直在持续不停歇地丢失电荷，于是电源模块也就一直不停歇地向它输出电荷。连接路径上的每一节分节电容，每向自己的下一节分节电容传递一个电荷，又会立即从自己的前一节分节电容得到一个电荷。每一节分节电容所持有的电荷数量并无变化，但电荷却一直持续流动之中，静态电流因此而形成。

　　当"跳变"发生的时候，这种平衡便被打破。芯片在陡然间对电流的需求急剧上升，它突然"胃口"大开，"吸入"了比静止状态时多得多的电荷。无论芯片的需求有多大，它获得电荷的唯一直接来源都是紧挨着它的最后一节分节电容。我们按照分节电容的刻度来微观地剖析事件的发生进程。如图 11-23 所示，将时间定格在"跳变"刚刚开始发生后极其微小的一个时间 Δt 之后来观察。在这个 Δt 时间内，芯片"吸入"了第一份比静止状态更多的电荷，这份电荷全部由最后一节分节电容向它供给。但与此同时，除了最后一节分节电容外，整个连接路径上的其他分节电容以及电源模块都还没有察觉到任何改变，它们仍然处在静止状态的节奏上。所以，在这个 Δt 时间内，倒数第二节分节电容传递给最后一节分节电容的电荷仍然是静止状态时的分量。最后一节分节电容丢失的电荷多于获得的电荷，它存储的电

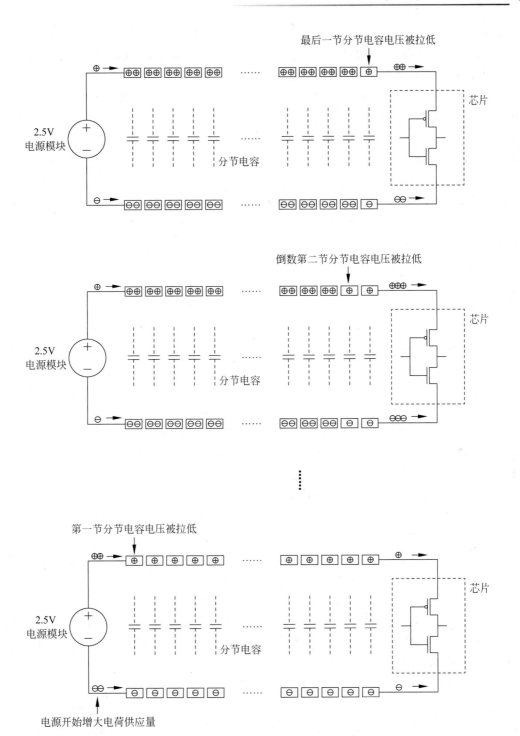

图 11-23 跳变状态下的电荷移动和分布

荷数量降低了,电压也就相比原来的状态被拉低了一些。最后一节分节电容的电压就是直接供应芯片工作的电压,虽然此时连接路径那一端电源模块的输出电压仍然保持 2.5V 并无变化,但芯片电源端实际获得的工作电压已低于 2.5V。

接下来,在下一个 Δt 时间内,倒数第二节分节电容觉察到了外部的变化。它的电压仍然保持在静止状态的水平,但它发现紧挨自己的最后一节分节电容的电压已经低于自己的电压了。两个挨在一起的电容,如果电压有差异,电压高的那个一定会向电压低的那个进行充电,促使二者电压达到一致。于是,在第二个 Δt 时间内,倒数第二节分节电容加大了供应给最后一节分节电容的电荷数量,向它充电。但这样一来,倒数第二节分节电容自身的电荷数量平衡被打破了,因为在它身后的倒数第三节分节电容此时还是按照静止状态的水准向它供应电荷。入不敷出,倒数第二节分节电容的电压也被拉低了。而它向最后一节分节电容增加电荷供应的行为也根本不足以阻止最后一节分节电容电压的下降。我们看图 11-19 的动态电流曲线,当“跳变”开始发生后,芯片消耗的电流是急剧上升的。在这个 Δt 时间内,芯片从最后一节分节电容“吸入”的电荷比上一个 Δt 时间还要多,倒数第二节分节电容多补进来的这部分电荷根本填补不了最后一节分节电容丢失电荷的缺口,而缺口还在拉大,最后一节分节电容的电压,也即是芯片的工作电压,继续进一步降低。

再接下来,倒数第三节分节电容的电压被拉低,再然后是倒数第四节、第五节……,芯片的“跳变”对于整个电源连接路径原本在静止状态下所达到的平衡产生了扰动,这个扰动就这样通过一节一节的分节电容依次传递开来。通过分节电容们逐个“接力”将电压拉低,连接路径这一端的芯片向连接路径那一端的电源模块传递了一个“需求讯息”:我需要更多的电流,请加大电流的供应。当“接力”到达连接路径的起始端,紧挨着电源模块的第一节分节电容电压被拉低后,电源模块接收到了这个“需求讯息”,它发现原本与自己电压一致的第一节分节电容的电压有所降低,说明自己当前的电流输送力度偏弱,已不足以将负载维持在与自己相等的电压上,于是它立即调整了自己的输出,加大了电流供应,对第一节分节电容充电。比静止状态时更多的电荷被输出给第一节分节电容。芯片在“跳变”状态下对电流的急促需求终于得到了电源的回应。

但是,“讯息”的传递是需要时间的。分节电容“接力”将电压拉低的过程我们并不陌生,其实就是信号在传输线上传递的过程。引脚、平面层、走线、过孔、焊盘和键合引线等,这些连接部件组成了芯片与电源之间信号传递的传输线环境。上一章介绍了印制电路板上传输线的信号速度:内层走线(带状线)的信号速度为约 5.9in/ns,表层走线(微带线)的信号速度为约 6.9in/ns。芯片和电源间的连接路径,虽然不能归于微带线或带状线这样标准的单一传输线结构,但信号的传播速度却是相当的。

用实例来测算一下。假设电源模块与受它供电的芯片之间相距 10cm,即 3.9in(1in=2.54cm)。这个距离在一般尺寸规格的印制电路板上,如计算机主板上,是很常见的。采用相对较快的表层走线(微带线)信号速度 6.9in/ns。从芯片发出信号,到电源模块收到信号,需要的时间为

$$\frac{3.9\text{in}}{6.9\text{in/ns}} = 0.57\text{ns}$$

根据图 11-19 中的反相器实例,其下降时间为 0.6ns,即整个下降沿"跳变"的持续时间为 0.6ns。在这个 0.6ns 刚开始的时候,芯片向电源模块发出了增大电流供应的"需求讯息",而当电源模块收到这个"讯息"的时候,0.57ns 已经过去了,"跳变"过程已经处于尾声。

而这还只是"一来一往"整个过程的一半。电源模块在收到"讯息"后立即响应了需求,增大了电流供应,但它发出的第一份比静止状态更多的电荷,又需要沿着"需求讯息"来时的相反方向在传输线上走一遍,又一个 0.57ns 过去了。也就是说,当芯片真正接收到比静止状态更多的电流供应时,已经是 1.14ns 之后了。这时,"跳变"早已经结束并过去 0.54ns 了。用生活中的一句俗语来说,"黄花菜都凉了",如图 11-24 所示。

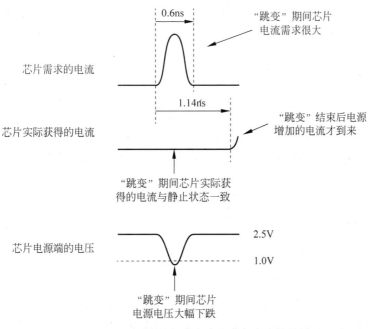

图 11-24　芯片需求的电流和实际获得电流的差异

所以,事实上在整个"跳变"发生期间,芯片所获得的电流供应都依然处于静止状态时的低水平上。这根本满足不了芯片执行"跳变"对电流的大量需求。电流的严重短缺导致芯片电源端电压的大幅下跌。例如原本 2.5V 的电源电压,在"跳变"电流消耗达到峰值时可能跌至 1V 以下。前已谈及,如此大幅的工作电源电压跌落,即便只是瞬时性的,也足以造成芯片内部运行紊乱,其输出结果的正确性完全无法预知,也不可靠。

以上就是电源完整性的第二个问题的来龙去脉。只从造成的后果现象来看,它与第一个问题并无二致,都导致"跳变"期间芯片电源电压的大幅下跌,但原因有着本质不同。第一个问题缘于电源连接部件的"电感",第二个问题缘于电源连接部件的"传播时延"。作为对成因复杂问题的分解分析套路方法,我们对两个问题的讲解是"各个击破"的,在分析第一个问题时不考虑连接部件的"传播时延",在分析第二个问题时不考虑连接部件的"电感"。这会使我们清晰地感受到每个单一因素的影响。但在实际的电路中,却无法将它们分开,这两方面的因素是同时起作用的。所以,我们在实际电路中遇到的电源完整性问题,必然是包含了两个问题因素的共同作用结果。

最后,讨论电源完整性与信号完整性的关系。这本不是一个要紧话题,无关乎技术,只涉及名目与范畴定义。因为二者都是"完整性"问题,初学者出于探究的本能,希望理清它们的关系。电源完整性问题是发生在"电源"和"地"上的问题,但问题的最终后果仍是由"信号"来体现,参看前文"地弹"导致的信号下降沿后移出错。所以从这个角度来说,电源完整性问题也是信号完整性问题,电源完整性是包含于信号完整性之中的。自 20 世纪 90 年代以来,关于信号完整性的早期经典著述中,"电源完整性"都只是"信号完整性"大主题下的一个章节,体现了这种从属关系,本书的编排体系也是如此。近年来,电源完整性在电路设计中的重要性越发凸显,有人便将"电源完整性"从"信号完整性"的范畴中剥出,将"电源完整性"与"信号完整性"并列,共称为高速电路设计的两大主题。一些专论"电源完整性"的著述也开始出现。这表明"电源完整性"名下的内容其实博大精深。

无论是"信号完整性"还是"电源完整性",都是来源于实践、最终又服务于实践的学问。没有、也不需要一个严谨的理论体系来界定"电源完整性"是包含于"信号完整性"之中还是与"信号完整性"并列,这个问题并不重要。两种不同的关系定义更多体现的是技术发展的不同历史时期"电源完整性"所被重视的程度。对于初学者来说,重要的是搞清楚每个问题是什么,缘于何由以及该如何解决。

11.3　旁路电容

本章前两节介绍了属于电源完整性的两个问题。我们是否曾在电路调试中碰到过它们的真实案例?事实上,要在身边的电路板中找出一两块存在电源完整性问题的"反面教材"来,似乎一时也不容易。那么,是不是关于电源完整性问题的讨论是危言耸听,其实这些问题并不像描述得那样具有危害?并不是的,永远不应低估电源完整性问题给电路造成的危害,尤其是电路速度越来越高的时候。只不过,相比 20 世纪 90 年代初信号完整性、电源完整性刚刚开始被关注和研究、还不为业界广泛熟知的时代,今天的电路设计师所处的大环境要幸运得多,客观上使得这方面出错的概率降低了。在我们初入门径,还根本不知"电源完整性"和"信号完整性"为何物的时候,就从各种渠道被灌输了许许多多的"经验法则",或者来自供参考的其他电路设计,或者来自企业的电路设计规范要求,或者来自身边学长、前辈的指教,或者来自自己从网上搜来的高速设计指南等,在我们还根本无暇搞清楚"为什么需要这样做"的时候,从设计的第一块电路板开始,这些"经验法则"就得到了不折不扣地执行。例如,走线的阻抗一般应设计为 50Ω,连接电源和地引脚的走线应当尽量短而粗,同组总线内的信号走线需要等长,等等。其中,有一个经验法则,涉及的东西在电路板上几乎无所不在,是电路中最显式地体现"电源完整性"考量的设计措施,这就是"旁路电容"(Bypass

Capacitor)。

作为初学者,我们最早关注到"旁路电容"的存在,是在电路原理图上。每一个电路设计师都是从学习和参考已有的设计开始的。当我们将要设计的电路是同事、学长和前辈曾经设计实现过的,或者是功能类似的,前人的电路图必然成为首选的参考资料。当我们用到了一个比较复杂的集成电路器件,器件厂商会配套地提供参考电路设计,来指导和协助我们设计自己的电路。在这些作为学习对象的电路原理图上,经常看到一串串长长的电容,连接在电源与地之间,电容的大小多是 $0.1\mu F$ 或 $0.01\mu F$ 这样量级的值,如图 11-25 所示。只要是稍具规模的集成电路器件,其周边都会出现这样的电容长串,规模越大的器件,其电容的数量越多。它们单独摆在一边,并不与集成电路器件的任何信号相连,似乎与器件电路毫不相干。这么多的电容是干什么用的呢? 相信我们每个人最初看到这些电容时都是很费解的。从电容的作用效应看,多多少少猜测应该是与滤除电源噪声有关,但为什么是这样一种奇特的大量堆砌方式呢? 仅从电路原理图上,完全看不出答案来。

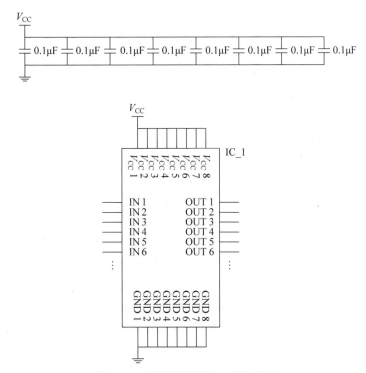

图 11-25 电路原理图上的旁路电容

于是,我们也"依葫芦画瓢"地在自己的电路原理图上摆下这些电容,包括数目和电容值也都分毫不差。后来,进入印制电路板设计阶段后,这些电容的用处开始"有一些眉目"。学长、前辈们给出的经验法则是,这些电容在印制电路板上要"贴近器件的电源引脚放置,越近越好","兼顾器件的所有电源引脚,确保每个电源引脚附近都有电容"。这使得电容成为高速电路时代电路板上一道相当引人注目的风景。集成电路器件,尤其是引脚数量众多的复杂器件,其周围分布着大量的电容,如图 11-26 所示。很多时候,电容都是电路板上用得最多的器件。这些分布在集成电路器件近旁、连接电源与地的电容,就是"旁路电容"。

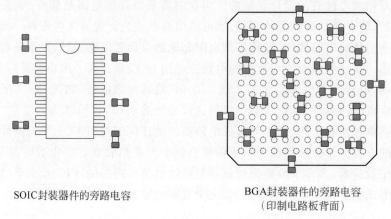

SOIC封装器件的旁路电容   BGA封装器件的旁路电容
（印制电路板背面）

图 11-26　印制电路板上的旁路电容

很多时候,我们解释不了采取某个措施的原因,不是因为不能分析这个措施本身,而是因为压根不知道它所针对的问题是什么。经过前两节的细致剖析,我们已经弄清楚了电源完整性的两个问题是怎么回事,现在再来审视运用旁路电容的经验法则,其中的许多门道也就豁然开朗了。

当"跳变"发生的时候,芯片需要"吸入"大量电荷以达到驱动芯片内部执行状态切换所需的大电流需求,它获得电荷的直接来源是连接部件的"分节电容",但分节电容无法满足如此大的电荷需求。而能够提供大量电荷的电源模块又相距遥远,满足不了高速"跳变"的时间需求。这是上一节所述电源完整性的第二个问题,也是初学者理解旁路电容作用原理的最容易的切入点。每一个旁路电容,都是一个存储电荷的"仓库"。在电路处于静态的时候,也就是没有发生"跳变"的时候,电容被充电至电源电压,"仓库"中储满了电荷。这些电荷就是为"跳变"而准备的,一旦芯片发生状态切换需要吸纳大量的电荷时,这些预先存储的电荷将派上用场。

在没有旁路电容的时候,是分节电容在独自承受着芯片"跳变"时陡增的电荷吸纳需求。分节电容终归只是导体连接部件间的隐性电容,它容纳电荷的能力与真正的实体电容器件相比,是相差巨大、难以望其项背的。用实例数据来体验一下差距。在电源模块到芯片的连接部件中,最具电容"气质"和容量潜力的是平面层,电源平面层和地平面层构成了平行板电容。这个电容能有多大呢? 以一块 10cm 见方的平面层区域为例,两层之间的 FR4 介质厚度为 50mil(这是印制电路板上平面层间距的常见规格值),所构成的平行板电容值仅为约 300pF,即 $0.0003\mu F$,如图 11-27 所示。

这个电容确实太小了,与一个 $0.1\mu F$ 的实体电容器相比,电容量相差了 300 多倍。在同等的电压条件下,印制电路板上约巴掌那么大的平面层区域所储存的电荷,尚不及一个小小的 $0.1\mu F$ 旁路电容所储存电荷量的三百分之一。相比连接部件"分节电容"所能供应给

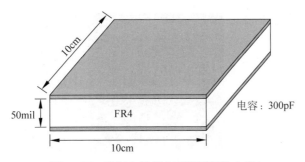

图 11-27　印制电路板上平面层间的电容

芯片的电荷量,旁路电容所能供应的电荷是巨量的,它所扮演的其实是一个"临时电源"的角色,在芯片发生"跳变"对电流的需求陡然增加而远方的电源模块来不及作出响应的时候,输出自身存储的电荷供应给芯片电路,支撑电路对电流的消耗需求,避免芯片电源电压的大幅下跌,如图 11-28 所示。

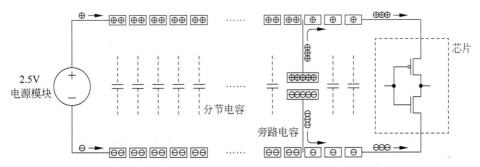

图 11-28　"跳变"发生时旁路电容充当"临时电源"向芯片供应电荷

接下来也就自然能解释为什么在印制电路板上要把旁路电容尽可能靠近集成电路器件摆放。电容与芯片挨得越近,就能越早响应"跳变"的电流消耗需求。在"跳变"刚刚发生的早期阶段,芯片电源电压刚刚开始下跌时,就及时地补充了电荷和电流的供应,阻止了电源电压的进一步下跌,维持了芯片的正常工作电压环境。如果电容放得与器件相距较远,就会出现上一节分析的情况:电容供应的电荷还没有到达芯片,"跳变"早已经结束了。这个旁路电容也就没有任何价值。

所以,应尽量让旁路电容与芯片挨得越近越好。在板级电路设计层面,旁路电容靠近芯片所能达到的极致就是器件的电源引脚、地引脚。如果还要更近,就要进入器件的封装内部。有些高性能的复杂器件,为了减轻自身的高速度给板级电路电源完整性设计带来的压力,将小尺寸的旁路电容直接集成在器件封装内的基板上,达到与芯片最为贴近的地方,其效果就会比板级旁路电容更为出色,如图 11-29 所示。

还可以更近吗?可以,这就是"片上电容",也即芯片内的电容。通过芯片设计技术在芯片内部构造出适量的旁路电容,其好处不仅在于使旁路电容贴近芯片的距离达到极限,更在于旁路电容的设计成为芯片设计的一部分,其效用可以在芯片设计阶段进行仿真评估,并及

图 11-29　器件封装内的电容

时优化和修正,从而达到与芯片电路的最佳融合,实现最具针对性的效果。

从技术手段的效果来说,封装内电容和片上电容当然是比板级旁路电容更好的选择,但受限于封装和芯片的内部空间,所能集成的电容数量和电容容量都是比较有限的。它们能够减轻板级旁路电容系统的设计压力,但却并不能彻底代替板上的旁路电容。而且,这样的设计方式会带来器件和芯片的复杂度和成本的大幅上升,通常只在大规模高性能器件中应用,当前还难以成为芯片设计的常态手段。所以,板级旁路电容的设计仍然是当今高速电路电源完整性设计最基本、最重要和最常用的手段之一,也是我们必须掌握的设计技能之一。

当旁路电容向芯片输出电荷以后,其自身储存的电荷数量就会减少,那么就如同分节电容所发生的情况一样,其电压将会下降。所不同的是,作为储存电荷的"仓库",旁路电容拥有的电荷数量比分节电容大得多,它在芯片"跳变"时所失去的电荷只占自身储存量的很小比重,电压的下降也就比较微弱。所以,旁路电容的作用并不是能够保持"跳变"时芯片电源绝对不下跌,而是通过及时的电荷供应将芯片电源的下跌控制在比较小的幅度内,只要电源电压高于芯片工作电压所容许的最低值,那么目的就达到,芯片的工作就是正常而可靠的,如图 11-30 所示。

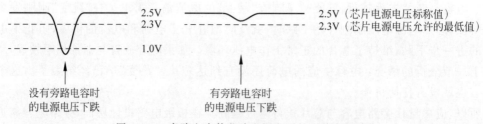

图 11-30　旁路电容使芯片电源电压的下跌大幅减少

这样看来,旁路电容的电容值应该越大越好。电容越大,电荷"仓库"容量就越大,"跳变"发生时的电源电压下跌幅度就越小。可是,我们在实际的电路设计中所见最多的,总是 $0.1\mu F$ 和 $0.01\mu F$ 这样的偏小值的旁路电容,为什么不换成更大值的电容呢?在一些高密度的印制电路板上,用于器件摆放和走线的空间非常紧张,如何在极其有限的空间内摆放下众多的旁路电容,是印制电路板设计过程中相当耗神费力的任务。在这种情况下,我们仍然执着于一个不落地将每一个旁路电容"挤"进去,为什么不用一个更大的电容来减轻空间的压力呢,例如,将 10 个 $0.1\mu F$ 电容替换成一个 $1\mu F$ 电容?

这样的考虑完全没有问题,但是在现实世界中却不能这样做,除非我们拥有一个"理想"的前提,那就是"电容纯粹只是电容"。这是什么意思?任何一个实际的电容器件,其实并不仅仅只包含电容这一种成分,还包含有电阻和电感的成分。这不难理解,因为无论何种类型的电容器件,其内部两个电极的制作都需要用到各类材质的导体材料,而导体必然是具有电阻和电感的,它们不是制造电容器件时主观期望的结果,而是无可避免必然寄生于器件中的成分。如果要在电路图中表示出电容器件具有的电阻和电感成分,一般将两极的分量等效在一起,只画出一个电阻和一个电感,在连接关系上它们与电容串联在一起,所以分别称为电容器件的"等效串联电阻(ESR)"和"等效串联电感(ESL)",如图 11-31 所示。

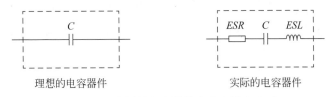

理想的电容器件　　　　　　实际的电容器件

图 11-31　实际的电容器件含有电阻和电感

表 11-1 列出了几种常用类型电容器件的 ESR 电阻和 ESL 电感的实例值。

表 11-1　常见电容器件的 ESR 和 ESL

电 容 器 件	ESR	ESL
$100\mu F$ 铝电解电容,插装式	1.5Ω	$10nH$
$33\mu F$ 钽电容,B 型表贴封装(3.5×2.8)	$100m\Omega$	$1.8nH$
$1\mu F$ 陶瓷电容,1206 表贴封装	$100m\Omega$	$1.1nH$
$0.1\mu F$ 陶瓷电容,0603 表贴封装	$50m\Omega$	$0.3nH$
$0.1\mu F$ 陶瓷电容,0402 表贴封装	$30m\Omega$	$0.2nH$

在电容器件中有了电阻和电感的成分后,会有什么影响?从旁路电容的使用来说,影响主要来自于 ESL 电感。回顾第 5 章"电感"一节所揭示的内容,电感的行为特性是"阻碍电流的改变"。如图 11-32 所示,当芯片电路处于静态,没有发生"跳变"的时候,旁路电容 C 不输出电荷,整个电容支路上没有电流流过,流经 ESL 电感的电流也为 0。当芯片开始执行"跳变",它对电流的需求陡然增加,旁路电容作为随时待命的电荷"仓库",及时响应了芯片的这个需求,对外输出自己的电荷,形成向芯片电路供应的电流。高速芯片的"跳变"电流需求是急剧而"陡峭"的,旁路电容尽自己之力去满足这样的需求,在"跳变"开始后尽可能地快速而"陡峭"地增大电流的供应。但是,这个电流在为芯片所用之前,先得流经 ESL 电感。这是一个处于快速改变中的电流,ESL 电感便会阻碍它的改变,电流增长的步伐被拖缓了一些,从而旁路电容满足芯片"跳变"电流需求的程度也就差了一些。对芯片电路和电容来说,ESL 电感是挡在它们中间的"拦路石",它阻碍旁路电容在"跳变"发生时向芯片供应电流。ESL 电感值越大,这种阻碍作用就越大。与理想、纯粹的电容相比,实际的旁路电容器

件因为 ESL 电感的存在,效果打了一些折扣。

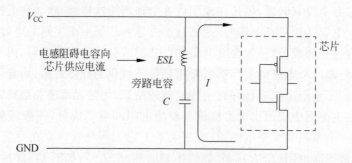

图 11-32   ESL 电感阻碍旁路电容向芯片供应电流

因此,如何尽量减小 ESL 电感带来的阻碍影响,是设计旁路电容需要考虑的重要课题。在电容容量足够的情况下,尽量选用小封装尺寸的电容器件,会具有更优的旁路电容性能。因为封装尺寸越大的电容器件,往往意味着更大的 ESL 电感值。见表 11-1,同样材质规格的表贴陶瓷电容,0402 封装比 0603 封装的 ESL 电感小,0603 封装比 1206 封装的 ESL 电感小。

不能将众多的 0.1μF、0.01μF 旁路电容合并成一个总容量相当的大容值电容,其原因就在于大容量的电容器件必然采用较大的封装尺寸,其 ESL 电感也会比较大。而多个旁路电容的分散使用,实际上达到了将各个电容器件的 ESL 电感并联的效果,如图 11-33 所示,整个旁路电容阵列的总电感因此而减小。按照电感并联的等效计算公式,10 个等值的电感并联,其总电感值将缩小为原单个电感值的 1/10。所以,如果将 10 个 0.1μF 替换成一个 1μF 电容,虽然总电容量一致,但是其作为旁路电容的效果却会下降很多。

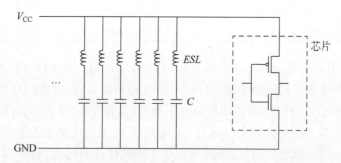

图 11-33   多个旁路电容的分散使用达到了 ESL 电感的并联效果

现在,再回过头来看原理图上一串串长长的 0.1μF 或 0.01μF 电容,就能理解它们存在的价值,也不会奇怪为什么不直接合为一个大容量的电容了。

为了让初学者也能清晰而快速地看明白,我们选取了最浅显易懂的入手角度,通过对电容、电感和芯片"跳变"这些行为的简单定性分析,梳理出旁路电容改善电源完整性的作用原理。但从掌握设计能力的角度,还有不少的疑问:旁路电容的取值究竟是如何确定的呢?0.1μF 和 0.01μF 这样的电容值从何而来?可以取其他的值吗?一个芯片的旁路电容中既

有 $0.1\mu F$，也有 $0.01\mu F$，它们的作用有差异吗？旁路电容的数量又该如何把握，放多少个才足够呢？回答这些问题，需要在更为抽象和系统的层面进行分析和理解。例如，在频域中分析实际电容器件的频率响应曲线，在整个板级电源分配系统（PDS）中综合考虑旁路电容的设计，等等。在经过这样更深一步的学习后，我们会了解到，$0.1\mu F$ 和 $0.01\mu F$ 这样的电容值不仅仅是"经验值"，也能经得起频域分析的推敲；既有 $0.1\mu F$ 也有 $0.01\mu F$ 的旁路电容设计，确实是因为它们各有所司；电容的数量不是简单的"越多越好"，而是能够得到定量分析计算的支撑。

信号完整性和电源完整性领域的众多"经验法则"，看似无所考据，纯粹的"经验之谈"，但实际上都能在理论体系中找到依据。对初学者来说，达到这样的掌握程度，当然是未来需要实现的目标，但却不必从刚开始就追求如此深入，那会使我们学习和理解的难度上升不少。如何让自己一直处在相对轻松的学习进程中，从而始终保持对下一个学习单元的兴趣和信心，而不是被与自己当前的知识储备和理解基础不相匹配的深奥内容弄得筋疲力尽，是我们在面对市面上林林杂杂、浩如烟海的书籍和学习资料时需要掌握的主动取舍之道。这也是本书作为一本面向初学者的信号完整性"入门读物"所拿捏的尺度。尽量采用形象、浅显的方式来讲解、描述，即便它不能严谨、理论化地揭示问题的本质，也无助于实际设计时的量化推算，但却最易于"理解"。对初学者来说，这已然足够。

再回到电感的问题。在电路板上，旁路电容所面临的阻碍它的电感，还不仅仅是器件中的等效串联电感 ESL，还有一部分，是存在于"连接"之中的。在印制电路板上，电容需要经过焊盘、走线和过孔连接到电源与地上，这些连接部件都是有寄生电感的。如图 11-34 所示，一个 0402 封装的 $0.1\mu F$ 旁路电容，其两端引出的焊盘、走线和过孔所带来的连接部件电感约为 1nH。相比之下，电容器件自身的 ESL 电感只有 0.2nH，连接部件的电感可比电容器件的 ESL 电感大多了。

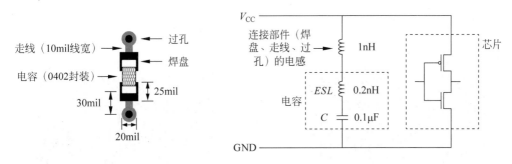

图 11-34　旁路电容的连接部件(焊盘、走线、过孔)引入的电感

所以，如何优化旁路电容的"连接"以尽可能地减少电感，就成为一件需要研究的事情。图 11-35 列出了将贴片电容的两极连接到电源和地平面层的六种不同方式。不一样的设计，带来不一样的电感。这可能是我们经常忽视的地方，没有想到把一个电容的两端连出来这样简单的事情背后，竟也有如此多的讲究。

图 11-35(a)方式，从电容的焊盘引出长长的走线再打下过孔，引入的电感在所有的

连接方式中是最高的(4nH)。相比之下,图 11-35(b)方式采用了较短的走线,电感的情况就立即得到了大幅的改善(1nH)。越长的走线,其电感越大。在印制电路板设计中需要尽量避免图 11-35(a)这样的长引线电容连接方式,电容焊盘的引出走线应当采用尽量短的走线。

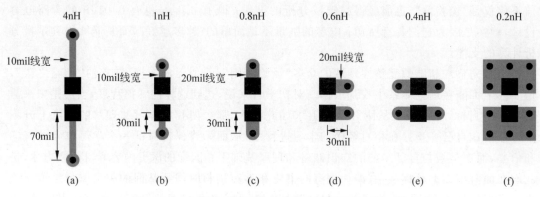

图 11-35　电容的不同连接方式引入的电感大小不一样

图 11-35(c)方式,焊盘引出线的长度与(b)方式相等,但因采用了更宽的走线而使电感有所降低。这就提示我们应当尽量用"粗"线去连接旁路电容的电源和地。包括其他所有器件的电源和地引脚,也是如此。

有时会看到一些在电源和地连接问题上没有讲究的印制电路板设计图,整板采用一成不变的走线宽度,所有的电源、地引脚引出线都和信号走线一样"细"。这不一定会出问题,但从电源完整性角度来说这不是一个好的设计。在严谨、规范的印制电路板设计中,信号走线与电源、地走线一定是泾渭分明的。信号走线的宽度受到阻抗控制要求的约束,不能随意设置。而电源、地走线则没有阻抗控制的需要,主要考虑降低走线电感,在空间允许的情况下,越"粗"越好,如图 11-36 所示。

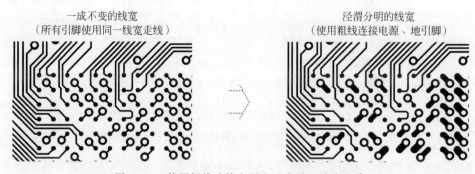

图 11-36　使用粗线连接电源和地有助于减小电感

图 11-35(d)方式,所采用的电容焊盘引出走线宽度、长度都与(c)方式相同,但采用了同侧横向的引出走线方式,使得电感进一步降低(0.6nH)。这个该如何解释?

任何时候提到"电感",不要忘记从一个完整回路的视角去理解它。回顾一下电感定义的本质含义,它衡量的是导体在有电流流过时产生磁力线圈的能力,而电流必然是存在于一个完整的回路中的。所以,我们讨论的电感,是指"回路电感",是整个电流回路的总电感。回路的不同部分所产生的磁力线圈,会因为电流方向的互逆而相互抵消,抵消地越多,回路的总电感就越小。如图 11-37 所示,在同一个电流回路中,上、下两个支路的电流方向是互逆的,它们各自产生的磁力线圈的方向就是相反的。上支路的外围磁力线圈也同时圈住了下支路,就会抵消掉一部分下支路的磁力线圈。反过来也一样,下支路的一部分外围磁力线圈也会抵消上支路的磁力线圈。上、下两个电流支路挨得越近,这种抵消作用就越大。所以,图 11-37(a)的回路电感小于图 11-37(b)的回路电感。

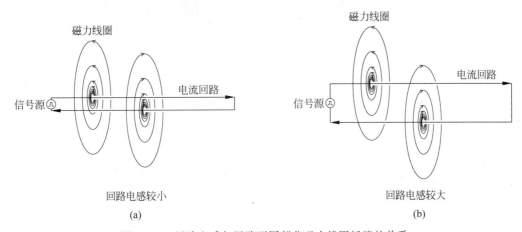

图 11-37　回路电感与回路不同部分磁力线圈抵消的关系

从整个回路的角度来看,它围成了一个闭合的区域,当这个区域的面积越小时,回路各部分之间挨得越紧密,抵消作用就越大,整个回路的电感就越小。这是非常直观而简便有效的判别法则,所谓"回路面积越小,则电感越小"。

图 11-35(d)方式比(c)方式电感更小的道理正是源出于此。从印制电路板的外部视角观察电容的连接部件,只看到表层的电容焊盘、走线和过孔,它们只是电流回路的一部分,而不是全部。完整的电流流动路径还包括印制电路板内部的电源平面层和地平面层,以及过孔藏在印制电路板内部的部分,如图 11-38 所示。从侧向剖视的视角来观察印制电路板,能完整地看到电容上的电流的整个回路。在图 11-35(c)方式中,电容的两极走线沿着彼此远离的相反方向引出,形成的回路面积较大。而图 11-35(d)方式中,电容的两极走线从同侧横向引出,彼此挨得更近,形成的回路面积较小。所以,采用(d)方式连接电容所引入的电感比(c)方式更小。

图 11-35(e)方式,电容的每一极引出了两段走线,分别打下过孔连接到电源和地,电感进一步地降低了(0.4nH)。这又该怎么解释? 可以从电感并联的角度来理解。在图 11-35(d)方式中,每一极只引出一段走线,相当于电容的每一极只连接了一个电感。相比之下,(e)方式相当于电容的每一极连接了两个电感。这两个电感是并联的关系,等效后的总电感小于一个电感的情况,如图 11-39 所示。

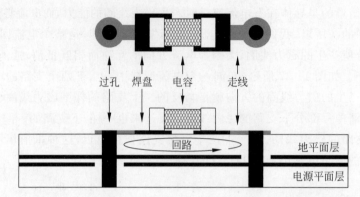

图 11-38　同任何电流一样,流经电容的电流也需要形成回路

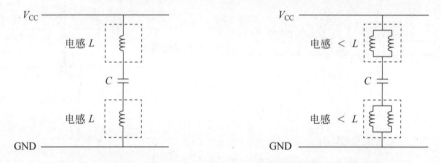

图 11-39　从电感并联的角度理解旁路电容引出走线越多带来的电感降低越多

　　既然这样,不妨让电感并联得更多一些。从电容两极的焊盘向各个方向尽可能多地引出走线打下过孔连接到电源和地,如图 11-35(f)方式那样,以至于走线彼此挨在一起,事实上成为从焊盘铺开的一整片覆铜。这确实奏效,(f)方式是所有连接方式中电感最低的(0.2nH)。

　　仅从纯粹的电源完整性角度来考虑,(f)方式是最完美的旁路电容连接设计方式。理论上,每一个旁路电容都应当得到这样"奢华"的连接待遇。但是,我们知道这实现起来不大可能,我们也几乎没有见到过用这种方式设计的印制电路板实例。印制电路板设计是一个在复杂度、成本、空间和布线难度等各方因素间综合妥协的现实技术,在信号速度越来越高、器件集成度越来越高、电路越来越复杂的今天,一般的印制电路板上都不会有足够的空间,允许设计者给每一个旁路电容都铺上一片不小的覆铜,再打上充分多的过孔。

　　但是,纵然无法像图 11-35(f)方式那样完美地设计旁路电容的连接,甚至(e)方式也很难做到,作为一个具有现实推广价值的设计指引准则,至少应将图 11-35(d)方式作为约束设计的最低要求,采用从电容的同侧横向引出粗线的连接方式,而尽量避免(a)方式、(b)方式、(c)方式。

第 12 章

高速串行接口

12.1 技术演进之路

本书最后一章把目光聚焦在信号完整性理论与实践最新发展的集大成者,也是当今数字电路设计领域最流行的技术——高速串行接口和互连技术。

打开一台今天的 PC(个人计算机)主板,在 CPU、芯片组和各种外设间承担连接与数据交互职责的,是各种各样的接口:连接显卡、以太网和用于扩展插槽的 PCI Express 接口,连接硬盘的 SATA 接口,连接扩展显示设备的 HDMI 接口,连接 U 盘、鼠标、键盘的 USB 接口,CPU 与芯片组互连的 DMI 接口,等等,如图 12-1 所示。这些接口各有自身的信号格式定义和电气规范标准,彼此各异,但却有一个共同的身份,它们都是"串行"接口。

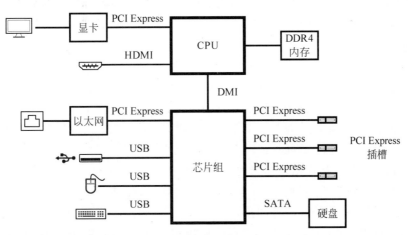

图 12-1　串行接口已成为计算机内部各部件间主要的接口互连形式(2019 年的 PC)

与"串行"接口相对应的是"并行"接口。今天的 PC 大量采用串行接口实现内部互连,难觅并行接口的踪影。但是,时光回到 20 年前,在当年的 PC 主板上,并行接口却是绝对的主角,如图 12-2 所示。连接显卡的是并行 32 位 AGP 接口,连接北桥与南桥、以太网和用于扩展插槽的是 32 位 PCI 总线接口,连接硬盘的是并行 16 位 IDE 总线接口,连接键盘、鼠标和用于扩展插槽的是并行 16 位 ISA 总线接口,CPU 与北桥互连的并行 64 位 FSB 总线接口。

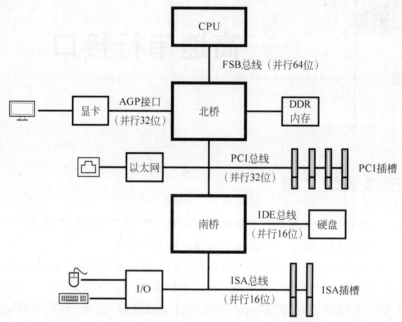

图 12-2 并行接口曾经是计算机内部各部件间主要的接口互连形式(1999 年的 PC)

所谓"串行"与"并行",是由接口传送的数据位宽决定的,串行接口的数据位宽是一位,而并行接口的数据位宽是多位。好比是不同车道数量的公路,单车道公路的宽度只允许一辆车通过,而多车道公路的宽度则可容纳多辆车并排通过,如图 12-3 所示。

自计算机诞生以来,一切都是朝着"速度越来越快、容量越来越大"的方向在发展。看起来,并行接口比串行接口更符合这样的发展需求,因为它能同时传送更多的数据位。但为何时至今日,反倒是串行接口彻底取代了并行接口的统治地位呢?

在技术发展史上,无论是并行接口还是串行接口,都已经历了一代又一代的演进。它们在各自自身的发展进程中,共同见证计算机舞台上的此消彼长。

从人类认知和技术运用由简到繁的普遍规律来说,串行接口一定是先于并行接口被开发应用的。有一种诞生于 20 世纪 60 年代的"古老"串行接口,直到今天也仍然不乏应用的需求,这就是早期计算机的标配外部接口——RS-232 串口。

计算机上的 RS-232 串口采用 9 针脚的连接器(DB9),包含 9 个信号,如图 12-4 所示。但其中用于数据传送的只有收、发方向各一根信号(TD、RD),同时只能传送一位数据,其他的是通信双方握手控制信号(RTS、CTS、DSR、DTR、CD)和地(GND)。在最简单的无握手连接模式下,通信双方只需要连接数据信号(TD、RD)和地(GND)就可进行收发。

RS-232 串口的通信双方使用一种名为 UART 的协议进行数据收发,即"通用异步收发器(Universal Asynchronous Receiver/Transmitter)"。这其中的关键字是"异步",表明双

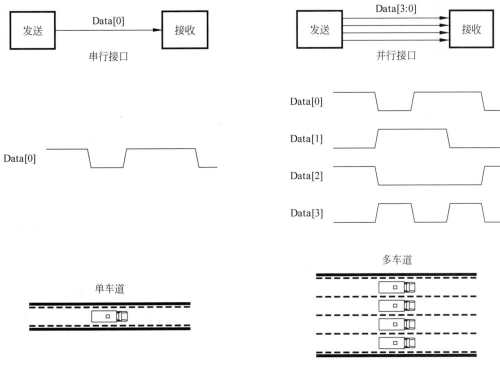

图 12-3　串行和并行

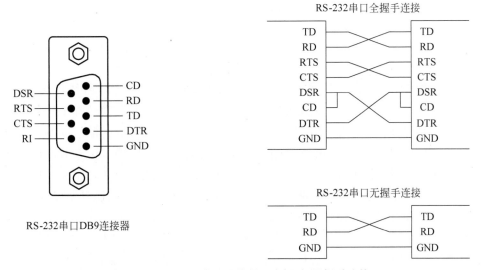

图 12-4　RS-232 串口连接器和全握手、无握手连接

方的数据收发是不需要时钟来"同步"的,在连接双方的信号中并没有时钟信号,如图 12-5 所示。当然,收、发两端各自是有自己的时钟的,发送方用自己的发送时钟 T_CLK 发出数据,接收方用自己的接收时钟 R_CLK 接收数据。R_CLK 和 T_CLK 只存在于收、发两方各自自身的电路,不需要传递给对方。

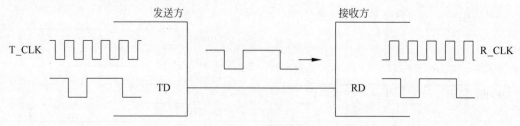

图 12-5　"异步"接口不需要时钟进行"同步"

但是,为了正确地传递数据,收、发两端需要工作在相同的比特速率上。RS-232 串口在通信时,连接的双方需要首先人为设置好相同的比特速率(即"波特率"),常用的典型值有 9600b/s、19200b/s、38400b/s 和 115200b/s 等。这相当于让双方工作在相同的时钟频率上。如比特速率为 9600b/s 时,T_CLK 和 R_CLK 的频率都是 9600Hz(实际的电路中可能采用更高频的时钟通过重复触发采样来实现 9600b/s 的比特速率,其有效时钟频率仍为 9600Hz)。

不过,"同频"不等于"同步"。T_CLK 和 R_CLK 本质上是两个不相干的独立时钟,产生于不同的时钟源,虽然标称频率相同,实际的频率值却必然存在或多或少的偏差。例如同是标称 9600Hz,发送方的时钟 T_CLK 可能实际是 9600.1Hz,接收方的时钟 R_CLK 可能实际是 9599.9Hz。在 10s 内,发送方发了 96001 位数据,而接收方却是按 95999 位数据来采样接收的,双方明显不是一种同步的状态。这种偏差存在于自然界中任何两个不同源的时钟之间,无论时钟的精度有多高,频率都不可能绝对的完全一致。所谓"同频",只是在一定误差范围内的同频,或者说只是"标称值"的同频。

所以,异步通信接口需要另外的机制来解决这种时钟不同步带来的影响。UART 的数据传输格式如图 12-6 所示。一次发送的数据称为一"帧",每一帧的发送都是从一位固定为低电平的起始位开始,包含 5～8 位的数据位和一位奇偶校验位,最后是一位固定为高电平的结束位。在没有数据需要发送时,则发送固定为高电平的空闲位。在空闲状态(高电平)下,接收方通过识别起始位(低电平)来获知一帧的开始,实现与发送方的信息"对齐"。由于一帧的长度很短,最长不过 10 位,收、发双方的时钟 T_CLK 和 R_CIK 只要保证 10 位之内没有发送和采样的错位,就能够正确传递数据。这就大大降低了对双方时钟"同频"的精度要求,能够比较宽泛地容忍双方时钟的频率偏差。下一帧传送时,双方又会通过起始位来实现信息的"对齐",时钟偏差的效应就不会因长时间累积而造成采样错位。

UART 的这种依靠起始位而不是时钟进行数据"对齐",以及收发双方时钟不同步的传输特点,决定了其不适合高速传输。实际应用中的 UART 最高传输速率一般不超过

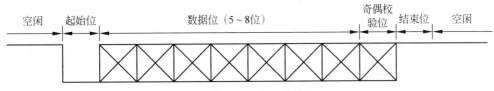

图 12-6　UART 数据传输格式

300kb/s。在需要更高传输速率的需求场合,这种异步模式的串行接口便无能为力。提升速率的途径之一,是将"异步"变为"同步"。

　　20 世纪 80 年代,诞生了技术发展史上两个经典的同步串行通信接口,一个是 Motorola 公司推出的 SPI 接口(Serial Peripheral Interface),一个是 Philips 公司推出的 I^2C 接口 (Inter-Integrated Circuit),如图 12-7 所示。与 UART 相比,这两种接口的最大不同是接口信号中包含了时钟。数据收、发的双方不再各自使用自身的时钟,而是由一方向另一方提供时钟。提供时钟的一方是主设备,接收时钟的一方是从设备。无论是主设备向从设备发送数据,还是从设备向主设备发送数据,双方都是使用主设备的时钟进行数据的触发和采样。整个接口系统只有一个时钟,双方都同步于同一个时钟,就完全不存在、也无须考虑异步接口两端时钟不同步可能导致的数据采样错位问题,接口因此能工作在更高的时钟频率上,数据的传输速率也更高。I^2C 接口的典型工作速率值可达 400kb/s 以上,SPI 接口则更高,可工作于 1Mb/s 甚至 10Mb/s 以上。

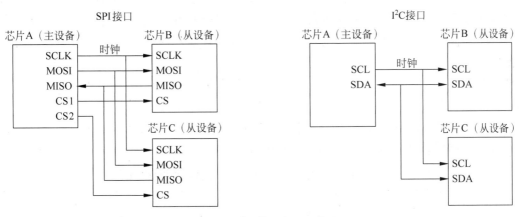

图 12-7　I^2C 接口和 SPI 接口

　　时至今日,SPI 和 I^2C 早已发展为工业标准,应用在消费电子、工业控制、通信和汽车电子等广阔的领域,成为芯片间低速率通信场合占据统治地位的两大标准接口。而当年孕育和推出它们的两大半导体巨头,Motorola 公司和 Philips 公司,已经剥离了自己的半导体业务,与芯片与接口设计渐行渐远。这实在是令人感叹,日落日出,潮来潮往,在技术演进的历史中,厂商、产品和用户皆是过客,唯一不变的只有技术本身。

　　提高时钟频率固然是提升接口传输速率的有效途径,但即便串行接口能运行在越来高的时钟频率上,终究它只有一根数据线。与之相对,另一个更为直接的提升途径是把接口的数据位宽拓宽,将串行接口变为并行接口。接口数据位宽从 1 位拓展为 4 位,传输速率将提升 4 倍;拓展为 8 位,传输速率将提升 8 倍;拓展为 16 位,传输速率将提升 16 倍。这样的提升幅度是相当可观的。而且,与提高时钟频率的办法相比,拓展位宽给芯片设计带来的难度要小得多。

所以,并行接口天生比串行接口更具高速率、高性能的潜质。一直以来,在需要快速、高效和大数据交互的需求场合,担当传输互连任务的主力都是并行接口。1971 年,Intel 发布世界上第一款商用微处理器 4004,其对外数据读写接口(用于读写存储器件 RAM 和 ROM)就是采用 4 位的并行总线接口,如图 12-8 所示。

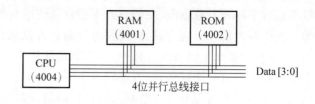

图 12-8　世界上第一款商用微处理器 Intel 4004 及其计算机系统

Intel 4004 开启了计算机技术的微处理器时代,引领了以 PC(个人计算机)为代表的计算机产业在 20 世纪随后 30 年的高速发展。在这期间,并行接口一直是作为计算机系统内部芯片间数据交互互连接口的绝对主力,并随着计算机整体性能的不断提升经历了一代又一代的发展。

早期的 PC 组成结构比较简单,与 Intel 4004 计算机系统类似,一条单一的同步并行总线将处理器(CPU)、存储器件(RAM、ROM)和外设全部连接起来,总线的时钟频率和位宽直接取决于处理器的运行时钟频率(主频)和数据位宽,随着处理器在时钟频率和数据位宽两个方向上的增长,总线的传输速率同步提升,如表 12-1 所示。

表 12-1　Intel 早期微处理器和总线传输速率的发展历程

处 理 器	4004 (1971 年)	8008 (1972 年)	8080 (1974 年)	8086/8088 (1978 年)	80286 (1982 年)
主频	740kHz	800kHz	2MHz	4.77MHz/5MHz	6~10MHz
处理位宽	4 位	8 位	8 位	16 位	16 位
总线时钟频率	740kHz	800kHz	2MHz	4.77MHz/5MHz	8MHz
总线数据位宽	4 位	8 位	8 位	16 位/8 位	16 位
总线传输速率	370kB/s	800kB/s	2MB/s	9.54MB/s/5MB/s	16MB/s

这条总线随着 20 世纪 80 年代 IBM 公司 PC 及其兼容机产品的风靡而成为工业标准,这就是大名鼎鼎的"ISA 总线"(Industry Standard Architecture),如图 12-9 所示。计算机

主板上的 ISA 插槽如图 12-10 所示。

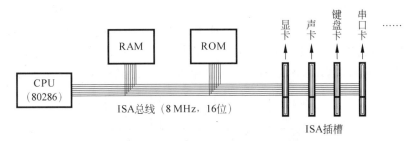

图 12-9 采用 ISA 总线的 80286 计算机系统

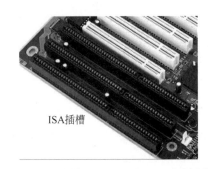

ISA插槽

图 12-10 计算机主板上的 ISA 总线插槽

早期计算机所用处理器(CPU)的主频和处理位宽都比较低,处理性能不高。ISA 总线以 8MHz 时钟频率、16 位数据位宽所达到的 16MB/s 传输速率,在 80286 这样档次的处理器(主频 6~10MHz,处理位宽 16 位)为 CPU 的计算机系统中承担数据传输的中枢通道,是能够满足使用需求的。但随后,处理器的性能在摩尔定律的驱动下变得越来越强。1985年,Intel 推出 80386 处理器,主频 16MHz,处理位宽 32 位。1989 年,Intel 推出 i486 处理器,主频 25MHz,处理位宽 32 位。CPU 的高性能使其与外界尤其是 RAM(内存)间的数据交互速率成倍增长,ISA 总线已完全无法承担计算机系统中枢总线通道的重任。

首先,8MHz 时钟频率、16 位数据位宽的总线传输速率太低,满足不了 CPU 与 RAM(内存)间高速数据读写的需要。其次,单一总线的系统架构完全限制了 CPU 的性能优势。高速的 CPU 与低速的外设(串口卡、键盘卡和声卡等)都挂在同一条总线上,总线只能"就低不就高",维持在较低的传输性能水平上,成为 CPU 与外部交互数据的瓶颈。CPU 虽能快速地完成数据的处理,却苦于不能快速地将数据发出或收取,整个系统的运转效率十分低下。

于是,1987 年,早期计算机发展阶段的另一个巨头康柏公司(Compaq)想到一个办法,使用一个桥接芯片将 CPU、RAM(内存)和低速外设隔离开来,单一的总线系统被一分为二,如图 12-11 所示。CPU 与 RAM(内存)位于桥接芯片的一侧,它们之间的总线被称为"CPU 总线"或"内部总线"。现在没有了低速外设在总线上的存在,CPU 总线就能设置在较高的时钟频率和较宽的数据位宽上(16MHz,32 位),充分满足 CPU 与 RAM(内存)间高速数据交互的需求。原来的单一 ISA 总线被隔离到桥接芯片的另一侧,低速的 ROM (BIOS)和串口卡、键盘卡和声卡等外设挂在总线上。区别于 CPU 总线,这条总线被称为 "IO 总线"或"外部总线",它不需要 CPU 总线那么高的传输性能,继续沿用 8MHz 时钟频率、16 位数据位宽的 ISA 总线。这种桥片隔离总线的架构完美解决了 CPU 的高性能增长与低速外设的兼容性问题,就是后来的"北桥—南桥"芯片组经典架构的早期雏形。

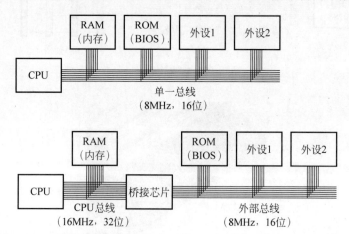

图 12-11 计算机从单一总线架构发展为桥接芯片隔离的双总线架构

纵然外设的数据吞吐能力不如 CPU 和 RAM(内存)那样高,但随着时间的推移,它的需求也是逐步在增长的。当外设的性能变得越来越高,计算机支持的外设变得越来越多,ISA 总线作为外部总线也就变得不堪重负。例如,执行高速视频处理任务的视频扩展卡,速率由 10Mb/s 提升为 100Mb/s 的快速网卡,等等。这些高性能外设一接入进来,ISA 总线有限的传输带宽就立即被占去大半,甚至不敷为用了。外部总线也到了该升级的时候。

并行接口总线提升传输速率不外乎两招:提高时钟频率和增加数据位宽。1988 年,康柏公司(Compaq)联合惠普(HP)、爱普生(Epson)和 NEC 等 8 家公司共同推出了 ISA 总线的升级版本——EISA 总线(Extended ISA),将数据位宽增加到 32 位,时钟频率仍维持在 8MHz,以保持与 ISA 总线的兼容性。相比 16 位的 ISA 总线,EISA 总线的传输速率提升了一倍,达到 32MB/s。

不同于 ISA 总线是在经历了一个较长的发展过程后才由 IBM 公司的企业私有标准演变为业界公开的工业技术标准,EISA 总线从发布之日就公开了全部的技术规范。并且,它完全兼容 ISA 总线,已有的 ISA 扩展卡可以插在 EISA 插槽上继续使用。这种开放性和兼容性很受厂商们的欢迎,EISA 总线在发布后获得了迅速的推广应用,提供 EISA 插槽的主板和大量的 EISA 扩展卡被开发出来。但好景不长,EISA 总线最终没能成为 ISA 总线之后计算机外部总线的下一代继任者。个中的原因之一,在于其照顾与 ISA 总线的兼容性而放弃了时钟频率的提升,仅仅比 ISA 总线提升一倍的传输速率很快就又变得不够用了。

同一时期诞生的其他总线技术还有 IBM 公司推出的 MCA 总线(10MHz,32 位)和 VESA 协会(视频电子标准协会)联合众多厂商推出的 VESA 总线(33MHz,32 位),它们与

EISA 总线一样,相比前一代的 ISA 总线都实现了大幅的传输速率提升和技术架构升级。但在 20 世纪 80 年代末、90 年代初处理器和计算机技术变革日新月异的发展进程中,由于自身存在的一些缺陷,它们在技术发展史上只维持了短暂的存在,未能成为像 ISA 总线那样在应用领域和时间跨度上充分得到了广阔普及的具有时代意义的工业标准总线。很快,它们都被一个新推出的并被后来证明同样具有时代意义的工业标准总线所替代,这就是在本书前文已多次出场、大名鼎鼎的 PCI(Peripheral Component Interconnect)总线。

  PCI 总线是 Intel 公司开发并一手主导推广壮大的总线标准。1991 年,Intel 第一次提出了 PCI 总线的概念。随后,为了促进这一新的总线标准快速地普及推广,Intel 联合了其他 100 多家公司于 1992 年共同成立了企业联盟技术组织 PCI-SIG(PCI Special Interest Group),专门负责 PCI 技术规范的制定、发布、管理和维护。这 100 多家公司囊括了当时计算机工业界的全部主要厂商,包括 IBM、康柏和惠普这些业界巨头,足见当时的 Intel 作为处理器领域的霸主在计算机产业界一呼百应的影响力。截至 2019 年,加入 PCI-SIG 的企业数量已增长到超过 800 家。有 Intel 领头主持,有产业界一众厂商的积极支持,PCI 从刚出世就已成功了一半。很快,它就接过了前一代 ISA 总线遗留下来的统治地位,成为计算机总线系统的绝对主角。计算机主板上的 PCI 插槽如图 12-12 所示。

图 12-12　计算机主板上的 PCI 总线插槽

  PCI 总线规范的第一个版本 1.0 版由 PCI-SIG 发布于 1992 年 6 月,采用 33MHz 时钟频率、32 位数据位宽,传输速率达到 132MB/s。相比 ISA 总线(16MB/s)和 EISA 总线(32MB/s),带来一个数量级的速率提升。

  但是,需求的增长是不会停歇的。当还有更高速的使用要求时,PCI 总线就需要继续提升。提升的办法仍是那两个:增加数据位宽和提高时钟频率。PCI 总线规范的制定者们吸取了以往的总线技术位宽固定、扩展性差的教训,在赋予 PCI 总线 32 位数据位宽的同时,增加了 64 位数据位宽的可选项支持。如果 32 位宽的传输速率仍不够用,也可以使用 64 位宽,使传输速率再提升一倍,达到 264MB/s。1995 年 6 月,PCI-SIG 发布 PCI 总线规范的 2.1 版,将 PCI 总线支持的最大时钟频率从 33MHz 提高到 66MHz。在采用 66MHz 时钟频率、64 位数据宽度的最高速模式下,PCI 总线的传输速率进一步提升到 528MB/s。

  这样一个速率水平对于 20 世纪 90 年代中期的计算机应用发展需求来说,已经足够高了。大多数场合都用不了这么大的数据传输带宽。所以，实际应用中，在桌面计算机以及工业控制、仪器仪表、通信电子等大量嵌入式应用领域得到了普及性广泛应用的是 33MHz、32位的 PCI 总线。66MHz、64 位的 PCI 总线只存在于服务器和工作站等少量应用中，这些设备的计算机系统需要持续、频繁地进行大流量、高速度的数据吞吐，对总线的传输速率要求很高，所以一定是顶格使用 PCI 总线的。

也正是在服务器、工作站这些高性能应用需求的牵引下，没多久，66MHz、64 位宽的传输带宽也不够用了，PCI 总线又到了该升级的时候。三家服务器领域的领头厂商 IBM、康柏和惠普于 1998 年联合提出了一个新的总线技术架构，取名为 PCI-X(PCI eXtended)，意为"PCI 的扩展增强版"。2000 年，PCI-X 获得 PCI-SIG 审议通过，正式发布 1.0 版规范，采用 64 位数据宽度，支持最大时钟频率 133MHz，将计算机系统外部总线的传输速率推到史无前例的新高度，1.064GB/s。服务器主板上的 PCI-X 插槽如图 12-13 所示。

图 12-13　PCI-X 总线插槽

PCI-X 的整体技术架构仍然继承于 PCI，保持对 PCI 的兼容。已有的 64 位 PCI 扩展板卡能够插在 PC1-X 总线插槽上继续使用。除了将传输带宽大幅提升到 PCI 的两倍，PCI-X 在总线传送的交互控制机制方面作了不小的优化，使其传送数据的效率比 PCI 更高。从技术上来说，这是一次可圈可点的升级。IBM、康柏和惠普公司希望 PCI-X 能够最终彻底替代 PCI，挑起新一代总线技术的大梁。

但是，业界的龙头 Intel 公司对 PCI-X 的反应比较冷淡，它只是礼节性地对 PCI-X 的提出表示了欢迎。在 PCI-SIG 内部对 PCI-X 规范草案进行审议和修订的阶段，Intel 的专家常与 PCI-X 的规范编制团队意见相左，并引发争执。最终，Intel 干脆退出了 PCI-X 规范草案的审议和修订工作，对这个出自别人手笔、用来升级自己一手打造的 PCI 总线的新一版总线标准采取旁观和放任的态度。因为这些曲折的原因，PCI-X 规范草案在 PCI-SIG 内部经历的流程很长。当最终的 1.0 版正式规范文本发布的时候，距离 PCI-X 总线方案提出的时间已经过去了两年。

Intel 对新生的 PCI-X 总线如此消极地对待，它是在阻碍 PCI 总线的更新换代吗？当然不是。守旧从来不是 Intel 的风格，它在计算机产业界的霸主地位是建立在一次又一次的创新和自我突破基础上的。Intel 当然清楚 PCI 总线已是日暮西山，根本无法满足未来越来越高的需求，更新换代已势在必行。但这一次，Intel 期望的是一个崭新的、跳出旧有窠臼的、脱胎换骨式的升级。PCI-X 不是 Intel 想要的结果。

2001 年春天，在自家的 IDF(Intel Developer Forum，Intel 开发者论坛)大会上，Intel 终于祭出了自己的下一代总线技术方案，并给它取了一个响当当的名字——3GIO，意为"Third Generation Input/Output"(第三代 IO 技术)，旗帜鲜明地昭示这将是继第一代 IO

总线 ISA 总线、第二代 IO 总线 PCI 总线之后,在技术史上的地位与两者比肩等身的新一代 IO 总线。它不是 PCI 的简单升级,而是全新创造性架构设计的开山扛鼎之作。它将接过 PCI 总线的衣钵,成为计算机总线系统新一代的统治者,就像当年 PCI 总线接过 ISA 总线 的衣钵一统总线市场一样。Intel 毫不掩饰自己即将打造又一个技术经典的信心。

3GIO 当得起它的名头,它带来的技术变革是颠覆性的。在它之前,所有担当过计算机 系统中枢和 IO 数据传送通道的总线接口都是并行接口,ISA、MCA、EISA、VESA、PCI 和 PCI-X,莫不如此。而与它们不同,3GIO 是一种串行接口技术。

从世界上第一款商用微处理器 Intel 4004(1971 年)的 4 位数据总线接口开始,30 年来, 每当总线的传输性能跟不上应用需求增长的要求时,并行接口就利用天生的扩展优势,通过 增加数据位宽、提高时钟频率的方式,实现传输性能的跟进,屡试不爽。30 年间,数据位宽 从 4 位增加到 8 位、16 位、32 位、64 位,时钟频率从 740kHz 增加到 2MHz、8MHz、33MHz、 66MHz、133MHz,并行总线获得了长足的发展,始终占据着计算机系统总线技术的绝对统 治地位。但是,这个招数能一直用下去吗? Intel 对 PCI-X 的态度实际上代表了业界相当多 一部分厂商的共同看法:以 ISA、PCI 为代表的传统并行总线接口经过 30 年的更新提速,已 是末日黄花,接近其性能提升空间的天花板。如果继续用增加数据位宽、提高时钟频率的老 套路把它强推着往前走,获得的收益将远远小于付出的代价。面对未来飞速增长的数据传 输性能需求,是时候跟传统并行总线接口说再见了。

为什么这样说? 这需要从两个角度来理解。第一个是商业角度。试想一下,在数据宽 度已经提高到 64 位之后,下一步会不会推出一个 128 位的总线接口? 如果真是这样,恐怕 没有几个厂商会欢迎如此"臃肿"的一个总线接口,因为这将带来整个产业链全线环节的成 本上升。总线接口上每多一根信号,意味着芯片会多一个引脚、印制电路板上会多一根走 线、扩展插卡会多一根金手指、插槽连接器会多一个信号接触簧片,意味着更大封装的芯片、 更大面积的印制电路板、更大尺寸的扩展插槽连接器,这些都是真金白银的支出。在竞争激 烈的 IT 和计算机产业领域,成本是异常敏感的。技术如果缺失了对实际产业实现和商业 可行性的考量,那它将永远都只是停留在纸面上的技术。

第二个是技术实现的角度。当总线的数据位宽越来越宽、时钟频率越来越高,电路设计 面临信号完整性实现的难度和压力也越来越大。时钟频率升高带来的问题好理解,数据位 宽增加是怎么给信号完整性造成压力的?

如图 12-14 所示,先看总线数据位宽最少的时候,也就是只有一位数据 D0 的时候。在 总线时钟 CLK 的每个周期,发送方向数据线 D0 发出一位数据,接收方用 CLK 的上升沿对 这一位数据进行采样接收。从数据线的状态来说,在 D0 完成从前一时钟周期到当前时钟 周期的状态切换,建立起当前时钟周期状态值并稳定维持的整个期间,都可以进行采样。但 从芯片的要求来说,为了实现正确的采样,时钟 CLK 与数据 D0 在接收端的时序关系还需 要满足接收芯片的建立时间 T_{setup}、保持时间 T_{hold} 的要求。所以,在前部剔除 T_{setup} 时长,尾 部剔除 T_{hold} 时长后的剩余部分,就是数据的有效采样区间。只要时钟 CLK 的上升沿在到 达接收端时落在这个时间区间内,数据 D0 的接收就是正确可靠的。

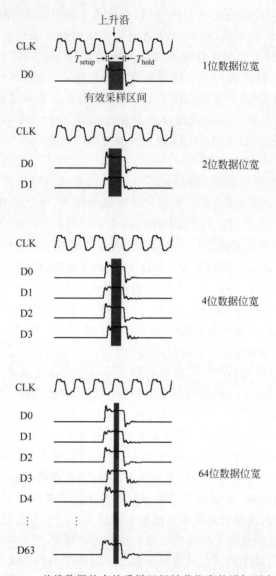

图 12-14　总线数据的有效采样区间随着位宽的增加而变窄

当总线位宽为 2 位的时候,存在两个数据信号 D0 和 D1,它们各有自身的有效采样区间。由于各种差异的原因,包括芯片内部电路在两个数据位上的行为细节个性差异,板级互连走线的时延差异,多连接总线负载分布不同造成的反射等行为差异,等等,它们的信号波形一定是不一样的。例如,一个先完成状态切换,一个后完成状态切换;一个的波形振荡大些,一个的波形振荡小些;一个的状态切换边沿陡些,一个的状态切换边沿缓些,等等。即便它们是属于同一个总线的两个信号,也无论在芯片和板级电路中已经做了多大程度的同一性设计,或多或少总是存在差异的。这就如同世界上找不出来两片完全相同的叶子一样的道理。信号波形的差异导致它们的有效采样区间也不是完全重合的。作为组成总线数据的不同部分,只有当它们都被接收端正确地采样识别时,总线作为一个整体的数据传输才是可靠的。所以,整个总线的有效采样区间是两个数据信号各自有效采样区间的交集,即它们在时间上的重合部分。这个部分比单独每一位数据的有效采样区间要窄,对应到信号完整性的层面,意味着1位宽的总线比2位宽的总线在应对负面因素对信号完整性的破坏时,其"容忍度"要更好一些。例如,1位宽的总线能容忍更大的时钟、数据走线间时延差异;在多负载的总线拓扑中,1位宽的总线能容忍更大的时钟波形劣化,等等。因此,从电路的信号完整性设计来说,相比数据位宽为1位的总线,数据位宽为2位的总线的实现条件要更加"苛刻"一些。

继续增加总线数据位宽到4位,有效采样区间相比2位宽总线又进一步收窄。再增加到8位、16位、32位和64位,随着总线数据宽度越来越宽,总线的有效采样区间变得越来越窄,信号完整性问题导致数据采样出错的可能性也越来越大。而随着时钟频率的一并增长,这种可能性带来的设计风险急剧增加。当总线时钟达到64MHz和133MHz这样的高频率值时,信号完整性问题成为阻挠电路成功实现的首要因素,尤其是在PCI和PCI-X这样的多负载并行总线上,印制电路板设计面临的难度和挑战越来越大。相信有过PCI或PCI-X布线经历的硬件工程师会有体会,在总线连接了比较多的负载(从设备和扩展卡)的电路中,如果信号完整性环节的考虑比较草率,或者是由一个经验不足的工程师来完成走线,第一版设计失败是大概率事件。通常会遇到一些怪的现象,例如,原本某个PCI插槽上的扩展卡工作是正常的,但当另外几个插槽也插上扩展卡时,它却出现了故障,无法正常工作了。

3GIO以"串行接口"的身份闪亮登场,正式吹响并行接口技术在计算机舞台上的丧钟。如果我们还不曾见识过这个新技术的全新秉性,不禁会问,所谓"串行接口",不就是只有1根数据信号、一次只传送1位数据的接口吗?它真的能让总线的性能再次升级吗?我们明明可以一次传送32位、64位数据也还嫌不够,这真的是技术的进步吗?它究竟采用了怎样不同寻常的前沿新科技?

没有金刚钻,不揽瓷器活。这一次登场的串行接口可是我们从前认识的UART、SPI和I²C这些串行接口全然不可相提而论的。无论是与传统并行接口相比,还是与这些前辈串行接口们相比,3GIO都是"改头换面"的。

第一,传统并行总线(ISA、EISA、PCI和PCI-X等)和前辈串行接口(UART、SPI和I²C等)都是采用单端信号的方式传送数据,而3GIO是采用差分信号的方式传送数据。单端信号传送一位数据只需要一根信号,而差分信号传送一位数据需要两根信号,如图12-15所示。

第二,3GIO以简洁到极致的方式进行收发双方的互连。如图12-16所示,一个3GIO接口的连接图。全部的信号都在这儿了,一来一往两对差分数据线,总共4根信号。

如此前所未有的简省接口信号设计,怎会不受欢迎?从事布线设计的Layout工程师会第一个张开双臂拥抱它。对比一下就知道了:ISA总线有88根信号,PCI总线(32位版)有64根信号,PCI-X总线有96根信号。并行总线总是以这样铺陈的方式出现在电路中,令电

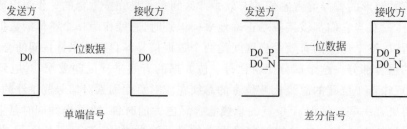

图 12-15　单端信号和差分信号

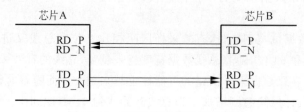

图 12-16　3GIO 接口信号与连接图

路连接关系和印制电路板布线工作的复杂度一直居高不下,令板卡的尺寸难以减小,令电路的成本难以降低。

　　为什么 3GIO 能以如此简洁的互连方式来完成数据传输? 这与它全新的信号定义机制有关。传统的并行总线,接口信号的种类繁杂,名目众多。例如 PCI 总线,定义了地址 & 数据、接口控制、错误报告、仲裁、系统、中断和 64 位扩展共七大信号组,每个信号组由若干根信号线组成,每根信号线的功能角色固定而单一,如图 12-17 所示。这是一种与系统上层紧密耦合的信号定义机制,总线在软件层面的驱动行为与硬件层面的接口信号行为深度交织,共同完成总线的数据收发任务。

　　而 3GIO 将这种上下交织的层次关系进行了彻底的剥离,使物理互连接口的功能回归至硬件传输通道最本质的角色定位:将数据信息可靠地从发送方传递给接收方。正是从这个最核心也是最单纯的功能需求出发,3GIO 只定义了一种接口信号——数据信号,而原本存在于传统并行总线的其他形形色色的信号,都不需要。或者说,其他的信号在 3GIO 中被"逻辑化"了,需要通过它们来实现的功能是承载于 3GIO 的数据信号之上的,物理信号互连接口本身不再区分识别它们。收发双方需要交互的一切信息都在一来一往两对差分数据信号线上,至于究竟携带的是地址、数据、接口控制信息,还是错误报告、中断等信息,这是进入芯片后由逻辑上更上层的电路来解析处理的。物理信号互连接口因而变得单纯,它卸下传统并行总线接口肩负的过多负担,专注于最核心的任务——更高速地传输数据。

　　不过,有一种信号的消失却是很费解的。我们注意到,3GIO 的信号中没有时钟信号。难道 3GIO 是一个异步接口吗? 这不可能,一切高速接口都是同步接口,这是必然的。那为什么 3GIO 的互连信号中只有数据信号没有时钟信号呢? 它用什么来对数据进行采样接收呢? 难道,连时钟也是承载于数据信号之中的吗?

　　还真是这样的。3GIO 通过这对唯一的差分线,在传输数据的同时,也传输了时钟。时

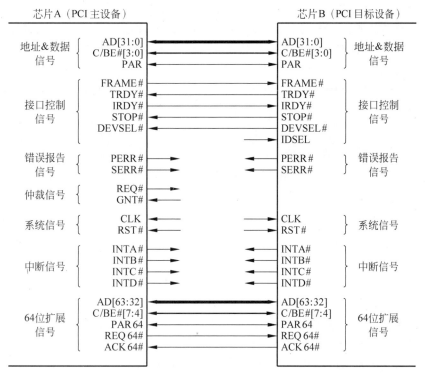

图 12-17　PCI 接口信号与连接图

钟是"嵌入"在数据中发送的,如图 12-18 所示。接收端首先从数据信号中分离出时钟,然后再用时钟信号对数据进行采样接收。在传统并行总线上必须单独拿出一个物理信号通道进行传输的时钟,在 3GIO 中是跟数据共用一个物理信号通道来传输的。这可能是 3GIO 相比传统并行总线接口最为神奇的改变。但这实在是匪夷所思,究竟是如何做到的呢?"嵌入"在数据信号中的时钟信号,生着怎样一番模样?跟数据混在一起了,它还是时钟吗?这一节的主题是回顾历史,暂且把这些疑惑放下,后面再来揭晓。

图 12-18　3GIO 将时钟嵌入在数据中发送

第三,3GIO 不再采用"共享式"的互连拓扑架构,而这是自 Intel 4004 的 4 位数据接口以来计算机并行总线接口一直沿用的经典架构,ISA、EISA、MCA、VESA、PCI 和 PCI-X,无不如此,如图 12-19 所示。在这种共享式互连拓扑架构中,所有参与数据收发的芯片都连接在同一个数据总线上,但任何时候只能有一个芯片作为数据的发送方去驱动总线,当这个芯片发送数据时,总线上的其他芯片只能处于接收的状态或是高阻的状态。所以总线的传输带宽是被所有芯片所共享的,例如 PCI 总线(32 位版)的理论传输带宽是 132MB/s,如果总线上连接着 4 个芯片,那么平均每个芯片所享有的传输带宽只有 33MB/s。

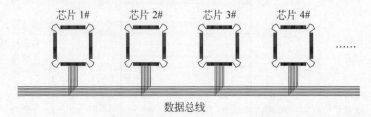

图 12-19　传统并行总线采用共享式的互连拓扑架构

　　从信号完整性角度来说,这种共享式互连拓扑意味着一根信号线上连接着多个芯片终端,走线必然存在着多个分支的情况,而走线的每一个分支点都是一个传输线阻抗的突变点,信号的反射在此处发生。对这种多点连接、多个分支的信号,如何设计走线的拓扑是相当考究的,需要通过合理的走线拓扑设计,将分支点反射对信号波形的破坏控制在不影响信号接收的范围内,使总线上的每个芯片都能正确地收发数据。如图 12-20 所示,具体采用"等臂"走线拓扑,还是"菊花链"走线拓扑,还是其他的走线拓扑,与总线类型、时钟频率、总线负载数量和芯片行为特性等很多因素相关,不能一概而论,往往需要通过仿真来确定。随着信号速度越来越高,这已经成为传统并行总线的印制电路板走线设计中最令人头痛的地方之一。

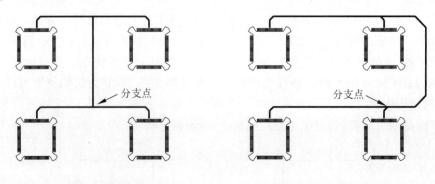

"等臂"走线拓扑　　　　　　　　　　"菊花链"走线拓扑

图 12-20　多分支信号的不同走线拓扑方式

　　与之不同,3GIO 采用的是"点到点"的互连拓扑架构,如图 12-21 所示。一个 3GIO 接口只连接两个芯片终端,其采用的高速差分信号传输机制是专为两个芯片间数据通信而设计的,不能挂接三个或更多的芯片。任何两个芯片想要通过 3GIO 进行数据收发,就需要在两者间建立独立的互连通道,而不能共用其他芯片间已建立的通道。3GIO 只属于它所连接的两端,它的传输带宽不像传统并行总线那样由众多芯片所共享,而是由仅有的收、发两端芯片所独享。

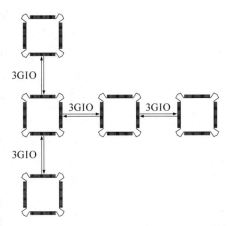

图 12-21 3GIO 采用"点到点"的互连拓扑架构

不仅接口互连通道是独立不共用的,接口的收、发信号也是独立不共用的。3GIO 的两对数据差分信号线有各自明确固定的方向,收、发职责分明。一对负责收,一对负责发。一对从这一端指向那一端,一对从那一端指向这一端。数据的接收与发送可以同时进行,互不相干,如图 12-22 所示。而 ISA 和 PCI 等传统并行总线接口的数据线是收、发共用的,是双向信号,既用于发送,也用于接收。但发送时不能接收,接收时不能发送,无法同时发送和接收。这样它的效率相比拥有独立收发通道的互连接口就低了一半。那为什么传统并行总线接口不将收、发数据信号通道分开设置呢? 这其实是个无奈的选择,在总线包含的信号数量已经多达数十近百根的情况下,如果再让数据线增加一倍,只会让总线变得更加臃肿不堪。

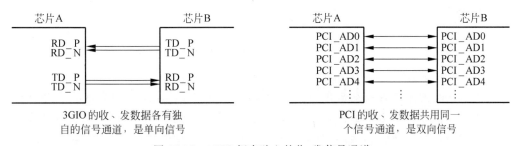

图 12-22 3GIO 拥有独立的收、发信号通道

以上三点,就是 3GIO 与传统并行总线接口(ISA 和 PCI 等)以及前辈串行接口(I²C 和 SPI 等)们在"外观"上的显著差异。这些全新采用的技术特性不是为了博取名声或标新立异。所有的改变都服务于一个目的:让接口的传输速率变得更高。

Intel 为了推进 3GIO 尽快成为产业规范,专门成立了一个名为 Arapaho Work Group (AWG)的工作组来编制 3GIO 的标准规范。AWG 于 2002 年 4 月完成规范草案,提交 PCI-SIG 审议。2002 年 7 月,审议流程完结,PCI-SIG 发布 1.0 版规范,新一代总线正式面世。这个自诞生之日起即被 Intel 冠以"3GIO"之名的全新总线,最终被正式命为另外一个

图 12-23　PCI Express 图标

名号,这就是时至今日我们再也熟悉不过的"PCI Express",如图 12-23 所示。

PCI-SIG 用这样的命名,向业界宣示新的总线标准"身出名门",它拥有继承自上一代总线霸主 PCI 的血统渊源,并与之兼容。这种兼容性对于一个刚刚推向市场的新技术往往是比较重要的。对旧有技术的兼容意味着不必一切从头开发,已有的技术成果和成本投入可以继续发挥作用,会受到厂商的欢迎。但实际上,PCI Express 对 PCI 的兼容仅仅只限于驱动和软件层面。从硬件层面来说,我们已经看到,无论是信号定义、传输方式,还是拓扑结构、互连形态,PCI Express 与 PCI 都是天壤之别,根本无法兼容。PCI 的扩展卡无法插入到 PCI Express 插槽中,这与 PCI-X 和 PCI 的关系是全然不同的。

现在揭晓,这个全方位采用革命性技术架构的新一代计算机总线,传输速率究竟能达到多少呢? 250MB/s。这个水平相比 PCI 总线(132MB/s)确实高出不少,但却还远不及 PCI-X 总线(1.064GB/s)。如此看来,似乎也不过如此呢?

要知道,这个 250MB/s 是在仅仅一位宽的串行互连通道上实现的。站在这个角度上,才能认识 PCI Express 给计算机总线传输性能究竟带来了多大的提升。而 250MB/s 也仅仅是 PCI Express 支持的最低速率水平,即仅使用一对差分互连通道的最简互连模式(x1 模式)所能达到的传输速率。如果这个传输水平还不够用,可以使用两对差分互连通道来传输(x2 模式),性能立即翻倍,达到 500MB/s。再不够,可以继续增加到四对差分互连通道(x4 模式)。PCI Express 最大支持同时使用 16 对差分互连通道的传输模式(x16 模式),如图 12-24 所示,此时其传输速率达到 4GB/s,远远超出 PCI-X。计算机主板上不同通道数量的 PCI Express 插槽如图 12-25 所示。

这样一来,PCI Express 不就成了并行接口了吗? 确实,x2、x4、x8、x16 这些多通道模式实现传输速率提升的方法跟并行接口通过增加数据位宽来提升传输速率的方式是如出一辙的。但是,却不能因此称 PCI Express 为"并行接口"。为什么?

这可以从时钟关系的差别来理解。前面说了,PCI Express 的时钟是嵌入在数据信号通道之中的。在 PCI Express x2 模式中,使用两个差分数据通道来进行传送。这两个通道各自携带了自己的时钟信号,如图 12-26 所示。在发送端,两个通道各自将时钟"装填"在自身的数据之中。虽然从最初的源头来说这两个时钟可能是出自同一个时钟源,但两个通道各有自身的"装填"电路,"装填"时钟的过程也是各自独立完成,彼此无相干。在接收端,两个通道各自从自身数据中提取出时钟,它们各有自身的提取电路,提取过程各自独立完成,然后用各自提取的时钟去采样接收各自的数据,彼此无相干。从发送到接收的整个过程中,两个通道都是独立工作的,它们拥有并处理各自的时钟,在时钟关系上彼此独立、互不相干。PCI Express 的其他多通道模式,x4、x8 和 x16 也都是如此。

而在 ISA、EISA、PCI 和 PCI-X 等传统并行总线接口中,情形完全不一样。在发送端,组成并行数据通道的每个数据位没有属于自己的独立时钟,它们共用同一个时钟,如

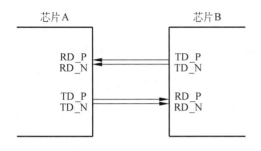

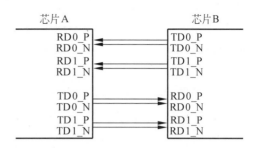

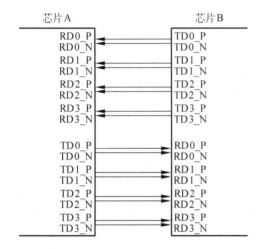

图 12-24　PCI Express 支持不同通道数量的多种模式

图 12-25　计算机主板上的 PCI Express 插槽

图 12-26 所示。在这个共同时钟的节拍下,全部数据位处于一个共同的发送电路中,同步工作。同样,在接收端,全部数据位共用同一个时钟进行采样接收,没有各自独立的接收时钟。传统并行总线接口的各个数据位通道被同一个公共时钟紧密捆绑在一起,组成不可分割的"并行"工作整体,缺一不可。

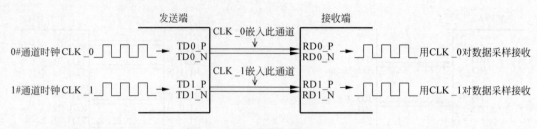

PCI Express多通道模式的时钟关系

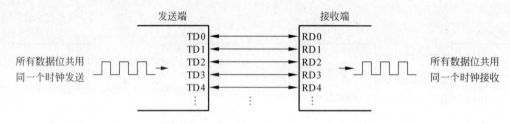

传统并行接口的时钟关系

图 12-26　PCI Express 与传统并行总线接口时钟关系的不同

　　因此,从数据传输的需求和完成来说,PCI Express 的多通道模式与传统并行总线接口有着本质的不同。传统并行总线接口是以全体数据位通道的"并行工作"作为数据传输的最低完成单元的,单独任何一个数据位通道,脱离了其他数据位和公共时钟的整体,都毫无价值。而 PCI Express 多通道模式的每一个通道,拥有各自独立、完整的时钟和收发电路体系。就完成数据传输任务本身而言,每一个通道已独立完成任务,并不需要与其他通道的"并行合作"。只不过为了提升整个接口的传输带宽,才让多个通道叠加、合并在一起发送。而即便叠加、合并在一起,各个通道也仍然是各自独立地按照一个串行接口的运行机制在工作。所以,多通道模式的 PCI Express 接口,是"多个串行接口的合作",其本质仍然是"串行接口"而非"并行接口"。

　　但无疑,这种多通道传送模式的设计是传承自并行总线接口以位宽拓展来实现传输带宽提升的技术思路。PCI Express 在抛弃传统并行总线接口陈旧技术架构的同时,也对其中仍具价值的设计思想予以继承发扬。我们常说,技术的发展总是"螺旋式"地上升,这就是一处很好的体现。

　　而与同属串行接口阵营的 UART、SPI 和 I^{2}C 等前辈们相比,PCI Express 代表的是串行接口技术翻天覆地的革命。从前,"串行接口"就是"低速接口"的代名词,这些前辈串行接口们工作在不超过 2MB/s 的速率水平上,它们从来都只在远离计算机系统数据传输中枢干道的外围和低速率通信场合服役,给并行接口总线"打打下手"。PCI Express 的横空出世,使得串、并接间延续数十年的地位对比发生了反转,串行接口开始占据中枢干道传输接口的位置,将并行接口推向外围并最终替代掉它。一个笼统的"串行接口"称谓无法体现 PCI

Express 所带来的串行接口技术革命性跨越,为了与 UART、SPI 和 I²C 这些低速的前辈串行接口相区别,一个新的称谓"高速串行接口"被用来指称 PCI Express 以及其他采用了跟 PCI Express 类似的革新性架构的串行接口技术。

在 PCI Express 诞生的年代,即世纪之交的前后几年,这样的高速串行接口还诞生了很多,包括:

1998 年,用于千兆以太网光纤媒介传输(IEEE 802.3z)连接的 1000BASE-X;

2000 年,用于服务器端高性能互联的 InfiniBand;

2001 年,用于硬盘连接的 SATA;

2001 年,用于数据包交换互连的 RapidIO;

2002 年,用于高清视频/音频多媒体连接的 HDMI;

2002 年,用于万兆以太网(IEEE 802.3ae)连接的 XAUI;

……

各个应用场合的高速串行接口技术如雨后春笋般发展并迅速壮大,成为新世纪以来数字电路技术领域最闪亮的风景。

PCI Express 不是第一个得到应用的高速串行接口,却是最具代表性和影响力的高速串行接口。以 PCI Express 取代 PCI 成为计算机总线系统新的霸主为标志,之后,高速串行接口已在数字电路各种应用场合中占据顶尖传输技术的位置近二十年,这比曾经的 ISA 和 PCI 两大经典并行接口技术的统治时间都更长。并且,时至今日,高速串行接口技术仍是如日中天,未见疲态,它还在不断地提升传输速率。PCI Express 经过多次的版本升级更新,2019 年最新制订完成的 5.0 版已达到单通道(x1 模式)约 4GB/s 的传输速率,如表 12-2 所示。在可预见的未来十年甚至更长的时间,还难以看到有任何可能挑战高速串行接口技术统治地位的颠覆性新技术出现,高速串行接口技术还将继续在数字电路传输接口顶尖领军者的位置上伴随我们很长时间。

表 12-2　PCI Express 版本和传输带宽的发展历程

PCI Express 通道模式	1.0 版 (2002 年)	2.0 版 (2007 年)	3.0 版 (2010 年)	4.0 版 (2017 年)	5.0 版 (2019 年)
x1	0.25GB/s	0.5GB/s	1GB/s	2GB/s	4GB/s
x2	0.5GB/s	1GB/s	2GB/s	4GB/s	8GB/s
x4	1GB/s	2GB/s	4GB/s	8GB/s	16GB/s
x8	2GB/s	4GB/s	8GB/s	16GB/s	32GB/s
x16	4GB/s	8GB/s	16GB/s	32GB/s	64GB/s

12.2　从单端到差分

使用差分信号而不是单端信号来传输数据,这是所有高速串行接口最显著的共同身份特征。那么,究竟是什么让差分信号受到了青睐?它与单端信号相比具有什么样的优势?

这又是一个需要通过回顾过往技术发展的历史慢慢道来的话题。

在数字集成电路信号互连技术发展的早期,芯片之间都是通过单端信号来传递信息的。所谓"单端信号",是指一个信号只需要一根单一的互连线来传递,如图 12-27 所示。这个称谓一定是在后来差分信号出现以后才确立的。一根互连线传递一个信号,这是再自然不过的事情,却偏要通过"单端"一词加以强调,无疑是为了与需要两根互连线才能传递一个信号的差分信号相区别。

但是,单端信号能够只用一根互连线来传递信号,其实有一个前提,那就是信号收、发双方都是用同一个电位基准来识别信号电压的。例如,发送方芯片发出的信号电压是 1V,在接收方芯片收到信号后,识别出的电压也得是 1V。这是收、发双方对信号状态作相同理解的基础。这个前提是怎么做到的呢?是靠"地"(GND)来实现的。"地"(GND)是电路中所有芯片共同的电压参考基准点,也是整个电路的"零电位点"。所有芯片的 GND 引脚都是连接在电路中的"地"上,信号发送方芯片和接收方芯片的电位基准因此被统一起来,它们在发送端和接收端各自独立地衡量同一个信号的电压,由于都是以共同的"地"为电压 0 值参考点,衡量的结果也就是一致的。

所以,完整地来看,"单端信号"其实是"两端信号"。除了"信号端"的连接,还有"地端"的连接,如图 12-28 所示。信号是靠"信号端"和"地端"两者共同来承载的,缺一不可。如果两个芯片之间只有"信号端"的走线连接,而它们的"地"并没有连接在一起,那么它们的电位基准将是彼此隔离而各自独立的,收、发两方对信号端的电压识别可能会大相径庭。发送方按照自己的零电位基准电压发出了一个 1V 的信号,但接收方将信号与自己的零电位基准电压比较后所得出的结果可能是 2V,或者 3V、−1V、−2V。

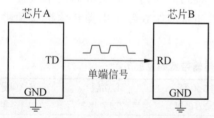

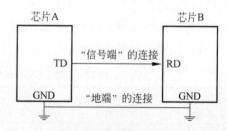

图 12-27　单端信号使用一根互连线传递信号　　图 12-28　单端信号其实包含着"两端"的连接

只不过,由于"地"是电路中所有信号所共有的,它在电路板上常常以平面层、大块覆铜这样宽广的形式存在,并不单独属于哪一个特定的信号。而"信号端"的走线连接则是专属于每个信号自身的,代表着信号的个性。所以,"单端信号"中的"单端"一语,只是侧重强调信号个性一端的表达。我们要时刻意识到,正确的信号收发是需要靠信号和地两端连接来完成的。

对于数字信号来说,识别出电压只是完成了信号接收的第一步。下一步,还需要根据信号的电压判决出信号的逻辑电平值,即信号是"高电平"还是"低电平",是"1"还是"0"。为了确保信号的逻辑电平值能够正确地从发送方传递给接收方,收、发双方芯片需要遵循一套相同的 IO 电平规范标准,即输入、输出电平标准。

　　大家使用过 5V 电源供电的芯片吗? 这在今天的数字电路设计中已经相当少见了。已有相当年岁的电路设计师们,回忆起当初单一 5V 电源环境下的设计经历,想必也是满满的情怀。数字集成电路技术的发展,是从 5V 的信号电平开始的。第一个成功用于构造数字集成电路的实现技术,诞生于 20 世纪 60 年代初的 TTL(Transistor-Transistor Logic,晶体管-晶体管逻辑)电路。

　　TTL 电路采用 5V 电源供电,信号的满幅电压是 5V。其输入、输出的电平标准如图 12-29 所示。

　　$V_{OL}(Max)=0.5V$,即输出信号在发送低电平时,电压最高不超过 0.5V;

　　$V_{OH}(Min)=2.4V$,即输出信号在发送高电平时,电压最低不低于 2.4V;

　　$V_{IL}(Max)=0.8V$,即输入信号电压低于 0.8V 时,将肯定被识别为低电平;

　　$V_{IH}(Min)=2.0V$,即输入信号电压高于 2.0V 时,将肯定被识别为高电平。

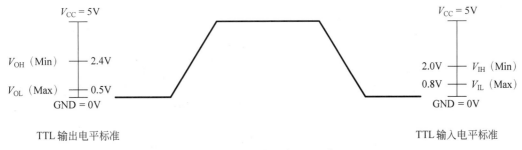

图 12-29　TTL 输入输出电平标准

　　对于一个满幅电压为 5V 的数字信号来说,其电压值的理想标准输出状态是高电平5V,低电平 0V。但既然说这是"理想"的状态,自然是在实际电路中因为各种各样的原因难以分毫不差地达到的。总是要允许实际状态跟理想状态间存在一些偏差。例如低电平,要让芯片输出标准、绝对的 0V 电压可能难以办到,实际输出的电压比 0V 略高点,如 0.1V 或0.2V,这样可以吗? 当然也是可以的,0.1V 和 0.2V 也仍然是低电平。高电平也一样,纵然芯片不能输出标准、绝对的 5V,输出 4.9V 和 4.8V 这些值也完全是可接受的。但是这个偏差终归得有个限度,输出电平标准的作用就在于规定了这个限度。对 TTL 电路来说,低电平输出电压的限度就是 V_{OL} 的最高值 0.5V,高电平输出电压的限度就是 V_{OH} 的最低值 2.4V。芯片厂商在设计 TTL 芯片的输出电路时就需要遵循这样的限度要求,将低电平输出电压控制在 0.5V 以下,将高电平输出电压控制在 2.4V 以上。

　　在信号的接收端,也存在同样的问题。芯片对低电平信号的输入要求是不是必须是精准的 0V,差一丁点都不行? 对高电平信号的输入要求是不是必须是精准的 5V,差一丁点都不行? 当然不是的。且不说这种要求对信号的发送方芯片有多么苛刻,就是接收方芯片自身也不可能具备极致精细的电压分辨能力。而最关键的是,信号是需要经过"连接"才能从发送方芯片到达接收方芯片的,就算发送方芯片能够分毫不差地输出精准的 0V 和 5V 电压,由于实际电路中的"连接"(引脚、走线、平面层和接插件等)不可避免、或多或少必然存在的各种信号完整性干扰因素,如阻抗变化导致的信号反射和介质损耗带来的信号幅度下跌等,出现在接收方芯片输入端的信号电压早已不再是从发送方芯片输出离开时的样子。所以,芯片接收端的输入判决电路需要能够包容一定范围的电压偏差,这就是输入电平标准所规定的内容。对 TTL 电路来说,低电平的判决门限值是 V_{IL} 的最高值 0.8V,只要输入信号电压不高于 0.8V,就肯定能被判决为低电平;高电平的判决门限值是 V_{IH} 的最低值 2.0V,只要输入信号电压不低于 2.0V,就肯定能被判决为高电平。

在发送方芯片输出高电平的信号电压最"差劲"的情况下,即刚好等于 V_{OH} 最低要求的 2.4V 时,也仍然比输入高电平判决门限值 2.0V 高出 0.4V。这高出的 0.4V,是 TTL 信号高电平的最小噪声容限,是在最极端的情况下也能容忍的实际电路中各种干扰因素在信号电压上叠加的"噪声"电压的空间。同样,低电平也有 0.3V 的最小噪声容限,如图 12-30 所示。

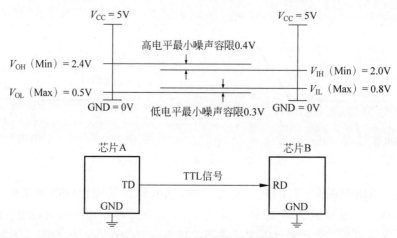

图 12-30　TTL 的最小噪声容限

如果发送方是按照高电平 5.0V、低电平 0V 的满幅电压来输出信号,噪声容限就更加宽余了。从 0V 到 0.8V,低电平输入信号有 800mV 宽度的噪声容限。从 5.0V 到 2.0V,高电平有整整 3V 宽度的噪声容限。这样的容忍度是比较高的,能够抵御相当程度的噪声干扰。如图 12-31 所示,传输线的反射给一个 TTL 信号波形造成了振荡,反射噪声使信号在刚刚完成状态切换(从低电平到高电平或从高电平到低电平)的地方有明显的波动,但噪声的幅度远未超过 TTL 高、低电平判决的门限 V_{IL}(Max)和 V_{IH}(Min),芯片对输入信号逻辑电平值的判决不会出问题。

TTL 电路引领了集成电路技术的第一场革命,占据数字半导体领域最大市场份额达 20 余年。直至 20 世纪 80 年代,其统治地位才逐步被另一项更具优势的数字集成电路实现技术所替代。这个新晋的霸主就是时至今日仍然占据主导地位的 CMOS(Complementary Metal-Oxide-Semiconductor,互补金属氧化物半导体)电路。

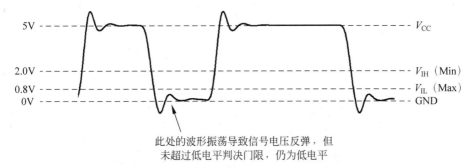

图 12-31 TTL 电路的噪声容限抵御噪声信号的干扰

早期的 CMOS 电路支持比较宽泛的电源电压范围(3~18V),为了与前代的 TTL 电路兼容,实际也采用 5V 电源供电。其输入、输出电平标准如图 12-32 所示。

V_{OL}(Max)=0.05V,即输出信号在发送低电平时,电压最高不超过 0.05V;

V_{OH}(Min)=4.95V,即输出信号在发送高电平时,电压最低不低于 4.95V;

V_{IL}(Max)=1.5V,即输入信号电压低于 1.5V 时,将肯定被识别为低电平;

V_{IH}(Min)=3.5V,即输入信号电压高于 3.5V 时,将肯定被识别为高电平。

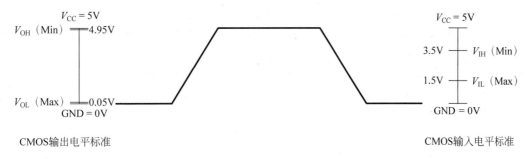

图 12-32 CMOS 输入输出电平标准

相比 TTL 电路,CMOS 电路规定的高电平、低电平信号输出电压 V_{OH}(Min)、V_{OL}(Max)很接近满幅电压 5V、0V,它拥有更加宽广的噪声容限,能够抵御更大幅度的噪声干扰,如图 12-33 所示。

数字电路的 5V 时代,是"低速"电路的时代。5V 的 TTL 电路和 CMOS 电路在它们担当服役主力的当打之年,所运行的信号速度一般不超过 10~20MHz。在这种低速电路的环境中,信号完整性问题兴起的风浪非常有限,它在信号上制造的"噪声"给信号电压带来的改变要突破 TTL 电路和 CMOS 电路的噪声容限是极其不易的。这与后来的"高速"电路所面临的情形完全不一样。那个时代的板级电路设计在信号完整性方面几乎毫无压力,甚至根本没有"信号完整性"一说。

但在应用需求和技术进步的牵引下,数字电路的信号速度一直在增长。当电路需要运行的信号速度越来越高,承担任务的 TTL 和 CMOS 电路却显得越来越吃力。

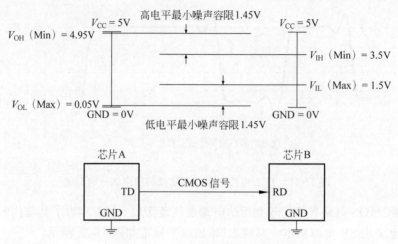

图 12-33　CMOS 的最小噪声容限

如图 12-34 所示，某个 5V 电源的 CMOS 芯片输出的信号。在输出状态改变的时候（从低电平到高电平、从高电平到低电平），花费的上升时间、下降时间是 10ns。这个芯片执行状态转换的速度在今天看来当然是很慢的，但在二十世纪七十年代和八十年代，这却是 TTL 和 CMOS 集成电路工艺和电路运行水平的典型值。而且，前已指出，这种缓慢的上升沿、下降沿正是让"低速"电路远离信号完整性问题侵扰的原因。"高速"与"低速"之分，本质上不在于时钟频率的高低，而在于状态切换边沿，也就是"跳变"的快慢。这个信号输出一个数据位的时间宽度是 100ns，对应到时钟频率的信号速度衡量尺度，这是一个速率为 10MHz 的信号（1/100ns＝10MHz）。

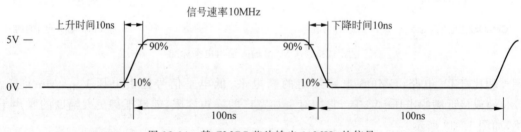

图 12-34　某 CMOS 芯片输出 10MHz 的信号

现在，为了提高电路的运行性能，信号速率增加了一倍，这个芯片需要输出 20MHz 的信号，如图 12-35 所示。信号速率的翻倍使每一个数据位的时间宽度由 100ns 缩短为 50ns。但信号执行状态切换的上升时间和下降时间没有变化，仍为 10ns。这个时间是由芯片的内部工艺制程性能决定的，跟信号的时钟频率无关，无论输出多少频率的信号，都需要花费这么长的时间来完成状态切换。10ns 的状态切换时间在整个数据位宽度时间 50ns 中占到了五分之一。剩下五分之四的时间是信号维持稳定的逻辑状态的时间，信号的接收方需要在这期间对信号进行采样才能正确地获取数据。但这部分区间还不是全部都能用于接收采样,在头、尾两端还须留出接收方芯片所要求的建立时间(Setup Time)和保持时间(Hold Time),最终实际可用于可靠接收采样的有效采样区间是约 28ns。相比之前的 10MHz 信号,这个有效采样区间当然极大地减小了,但也还是足够宽余的。这个信号的速度提高到 20MHz 是可行的,没有什么问题。

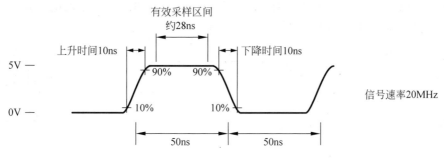

图 12-35 某 CMOS 芯片输出 20MHz 的信号

再进一步提高,将信号速率再增加一倍,让这个芯片输出 40MHz 的信号,如图 12-36 所示。我们看到,在整个数据位的时间宽度缩小到只有 25ns 的情况下,10ns 的状态切换时间(上升时间、下降时间)占据了其中很大的比重,导致留给接收方的有效采样区间被压缩到仅有约 3ns。这个区间比较狭窄,对板级电路的设计要求比较苛刻。当然也不是不能实现,只是在时序、时延等方面没有多少余量可供腾挪,需要准确拿捏。相比 10MHz 和 20MHz 的情形,板级电路设计失败的风险要高出不少。

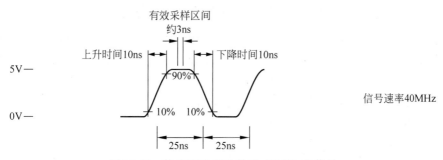

图 12-36 某 CMOS 芯片输出 40MHz 的信号

可以想象,如果再进一步提高信号速率,信号的有效采样区间将变得更加狭窄直至彻底消失。因此,40MHz 差不多是这个芯片输出信号速率的上限,受限于状态切换时间(上升时间和下降时间)的长度,它无法工作在更高的信号速率水平上。要想让电路工作得更快,就要想办法缩短信号的状态切换时间。TTL 和 CMOS 数字集成电路需要通过内部工艺制程的技术升级和性能提升来实现更快切换的芯片。这是让芯片"修炼内功"的解决之道。

另一方面,业界意识到,当初给 TTL 和 CMOS 信号设计的从低到高的 5V 电压区间对于信号速率的提升是个很大的障碍。这个区间的电压摆幅跨度太大了,当信号从低电平切换到高电平时,电压需要从 0V 爬升到 5V。当信号从高电平切换到低电平时,又需要从 5V

下落到 0V。好比是人上山和下山,之所以花的时间长,因为山太高了。如果换一座矮一些
的山,上山、下山的时间就会节省一些。

于是,为了减小信号在高、低电平间切换时来回奔波的电压行程,针对 TTL 和 CMOS
电路的低电压摆幅 IO 电平标准被制订了出来,分别是 LVTTL(Low-Voltage TTL)和
LVCMOS(Low-Voltage CMOS),如图 12-37 所示。这二者采用 3.3V 的电压摆幅,信号从
低电平切换到高电平时电压只需要从 0V 爬升到 3.3V。

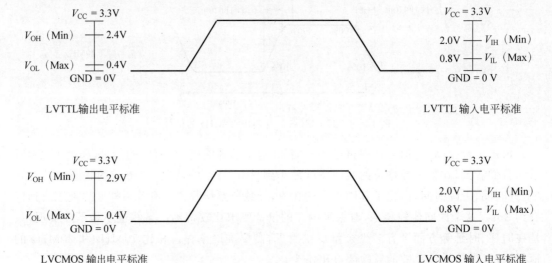

图 12-37　LVTTL 和 LVCMOS 电平标准

经过工艺制程技术升级、IO 电压摆幅缩小的"内外兼修",芯片 IO 的状态切换速度大幅
加快,为运行高速率的信号打下了基础。20 世纪 90 年代中期推出的 SDR 内存(SDR
SDRAM),代表着 3.3V 信号在获得广泛应用领域的巅峰速率水平,其状态切换时间(上升
时间、下降时间)被缩减到 1ns 以内,运行 100MHz 和 133MHz 速率的信号,采用 LVTTL
电平标准,如图 12-38 所示。

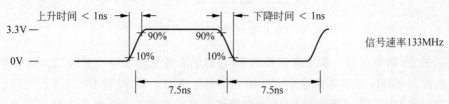

图 12-38　SDR SDRAM 内存的 133MHz 数据信号

从 5V 到 3.3V,这只是给数字信号 IO 电压摆幅的下降刚刚开了个头。接下来,在信号
速率不断攀升的需求牵引下,数字信号 IO 电压摆幅经历了一次又一次的下调。这个过程
清晰地体现在计算机内存技术的发展历程中,每一次内存技术的升级换代都伴随着一次新
的 IO 电压下调,如表 12-3 所示。2.5V、1.8V、1.5V、1.35V、1.2V,一个个电压越来越低的

IO 电平标准被制订并应用。

表 12-3　内存技术发展历程

技 术 标 准	时　间	电平标准	IO 电源	IO 电压摆幅	数据线信号速率(Max)
EDO DRAM	1990 年	CMOS	5V	0～5V	66MHz
SDR SDRAM	1993 年	LVTTL	3.3V	0～3.3V	133MHz
DDR SDRAM	2000 年	SSTL2	2.5V	0～2.5V	400MHz
DDR2 SDRAM	2003 年	SSTL18	1.8V	0～1.8V	1066MHz
DDR3 SDRAM	2007 年	SSTL15	1.5V	0～1.5V	2133MHz
DDR3L SDRAM	2010 年	SSTL135	1.35V	0～1.35V	2133MHz
DDR4/DDR4L SDRAM	2012 年	POD12/POD10	1.2V/1V	0～1.2V/0～1V	3200MHz

当然，在这个过程中，提高信号速度并不是唯一的需求动力。如何降低集成电路随着速度、规模上升而不断攀升的器件功耗，是另一个关键的考量因素，也驱使着 IO 电压变得越来越低。

内存是典型的"高速"应用，每一代内存数据线的信号速率都代表着当时单端信号速度的顶尖水平。从 EDO DRAM 到 DDR4/DDR4L SDRAM，内存技术用了 20 余年将 IO 电压摆幅从 5V 降到 1V，换来状态切换时间（上升时间和下降时间）百倍程度的缩减，从而支撑信号速率的高速增长。DDR4 SDRAM 最大支持 3200MHz 的数据信号，其状态切换时间（上升时间和下降时间）在 100ps 以内（1ns＝1000ps），整个数据位只持续短短 0.32ns，如图 12-39 所示。

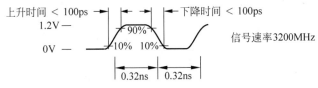

图 12-39　DDR4 SDRAM 内存的 3200MHz 数据信号

那么，这样一种"用电压幅度换信号速度"的增长方式能够一直用下去吗？下一步会不会出现比 1V 更低的内存 IO？可能会，可能不会。未来是很难预测的，当今我们所处的时代，创新是时时发生的，技术的发展有无限可能。如同 5V 时代的电路设计师是很难想象今天的电路能够工作在 1.5V、1.2V 和 1V 如此低的 IO 电压摆幅水平上一样。至少到目前为止，内存技术的每一代技术升级都实现了 IO 电压的降低，如图 12-40 所示。

但我们注意到，从总体的趋势来说，降幅是越来越低了。从 EDO DRAM 到 SDR SDRAM 下降了足足 1.8V，而最近的一次下降，从 DDR4 SDRAM 到 DDR4L SDRAM，只下降了 200mV。这说明它越来越不是一件容易的事情。在 IO 电压摆幅已经低至 1V 的情况下，纵然不能断言已经无法再降，至少也是相当难的。

难在何处？凡事有一利，则亦必伴有一弊。内存数据信号通过 IO 电压摆幅的一次次

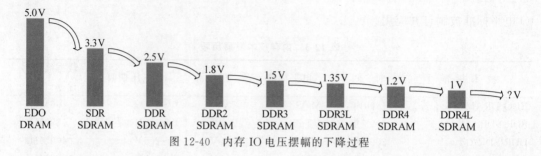

图 12-40　内存 IO 电压摆幅的下降过程

下降实现了速率的一次次提升,但因此而付出的代价是噪声容限被压缩得越来越小,如图 12-41 所示。信号的噪声容限代表着信号抵御各种信号完整性干扰因素的能力,噪声容限越小,这个能力就越弱。在采用 5V 电压摆幅的 CMOS 电平标准时,信号在高电平、低电平两端都有足足 1.5V 的噪声容限。而到了最低的采用 1V 电压摆幅的 POD10 电平标准时,信号高电平、低电平的噪声容限分别只有 0.232V 和 0.632V。

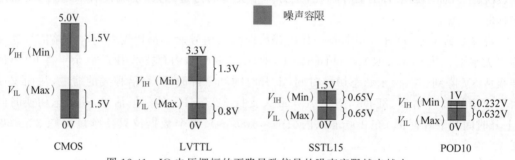

图 12-41　IO 电压摆幅的下降导致信号的噪声容限越来越小

0.232V 这样的噪声容限值太低了。在 5V 时代,可能信号波形上的一个不起眼的小毛刺,其幅度都可能超过 0.232V。这个毛刺在 5V 摆幅的信号中被宽广的 1.5V 噪声容限所掩埋,根本没有机会兴起风浪。但在 1V 摆幅的信号中却足以致命,使信号电平判决出错,如图 12-42 所示。因此,随着 IO 电压摆幅降低而被大幅压缩的噪声容限,无论是给芯片电路的实现,还是给板级电路的实现,都带来了极大的挑战,必须在信号完整性方面十分周全考虑,万分细致设计,方能确保信号正确传输。历代 DDR 系列内存的板级 Layout 布线设计都是极具挑战的工作,是当时高速电路设计的代表典范。

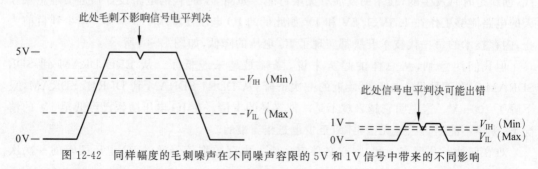

图 12-42　同样幅度的毛刺噪声在不同噪声容限的 5V 和 1V 信号中带来的不同影响

在 1V 信号已经被压缩得如此低的噪声容限水平基础上,再进一步压缩似乎已没有空间。未来的内存技术究竟能否工作在比 1V 更低的电压摆幅上,让我们拭目以待。

在计算机系统中,处理器(CPU)读写内存(RAM)的接口是一股清流。从微处理器开山鼻祖 Intel 4004(1971 年)的 4 位 RAM 接口开始,这个接口一直采用并行接口的读写方式,直至今日,时近半个世纪,从未改变。当计算机主板上其他的各种功能和外设接口,在当今如日中天的高速串行接口引领的"串行化"大潮下,纷纷改换面目,由并行接口改用串行接口的时候,内存总线接口始终独善其身,保持并行接口本色,如图 12-43 所示。随着处理器和内存芯片技术的一次次发展升级换代,通过 IO 电压摆幅的一次次降低,这个接口不断地刷新板极数字电路上使用单端信号传输数据的最高速度,并依靠并行接口多位宽的传统优势,使接口的整体传输速率始终维持在相当高的水准上。目前最新一代的 DDR4 SDRAM 内存总线接口(并行 64 位)工作在最高速模式下时其接口整体传输速率超过 20GB/s。

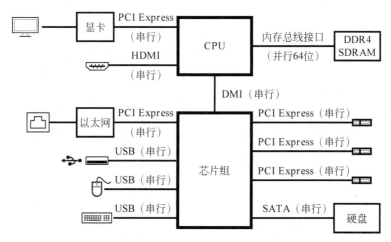

图 12-43　内存总线接口已几乎是并行接口在计算机主板上唯一的存在(2019 年的计算机)

提炼一下以上对 IO 电平标准和内存技术演进历史回顾的要点。

第一,信号速度的提高表面上体现为"时钟频率"的提高,实际上的关键是"跳变"速度的提高,即状态切换时间(上升时间和下降时间)的减小。

第二,为了减小状态切换时间,需要压缩信号的 IO 电压摆幅。

第三,压缩信号 IO 电压摆幅给提升信号速度创造条件的同时,带来的负面后果是信号噪声容限越来越低,这反过来对 IO 电压摆幅的进一步压缩形成阻碍和压力。

第四,顶着这份阻碍和压力,持之以恒地一次次压缩 IO 电压摆幅,将单端信号传输速率的极限不断推向新高,这是内存技术近 30 年来的发展之道。

但是,在内存应用领域之外,我们再也找不到其他还有哪个地方是在如此顶格使用单端信号的。内存总线接口直到今天仍然坚守并行总线和单端信号数据线的工作机制,有着多方面的原因,是历史的偶然和必然。这是计算机系统内一个相对"封闭"的数据接口,无论是在何种形式的计算机系统中,台式计算机、笔记本电脑、智能手机、平板电脑、智能穿戴设备和嵌入式计算机设备,等等,这个接口的用法都是确定的,一端连着处理器,一端连着内存。这是计算机系统内运转速度最快的两大核心部件,如何以尽可能快的速度传输数据,是对它们之间的数据接口永恒的要求。一切都是围绕着这个目标来设计和配备的:最先进的集成电路制程工艺会最先应用在处理器和内存芯片上;存储产业界统一制订严谨的内存技术规范;每一代规范都已事先经过了存储大厂们的技术和生产可行性验证,确保每一代内存技术的可实现性和普及推广;在主板上,内存放置在最靠近处理器的地方;其他的器件如果阻碍了内存与处理器的连接,无条件让路,等等。在这样一个得到最大化优待的应用和产业环境中,每一代内存技术规格都能够贴着当时技术水平所能达到的上限来设计:最新的芯片制程工艺,最快的信号传输速度,最低的单端信号 IO 电压摆幅,最优的连接器和内存条印制电路板实现工艺等。在这个相对封闭的特定应用领域,技术发展的惯性使内存技术将并行接口和单端信号数据线的工作机制一次次延续并推向前行。但也因此,它所遵行的这条技术发展路线缺少了足够的普适价值。人们寻找能够广泛普及而不是只应用于特定场合的高速数据传输方式。这就是一直支撑着内存技术升级演进、不断创造信号速率新高度的单端信号工作机制没能在高速数据传输领域普及的原因,也是差分信号开始承担高速传输任务的技术背景。

这一节的主角是"差分信号",但却围绕"单端信号"提升速度的历史进行了漫长的铺垫。在对这样一个过程有了认识后,现在来看差分信号优越在何处,就会一目了然。

假如我们来设计一个用于芯片间互连的 IO 信号接口,需要信号速度尽可能高。同时为了传输的可靠性,高、低电平都要求至少有 0.7V 的噪声容限。这个信号的 IO 电压摆幅需要如何设计呢?

既然需要获得尽可能高的信号速度,就需要尽量压缩 IO 电压的摆幅。在最紧凑的情况下,将低电平判决门限 V_{IL}(Max)和高电平判决门限 V_{IH}(Min)重合,上、下各延伸至少 0.7V 的噪声容限,得出这个信号 IO 电压摆幅的最小值是 1.4V,如图 12-44 所示。

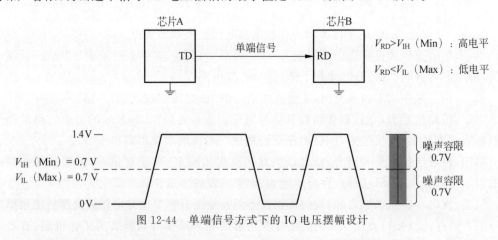

图 12-44　单端信号方式下的 IO 电压摆幅设计

在单端信号方式下,这就是满足设计要求的最低 IO 电压摆幅了。但是如果换作差分信号来设计,摆幅还能下降一半,如图 12-45 所示。

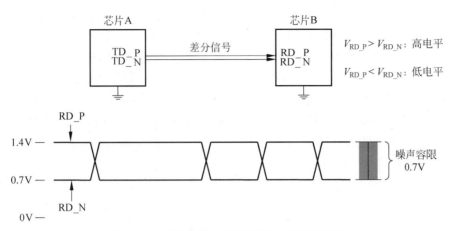

图 12-45　差分信号方式下的 IO 电压摆幅设计

图 12-44 中单支连接的单端信号被图 12-45 中两支连接的差分信号代替。按照差分信号的定义规则，这两支信号以正、负命名来区分，一支标记为正(后缀为 P)，一支标记为负(后缀为 N)。发送端芯片 A 驱动完全相反的波形到正、负两支信号上。接收端芯片 B 根据接收到的正、负两支信号电压的关系来判断信号的逻辑电平值。当正支(RD_P)的电压大于负支(RD_N)的电压，信号为高电平。当正支(RD_P)的电压小于负支(RD_N)的电压，信号为低电平。这是与单端信号的逻辑电平判决规则所不同的地方。在单端信号中，接收端是将信号电压与固定不变的门限电压值 $V_{IL}(Max)$ 和 $V_{IH}(Min)$ 相比较来判决信号逻辑电平值的，高于 $V_{IH}(Min)$ 为高电平，低于 $V_{IL}(Max)$ 为低电平。而在差分信号中，信号逻辑电平值的判决并不依赖于任何固定不变的门限电压值，而是靠自身的正、负两支相互比较来判决的。

或者也可以这样理解，比照着单端信号体系中的角色定位，将差分信号正、负两支中的任一支，如负支 RD_N 的电压，看作是接收端芯片的"判决门限电压"，而将另一支正支 RD_P 的电压看作是"信号电压"。判决的依据是，"信号电压"高于"判决门限电压"，判为高电平，"信号电压"低于"判决门限电压"，判为低电平。虽然负支 RD_N 这个"判决门限电压"其值并不固定，随时在变化，但没有关系，随便你怎么变，始终将你作为基准去判决正支 RD_P 的"信号电压"。

由于正、负两支的波形是完全相反的，当 RD_P 处于电压摆幅的高位时，RD_N 则处于低位，反过来，当 RD_P 处于低位时，RD_N 则处于高位。如图 12-45 所示，最初，作为"信号电压"的 RD_P 处于电压摆幅的高位，其电压为 1.4V，作为"判决门限电压"的 RD_N 处于电压摆幅的低位，其电压为 0.7V。它们之间相距 0.7V，刚好满足"噪声容限至少 0.7V"的最低设计要求。按照判决规则，"信号电压"高于"判决门限电压"，此时信号的逻辑电平值为"高电平"。

接下来，信号逻辑电平值需要切换为"低电平"。"信号电压"RD_P 开始下降，从 1.4V 往下降低。假如"判决门限电压"RD_N 始终保持 0.7V 不改变，"信号电压"RD_P 需要一直下降到 0V 才能满足逻辑电平值"低电平"状态下噪声容限至少 0.7V 的最低要求。可喜的是,在"信号电压"RD_P 下降的时候,"判决门限电压"RD_N 却在上升。这就相当于给了"信号电压"RD_P 的下降一个加速助力。当"信号电压"RD_P 降到 0.7V 的时候,"判决门限电压"RD_N 正好上升到 1.4V,噪声容限达到了 0.7V 的最低要求。于是,"信号电压"RD_P 不必再下降,"判决门限电压"RD_N 也不必再上升。整个从"高电平"到"低电平"的切换过程中,RD_P 的电压值从 1.4V 到 0.7V,RD_N 的电压值从 0.7V 到 1.4V,两支信号的 IO 电压摆幅都只有 0.7V,相比单端信号的 IO 电压摆幅缩减了一半。同理,从"低电平"到"高电平"切换,也是一样的。

相对于 RD_N 来说,RD_P 在状态切换过程中的电压变化幅度其实仍是 1.4V,它从原本高出 RD_N 电压 0.7V 变到了低于 RD_N 电压 0.7V。如果我们在一个将"判决门限电压"RD_N 的电压作为基准零值的坐标体系里绘制"信号电压"RD_P 的信号波形,相当于将本来有起伏变化的 RD_N 波形"拉直",就容易看出这点,如图 12-46 所示。

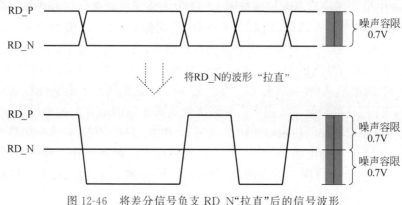

图 12-46　将差分信号负支 RD_N"拉直"后的信号波形

在正、负两支同时相反变化的工作机制下,差分信号的 IO 电压摆幅只需要同等噪声容限水平单端信号的一半。IO 电压摆幅越低,状态切换速度就越快,信号的速度也就能支持得更高,这就是差分信号相比单端信号的优越性。

12.3　LVDS 收发电路

在芯片内部,差分信号是如何产生和工作的? 下面以一个经典的差分信号接口——LVDS(LowVoltage Differential Signaling,低压差分信号)为例进行说明。

LVDS 诞生于 20 世纪 90 年代,是最早用于高速数据传输和使用最广泛的数字差分 IO 接口技术之一。LVDS 收发电路的原理如图 12-47 所示。发送器的组成并不复杂,最上方是一个恒定输出 3.5mA 电流的电流源,它输出的电流流向下方四个 NMOS 晶体管 N1～N4 组成的两个支路。LVDS 差分输出信号的正、负两端 TX_P、TX_N 就是从两个支路分别引出的。

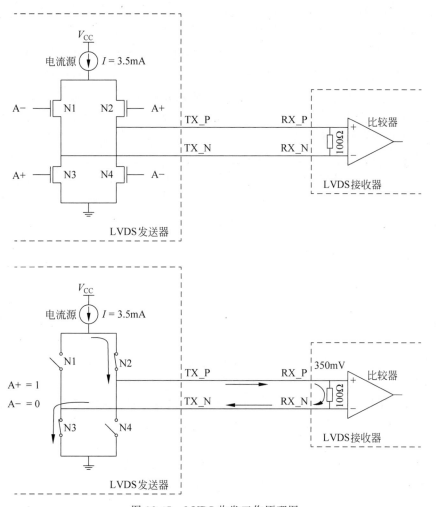

图 12-47 LVDS 收发工作原理图

四个 NMOS 晶体管扮演的仍然是"开关"的角色。控制它们开或关的是一对互补的信号 A＋和 A－。芯片的内部设计保证了这两个信号的逻辑状态永远是相反的：A＋为 1 时，A－为 0；A＋为 0 时，A－为 1。这就使得每个支路上的两个 NMOS 晶体管不会同时导通或截止。

当 A＋=1，A－=0 时，NMOS 晶体管 N2 和 N3 处于导通状态，开关"闭合"，NMOS 晶体管 N1 和 N4 处于截止状态，开关"断开"。3.5mA 电流源输出的电流就会流过 NMOS 晶体管 N2，从差分输出信号的正端 TX_P 流出，从负端 TX_N 流回，再流经 NMOS 晶体管 N3 到地，形成完整回路。

当 A＋=0，A－=1 时，情形就反过来了。NMOS 晶体管 N2 和 N3"断开"，N1 和 N4"闭合"。电流从负端 TX_N 流出，从正端 TX_P 流回。

在信号的接收端这边，LVDS 差分信号的正、负两端 RX_P 和 RX_N 连接到一个 100Ω

的负载电阻上,同时接到了一个电压比较器的两输入端上。这个比较器就是用来识别判断差分信号携带的逻辑电平信息的。如图 12-48 所示,如果电流从正端 RX_P 流入,从负端 RX_N 流出,RX_P 的电压高于 RX_N,将识别为高电平,即逻辑 1。如果电流从负端 RX_N 流入,从正端 RX_P 流出,RX_P 的电压低于 RX_N,将识别为低电平,即逻辑 0。这个地方体现了差分信号与单端信号接收工作机制的本质差异:单端信号是将输入信号与固定、绝对的判决门限电压值(V_{IL}、V_{IH})相比较而识别逻辑电平,而差分信号是将输入信号正、负两支相互比较而识别逻辑电平。

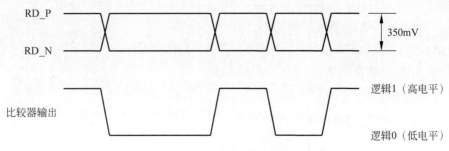

图 12-48　LVDS 接收信号逻辑电平判决规则

　　比较器的输入阻抗是非常大的,可以简单地认为是无穷大。所以,LVDS 发送器输出的 3.5mA 电流几乎全部从接收器的 100Ω 电阻上流过,在电阻两端形成约 350mV 的压降。反映在输入信号电压上,RX_P 和 RX_N 两信号的电压差就是 350mV。这个信号电压幅度是相当低的,LVDS 之所以得名为“低压”差分信号,就在于此。前面已经讨论过,信号电压幅度越低,信号就能“跳变”得越快,芯片的功耗也更低。LVDS 发送器中的 3.5mA 电流源和接收器中的 100Ω 负载电阻就是为了共同构造出 350mV 左右的差分信号电压幅度。

　　那既然如此,何不让电流源输出的电流再小些,或者换上阻值更小的负载电阻,让信号电压幅度降得更低呢?这样想是没错,但实际电路中差分信号电压幅度不能无限制地降低。比较器对两支输入电压差异的识别是有一定限度的,如果二者电压相差太小就识别不出来了。为了让信号拥有足够的噪声容限,信号电压幅度也不能太低。作为一种标准化的高速差分接口技术,LVDS 采用 350mV 左右的差分信号电压幅度,是在技术层面综合了所有需要考量的因素后确定的。

　　从图 12-47 所示的 LVDS 收发电路工作原理图上看,连接发送器和接收器的信号电流在差分信号正、负两支上的流向总是相反的。从一支流出,就必然从另一支流回。从一支流回,就必然从另一支流出。这是差分信号相比单端信号的又一个优势。由于两根信号线上的电流方向相反,它们产生的磁力线圈的环绕方向也是相反的,它们的磁场就会相互抵消掉一部分,空间中的总磁场因此而减弱,如图 12-49 所示。从电磁兼容(EMC)的角度来看,这意味着拥有两根相反电流路径的差分信号向空间中辐射的电磁能量比只有一根电流路径的情形更少。因此,采用差分信号进行器件间的互连,将使电路板具有更好的电磁兼容性能。

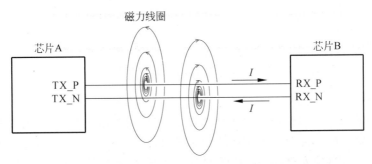

图 12-49　差分信号两支产生的磁力线圈环绕方向相反

　　这也是为什么在印制电路板上总是将差分信号的两支紧挨在一起并行走线的原因。如图 12-50 所示。两支挨得越近，它们的磁力线圈相互抵消得就越多，对外辐射的电磁能量就越少，电磁兼容性能就越好。

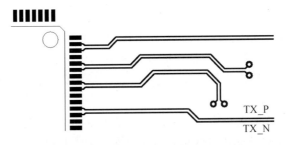

图 12-50　差分信号的印制电路板走线

　　既然如此，是不是在印制电路板设计时将差分信号的两支走线挨得越近越好？仅从电磁兼容性能的考虑来说，的确如此。但在信号完整性的设计要求中，这两支走线可不是想挨多近就能挨得多近的。此处的话题引出一个重要的设计考虑要素——差分信号走线的传输线阻抗。

12.4　差分信号的传输线阻抗

　　本书读到此处，对传输线阻抗已是再熟悉不过。这是信号完整性的学习过程中几乎无时不遇的概念。但是，在这一章之前所有我们对印制电路板上传输线阻抗的论述都是以单端信号走线为对象场景的。"传输线"是由两支组成的导体结构，而"传输线阻抗"是定义在传输线两支之间的物理量。在单端信号走线的传输线结构（微带线和带状线）中，走线和平面层分别是传输线的两支。所以，单端信号走线的传输线阻抗是存在于走线和平面层之间的。假如把单端信号走线的传输线阻抗想象成一个有形的两端实体部件，其一端连接着走线，另一端连接着平面层，如图 12-51 所示。

　　而差分信号是由两根走线组成的，比单端信号多出一根，又该怎么理解传输线阻抗的分

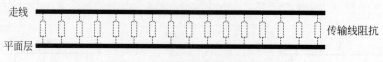

图 12-51　单端信号的传输线阻抗

布与连接关系呢？

　　印制电路板上的差分信号走线是一种"对称"的传输线结构，一正一负两根走线就是组成传输线的两支。所以，差分信号走线的传输线阻抗是分布于两根走线之间的。如果将其想象成一个有形的两端实体部件，其两端分别连接着差分信号的两根走线，如图 12-52 所示。

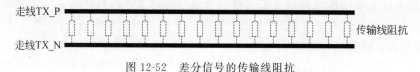

图 12-52　差分信号的传输线阻抗

　　几乎所有高速串行接口对板级互连差分走线的阻抗要求都是 100Ω。为什么是 100Ω，而不是 90Ω 和 80Ω？回答这个问题就像第 5 章回答为什么几乎所有高速单端信号走线都采用 50Ω 阻抗一样，这是技术发展历程中逐步积淀形成的值，既满足技术发展需求，又利于产业制造实现，同时简整易记。

　　怎样构造阻抗 100Ω 的差分走线？如同构造 50Ω 的单端走线一样，对印制电路板设计制造来说，这主要是一个设计传输线横截面的几何形状，也就是设计印制电路板叠层的问题。如图 12-53 所示，一个印制电路板的表层走线阻抗设计，表层走线层铜厚为 1.5mil，与下方的平面层相距 4.5mil，线宽为 8mil 时，单端信号走线的传输线阻抗为 50Ω。在这一层实现 100Ω 的差分信号走线，则需要采用 6mil 的线宽，正、负两支走线相距 6mil。

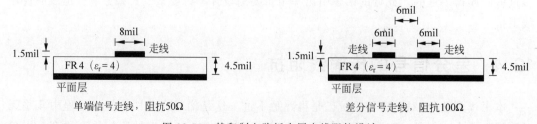

图 12-53　某印制电路板表层走线阻抗设计

　　对单端信号走线来说，其下方的平面层是组成传输线两支的其中之一，走线与平面层的间距长短直接影响传输线阻抗值的大小。而对差分信号走线来说，既然传输线的两支就是两根走线，那是不是传输线阻抗完全由两根走线决定，而跟平面层没有关系呢？

　　不是这样的。假如保持图 12-53 中差分信号两根走线的尺寸和间距不变，将走线层与平面层的间距缩小一半（2.2mil），阻抗将减小为 70Ω。假如将走线层与平面层的间距扩大一倍（9mil），阻抗将增大至 120Ω，如图 12-54 所示。可见，就像单端信号一样，差分信号的传输线阻抗也是受到走线与平面层间距的直接影响的。

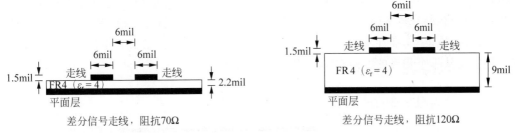

图 12-54　走线与平面层间距对差分信号传输线阻抗有直接影响

该怎样理解平面层在差分信号走线阻抗中扮演的角色？回到前面分析单端信号阻抗采用的方法，抓住一个助力我们理解的关键概念——分节电容，这个问题就不难回答。

在单端信号走线的传输线结构（微带线和带状线）中，走线与平面层间构成了一节一节的分节电容，如图 12-55 所示。信号在传输线上的传输过程就是一节节分节电容的充电或放电过程。所谓传输线的"阻抗"，其实就是分节电容两端的电压与流经它的充电、放电电流的比值。通过分节电容的大小，我们能快速地评估传输线阻抗的大小。当走线与平面层的间距越小，分节电容的电容值就越大，对电容的充电、放电电流也就越大，则电压与电流的比值就越小，传输线阻抗就越小。当走线与平面层的间距越大，分节电容的电容值就越小，对电容的充电、放电电流也就越小，则电压与电流的比值就越大，传输线阻抗就越大。

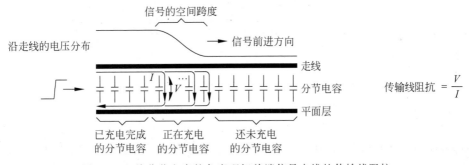

图 12-55　从分节电容的角度理解单端信号走线的传输线阻抗

在差分信号走线上，信号的传输过程依然是分节电容的充电、放电过程。由于两根走线是组成传输线的两支，那么很自然地，这个分节电容应该理解为是存在于两根走线之间的分节电容。只是与单端信号的传输有所不同，差分信号的每一次传输都包含了分节电容的"放电＋充电"的过程。而单端信号的传输要么是分节电容的充电（上升沿跳变），要么是分节电容的放电（下降沿跳变）。如图 12-56 所示，一对差分信号 TX_P 和 TX_N。最初的状态是 TX_N 的电压高于 TX_P 的电压，这代表"逻辑 0"，即逻辑低电平。此时整个传输线上两支走线间所有的分节电容都处于已充满电的状态，沿着两走线的电压分布处处相等，整个传输线处于"静止"状态。某个时刻，发送方将输出状态改变为"逻辑 1"，即产生了一个逻辑上的

"上升沿"。TX_P 和 TX_N 彼此交换在电压上的高低位置,TX_P 的电压由低走高,TX_N 的电压由高走低,其间二者会相遇而交叉。TX_P 和 TX_N 的电压变化沿着传输线从左向右传输,整个传输线进入"跳变"状态。在跳变信号沿着传输线行进的过程中,每一节分节电容首先经历"放电"。在 TX_P 和 TX_N 的电压交叉点上,也就是二者电压相等时,放电完成。而后又从一个相反的方向被"充电",直至 TX_P 和 TX_N 各自的电压改变完成。

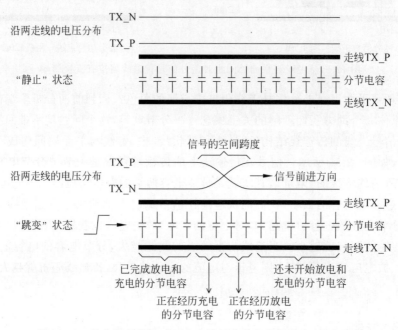

图 12-56　差分信号传输时两支走线间分节电容的充电、放电过程

　　这就是差分信号传输过程的全部了吗?只有两根走线之间的分节电容在经历充电、放电吗?电容是存在于任意两个导体之间的。在图 12-53 的差分走线横截面上存在着三支导体:两根走线和它们下方的平面层。除了两根走线之间的分节电容,每根走线与平面层间的分节电容也自始至终都是存在的。当差分信号发生"跳变"的时候,它们同样在经历着充电、放电。事实上,不妨将每一根走线与下方的平面层单独地看作一个单端信号传输线,当"跳变"沿着走线传输的时候,单端信号传输线上发生的事情同样在这里发生。所以,完整地表达差分信号在传输时经历的分节电容,除了包括两根走线之间的电容,还包括走线与平面层的电容。

　　如图 12-57 所示,两根走线各自与平面层间的分节电容 C_2、C_3 以平面层为连接点串接在一起,再与两根走线之间的分节电容 C_1 并联,这就是印制电路板上差分信号传输线两支之间的"总分节电容"。传输线阻抗的大小与其中三个电容成分的任一个都会有关系,这就是为什么平面层并不属于差分信号传输线两支之一却仍然会对阻抗产生影响的原因。

　　从分节电容的角度来理解传输线阻抗是非常方便的,它们之间的对应关系简单而直接:分节电容越大,阻抗就越小。这非常有利于我们在日常设计实践中快速地评估线宽和层间

图 12-57　差分信号走线的分节电容组成

距等印制电路板叠层参数对差分传输线阻抗的影响方向：加大两根走线的间距会使它们之间的分节电容 C_1 减小，所以传输线阻抗变大；保持两根走线的间距（中心距）不变，减小走线的线宽，会使走线间的分节电容 C_1、走线与平面层间的分节电容 C_2、C_3 都减小，所以传输线阻抗变大；保持走线的线宽、间距不变，加大走线与平面层的间距，会使走线与平面层间的分节电容 C_2、C_3 减小，所以传输线阻抗变大，等等。

现在把我们的视野放开来。既然电容是存在于任意两个导体之间的，那么组成差分信号的两支走线除了自身彼此间的分节电容、与平面层间的分节电容，是不是与印制电路板上其他走线间也存在分节电容呢？这是 6.4 节讨论单端信号传输线阻抗时问过的同样问题。答案是肯定的。印制电路板上的导体众多，走线、平面层、焊盘、器件的引脚、金属封装外壳、连接器的插针和金属线缆，等等。理论上和事实上，差分信号走线与板上的每一个导体间都存在电容。如图 12-58 所示，在一对差分信号走线的旁边稍远处，有另一根单端信号走线。则差分信号走线与这一根不相干的走线之间也存在分节电容（见图中 C_4）。只要是连接在传输线两支上的分节电容，都会对差分信号走线的传输线阻抗产生影响，这一个分节电容 C_4 自然也不会例外。

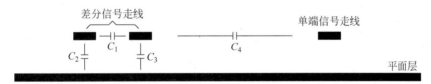

图 12-58　差分信号走线与其他的走线之间也存在电容

但实际上，我们在设计差分信号走线的阻抗时，除了两支走线和相邻的平面层，从未考虑过其他导体的存在。为什么？因为跟这三者相互间的分节电容 C_1、C_2 和 C_3 比起来，与板上其他导体间的分节电容微不足道，它们的影响完全可以忽略不计。这当中的一个关键因素是导体间的距离。差分信号两支走线的间距及相邻的平面层之间的距离，远小于两支走线与板上其他导体间的距离，所以这三者间的分节电容对于阻抗的影响是决定性的。作为一个通用的高速电路印制电路板布线设计规则，无论是差分信号还是单端信号都要与其他的信号走线保持足够的间距，不能挨得太近。一般对这个规则的理解角度是降低高速信号的相互干扰。但其实这也是走线阻抗设计的要求。试想，如果把图 12-58 中的单端信号走线放在距离差分信号走线很近的地方，与差分信号两支走线的间距相等，那么靠近它的那一根差分信号走线与它之间的分节电容 C_4 将增大到与两支差分信号走线自身之间的分节

电容 C_1 相等的程度,如图 12-59 所示。这根单端信号走线对差分信号传输线阻抗带来的影响就是不容忽略的。

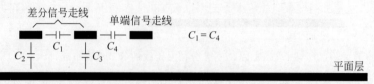

图 12-59   差分信号走线与其他走线间的分节电容因相距太近而增大到不容忽略的程度

走线与平面层间的分节电容 C_2、C_3 与二者间距的大小息息相关。在常规尺寸的印制电路板(板厚小于 5mm)上这个间距总是很小的。图 12-53 中的 100Ω 差分信号走线与下方平面层相距 4.5mil。如果大幅度增大这个间距,让二者处于相距很远的位置上,走线与平面层间的分节电容就会变得非常微弱,它在差分信号传输线阻抗中扮演的角色也就微不足道。如图 12-60 所示,将走线与平面层间距增大至 1000mil 后,原本 100Ω 的差分阻抗增大为 130Ω。此时,干脆将平面层拿掉,只留下两根走线,差分阻抗也几乎没有变化,仍然为 130Ω。说明这 130Ω 的阻抗全部是由两根走线间的分节电容贡献的。在这么远的距离上,平面层已无法对差分信号传输线阻抗产生影响。

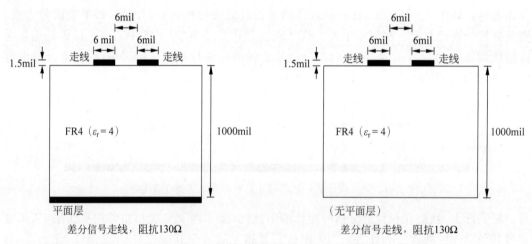

图 12-60   在相距遥远的情况下平面层对差分信号传输线阻抗的影响

但是,如果没有平面层,仍要设计出 100Ω 的差分阻抗,就只有将两根走线靠得更近,让它们之间的分节电容增大,去弥补平面层分节电容缺失后造成的差额。需要靠多近呢?仍以前 100Ω 差分信号叠层设计为例。如图 12-61 所示,在有平面层时,两根走线相距 6mil 可构造出 100Ω 差分阻抗;如果没有平面层,则需要两根走线挨近到间距为 2.4mil,方能使差分阻抗达到 100Ω。这个间距太近了,已超出常规成本下印制电路板制造工艺的最小尺寸精度,完全不具备可生产性。

所以,在现实的印制电路板设计中,平面层实际上是差分信号阻抗不可缺少的一部分。

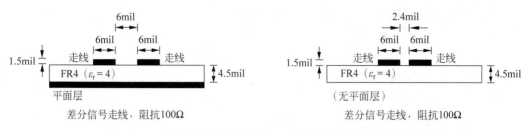

图 12-61　有无平面层的情况下 100Ω 差分信号走线设计的差异

在差分信号走线经过的区域，其相邻平面层的完整是确保差分走线阻抗一致性和连续性的必要条件。我们熟知的一个典型错误做法是"跨越分割鸿沟"。在复杂的印制电路板上，尤其是使用多种电源的印制电路板上，对电源平面层进行分割是常见的事，分割后形成的"鸿沟"破坏了平面层的完整性。在以该电源层为阻抗设计叠层参考平面层的相邻走线层进行走线时，如果差分信号跨越了"分割鸿沟"，那么跨越处的走线分节电容因下方平面层的缺失而小于走线上其他部位的分节电容，该处就是一个阻抗突变点，其阻抗值大于走线上其他部位，如图 12-62 所示。正确的做法是避开"分割鸿沟"，绕道而行，确保走线所经过的相邻平面层区域是完整无分割的。

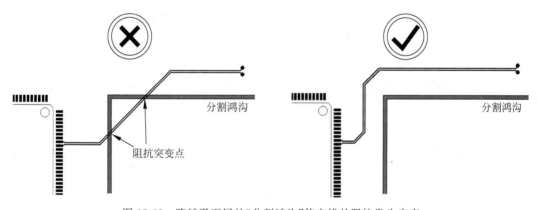

图 12-62　跨越平面层的"分割鸿沟"使走线的阻抗发生突变

或许我们会听到这样的说法：避免跨越"分割鸿沟"是一个需要遵守的规则，但是只适用于单端信号走线，因为在单端信号的传输线结构中平面层承担着"第二支"导体的角色，为走线上的电流提供"回流路径"。而在差分信号走线的传输线结构中，一正一负两支走线分别是传输线的"第一支"和"第二支"，它们是互为"回流路径"的，并不需要平面层提供回流路径，没有电流从平面层上流动。所以，平面层上是否有"鸿沟"不会对差分信号的传输产生影响。

这大概是关于差分信号流传最广的一个错误说法。从"回流路径"的角度来理解传输线是非常好的分析之道，但这个说法存在基本概念的混淆。仍以 LVDS 差分接口为例，如图 12-63 所示，LVDS 发送器的输出驱动电流从差分信号的正支走线 TX_P 流出，经过 LVDS 接收器的负载后从负支走线 TX_N 流回。这样看，似乎确实如上所言，差分信号的一支走线为另一支走线提供"回流路径"。何错之有？

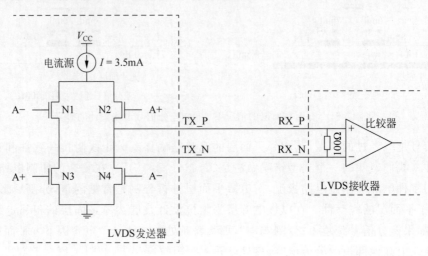

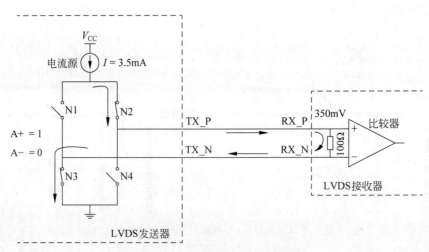

图 12-63　LVDS 收发工作原理图

图 12-63 这样的示意图确实容易将初学者带入认识的误区。不要忘了,这个图所展示的电流流动路径是电路在处于"静止"的状态下,也就是没有"跳变"发生时的情形。此时电路中每一点的电压都不再改变,沿着差分信号两支走线 TX_P 和 TX_N 每一点的电压值都相同,且不再变化。图中箭头标示的电流正是这种"静止"状态下的电流,即"静态电流"。从这个电流的流动路径来说,确实是从一支流出,另一支流回,不需要平面层的参与。

但是,正如我们已不仅一次指出的,信号完整性所讨论的"信号"从来都不是这种"静止"的信号,而是"跳变"的信号,如图 12-64 所示。"跳变"是数字电路的灵魂和动力,也是造成信号完整性问题的根源。假如电路可以永远处于"静止"状态而不"跳变",那一切信号完整性问题都将不存在,但此时它不过是死水一潭,不能实现任何功能。

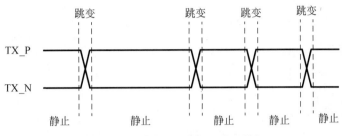

图 12-64　差分信号的"静止"与"跳变"

"跳变"的发生意味着电压的改变,原来"静止"状态下的稳定不变被打破。差分信号的两支走线各自将自身的电压"跳变"从一端传递到另一端。而只要走线的电压发生改变,它与平面层间的分节电容就会充电或放电,形成充电或放电电流。在信号完整性的语境中所说的"信号电流",其实就是这个充电或放电电流,而不是"静止"状态下的"静态电流"。既然被充电或放电的电容是在走线和平面层之间形成的,那么电流的回流路径就一定是在平面层上。

为了理解得更容易,我们干脆把差分信号的两支走线分开来,看作是两根挨得较近的单端信号走线。当单端信号发生"跳变"时,走线上"跳变"电流的回流路径是存在于平面层之上的。

所以,差分信号的两支走线"互为回流路径",这个说法并不为错,因为当差分信号发生"跳变"时两支走线间的分节电容也在经历充电或放电。但如果仅止于此,认为所有"跳变"电流都是从两支走线回流的,平面层完全不参与信号的传输,那就大错特错了。

12.5　SerDes

在高速串行接口问世之前,传统的信号完整性分析和调试并不需要我们深入集成电路芯片太多,只要弄清楚芯片的 IO 电路就够了。而高速串行接口的出现给信号完整性的分析调试带来了新的面目,仅仅从 IO 电路的角度是不足以阐释新的方式方法背后的道理的。我们需要在芯片中探究得更深一些,对包括 IO 电路在内的整个高速串行接口工作电路有至少是粗浅的认识。

在采用 PCI Express 等高速串行接口进行数据传输的电路中,集成在芯片内部、负责高速串行数据收发的整个工作电路被称为"SerDes",其含义是"Serializer/Deserializer",即"串行器/解串器"。这个名称很直观地道出了高速串行接口工作电路的职责:在发送端,将待发送的并行数据"串行化"后发出;在接收端,将收到的串行数据"反串行化",恢复出原始的并行数据。

听起来,SerDes 的工作只是在并行和串行之间变换数据的格式,但在芯片的实现层面,这个变换可并不简单。图 12-65 所示是高速串行接口 SerDes 的典型电路组成框图。

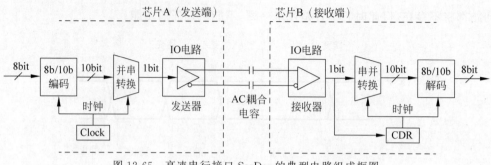

图 12-65　高速串行接口 SerDes 的典型电路组成框图

在发送端,SerDes 从芯片内部电路接收 8bit,即一个字节(byte)的待发送并行数据。字节是数字电路进行数据分析、处理和存储的基本单位,无论是处理器还是其他数字集成电路,数据在芯片内部电路中都是以字节(或字节的倍数)为宽度来流动和传递的。这 8bit 原始并行数据并没有径直作"串行化",而是首先经历一个"8b/10b 编码"的处理步骤。经过编码处理之后的 8bit 数据变长了,成为 10bit。而后,对这 10bit 并行数据进行"并串转换",得到 1bit 宽度的串行数据流。

为什么不对 8bit 原始并行数据直接进行"并串转换"? 这个"编码"的处理环节究竟有怎样的玄机,又能达到怎样的目的?

作为 SerDes 发送端的第一个处理步骤,"编码"是高速串行接口与以往传统的芯片间互连接口(ISA、PCI 等并行接口和 I²C、SPI 等低速串行接口)最显著的区别之一。前面介绍过,高速串行接口采用了一种不同于传统互连接口的全新时钟传递方式——内嵌时钟,即收、发两端并不需要一根专门的时钟走线来传递时钟。发送端只是将数据发送给接收端,而数据本身已经包含了时钟的信息。在接收端,SerDes 首先使用 CDR 电路从数据信号中提取出时钟来,再使用提取时钟对数据进行采样接收。CDR 意为"Clock-Data Recovery",即从数据信号中恢复出时钟信号。这是 SerDes 电路中最关键的部件之一,正是 CDR 的存在使 SerDes 收、发两端之间省去了专门的时钟信号线。

但是,CDR 能够恢复出时钟是有前提条件要求的:在数据信号中必须包含有足够多的"跳变",如图 12-66 所示。即便不必深究 CDR 的工作原理,这个前提条件也是容易理解的。不能指望在数据线上收到一串长长的连续 0 或连续 1,信号电压都已经长时间没有改变的情况下,CDR 还能恢复出时钟来。

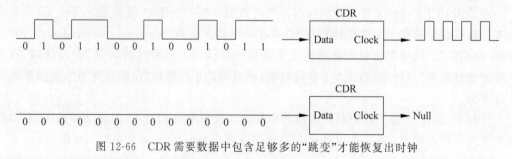

图 12-66　CDR 需要数据中包含足够多的"跳变"才能恢复出时钟

芯片内部电路交给 SerDes 的原始数据是多种多样的,什么可能都有,难保不会出现这种长时间连续无"跳变"的情况。要在即使这种情况下也依然能准确恢复出发送端的时钟,就只有人为地给原始数据添加上"跳变",这就是"编码"电路所干的事情。"8b/10b 编码"将每一个 8bit 数据编成一个 10bit 数据。如表 12-4 所示,8b/10b 编码方案表。无论 8bit 原始数据是什么样的,经过编码之后都成为了既包含 0 也包含 1 的 10bit 数据。如,原本全 0 的 8bit 原始数据"00000000"被编成了"1001110100"或"0110001011",原本全 1 的 8bit 原始数据"11111111"被编成了"1010110001"或"0101001110"。

表 12-4　8b/10b 编码方案表(部分)

8bit 码字	10bit 编码方案一	10bit 编码方案二
00000000	1001110100	0110001011
00000001	0111010100	1000101011
00000010	1011010100	0100101011
00000101	1010011011	1010010100
01010000	0110110101	1001000101
10000011	1100011101	1100010010
10111011	1101101010	0010011010
11010000	0110110110	1001000110
11100111	1110001110	0001110001
11111100	0011101110	0011100001
11111111	1010110001	0101001110

　　8bit 原始数据一共有 256 种码字,按每种码字提供两种 10bit 编码方案最多需要 512 种 10bit 码字。而 10bit 位宽总共可以提供 1024 种码字。8b/10b 编码方案只选用其中 0、1 数量比较均衡的 10bit 码字来编码,即整个码字包含五个 0 和五个 1,或者四个 0 和六个 1,或者六个 0 和四个 1。其他的 0、1 数量相差悬殊(二者数量差异超过 2)的 10bit 码字,则不会选用。经过 8b/0b 编码之后,SerDes 发出的信号数据流在任何时候都不会有超过连续五个 0 或连续五个 1,保证了数据永远都处于频繁的"跳变"当中,为 CDR 恢复时钟创造出良好的工作条件。

　　为什么每个 8bit 码字都提供了两种 10bit 编码方案? 实际使用中该用哪一种? 这是为了达到所谓的"直流平衡",即让数据流中的 0 和 1 数量均等。本来要达到这个目的很简单,全部选用 0 和 1 数量相等的 10bit 码字(包含五个 0 和五个 1)就行了。但符合这个条件的 10bit 码字数量不够,所以还选用了 0 和 1 数量不等的 10bit 码字(0 比 1 多两个或者 0 比 1 少两个)。在这种情况下,就需要提供第二种 10bit 编码方案。两种方案的 0、1 数量差异情况是相反的,如果第一种方案的 0 比 1 多两个,第二种方案的 0 就比 1 少两个。如 8bit 码字"01010000"的两种 10bit 编码方案分别是"0110110101"和"1001000101"。实际工作时,8b/10b 编码电路会根据过往已经发出的数据比特流中 0 和 1 的数量多少来决定当前的 8bit 码字采用哪一种 10bit 编码方案。如果过往发出的 0 比 1 多,就采用四个 0、六个 1 的 10bit 码字,如果过往发出的 0 比 1 少,就采用六个 0、四个 1 的 10bit 码字。通过这种随时的调节来保证发出的数据流中 0、1 数量的均等,维持"直流平衡"。

为什么需要维持"直流平衡"? 这是由信号的"交流耦合"(AC coupling)接收方式所决定的。高速串行接口收、发两端间的走线不是一根拉通的,中间串接有电容(有些芯片将电容集成在接收端内部),如图 12-67 所示。

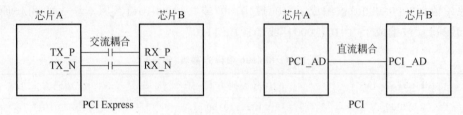

图 12-67　交流耦合和直流耦合

电容的工作特性是"阻直流,通交流"。数据在经过 8b/10b 编码之后,始终处于频繁的"跳变"变化之中,是交流信号,就能够通过这种"交流耦合"的方式"穿"过电容,传递到接收端。传统并行总线接口(PCI 和 ISA 等)和低速串行接口(I^2C 和 SPI 等)的数据信号走线上没有电容,一根走线直接连通发送端和接收端,采用的是"直流耦合"(DC coupling)方式。

"交流耦合"明显比"直流耦合"更麻烦一些,但它却有"直流耦合"所不具备的长处。由于隔离了直流通路,收、发两端电路的直流偏置电压可以不一样。如图 12-68 所示,发送端芯片 A 的输出差分信号两支 TX_P、TX_N 的绝对电压值以 1.2V 为中点上下摆动,这个 1.2V 就是发送端的直流偏置电压(也称为共模电压或直流工作点等),它是叠加在差分信号电压上的直流分量。直流信号无法通过电容,所以发送端的直流偏置电压不会传递到接收端,接收端不会受到发送端直流偏置电压的影响,其差分信号两支 RX_P 和 RX_N 的绝对电压值以自身的直流偏置电压为中点上下摆动。图 12-68 所示接收端芯片 B 直流偏置电压为 0.9V。这对信号的正确接收毫无影响,差分信号判决、识别信号的依据不是正、负两支信号的绝对电压值,而是它们的差值。这样的特性给芯片设计带来了好处,收、发两端的芯片只须考虑自身 IO 电路的情况来设置直流偏置电压,而无须受到对方的限制,适应性也更广。而如果采用"直流耦合"方式,发送端芯片必须将自身输出的信号绝对电压值限制在接收端芯片能够容忍并正确识别的范围内。

另一方面,交流耦合电容切断了收、发两端间直流噪声和干扰信号的传递路径,电路的抗干扰能力也更好。

"交流耦合"信号接收方式对输入信号的基本要求就是"直流平衡"。信号虽然是在时高时低不停地"跳变",但在高位和低位的时间累积应当随时维持在平衡均等的状态。对 8b/10b 编码来说,也就是要随时保持编码后的数据流中 0 和 1 的数量均等。倘若不这样,如图 12-69 所示,发送端信号在某段时间输出了较长时间的连续 1,造成 0、1 数量失衡,在此期间,由于电容上电荷的持续累积效应,造成接收端信号发生了一段时间的直流电压"基线漂移"现象,好似信号波形向下漂移一般,无法维持原本正常的直流偏置水准。这将使接收

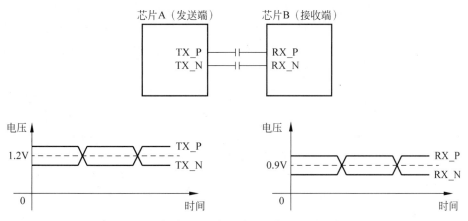

图 12-68　通过"交流耦合",收、发两端可工作在不同的直流偏置电压上

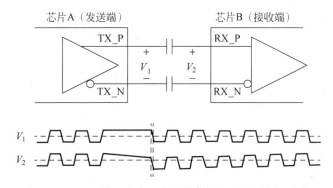

图 12-69　0、1 数量失衡引发接收信号的"基线漂移"现象

端识别信号"跳变"边沿的时间发生偏差,造成接收数据的"抖动"。

　　通过以上的介绍,我们现在认识到"编码"在高速串行接口 SerDes 电路中存在的价值。"8b/10b"编码给高速串行接口带来众多好处的同时,付出的代价是牺牲了一部分线路传输带宽。10bit 线路数据承载的原始数据是 8bit,编码所带来的开销占到整个线路传输带宽的20%。这个开销的比重确实不小。以 PCI Express 为例,x1 通道的线路传输带宽是2.5Gb/s,但实际传输的有效原始数据只占到其中的 80%,即 2.0Gb/s(也就是第 12.1 节提到的,x1 模式的传输速率水平为 250MB/s)。为了提高传输效率,在 8b/10b 之后一些低开销的编码技术被开发和应用,如万兆以太网等高速串行接口采用的 64b/66b 编码方案,其开销只有 3%。

　　如图 12-65 所示,"编码"完成之后,发送端 SerDes 执行"并串转换",将 10bit 并行数据转换为 1bit 串行数据。这一步简单易懂,不再赘述。对芯片设计来说,这是最直接体现SerDes 字面含义(串行器/解串器)的处理步骤,却反倒是最容易、最简单的步骤。

　　再之后,发送端 SerDes 的"IO 电路"将这 1bit 串行数据"打造"成适合芯片外部互连环境的高速差分串行信号流,源源不断地从芯片引脚发出。前面介绍过的 LVDS 就是"IO 电路"的一种,LVDS 所能支持的最高数据速率大约是 1Gb/s。在更高的速率场合,另一种广泛使用的"IO 电路"是 CML(Current Mode Logic),它能支持 10Gb/s 以上的数据传输速率。速率在 1Gb/s 以上的众多高速串行接口,PCI Express、SATA、InfiniBand 和 XAUI 等普遍采用 CML 为 IO 电路。

有"编码"就有"解码"。如图 12-65 所示,在接收端,SerDes 在通过"串并转换"获得 10bit 并行数据后,又会通过"8b/10b 解码"电路还原出 8bit 原始数据。这完全是"8b/10b 编码"的逆过程。至此,由发送端芯片内部电路交付"发运"的,由收、发两端 SerDes 共同承担"运输"的原始数据终于抵达了行程的终点,恢复为出发时的本来面目,交到接收端芯片内部电路的手上。

这趟旅程颇为曲折,数据历经码型、位宽和信号形态的多次变换和复原,其中任何一个环节出了差错,接收端就无法恢复出正确的原始数据。当然,从板级电路设计的角度来说,芯片内发生的一切都被认为是绝对可靠的——即便存在问题,也早已在芯片的开发设计阶段解决掉了。所以,在原始数据从发送端芯片内部电路出发以后经历的整个传递路径中,唯一可能遭遇"凶险"的地方就是"连接"。收、发两端芯片之间的一切连接部件,走线、过孔、连接器和线缆等,它们是决定着信号传输质量的关键因素。

我们想要看看经过这些连接部件的传输后,信号到达接收端时的波形质量是怎样的。但与传统芯片间互连接口(并行总线接口和低速串行接口)相比,对高速串行接口的信号波形鉴别存在诸多不便。首先,数据是经过"编码"的,相比原始数据已面目全非。其次,时钟是"嵌入"在数据之中的,接口引脚中没有时钟信号可供测量,无法界定数据波形在芯片内部的采样时刻。这些由于 SerDes 电路工作机制导致的信号波形特征,使高速串行接口信号的波形观测和分析鉴别采用了不同以往的新视角——眼图。

12.6 眼图

高速串行接口技术不仅使我们设计的电路面目一新,也让我们观测和调试信号完整性问题的方式、手段随之改变。在高速串行接口之前,传统的观测方法是用示波器测量信号的实时波形,观察其幅度、跳变和时序等表现,以掌握其信号完整性优劣。这是一种最朴实、直接的波形呈现方式,示波器上的每一屏显示都是信号波形的一段"实时片段"。沿着时间轴,我们可以阅读波形中的 0、1 序列信息。而在观测高速串行接口数据信号时,我们不再用这样的形式来展示信号波形,而是让示波器呈现出"眼图"的图样来,如图 12-70 所示。

"眼图"(Eye Diagram)是一个形象的称呼,因为它看起来像一只眼睛。对初识眼图的人来说,这样的信号图形乍看上去深奥、复杂,不明其里。但一旦清楚了示波器是怎么生成这个图形的,也就豁然开朗了。如图 12-71 所示,示波器抓取了很多个片段的信号波形,将它们叠合在一起显示出来,就形成了"眼图"。

眼图所展示的仍然是信号的波形,只不过它不是单纯地展示某个时间区间内的单个波形片段,而是将积累了很长时间的很多波形片段一起重叠着展示出来。这样,图形反映的就

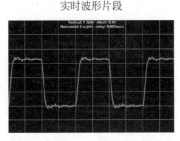

实时波形片段

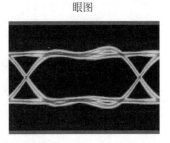

眼图

图 12-70 示波器呈现信号的不同方式

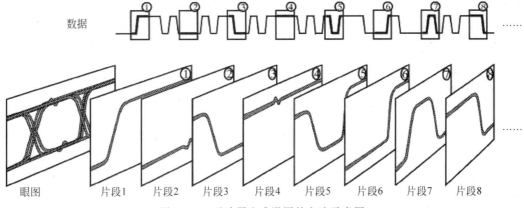

图 12-71 示波器生成眼图的方法示意图

是信号长时间运行的波形表现汇总情况。而在传统的"单片段"波形观测方式中,每次在示波器屏幕上只展示一个很短时间片段内的信号波形,在新的一次触发呈现出下一个片段的波形后,上一个片段的图像就消失了,屏幕上永远只展示当前最新一个时间片段的信号波形,没有对历史情况的累积反映。

原理就是这么简单,但实现起来可并不简单。叠合在眼图上的波形片段不是随意截取的,而是要按照统一的时间基准进行示波器触发和呈现。这个基准就是时钟信号。如图 12-72 所示,每一个波形片段在时钟上升沿到来的时刻进行触发,它们叠合在一起时就是以时钟上升沿为标杆而"对齐"的。只有这样生成的眼图才是有价值的。我们将高速串行接口信号上大量比特的波形重叠展示出来的目的,是为了方便评判信号在长时间工作状态下的波形质量,一次性查看所有的数据比特是否都能在接收端被时钟正确地采样接收。显然,只有以时钟为触发条件,以时钟的"视角"来呈现波形,才可能作出评判,发现可能的问题。而且,不难想象,倘若不是这样,而让波形片段在时间轴上任意触发生成,叠合在一起的效果一定是满屏的波形线条横飞,杂乱无章,根本不可能形成"眼睛"的图样,也就不会称之为"眼图"了。

可是,在高速串行接口收、发两端芯片间的互连信号中并没有时钟信号,时钟只存在于收、发两端芯片的内部。示波器的探头只能触及器件封装的外部引脚,而无法伸入到芯片内

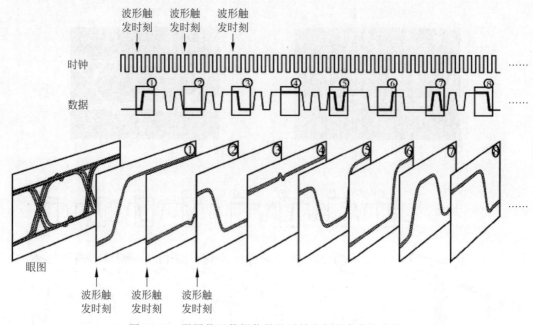

图 12-72　眼图是以数据信号的时钟为触发条件生成的

部。作为眼图触发源的时钟是从何而来的？高速串行接口采用的"嵌入式"时钟方式,将时钟隐于数据信号之中,这确实是数字接口技术的一大进步,简化了芯片间互连接口的引脚构成,但却给信号的测试和调试制造了门槛,由此也促使示波器等测量仪器的技术升级。

　　具有眼图测试功能的示波器需要像高速串行接口的接收端芯片一样自己恢复出时钟来。所以在示波器内部也需要有时钟恢复部件——CDR,如图 12-73 所示。作为测量仪器的示波器,与一般的应用电路设备中 CDR 的使用要求是不可相提而论的。应用电路中的CDR,服务于高速串行接口的 SerDes 接收端电路,只要能够实现正确的数据采样接收就算完成任务,对 CDR 恢复输出时钟本身的质量水准并无极致的要求,存在一定的容忍度。而示波器中的 CDR 是用来测量和展示信号波形的,其恢复时钟的精准度直接决定示波器屏幕上波形图样反映实际电路信号状态的"真实度"。示波器厂商不断地推进 CDR 技术的升级更新,以求对信号波形最准确的测量和最"逼真"的呈现。在示波器中使用的 CDR,一定代表着同时代 CDR 技术的最高水准。当今的高端示波器及其他高速串行接口测试分析仪器已不再像应用电路中的芯片一样采用硬件方式实现 CDR,而是采用软件方式,通过计算机的强大运算能力实现高精准的 CDR 时钟恢复。

　　从眼图中我们能看出什么？该怎么评判眼图的"好坏"？我们先设想一种极端情况,电路中的高速串行接口信号就如教科书般完美,生成的眼图会是什么样的？如图 12-74 所示,在一段完美、理想的信号波形上抓取多个片段叠合起来。

　　在这种绝对完美的理想情况下,每一处"跳变"波形都是同一个模子刻画出来的。在时钟的触发条件下,所有"跳变"在屏幕上发生的时刻都分毫不差,所以每一个片段的"跳变"波

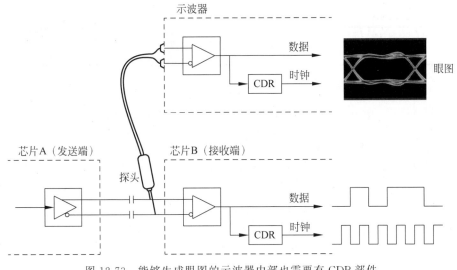

图 12-73　能够生成眼图的示波器内部也需要有 CDR 部件

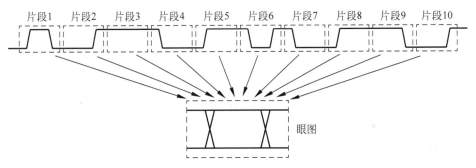

图 12-74　理想信号波形生成的眼图

形轨迹都完全重叠在了一起,形成一个完美张开的"眼睛"图样。理想境界下的眼图,就是这番模样。那么,现实电路中的实际信号眼图距离这种理想状态存在怎样的差距?

首先,"跳变"发生的时刻不会如此般完美的精准如一。以时钟的触发时刻为基准,有的"跳变"来得早些,有的"跳变"来得晚些。体现在眼图上,它们不会重合成一个唯一的波形轨迹线条,而是参差不一地分布在时间轴上有一定宽度的区域,也就是存在所谓的"抖动"(Jitter),如图 12-75 所示。在信号的接收端,时钟的采样边沿必须落在信号状态稳定不变的区域,也就是"跳变"之外的区域,才能正确地采样接收。眼图是大量数据位波形的重合展示,要保证每一个数据位都能正确地采样接收,则时钟的采样边沿必须落在所有数据位"跳变"之外的区域,这被称为"有效采样区间"。"抖动"的存在,挤压了"有效采样区间"的空间,"抖动"得越厉害,"有效采样区间"就越窄,接收方正确采样的难度就越大,出错的概率就越高。

其次,信号在高、低两个电平状态时的电压幅度不会如此般完美地精准如一。以理想状

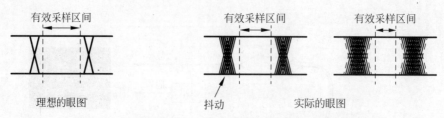

图 12-75　实际眼图中"抖动"的存在挤压了有效采样区间

态下高、低电平电压标称值为基准，有些数据比特的电压高些，有些数据比特的电压低些。同时，实际信号波形中存在的振荡、过冲和下冲等，都在时时刻刻改变着信号电压的幅度。反映在眼图上，信号在高、低电平上的电压不会是理想状态下所有数据比特都完美重叠的一根平直细线，而是分布在一定电压跨度范围的区域内，如图 12-76 所示。这个区域的跨度越大，表明其中一些数据比特的高、低电平电压值偏离理想值的幅度就越大，当大到一定程度时，就可能超出接收端芯片识别信号逻辑电平的判决门限范围，导致数据接收出错。

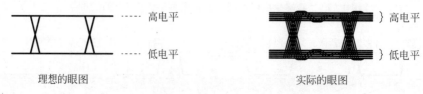

图 12-76　实际眼图中信号高、低电平电压分布

如图 12-77 所示，一个在电路中实际测得的眼图。与实际电路中根本不存在、只能通过想象去人为绘制的"理想"眼图相比，这样的实测图让我们感到更"真实"，也更像一只"眼睛"。这个眼图是用示波器的"色阶余晖"模式显示的，亮度越高的地方表明信号波形轨迹经过该处的次数越多。

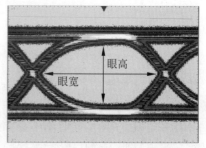

图 12-77　某实测信号眼图

怎么通过眼图来评判信号质量的优劣？形象地说，就是"眼睛张开得越大越好"。有两个基本的测量参数用来衡量眼图的张开程度：眼宽（Eye Width）和眼高（Eye Height），其含义标示于图 12-77 中。"眼宽"指示眼图内部中间区域的时间跨度，反映的是眼图在水平方向的张开程度。"眼高"指示眼图内部中间区域的电压幅度跨度，反映的是眼图在垂直方向的张开程度。看两个实例，如图 12-78 所示，两个 PCI Express 2.0 信号（5Gb/s）的眼图。第一个眼图明显比第二个眼图"张开"得更大，其眼宽、眼高的值都大于第二个眼图。所以，第一个信号的质量优于第二个信号的质量。

不过，就算第二个信号的眼图"张开"得不是很大，是不是就一定会导致数据接收出错呢？或者说，究竟得"张开"多大才算合格呢？要作出这样定性的判断，就得对眼图进行"模板测试"（Mask Test）。

眼宽 = 183ps
眼高 = 333mV

眼宽 = 152ps
眼高 = 197mV

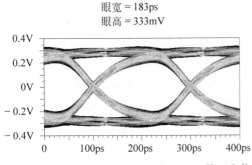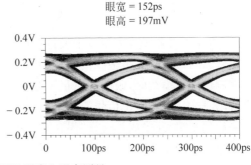

图 12-78 某两个信号眼图的眼宽和眼高测量

　　"模板"(Mask)是用来直观地评判眼图是否合格的图形工具,它规定了信号在正常工作的条件下其眼图轨迹所不该出现的区域,也就是眼图中的"禁区"。已经标准化的各种高速串行接口,PCI Express、HDMI、SATA 和 XAUI 等,都有其信号眼图"模板"的明确定义。在实际的电路调试中,使用示波器获得信号的眼图后,就可以套用"模板"对眼图作出直接的评判。

　　"模板"给出的眼图"禁区"通常包含三个区域,眼图中间部位一个,眼图顶部、底部各一个。其中中间部位的"模板"区域相当于规定了眼图需要"张开"的最小程度,顶部、底部的"模板"区域则对信号在高、低两个方向的幅度范围作出限制。如图 12-79 所示,两个眼图的模板测试结果。这两只"眼睛"张开得都不算大,但第一个眼图的所有波形轨迹都在"模板"区域之外,就是可接受的。第二个眼图,中间部位的信号轨迹已经进入到"模板"区域之内,说明它不满足最小"张开"程度的要求。顶部、底部的"模板"区域也有波形轨迹擦入,这是过冲、下冲等导致的幅度偏离较大所致。这个眼图在"模板"的三个区域都有违反,其接收端的数据接收可能会出错。

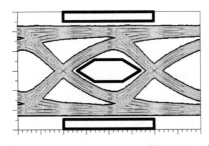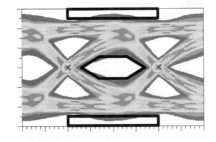

图 12-79 对眼图进行模板测试

12.7 损耗

　　当数字信号的速率达到吉比特每秒这样的级别,有一个此前从未提及的信号传输现象将成为影响信号完整性的关键。这个现象就是传输线的"损耗"。具体指什么呢? 先来看一个例子。如图 12-80 所示,一个 5Gb/s 的高速串行接口信号经过一段长度 40in(约合

100cm)的印制电路板(FR4 板材)差分传输线进行传输。作为连接收、发两端芯片的信号传输路径,40in 的走线是相当长的,通常单板内部的连接不容易达到这样的长度,板间互连(比如刀片式服务器等大型电子设备采用的背板互连方式)情况下是可能存在这样长的信号传输路径的。分别在传输线的两端测试信号的眼图。如图 12-80 所示,在信号从发送端芯片刚刚进入传输线时,眼图的质量还是不错的,但等到在 40in 长的传输线上走完到达末端时,却模样大变了,整个信号的电压幅度明显缩减,"眼睛"的张开度大幅下降,上、下"眼皮"快要挨到一起,几乎成为一只"闭合"的"眼睛"。这样劣质的眼图进入接收端芯片,必然是会导致数据接收出错的。

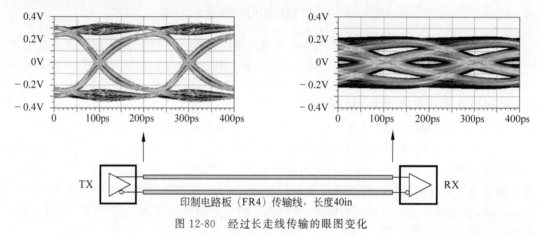

图 12-80　经过长走线传输的眼图变化

在这个例子中,造成接收端眼图恶化的主要因素就是传输线的"损耗"。从发送端发出的信号能量没有全部到达接收端,有一部分消耗在了传输线上,所以信号被衰减了。

"损耗"发生的原因,是因为实际电路中的传输线不够"理想"造成的。如图 12-81 所示,印制电路板上的传输线由导体(走线、平面层)和导体之间的绝缘介质(FR4)构成。理想情况下,导体的电阻为 0,绝缘介质的电阻为无穷大。实际情况下,走线和平面层总是都会含有一定电阻成分的,即便很小,但不会为 0。有电阻,就会分去一部分信号电压。同样,实际情况下 FR4 绝缘介质的电阻不可能是无穷大,即便非常大,也终归是有限的。只要是有限的电阻,就会吸纳电流,所以在 FR4 中消耗了一部分信号电流。由于导体(走线、平面层)和绝缘介质(FR4)对信号电压、电流的消耗,导致最终到达传输线末端负载的信号出现一定的衰减。传输线越长,损耗带来的信号衰减就越严重。

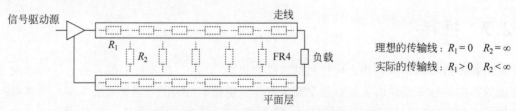

图 12-81　传输线的"不理想"是造成"损耗"的原因

当然,从物理现象的深层次原因来剖析"损耗",其背后的原理是很复杂的,远不止图 12-81 所示的电阻分压、分流这样简单。但作为初学者,对"损耗"发生的成因倒不必太过深入,需要关注的是"损耗"会对信号传输带来怎样的后果。这个后果在图 12-80 中已经看到了,经过 40in 长的传输线后信号的眼图发生了极大改变。第一眼看去,图 12-80 所示的传输线首尾两端的两个眼图之间最显眼的差异是信号幅度的一大一小。但如果仅仅是单纯的幅度改变,其实不难应付。"损耗"带来信号改变的真正要害,在于图 12-80 中不易被注意到的另一个改变——"跳变"边沿的改变。

用一个单纯的上升沿信号来试验,这个改变会看得更清晰。如图 12-82 所示,一个高速跳变的上升沿信号(上升时间 50ps)经过 40in(约合 100cm)的印制电路板(FR4 板材)传输线进行传输。在传输线末端测试信号的波形发现,原本 50ps 上升时间的跳变边沿信号被大幅拉长到 1ns。

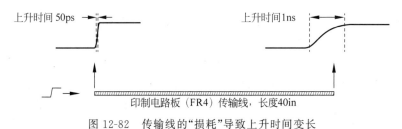

图 12-82 传输线的"损耗"导致上升时间变长

信号"跳变"的上升时间(下降时间)变长,这就是传输线"损耗"给信号波形带来的最关键的改变。就"跳变"完成后最终所达到的高电平电压幅度来说,40in 传输线末端的上升沿信号也达到了初始上升沿信号同样的高度,并无降低,但是它用来爬升的时间极大地延长了。

当信号的速率达到吉比特每秒这样的级别,根本不可能有这么多的时间来容纳"跳变"的缓慢爬升。速率为 1Gb/s 的信号,一个数据位的整个持续时间只有 1ns。速率为 5Gb/s 的信号,一个数据位的整个持续时间只有 200ps。如果"跳变"信号需要 1ns 才能爬升到位,那么前一个"跳变"才爬升到一半,后一个数据位的发送又开始了。这种情况导致了一种名为"码间干扰"(Inter-Symbol Interference,ISI)的现象。

如图 12-83 所示,一个高速串行接口发送一串数据位序列。前面两个数据位 1♯ 和 2♯,电平状态交替变化。由于损耗导致的上升(下降)时间延长,1♯ 和 2♯ 两个数据位的"跳变"实际上未爬升到顶点就被新的"跳变"中止了。从 3♯ 数据位开始,信号维持了四个数据位状态未改变,从 2♯ 数据位切换到 3♯ 数据位的"跳变"因而获得了较长的时间来上升(下降),到 6♯ 数据位时,正、负两支 RX_P、RX_N 的高、低电平的电压都达到比以往更大的幅度。由此使得 7♯ 数据位状态发生切换产生新的一个"跳变"时,这个"跳变"的起点电压与以往不相同。因而,相比前面的数据位,7♯ 数据位的正、负两支 RX_P、RX_N 间电压差最小,在接收端芯片内部两者比较后获得的信号幅度也会最低。同时,7♯ 数据位的前后"跳变"时刻相比理想时刻都有所偏离,产生了"抖动"。

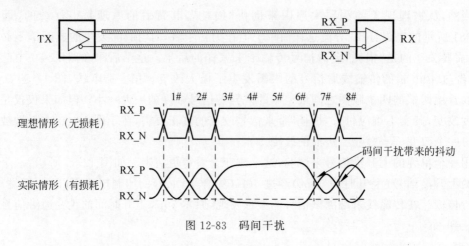

图 12-83　码间干扰

在 7♯数据位上发生的这些现象是与之前数据位的状态相关的,假如 3♯～6♯四个数据位继续延续 1♯和 2♯数据位的交替跳变,不难想象,7♯数据位的模样跟前面六个数据位不会有差异。因此,7♯数据位的状态是受到它之前数据位状态的影响的。每个数据位又称为一个"码字"(Symbol),前面的码字会对后面的码字产生干扰,所以这个现象被称为"码间干扰"。在没有损耗存在的理想情况下,"跳变"的上升(下降)时间不会被拉长,每一个"跳变"都能在下一个"跳变"到来之前完成,"码间干扰"就不会发生。

怎么应对"损耗"带来的问题?从板级电路设计来说,首要的注意事项是控制走线的长度,走线越短,"损耗"越低,上升(下降)时间被拉长得越少。"尽可能缩短走线的长度"是高速电路设计领域处处适用的规范准则。如图 12-84 所示,将 40in 长的传输线缩短一半,原本被拉长至 1ns 的上升时间被改善到 300ps。

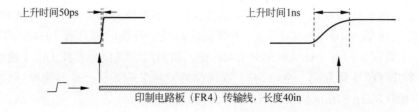

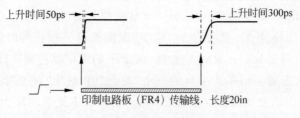

图 12-84　越短的走线损耗带来的影响越小

　　但在实际的板级电路设计中,很多情况下走线长度可以腾挪的空间并不多。器件的相对位置、板卡的大小和板间连接部件的距离等诸多客观因素已经决定了走线的大致长度。并且,这是一个矛盾的需求,人们对高速串行接口技术的希望本来就是"传得更快,同时也能传得更远"。为了在即使比较长的传输线上也能抵御"损耗"带来的影响,高速串行接口芯片的 SerDes 发送电路通过一种名为"预加重"(Pre-Emphasis)的措施来调节信号波形,其操作方法是将信号中每一个"跳变"边沿后的第一个数据位幅度增大,高于其余数据位的幅度。如图 12-85 所示,该例中的 2♯、6♯、7♯、8♯ 和 11♯ 数据位的幅度在从发送端芯片发出时就被主动地增大了。这样做相当于给每一个"跳变"边沿进行了增强,事先给予它们一定的补偿,以抵御传输线"损耗"给它们带来的损伤。

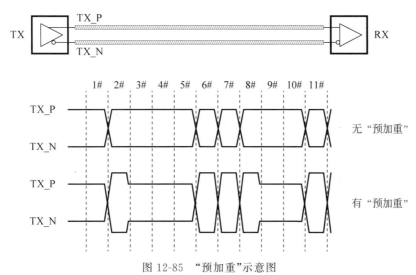

图 12-85　"预加重"示意图

　　效果如何呢? 如图 12-86 所示,一个高速串行接口信号在发送端芯片启用"预加重"功能前后的接收端眼图对比。可以看到,"预加重"带来的改善效果是明显的,眼图的"张开"程度大得多了。

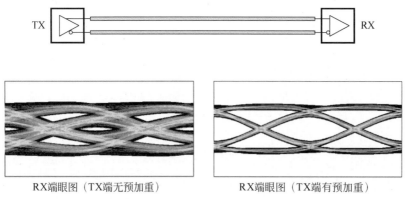

RX端眼图（TX端无预加重）　　　　RX端眼图（TX端有预加重）

图 12-86　"预加重"对接收端眼图的改善效果

　　"预加重"是完全在芯片内实现的技术,解决的是一个芯片到另一个芯片的传输线连接路径带来的信号完整性问题。数字信号不断攀升的信号速率使得电路为应付信号完整性问题而摆下的"阵仗"越来越大,今天高速电路中的很多信号完整性问题需要芯片电路和板级电路的通力合作才能完全解决。所以,从事板级电路设计的工程师,多多了解芯片内部电路的工作原理,是大有裨益的。

参 考 文 献

[1]   Eric Bogatin. Signal Integrity-Simplified[M]. Upper Saddle River, New Jersey, USA: Prentice
       Hall, 2004.

[2]   Douglas Brooks. Signal Integrity and Printed Circuit Board Design[M]. Upper Saddle River, New
       Jersey, USA: Prentice Hall, 2003.

[3]   Howard W. Johnson, Martin Graham. High-Speed Digital Design[M]. Upper Saddle River, New
       Jersey, USA: Prentice Hall, 1993.

[4]   PCI Special Interest Group. PCI Local Bus Specification[S]. Revision 2.3. 2001.

[5]   IBIS Open Forum. I/O Buffer Information Specification[S]. Version 1.0. 1993.

[6]   IBIS Open Forum. I/O Buffer Information Specification[S]. Version 2.0. 1994.

[7]   Intel Corporation. Introduction to IBIS models and IBIS model making[Z]. 2003.

[8]   National Semiconductor. LVDS Owner's Manual[Z]. 3rd Edition. 2004.

[9]   Xilinx, Inc. Power Distribution System (PDS) Design: Using Bypass/Decoupling Capacitors
       [Z]. 2005.

[10]   Xilinx, Inc. High-Speed Serial I/O Made Simple[Z]. 2005.

图书资源支持

感谢您一直以来对清华大学出版社图书的支持和爱护。为了配合本书的使用，本书提供配套的资源，有需求的读者请扫描下方的"书圈"微信公众号二维码，在图书专区下载，也可以拨打电话或发送电子邮件咨询。

如果您在使用本书的过程中遇到了什么问题，或者有相关图书出版计划，也请您发邮件告诉我们，以便我们更好地为您服务。

我们的联系方式：

地　　址：北京市海淀区双清路学研大厦 A 座 701

邮　　编：100084

电　　话：010-83470236　010-83470237

资源下载：http://www.tup.com.cn

客服邮箱：tupjsj@vip.163.com

QQ：2301891038（请写明您的单位和姓名）

用微信扫一扫右边的二维码，即可关注清华大学出版社公众号。

教学资源·教学样书·新书信息

人工智能科学与技术
人工智能|电子通信|自动控制

资料下载·样书申请

书圈